面向 21 世纪高校教材

微机原理与接口技术

主　编　王富东　陈　蕾

苏州大学出版社

图书在版编目(CIP)数据

微机原理与接口技术/王富东,陈蕾主编. —苏州:苏州大学出版社,2008.1(2023.7重印)
面向21世纪高校教材
ISBN 978-7-81137-028-7

Ⅰ.微… Ⅱ.①王…②陈… Ⅲ.①微型计算机-理论-高等学校-教材②微型计算机-接口-高等学校-教材 Ⅳ.TP36

中国版本图书馆CIP数据核字(2008)第012488号

微机原理与接口技术
王富东 陈 蕾 主编

责任编辑 周建兰

苏州大学出版社出版发行
(地址:苏州市十梓街1号 邮编:215006)
常州市武进第三印刷有限公司印装
(地址:常州市武进区湟里镇村前街 邮编:213154)

开本 787 mm×1 092 mm 1/16 印张 23 字数 558 千
2008 年 1 月第 1 版 2023 年 7 月第 7 次修订印刷
ISBN 978-7-81137-028-7 定价:59.00 元

图书若有印装错误,本社负责调换
苏州大学出版社营销部 电话:0512-67481020
苏州大学出版社网址 http://www.sudapress.com
苏州大学出版社邮箱 sdcbs@suda.edu.cn

前　言

　　微型计算机的迅速发展和广泛应用给当今社会的生产和生活带来了深刻的变化,它已经成为人们日常生活中不可缺少的重要内容。学习和掌握微型计算机的使用方法已经成为大学各个专业的必修内容。而对于高等学校理工科学生,更需要进一步了解微型计算机的内部结构和工作原理。"微机原理与接口技术"就是这样一门重要的计算机基础和入门课程。通过本课程的学习,可以使学生从理论上和实践上掌握微型计算机的基本组成和工作原理,具备利用微型计算机进行基本的软件、硬件开发的初步能力。学习本课程对于熟悉和掌握现代计算机技术的发展以及学习后续有关计算机的课程(如计算机体系结构、高级程序设计、操作系统、计算机网络、计算机测量控制系统、嵌入式系统等)均具有重要的意义。

　　80X86系列微处理器从推出至今历经多次的升级换代,以80X86为基础的个人计算机更是不断完善、更新。目前流行的个人计算机与最先推出的IBM PC/XT相比,简直是天壤之别。但是作为专业基础课程,直接讲解高档的微处理器具有相当大的难度,对于大多数专业的学生是不适宜的。8086/8088所应用的许多技术虽然已经过时,但是作为一个最早开发的16位微处理器并成功应用于IBM PC/XT个人计算机的CPU,仍然可以作为一个教学模型使用。最重要的是,在最新款IBM PC计算机上仍然可以运行8086/8088的基本指令。这为学习该课程提供了良好的软、硬件条件。

　　同类的教材在国内已经有了很多版本,在编排内容上各具特色。本书作为理工类专业微型计算机原理课程的教材,在编写上侧重于基础与入门知识,使学生通过本书能够了解和掌握微型计算机的基本工作原理和运行过程,以便为进一步深入学习计算机应用技术作好准备。计算机是一种逻辑自动机,它的运行方式与人们所习惯的思维方式有很大的区别。另外,在计算机中表达各种信息包括数据的方法也有一定的规则,与人们日常生活中的习惯表达方法也不同。因此,本书的前两章内容就是针对基本的入门问题而编排的,首先介绍计算机内各种信息的表达方法和数据的表示方法,以及各种数制之间的换算方法;然后介绍计算机中基本的功能部件,以及计算机是如何利用这些部件实现基本的运算功能的;进而介绍微型计算机的基本组成与工作原理。

　　从第3章开始,详细介绍以8086/8088微处理器为核心的微型计算机系统。

首先介绍其内部组成结构、外部引脚功能、CPU 的工作时序以及相应的存储器组织结构。第 4 章介绍半导体存储器的基本知识，以及存储器与 CPU 的基本连接方法。第 5、6 章介绍 8086/8088 CPU 的指令系统和汇编语言程序设计的方法以及从编写程序到运行的过程，并讲解了一些典型程序的设计方法。第 7 章介绍 8086/8088 的中断系统。第 8 章介绍微型计算机的输入/输出接口，以及计算机进行输入/输出操作的基本方式。第 9 章介绍几种常用的可编程接口芯片，即 8255、8251、8253 和 8237 及其应用。第 10 章介绍数字/模拟转换与模拟/数字转换的原理与接口技术，并介绍了几个典型芯片的接口方法和应用实例。最后在第 11 章简要介绍了高性能微型计算机系统所采用的一些先进技术，以使读者对于现代计算机的体系结构有一些初步的认识。

  本书在编排内容上还插入了一些实用技术的介绍。在第 4 章中介绍了一些新型存储器；在第 8 章中介绍了一些常用总线的标准；在第 10 章中介绍了各种 D/A 与 A/D 转换技术原理、PWM 技术在 D/A 转换中的应用以及利用 EPP 接口实现的简单数据采集系统等。这些内容虽然不是很详细，但对于扩展相关的知识面、使读者深入了解计算机的实际应用具有积极的意义。

  对于学习微型计算机原理与应用课程的读者来说，上机进行编程操作与实验是必不可少的环节。因此本书在编排上有意识地增加了一些程序实例，大部分的程序都经过了上机验证。可以与本书配合使用的实验指导书是《微型计算机原理及应用实验指导》（苏州大学出版社，2006），任课教师可以根据具体的教学计划安排相应的实验。

  本书由王富东、陈蕾主编，参加编写的人员有：王富东（第 1、2、10、11 章）、陈蕾（第 7、8、9 章）、邱国平（第 5、6 章）、唐维俊（第 3、4 章）。潘芸、黄宗杰绘制了本书大部分的插图并整理了附录。承蒙苏州大学赵鹤鸣教授和邹丽新教授认真审阅了全书。苏州大学物理科学与技术学院、电子信息学院、机电工程学院以及其他兄弟院校的有关任课教师对本书的内容和编排提出了许多宝贵的建议，在此一并表示感谢。

  由于编者水平有限，书中难免有疏漏和不当之处，敬请广大同行和读者指正。

编　者

2008 年 1 月

修订说明

本书出版至今已历经10年,以8086/8088CPU作为基础的《微机原理与接口技术》这一课程仍然在国内高校的理工科教学体系中占有一席之地,这说明该课程的许多内容仍然是其他课程所无法替代的。尽管计算机的实际应用技术在飞速发展,但是这些年来计算机的基本组成与工作原理以及接口技术仍然没有发生根本性的变化。

根据本书第一版的教学实践,这次对第一版的部分内容做了部分调整和修订。更正了原书中的某些错误,对已经过时的有关内存条的内容进行了更新,补充了目前最新的内存条技术介绍。取消了原书中关于模拟量接口的章节,而代之以介绍目前更为实用的I/O扩展板卡和USB接口的数据采集设备。作为一种辅助教学手段和实用工具,近年来EMU8086和PROTEUS这两款软件在相关的教学实践中发挥了重要的作用,因而受到广泛重视。这次在有关章节中增加了关于这两款软件的内容,并且在附录E中给出了EMU8086的使用方法和虚拟设备使用的详细介绍,在附录F中给出了PROTEUS ISIS的简要操作指导和几个典型的仿真应用实例。经过实际测试,本书的所有程序实例都能够在EMU8086环境下通过编译并调试运行,有关的接口应用电路和程序都在PROTEUS中进行了调试并获得通过。通过引入这两款软件,能够对本书的教学效果得到明显的改善和提升。

本书作者对这些年来使用本书并提出宝贵修改意见的读者表示衷心的感谢!

目录

CONTENTS

第1章 绪 论

1.1 计算机的发展与应用 ……………………………………………… (1)
1.2 计算机中的各种信息与表示方法 ………………………………… (3)
   1.2.1 常用数制及其相互转换 ………………………………… (3)
   1.2.2 计算机中数据的表示与运算 …………………………… (6)
   1.2.3 计算机中信息的表示与编码 …………………………… (12)
1.3 本课程的特点与学习方法 ………………………………………… (15)
习题一 …………………………………………………………………… (17)

第2章 微型计算机的组成与工作原理

2.1 逻辑代数与基本逻辑电路 ………………………………………… (19)
   2.1.1 逻辑电路 ………………………………………………… (19)
   2.1.2 布尔代数与真值表 ……………………………………… (19)
2.2 计算机的逻辑功能部件 …………………………………………… (23)
   2.2.1 逻辑运算部件 …………………………………………… (23)
   2.2.2 其他组合逻辑部件 ……………………………………… (23)
   2.2.3 触发器及暂存数据部件 ………………………………… (26)
   2.2.4 算术逻辑单元(ALU) …………………………………… (28)
2.3 计算机的组成与工作原理 ………………………………………… (31)
   2.3.1 计算机的组成与结构 …………………………………… (31)
   2.3.2 计算机的工作原理 ……………………………………… (34)
   2.3.3 控制器的工作原理 ……………………………………… (42)
2.4 微型计算机及微型计算机系统 …………………………………… (46)
   2.4.1 微型计算机的组成 ……………………………………… (46)
   2.4.2 微型计算机系统的组成 ………………………………… (48)
   2.4.3 微型计算机的特点与分类 ……………………………… (49)
习题二 …………………………………………………………………… (51)

第3章 8086/8088微处理器

3.1 8086/8088 微处理器的内部结构 ………………………………… (52)
   3.1.1 8086/8088 CPU 的内部结构 …………………………… (52)
   3.1.2 8086/8088 CPU 的内部寄存器 ………………………… (54)

3.2 8086/8088 微处理器的引脚和工作时序 (57)
   3.2.1 8086/8088 CPU 的引脚 (57)
   3.2.2 8086/8088 CPU 的工作时序 (64)
3.3 8086/8088 微处理器的存储器组织 (68)
   3.3.1 存储器的结构 (68)
   3.3.2 存储器的分段 (70)
   3.3.3 物理地址和逻辑地址 (71)
   3.3.4 堆栈 (71)
习题三 (73)

第4章 半导体存储器

4.1 半导体存储器概述 (75)
   4.1.1 存储器及其分类 (75)
   4.1.2 半导体存储器芯片的内部结构 (78)
   4.1.3 半导体存储器的主要性能指标 (79)
4.2 随机存取存储器 RAM (79)
   4.2.1 静态随机存取存储器 SRAM (79)
   4.2.2 动态随机存取存储器 DRAM (84)
4.3 只读存储器 ROM (86)
   4.3.1 掩膜式 ROM (86)
   4.3.2 可擦除只读存储器 EPROM (87)
   4.3.3 电可擦除只读存储器 E^2PROM (89)
4.4 存储器与 CPU 的连接 (89)
   4.4.1 存储器与 CPU 连接中的一些问题 (89)
   4.4.2 存储器与数据总线、控制总线的连接 (90)
   4.4.3 存储器与地址总线的连接 (90)
   4.4.4 存储器与 CPU 连接时的速度匹配 (94)
4.5 PC 中的存储器 (98)
   4.5.1 存储器的分层结构 (98)
   4.5.2 内存条 (99)
习题四 (100)

第5章 8086/8088 的指令系统

5.1 指令与指令格式 (102)
   5.1.1 指令的基本概念 (102)
   5.1.2 指令的格式 (103)
5.2 8086/8088 的寻址方式 (104)
   5.2.1 立即数寻址(Immediate Addressing) (104)
   5.2.2 寄存器寻址(Register Addressing) (104)

5.2.3　存储器寻址(Memory Addressing) ……………………………………(105)
5.3　8086/8088的指令系统 …………………………………………………………(109)
　　5.3.1　数据传送类指令 …………………………………………………………(109)
　　5.3.2　算术运算类指令 …………………………………………………………(118)
　　5.3.3　逻辑运算与移位类指令 …………………………………………………(129)
　　5.3.4　串操作类指令 ……………………………………………………………(132)
　　5.3.5　控制转移类指令 …………………………………………………………(138)
　　5.3.6　CPU控制类指令 …………………………………………………………(146)
5.4　指令系统要点 ……………………………………………………………………(147)
习题五 ……………………………………………………………………………………(149)

第6章　8086汇编语言程序设计

6.1　8086汇编语言源程序的语句格式 ……………………………………………(153)
　　6.1.1　常量和变量 ………………………………………………………………(154)
　　6.1.2　表达式和常用操作符 ……………………………………………………(154)
6.2　常用伪指令 ………………………………………………………………………(157)
　　6.2.1　伪指令语句格式 …………………………………………………………(157)
　　6.2.2　常用的伪指令 ……………………………………………………………(157)
6.3　汇编语言程序的开发过程 ………………………………………………………(164)
　　6.3.1　上机过程与常用工具软件 ………………………………………………(164)
　　6.3.2　汇编语言程序的结构形式 ………………………………………………(165)
6.4　汇编语言程序设计初步 …………………………………………………………(169)
　　6.4.1　顺序程序 …………………………………………………………………(169)
　　6.4.2　分支程序 …………………………………………………………………(169)
　　6.4.3　循环程序 …………………………………………………………………(174)
6.5　子程序的编程方法 ………………………………………………………………(180)
　　6.5.1　子程序的基本结构和设计方法 …………………………………………(180)
　　6.5.2　子程序的嵌套 ……………………………………………………………(188)
　　6.5.3　子程序递归 ………………………………………………………………(188)
　　6.5.4　DOS系统功能调用 ………………………………………………………(189)
6.6　典型应用程序设计 ………………………………………………………………(195)
习题六 ……………………………………………………………………………………(199)

第7章　中断系统

7.1　中断系统的基本概念 ……………………………………………………………(203)
　　7.1.1　中断的功能 ………………………………………………………………(203)
　　7.1.2　中断的工作过程 …………………………………………………………(204)
　　7.1.3　中断系统的作用 …………………………………………………………(204)
7.2　8086/8088的中断系统 …………………………………………………………(205)

7.2.1　中断分类 ·················· (205)
　　7.2.2　中断优先级 ················ (205)
　　7.2.3　中断向量和中断向量表 ········ (205)
　　7.2.4　中断向量的设置 ············· (206)
　　7.2.5　8086/8088 CPU 的中断处理流程 ·· (207)
　7.3　中断控制器 8259A ················ (208)
　　7.3.1　内部结构 ·················· (208)
　　7.3.2　中断处理过程 ··············· (210)
　　7.3.3　8259A 的引脚功能 ············ (210)
　　7.3.4　工作方式 ·················· (211)
　　7.3.5　控制字和初始化编程 ·········· (213)
　　7.3.6　8259A 应用实例 ·············· (217)
　习题七 ····························· (220)

第 8 章　输入/输出接口技术

　8.1　I/O 接口简介 ···················· (221)
　　8.1.1　外围设备的特点 ·············· (221)
　　8.1.2　I/O 接口的发展 ·············· (222)
　8.2　I/O 接口的编址方式 ··············· (223)
　　8.2.1　独立编址 ··················· (223)
　　8.2.2　存储器映像编址 ·············· (224)
　　8.2.3　PC 的 I/O 接口地址分配 ········ (224)
　8.3　I/O 接口的地址译码方法 ············ (224)
　　8.3.1　门电路译码法 ················ (224)
　　8.3.2　译码器译码法 ················ (225)
　　8.3.3　通用逻辑阵列译码法 ··········· (226)
　8.4　CPU 与 I/O 接口之间的数据传送方式 ·· (226)
　　8.4.1　无条件传送方式 ·············· (227)
　　8.4.2　查询传送方式 ················ (228)
　　8.4.3　中断传送方式 ················ (229)
　　8.4.4　DMA 传送方式 ················ (231)
　　8.4.5　I/O 处理机方式 ·············· (233)
　8.5　总线与总线标准 ··················· (233)
　　8.5.1　总线分类和性能指标 ··········· (233)
　　8.5.2　微机系统总线标准 ············· (234)
　　8.5.3　外部设备总线 ················ (236)
　8.6　扩展 I/O 板卡与设备 ··············· (241)
　　8.6.1　扩展 I/O 板卡 ················ (241)
　　8.6.2　USB 接口外部扩展设备 ········· (243)

习题八 ··· (244)

第9章 可编程接口芯片及其应用

9.1 接口的功能及其与系统的连接 ·· (246)
9.1.1 I/O 接口的功能与类型 ·· (246)
9.1.2 接口与系统的连接 ·· (248)
9.2 可编程并行接口芯片 8255A 及其应用 ·· (249)
9.2.1 8255A 的内部结构和引脚信号 ·· (249)
9.2.2 8255A 的方式控制字 ·· (251)
9.2.3 8255A 的工作方式 ··· (253)
9.2.4 8255A 应用实例 ··· (255)
9.3 可编程串行接口芯片 8251A 及其应用 ·· (257)
9.3.1 关于串行通信的基本概念 ·· (257)
9.3.2 串行接口芯片 8251A ·· (259)
9.4 定时器/计数器 8253 ··· (264)
9.4.1 定时器/计数器的基本概念 ·· (265)
9.4.2 可编程定时器/计数器 8253 的结构及引脚功能 ······························· (265)
9.4.3 8253 的工作方式 ··· (267)
9.4.4 8253 的控制字和编程 ·· (272)
9.4.5 8253 应用实例 ··· (273)
9.5 DMA 控制器 8237A ··· (277)
9.5.1 DMA 技术的基本概念 ··· (277)
9.5.2 8237A 芯片的基本结构及引脚功能 ·· (278)
9.5.3 8237A 的控制字及编程 ··· (282)
9.5.4 CPU 对 8237A 的寻址设计 ·· (287)
9.5.5 8237A 的编程和使用 ·· (288)
习题九 ··· (289)

第10章 高性能微处理器的先进技术与典型结构

10.1 存储器管理与多任务管理 ·· (293)
10.1.1 虚拟存储技术 ··· (293)
10.1.2 多任务管理与 I/O 管理 ·· (296)
10.2 现代微处理器的典型结构 ·· (298)
10.2.1 总线接口单元 BIU ··· (299)
10.2.2 指令 Cache 与数据 Cache ·· (299)
10.2.3 指令预取和预取缓冲器 ··· (299)
10.2.4 指令译码器 ·· (300)
10.2.5 执行单元 EU ·· (300)
10.2.6 浮点处理单元 FPU ·· (300)

10.2.7　控制单元 CU ……………………………………………………………………(300)
10.3　高性能微处理器所采用的先进技术 ……………………………………………………(301)
　　10.3.1　高速缓存技术 ………………………………………………………………………(301)
　　10.3.2　超标量流水线技术 …………………………………………………………………(301)
　　10.3.3　超长指令字技术 ……………………………………………………………………(303)
　　10.3.4　RISC 技术 ……………………………………………………………………………(303)
10.4　多媒体应用支持与功能扩展 ……………………………………………………………(305)
　　10.4.1　多媒体计算机的产生背景 …………………………………………………………(305)
　　10.4.2　多媒体扩展指令集（MMX）…………………………………………………………(305)
　　10.4.3　流处理指令集（SSE、SSE2）…………………………………………………………(311)
10.5　多处理器结构 ……………………………………………………………………………(312)
　　10.5.1　计算机的系统结构 …………………………………………………………………(312)
　　10.5.2　并行计算机系统结构 ………………………………………………………………(313)
10.6　现代 PC 主板与系统 ……………………………………………………………………(315)
　　10.6.1　芯片组、桥芯片及标准接口 ………………………………………………………(316)
　　10.6.2　典型主板结构 ………………………………………………………………………(316)
习题十 ……………………………………………………………………………………………(318)

附　录

附录 A　8086/8088 指令系统（含 80X86 扩展指令）……………………………………(319)
　　A1　符号说明 …………………………………………………………………………………(319)
　　A2　8086/8088 基本指令分类表 ……………………………………………………………(319)
　　A3　80386/80486 新增指令 …………………………………………………………………(324)
附录 B　MASM 汇编程序伪指令和操作符 ……………………………………………………(325)
　　B1　伪指令 ……………………………………………………………………………………(325)
　　B2　操作符 ……………………………………………………………………………………(325)
附录 C　DOS 功能调用（INT 21H）一览表 …………………………………………………(326)
附录 D　BIOS 中断调用一览表 ………………………………………………………………(331)
附录 E　汇编语言仿真调试软件 EMU8086 及其使用方法 …………………………………(335)
　　E1　EMU8086 的安装与基本界面 …………………………………………………………(336)
　　E2　EMU8086 的基本操作 …………………………………………………………………(338)
　　E3　EMU8086 的虚拟设备和虚拟磁盘 ……………………………………………………(339)
　　E4　EMU8086 对于 I/O 和中断的仿真 ……………………………………………………(341)
附录 F　Proteus 仿真调试软件的基本操作与使用方法 ……………………………………(342)
　　F1　Proteus 简介 ……………………………………………………………………………(342)
　　F2　Proteus ISIS 的基本操作 ………………………………………………………………(343)
　　F3　Proteus ISIS 仿真的过程与基本操作 …………………………………………………(347)
　　F4　Proteus 仿真应用实例 …………………………………………………………………(349)
参考文献 ………………………………………………………………………………………(356)

第1章 绪 论

1.1 计算机的发展与应用

世界上第一台电子计算机诞生于20世纪40年代。在经历了电子管计算机、晶体管计算机和集成电路计算机等若干代的发展后,微电子技术的发展与进步使集成电路的元件密度达到了前所未有的水平,从而为微型计算机(Microcomputer)的技术发展奠定了基础。自从20世纪80年代个人计算机(Personal Computer,PC)出现以来,微型计算机经过20多年的不断发展和完善,体积越来越小,功能越来越强,而价格则越来越低,可靠性越来越高,从而迅速成为市场的主流产品。

电子计算机通常按体积、性能和价格分为巨型机、大型机、中型机、小型机和微型机五类。从系统结构和基本工作原理上说,微型机和其他几类计算机并没有本质上的区别,所不同的是微型机广泛采用了集成度相当高的器件和部件。随着计算机技术和微电子技术的进步,现在的微型计算机已经达到甚至超过以前的小型计算机和中型计算机的功能,而现在的大、中型计算机的功能则更为强大。一般将微型计算机的中央处理器称为CPU(Central Processing Unit)或微处理器(Microprocessor Unit,MPU)。

计算机是一种能快速、高效地对各种信息进行存储和处理的电子设备。微型计算机的CPU可以比喻为人的大脑,它是由超大规模集成电路(VLSI)工艺制成的芯片,由控制器、运算器、寄存器组和辅助部件组成。它按照人们事先编写的程序对输入的原始数据进行加工处理、存储或传送,以获得预期的输出信息。计算机具有以下几个特征:

① 运算速度快。计算机不仅具有快速运算的能力,而且能自动连续的高速运算。

② 精确度高,可靠性好。计算机不仅能达到用户所需的计算精度,而且可以连续无故障运行的时间也是其他运算工具无法比拟的。

③ 具有记忆能力和逻辑判断能力。计算机具有记忆功能,可以存储大量的信息;计算机还具有逻辑运算的功能,能对信息进行识别、比较、判断。

④ 能自动执行命令。计算机是自动化电子设备,在工作过程中不需人工干预,能自动执行存放在存储器中的程序。

⑤ 高性能的实时通信和交流能力。由于计算机技术和通信技术的密切结合,它可使分散在各地的计算机及其外围设备通过网络将数据直接发送、集中、交换和再分配。数据具有实时性、可交换性,从而大大提高了信息处理的效率。

⑥ 信息表达形式的直观性和多样性。计算机可利用各种输出与输入设备将信息以人们能够理解与使用的方式输入与输出。

就像人只有大脑并不能够生存一样,计算机的 CPU 必须配备存放程序和数据的存储器才能工作。为了便于一般用户使用,还应该配置基本的输入输出设备,即显示器、键盘、鼠标、打印机以及磁盘存储设备等。为此需要有相应的输入输出接口。另外,还必须安装能够管理计算机运行的操作系统和提供一定功能的应用软件,如 Windows 操作系统和 Office 办公自动化软件等。这样就组成了一个完整的微型计算机系统。

当前计算机的发展趋势可概括为:微型化、巨型化、网络化和智能化。

(1) 微型化

由于微电子技术的迅速发展,芯片的集成度越来越高,计算机的元器件越来越小,而使得计算机的计算速度快、功能强、体积小、价格低,因此发展极其迅速并被广泛应用。

(2) 巨型化

为了满足尖端科学技术、军事、气象等领域的需要,计算机也必须向超高速、大容量、强功能的巨型化发展。巨型机的发展集中体现了计算机技术的发展水平。

(3) 网络化

计算机网络可以实现资源共享。资源包括了硬件资源,如存储介质、打印设备等,还包含软件资源和数据资源,如系统软件、应用软件和各种数据库等。所谓资源共享,是网络系统中提供的资源可以无条件地或有条件地为联入该网络的用户使用。事实表明,网络的应用已成为计算机应用的重要组成部分,现代的网络技术已成为计算机技术中不可缺少的内容。

(4) 智能化

智能化是未来计算机发展的总趋势。进入 20 世纪 80 年代以来,日本、美国等发达国家曾开始研制第五代计算机,也称为智能计算机。这种计算机除了具备现代计算机的功能之外,还要具有在某种程度上模仿人的推理、联想、学习等思维功能,并具有声音识别、图像识别能力。

与大、中型计算机相比,微型计算机的应用领域非常广阔,不仅在科学研究和工业自动化领域获得了广泛的应用,而且已经深入到商业、办公、管理、娱乐等社会生活的各个方面。

1. 科学计算

科学计算是计算机最早、最成熟的应用领域。利用计算机可以方便地实现数值计算,代替人工计算。例如,人造卫星轨迹计算、水坝应力计算、房屋抗震强度计算等。

2. 自动测量与控制

计算机在自动控制方面的应用,大大促进了自动化技术的普及和提高。例如,用计算机控制炼钢生产过程、用计算机控制各种生产设备,如机床等。

3. 信息处理

信息处理指非科学、工程方面的所有计算、管理以及操纵任何形式的数据资料。例如,企业的生产管理、质量管理、财务管理、仓库管理、各种报表的统计、账目计算等。信息处理应用领域非常广阔,世界上将近 80% 的微型计算机都被应用于各种管理。

4. 人工智能

利用计算机模拟人脑的一部分功能。例如,数据库的智能性检索、专家系统、定理证明、智能机器人、模式识别等。

5. 计算机辅助设计

计算机在计算机辅助设计(CAD)、计算机辅助制造(CAM)和计算机辅助教学(CAI)

等方面发挥着越来越大的作用。例如，利用计算机部分代替人工进行汽车、飞机、家电、服装等的设计和制造，可以使设计和制造的效率提高几十倍，质量也大大提高。在教学中使用计算机辅助系统，不仅可以节省大量人力、物力，而且使教育、教学更加规范，从而提高教学质量。

  6. 娱乐与文化教育

  随着计算机日益小型化、平民化，它逐步走进了千家万户，可以用于欣赏电影、观看电视、玩游戏及家庭文化教育。

  7. 产品艺术造型设计

  这是工程技术与美学艺术相结合的一门新兴学科，它利用计算机结合艺术手段按照美学观念对产品进行艺术造型设计工作。在产品设计和艺术设计中，计算机已成为必不可少的工具之一。

  8. 计算机通信与网络

  连接全球的计算机网络正成为人们日常工作和生活的必备工具，极大地改变着人们的工作和生活方式，已成为信息时代的主要标志。随着因特网的普及，利用计算机实现远距离通信已经越来越方便。此外，利用计算机进行通信业务，比起普通的电信而言，成本低，并能进行可视化交流。目前被人们广泛应用的 IP 电话即是计算机通信的最新发展。

  9. 电子商务

  电子商务是指在计算机网络上进行的商务活动。它是涉及企业和个人各种形式的、基于数字化信息处理和传输的商业交易。它包括电子邮件、电子数据交换、电子资金转账、电子表单和信用卡交易等电子商务的一系列应用，又包括支持电子商务的信息基础设施。

1.2 计算机中的各种信息与表示方法

  微型计算机的运作可以看作对各种信息的流转与处理过程。各种有关的信息包括地址、数据、字符、状态和控制信息等。计算机是由各种数字电路所构成的，它具有两种稳定状态的器件，因而易于生产且工作可靠。二进制数的运算简单且易于进行逻辑判断，因此在计算机的发展过程中一直采用二进制，这意味着计算机只能处理两种状态的信息，即 0 和 1。与此对应，计算机中所有的信息都必须用二进制数字来表示，这称为二进制编码。二进制编码的过程就是在计算机内表示各种信息的过程。例如，数据的二进制编码就是数据在计算机内的表示形式。在计算机中不存在数据的原始形式（如无符号数、有符号数、字母、符号、逻辑量等），只存在二进制的数码串。它们的含义完全由编码的过程来决定，这就引出了关于各种信息的表示方法与相互转换等一系列问题。

1.2.1 常用数制及其相互转换

  1. 数制

  进位计数制，简称数制，是关于如何表示数以及计数的方法和规则。每个具体的数都是用某一种数制来表达的，日常生活中常使用的就是十进制数制。一种数制所使用的数码个数称为该数制的基；而该数制中的每一位数字所具有的数值称为权。

计算机最基本的功能就是计算，因此首先要解决的是数据的表达问题。如前所述，计算机只能处理二进制的数据，但是由于二进制数不便于记忆，冗长的表达也不便使用，因此常常把它转化为十六进制数。另外，对于大多数使用计算机的人来说，还是习惯使用十进制数的表达方式。因此，在计算机中必须能够允许使用二进制、十进制与十六进制的数据表达方式。另外为了与早期的计算机兼容，还允许使用八进制。

对于十进制(Decimal System)，它的基为10，即它所使用的数码为0、1、2、3、4、5、6、7、8、9，共有10个。十进制中各位的权是以10为底的幂，即个、十、百、千等。

对于二进制(Binary System)，它的基为2，即它所使用的数码只有"0、1"这两个。二进制中各位的权是以2为底的幂，即1、2、4、8、16等。

对于八进制(Octave System)，它的基为8，即它所使用的数码为0、1、2、3、4、5、6、7，共有8个。八进制中各位的权是以8为底的幂，即1、8、64、512、4096等。

对于十六进制(Hexadecimal System)，它的基为16，即它所使用的数码为0、1、2、3、4、5、6、7、8、9、A、B、C、D、E、F，共有16个。十六进制中各位的权是以16为底的幂，即1、16、256、4096、65536等。

为了区分不同数制所表示的数据，规定在二进制数后面加后缀"B"；在八进制数后面加后缀"Q"；在十六进制数后面加后缀"H"；十进制数加后缀"D"，也可不加后缀。

【例1-1】 $1234 \text{ D} = 1 \times 10^3 + 2 \times 10^2 + 3 \times 10^1 + 4 \times 10^0$

【例1-2】 $1234 \text{ Q} = 1 \times 8^3 + 2 \times 8^2 + 3 \times 8^1 + 4 \times 8^0 = 668$

【例1-3】 $1234 \text{ H} = 1 \times 16^3 + 2 \times 16^2 + 3 \times 16^1 + 4 \times 16^0 = 4660$

【例1-4】 $1010 \text{ B} = 1 \times 2^3 + 0 \times 2^2 + 1 \times 2^1 + 0 \times 2^0 = 10$

各种数制的数据都可以有小数。例如，十进制小数各位的权是以10为底的负数次幂，即0.1、0.01、0.001等。而二进制小数各位的权是以2为底的负数次幂，即0.5、0.25、0.125等。

【例1-5】 $1.101 \text{ B} = 1 \times 2^0 + 1 \times 2^{-1} + 0 \times 2^{-2} + 1 \times 2^{-3} = 1.625$

2．常用数制之间的数值转换

(1) 十进制数转换为二进制数

十进制到二进制的转换，通常要区分数的整数部分和小数部分，分别按除2取余数和乘2取整数两种不同的方法来完成。

【例1-6】 将十进制数215转换成二进制数的过程如下：

```
2 | 215            低位
2 | 107    ……余1    ↑
2 |  53    ……余1    |
2 |  26    ……余1    |
2 |  13    ……余0    |
2 |   6    ……余1    |
2 |   3    ……余0    |
2 |   1    ……余1    |
      0    ……余1    高位
```

因此，215 = 11010111B。

【例1-7】 将十进制小数 0.6875 转换成二进制数(小数点后取 5 位)，其过程如下：

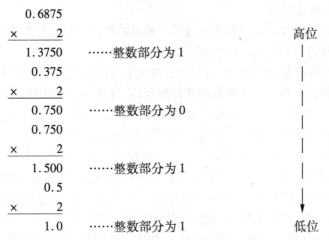

因此，0.6875 = 0.1011B。

对既有整数又有小数的十进制数，可以先转换其整数部分为二进制数的整数部分，再转换其小数部分为二进制数的小数部分，再把得到的两部分结果合起来，就得到了转换后的最终结果。

(2) 二(八、十六)进制数转换为十进制数

对于任意进位数制(R)的数据 N，都可以写成如下的按权展开求和的形式：

$$N = \sum_{i=0}^{m-1} D_i \times R^i$$

其中 m 为数据的位数，D_i 为数据中的各位数字，R^i 即为对应的数字的权。因此将二(八、十六)进制数转换为十进制数的方法之一就是将该数据的各位数字乘以各自的权，写成十进制数，然后再相加。具体的例子可以参见例 1-1 ~ 例 1-4。

(3) 二进制数与八、十六进制数之间的转换

由于 1 位八进制数可以用 3 位二进制数编码来得到，1 位十六进制的数可以用 4 位二进制数编码得到，因此二进制数与八进制和十六进制数之间的转换非常方便。只要将二进制数分成 3 位一组和 4 位一组，再将每组数据转换为对应的八进制数和十六进制数即可。

在进行上述的转换分组时，应保证从小数点所在位置分别向左和向右进行划分，若小数点左侧(即整数部分)的位数不是 3 或 4 的整数倍，可以按在数的最左侧补零的方法处理，对小数点右侧(即小数部分)，应按在数的最右侧补零的方法处理。对不存在小数部分的二进制数(整数)，应从最低位开始向左把每 3 位划分成一组，使其对应一个八进制位；或把每 4 位划分成一组，使其对应一个十六进制位。

【例1-8】 1100111.10101101B = 001 100 111.101 011 010B = 147.532Q

【例1-9】 1100111.10101101B = 0110 0111.1010 1101B = 67.ADH

反之，将八进制数或十六进制数转换成二进制数时，只要把它们每一位的二进制值依次写出来即可。

【例1-10】 2.AH = 0010.1010B = 10.101B

1.2.2 计算机中数据的表示与运算

1. 机器数、真值与模

数据在计算机中的表示形式称为机器数。机器数所代表的实际数值则称为该机器数的真值。真值是数据的原始形式,可以写成各种进位制。

机器数的存储介质是电路单元,而一个计算机中的电路单元总是有限的,即所谓有限字长。因此作为机器数都有一个表示范围或计数范围,在这个计数范围内,系统能正常计数。而超过这个范围,系统会自动丢掉最高位的进位回到初始状态,从头开始计数。

数字系统中数的最高位的进位值称为该数字系统的模数,简称模。

可以用钟表为例来说明模的意义。钟表上的数字只有 1~12,当实际时间为 13 点,也就是下午 1 点时,钟表上的指针实际指向数字1。即时钟超过 12 点就从 0 重新开始计时,相当于自动丢失一个数 12,即 13 = 12(自动丢失) + 1 = 1。这个自动丢失的数 12 就是钟表循环计数系统中所标示的最大数,就是钟表计数系统中的"模"。

实际上,模就是比数字系统内数的最高位还高一位的那一位的权值。该权值与机器数隐含的小数点位置有关,由每个机器数的整数位数决定。例如,n 位定点整数的模为 2^n,n 位定点小数的模为 2。模在计数过程中会自动丢掉(或自动添上),模的机器数和机器数零相同。因此,在计算机内,模可视为零,零也可看作模。模就是其本身不为零但其机器数为零的那个最小的数。

2. 定点数与浮点数

在计算机中,数的小数点通常不单独表示,而是和数本身一起作为整体进行编码。因此在计算机中的数据没有小数点,小数点的位置是约定的,或隐含的。作为纯整数,可以认为小数点位于表示整数的数码串最低位后面。作为纯小数,可以认为小数点位于表示小数的数码串最高位前面。小数点位置固定的整数计算机称为定点整数计算机,其中的整数称为定点整数。小数点位置固定的纯小数计算机称为定点小数计算机,其中的小数称为定点小数。定点整数和定点小数统称为定点数;定点整数和定点小数计算机统称为定点计算机。

现代计算机一般都只能表示一种定点数。通常,对于任意一个二进制数总可以表示为纯小数或纯整数与一个 2 的整数次幂的乘积。例如,二进制数 N 可写成:

$$N = 2^P \times S$$

其中,S 称为数 N 的尾数;P 称为数 N 的阶码;2 称为阶码的底。尾数 S 表示了数 N 的全部有效数字,阶码 P 确定了小数点位置。注意,此处 P、S 都是用二进制表示的数。

当阶码为固定值时,称这种方法为数的定点表示法。这种阶码为固定值的数称为定点数。

如假定 P = 0,且尾数 S 为纯小数时,这时定点数只能表示小数。

符号	.尾数 S

如假定 P = 0,且尾数 S 为纯整数时,这时定点数只能表示整数。

符号	尾数 S.

定点数的两种表示法,在计算机中均有采用。究竟采用哪种方法,均是事先约定的。如用纯小数进行计算时,其运算结果要用适当的比例因子来折算成真实值。

在计算机中,数的正负也是用 0 或 1 来表示的,"0"表示正,"1"表示负。定点数表示方法如下:假设一个单元可以存放一个 8 位二进制数,其中左边第 1 位表示符号,称为符号位,其余 7 位可用来表示尾数。

例如,两个 8 位二进制数 -0.1010111 和 $+0.1010111$ 在计算机中的定点表示形式为

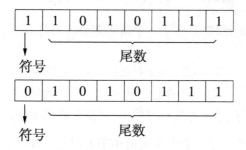

具有 n 位尾数的定点计算机所能表示的最大正数为

$$0.\underbrace{1111\cdots\cdots 1}_{n\text{个}1}$$

即 $1-2^{-n}$。其绝对值比 $1-2^{-n}$ 大的数,已超出计算机所能表示的最大范围,会产生所谓的"溢出"错误。"溢出"错误将产生错误的计算结果。

具有 n 位尾数的定点计算机所能表示的最小正数为

$$0.\underbrace{00\cdots\cdots 1}_{n-1\text{个}0}$$

即 2^{-n},计算机中小于此数的数即为 0(机器零)。

因此,n 位尾数的定点计算机所能表示的数 N 的范围如下所示:
$$2^{-n} \leq |N| \leq 1-2^{-n}$$

由此可知,数表示的范围不大,参加运算的数都要小于 1,而且运算结果也不应出现大于 1 或等于 1 的情况,否则就要产生"溢出"错误。因此,这就需要在用机器解题之前进行必要的加工,选择适当的比例因子,使全部参加运算的数的中间结果都按相应的比例缩小而变为小于 1 的数,而计算的结果又必须用相应的比例增大若干倍而变为真实值。

所谓浮点表示,就是小数点在数中的位置是浮动的。如果数 N 的阶码可以取不同的数值,称这种表示方法为数的浮点表示法。这种阶码可以浮动的数,称为浮点数。这时

$$N = 2^P \times S$$

其中,阶码 P 用二进制整数表示,可为正数和负数。用一位二进制数 P_f 表示阶码的符号位,当 $P_f=0$ 时,表示阶码为正;当 $P_f=1$ 时,表示阶码为负。尾数 S 中用 S_f 表示尾数的符号,$S_f=0$ 表示尾数为正;$S_f=1$ 表示尾数为负。浮点数在计算机中的表示形式如下:

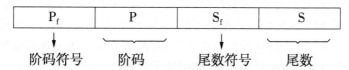

也就是说,在计算机中表示一个浮点数,要用阶码和尾数两个部分来表示。

例如,二进制数 $2^{+100} \times 0.1011101$(相当于十进制数 11.625),若采用 3 位阶码、7 位尾

数,则其浮点数表示为

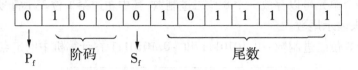

可见,浮点表示与定点表示比较,只多了一个阶码部分。若具有 m 位阶码,n 位尾数,其数 N 的表示范围为

$$2^{-(2^m-1)} \times 2^{-n} \leq |N| \leq 2^{+(2^m-1)} \times (1-2^{-n})$$

式中 $2^{\pm(2^m-1)}$ 为阶码,$2^{+(2^m-1)}$ 为阶码的最大值,而 $2^{-(2^m-1)}$ 为阶码的最小值。

为了使计算机运算过程中不丢失有效数字,提高运算的精度,一般都采用二进制浮点规格化数。所谓浮点规格化,是指尾数 S 绝对值小于 1 而大于或等于 $\frac{1}{2}$,即小数点后面的一位必须是"1"。上述例子中的 $N = 2^{+100} \times 0.1011101$ 就是一个浮点规格化数。

3. 原码、反码与补码

在计算机中要表示数据的符号也要采用适当的编码方法。一个很简单的方法就是用数字"0"和"1"分别表示"+"和"-"。例如:

N = 01011011 = 91D
M = 11011011 = -91D

这就是将带符号的数据表示为机器数的一种方法。这样的处理虽然可行,但并不是最好的。不仅因为要考虑数据表达的连续性,还要考虑在计算机的数字运算电路中要容易实现和处理。因此需要研究如何更合理地表达带符号数据的问题,目前实际上所使用的是称为补码的表示方法。为了充分了解补码,又必须先了解原码和反码。

(1) 原码

用原码表示数据时,符号位用 0 表示正数,用 1 表示负数。其余数字位表示具体数值。

【例 1-11】 正数 X = +106 的原码表示为 $[X]_原 = 01101010$

【例 1-12】 负数 X = -106 的原码表示为 $[X]_原 = 11101010$

如果用 8 位二进制表示数据,原码能够表示的数据范围为 -127 ~ +127。对于数字 0,原码的表示方法有两种,即 +0 和 -0,分别表示为

+0 = 00000000
-0 = 10000000

用原码表示数据简单易懂,而且与真值的转换很方便。但是后面将会看到,用原码表示的数据是不连续的(每个数据的机器表达应该是单一的,不应该有两种表达。而 0 的原码有 +0 和 -0 两种)。更重要的是,要在计算机中实现原码的运算电路将会很复杂。如果要进行两数相加,必须先判断两个数的符号是否相同。如果相同,则进行加法,否则就要做减法。做减法时,还必须比较两个数的绝对值的大小,再由大数减小数,差值的符号要和绝对值大的数的符号一致。要设计这种机器是可以的,但却使计算机的逻辑电路结构变得极为复杂。为使计算机的运算电路易于实现,便引进了反码与补码。

(2) 反码

用反码表示数据时,符号位用 0 表示正数,用 1 表示负数。其余数字位表示具体数值。

正数的反码表示与其原码相同,即符号位用"0"表示正,数字位为数值本身。

【例1-13】 正数 X = +0 的反码表示为[X]$_{反}$ = 00000000

【例1-14】 正数 X = +4 的反码表示为[X]$_{反}$ = 00000100

负数的反码是将它的正数按位(包括符号位在内)取反形成的。

【例1-15】 正数 X = -0 的反码表示为[X]$_{反}$ = 11111111

【例1-16】 正数 X = -4 的反码表示为[X]$_{反}$ = 11111011

8 位二进制数的反码表示如表1-1所示,其特点如下:

① "0"的反码有两种表示法:00000000 表示 +0,11111111 表示 -0。

② 8 位二进制反码所能表示的数值范围为 -127 ~ +127。

表 1-1 8 位机器数的原码、反码与补码对照表

十进制数	二进制数	原码	反码	补码
+127	+1111111	01111111	01111111	01111111
+126	+1111110	01111110	01111110	01111110
+125	+1111101	01111101	01111101	01111101
……	……	……	……	……
+2	+10	00000010	00000010	00000010
+1	+1	00000001	00000001	00000001
+0	+0	00000000	00000000	00000000
-0	-0	10000000	11111111	00000000
-1	-1	10000001	11111110	11111111
-2	-10	10000010	11111101	11111110
……	……	……	……	……
-125	-1111101	11111101	10000010	10000011
-126	-1111110	11111110	10000001	10000010
-127	-1111111	11111111	10000000	10000001
-128	-10000000	无	无	10000000

当一个带符号数用反码表示时,最高位为符号位。若符号位为 0(即正数)时,后面的 7 位为数值部分;若符号位为 1(即负数)时,一定要注意后面 7 位表示的并不是此负数的数值,而必须把它们按位取反以后,才得到表示这 7 位的二进制数值。例如,一个 8 位二进制反码表示的数 10010100B,它是一个负数,但它并不等于 -14H,而应先将其数字位按位取反,然后才能得出此二进制数反码所表示的真值(-6BH)。

(3) 补码

计算机中一般都是采用补码表示法。后面将会看到,采用补码表示法有很多优点。

正数的补码与其原码相同,即符号位用"0"表示正,其余数字位表示数值本身。

【例1-17】 正数 X = +4 的补码表示为[X]$_{补}$ = 00000100

【例1-18】 正数 X = +31 的补码表示为[X]$_{补}$ = 00011111

负数的补码表示为它的反码加1(即在其低位加1)。一般地说,对于 n 位二进制负整数 X,其补码可以定义为:[X]$_{补}$ = 2^n + X。

【例1-19】 负数 X = -4 的补码表示为[X]$_{补}$ = 11111100

【例1-20】 负数 X = -31 的补码表示为[X]$_{补}$ = 11100001

8 位二进制数补码表示也列入表1-1中,它有如下特点:

① $[+0]_{补} = [-0]_{补} = 00000000$。

② 8 位二进制补码所能表示的数值范围为 $-128 \sim +127$。

当一个带符号数用 8 位二进制补码表示时,最高位为符号位。若符号位为"0"(即正数)时,其余 7 位即为此数的数值本身;但当符号位为"1"(即负数)时,一定要注意其余 7 位不是此数的数值,而必须将他们按位取反,且在最低位加 1,才得到它的数值。

例如,一个补码表示的数 $[X]_{补} = 10011011B$,这是一个负数,但它并不等于 $-1BH$。它的数值为:将数字位 0011011 按位取反得到 1100100,然后再加 1,即为 1100101。因此 $X = -1100101B = -65H = -101D$。

(4) 补码的运算

在计算机中采用补码以后,同一加法电路既可以用于有符号数相加,也可以用于无符号数相加。而且,运算的结果自然也是补码,减法还可用加法来代替。从而使运算电路逻辑大为简化,速度提高,成本降低。

补码的加减运算是带符号数加减法运算的一种。其运算特点是:符号位与数字位一起参加运算,并且自动获得结果(包括 $[X]_{补}$ = 符号位 + 数字位)。在进行加法时,按两数补码的和等于两数和的补码进行。

【例 1-21】 已知 $X = +1000000, Y = +0001000$,求两数的补码之和。

由补码表示法有:$[X]_{补} = 01000000$,$[Y]_{补} = 00001000$,则

```
    01000000              +64
 +) 00001000           +)  + 8
    01001000              +72
```

所以有:$[X+Y]_{补} = 01001000$(模为 2^8)。

此和数为正,而正数的补码等于该数原码,即有:$[X+Y]_{补} = [X+Y]_{原} = 01001000$。其真值为 $+72$。又因 $+64 + (+8) = +72$,故运算结果是正确的。

【例 1-22】 已知 $X = +0000111, Y = -0010011$,求两数的补码之和。

因 $[X]_{补} = 00000111$,$[Y]_{补} = 11101101$,则

```
    00000111              + 7
 +) 11101101           +) - 19
    11110100              -12
```

所以有:$[X+Y]_{补} = 11110100$(模为 2^8)。

此和数为负,将负数的补码还原为原码,即有:$[X+Y]_{原} = [(X+Y)_{补}]_{补} = 10001100$。其真值为 -12。又因 $+7 + (-19) = -12$,故运算结果是正确的。

【例 1-23】 已知 $X = -0011001, Y = -0000110$,求两数的补码之和。

因 $[X]_{补} = 11100111$,$[Y]_{补} = 11111010$,则

```
    11100111              -25
 +) 11111010           +) - 6
   111100001              -31
```

自动丢失 符号位

所以有:$[X+Y]_{补} = 11100001$(模为 2^8)。

此和数为负数,与例1-22求原码的方法一样,$[X+Y]_原$ = 10011111,其真值为 – 31。又因 – 25 + (– 6) = – 31,故运算结果是正确的。

在进行减法时,可以归纳为:先求$[X]_补$,再求$[-Y]_补$,然后进行补码的加法运算。其具体运算过程与前述的补码加法运算过程一样,请读者自行验证,不再举例说明。

(5) 运算结果的溢出与判断

① 什么是溢出

所谓溢出,是指带符号数的补码运算溢出。字长为 n 位的带符号数,用最高位表示符号,其余 n – 1 位用来表示数值。它能表示的补码运算的范围为 $-2^{n-1} \sim +(2^{n-1}-1)$。

例如,在字长为8位的二进制数用补码表示时,其范围为 $-2^7 \sim +2^7 -1$,即 – 128 ~ + 127。如果运算结果超出此范围,就会产生溢出。

【例1-24】 已知 X = + 1000000,Y = + 1000001,进行补码的加法运算。

因 $[X]_补$ = 01000000,$[Y]_补$ = 01000001,则

```
    01000000    ( + 64 的补码)
+)  01000001    ( + 65 的补码)
    ─────────
    10000001    ( – 127 的补码)
    ↑
    符号
```

即有:$[X+Y]_补$ = 10000001,其真值为:X + Y = – 1111111(– 127)。

在该例中,两正数相加,其结果应为正数,且为 + 129。但实际运算结果为负数(– 127),这显然是错误的。其原因是和数 + 129 > + 127,即超出了8位正数所能表示的最大值,使数值部分占据了符号位的位置,产生了溢出错误。

【例1-25】 已知 X = – 1111111,Y = – 0000010,进行补码的加法运算。

因 $[X]_补$ = 10000001,$[Y]_补$ = 11111110,则

```
    10000001    ( – 127 的补码)
+)  11111110    ( – 2 的补码)
    ─────────
   101111111    ( + 127 的补码)
   ↑↑
自动丢失 符号位
```

即$[X+Y]_补$ = 01111111(+ 127)。

在该例中,两负数相加,其结果应为负数,且为 – 129。但实际运算结果为正数(+ 127),这显然也是错误的。其原因是和数 – 129 < – 128,即超出了8位负数所能表示的最小值,也产生了溢出错误。

② 判断溢出的方法

判断溢出的方法较多,如以上两例根据参加运算的两个数的符号及运算的符号可以判断溢出;此外,利用双进位状态也是常用的一种判断方法。这种方法是利用符号位相加和数值部分的最高位相加的进位状态来判断。即利用 V = $D_{7C} \oplus D_{6C}$ 判别式来判断。当 D_{7C} 与 D_{6C} "异或"结果为1,即 V = 1,表示有溢出;当"异或"结果为0,即 V = 0,表示无溢出。

如上面例1-24与例1-25中,V 分别为 0$\oplus$1 = 1 与 1$\oplus$0 = 1,故两种运算均产生溢出。

③ 溢出与进位。

进位是指运算结果的最高位向更高位的进位。如有进位,则 $C_y = 1$;无进位,则 $C_y = 0$。当 $C_y = 1$,即 $D_{7C} = 1$ 时,若 $D_{6C} = 1$,则 $V = D_{7C} \oplus D_{6C} = 1 \oplus 1 = 0$,表示无溢出;若 $D_{6C} = 0$,则 $V = 1 \oplus 0 = 1$,表示有溢出。当 $C_y = 0$,即 $D_{7C} = 0$ 时,若 $D_{6C} = 1$,则 $V = 0 \oplus 1$,表示有溢出;若 $D_{6C} = 0$,则 $V = 0 \oplus 0 = 0$,表示无溢出。可见,进位与溢出是两个不同性质的概念,不能混淆。

如上述例 1-25 中,既有进位也有溢出;而例 1-24 中,虽无进位却有溢出。可见,两者没有必然的联系。

显然,进位与溢出都与计算机的字长有关。字长越长,能够表示的数的范围就越大。为避免产生溢出错误,可用更多的字长表示更大的数。例如,对于字长为 16 位的二进制数用补码表示时,其范围为 $-2^{15} \sim +2^{15} - 1$,即 $-32768 \sim +32767$。如果采用 32 位字长,则它能表示的二进制补码范围可达 $-2^{31} \sim +2^{31} - 1$,即 $-2147483648 \sim +2147483647$。在数学上,我们能够使用的字长是无限的,因此能够表示的数据范围就是 $-\infty \sim +\infty$。在计算机中,对于进位与溢出都有相应的检测方法,以便对它们进行相应的处理。

4. 计算机内为什么使用补码

上面讲述的原码、反码与补码中,任何一种编码都可以用来表示带符号数。但是与原码和反码相比,采用补码有更多的优点。

① 补码表示法在数学上是连续的,或者说是与真值一一对应的。从表 1-1 中可以看出,数字"0"在原码和反码中都有两种编码,不是一一对应的。而采用补码时,零的编码是惟一的,并且,补码可以表示原码和反码无法表示的数字 -128。

② 采用补码后可以将符号位与数值本身一起直接参加运算,不必单独处理符号位。在前面的例子中已经看到,只要按照模 2^n 进行运算,做加法时将最高位的进位丢弃,做减法时将最高位的借位添上(这在计算机中是自动完成的),在不发生溢出的情况下就能得到正确的结果。当然,运算的结果仍然是补码。

而如果采用原码或反码,事情就没有那么简单了。要么需要单独处理符号位,要么要对运算结果进行额外的处理。

③ 采用补码表示带符号数时,加、减法的转换含义明确,易于理解。

在原码、反码和补码三种编码中,采用任何一种编码表示带符号数都可以用于计算机的运算电路逻辑设计。在早期研制的计算机中,就曾经有同时使用这几种编码进行电路设计的。但是由于补码具有上述的种种优点,特别是能用补码代替真值进行运算这一优点,使得在以后直至现在的计算机设计中广泛采用补码表示带符号的定点数。只有在个别场合才使用原码,一般不再使用反码。在本书中我们约定,计算机内的所有带符号定点数都是用补码表示的,带符号定点数的运算结果也是补码。

最后还要注意一点,在表 1-1 中的所有补码机器数,除了具有带符号的数字真值外($-128 \sim +127$),还有一个不带符号的数字真值($0 \sim 255$)。就是说,一个机器数有两种含义。一个是有符号的数,另一个是无符号的数。至于其具体的含义,则需要用户自己定义并进行相应的处理。

1.2.3 计算机中信息的表示与编码

计算机的用途不仅仅是数值计算,还要处理字符等特殊类型的信息,如字母、符号、控制信息、十进制的数字信息、中文信息等。在实际应用中,已经将常用的英文字母和文字标点符号,以及一些控制信息编制成标准的信息交换码表,即 ASCII 码。而对于十进制数字则使用二-十进制编码,即 BCD 码。这两种编码是国际通用的标准编码。

中文编码是我国制定的汉字信息国家标准。中文的编码可分为信息交换码、计算机内部码、输入码和字形码等。信息交换码主要用于中文信息在各种领域之间的交换。计算机内部码又称机内码或简称内码,是中文在计算机内部表示的一种二进制代码。输入码主要用于中文的键盘输入,如拼音码、五笔字型码等,输入码又称外部码或简称外码。字形码是表示中文形状的二进制代码,主要用于中文的显示和打印输出。

1. 十进制数字的二进制编码

由于通常人们习惯使用十进制进行思维和交流,计算机的输入和输出信息通常都是用十进制数字来表示,这就需要使用 BCD 码。BCD 码也称为 8421 码,它的每一位是用 4 位二进制数来表示的。因此 BCD 码同时具有二进制和十进制数制的某些特征。表 1-2 列出了标准的 BCD 编码和所对应的十进制数。注意 4 位 BCD 码的组合仅有 10 个有效数字,即对应十进制数字的 0~9。而其他组合(对应 10~15)是无效的。

表 1-2 BCD 编码表

十 进 制 数	8421 BCD 码	十 进 制 数	8421 BCD 码
0	0000	8	1000
1	0001	9	1001
2	0010	10	0001 0000
3	0011	11	0001 0001
4	0100	12	0001 0010
5	0101	13	0001 0011
6	0110	14	0001 0100
7	0111	15	0001 0101

2. 字符信息的编码

ASCII 码是美国标准信息交换码(American Standard Code for Information Interchange)的缩写。事实上,计算机的输入与输出信息都是用 ASCII 码表示的。当用户在键盘上键入一个字符时,其相应的 ASCII 编码将会传送给计算机。显示在计算机屏幕上的信息也是用 ASCII 码表示的。ASCII 码的编码见表 1-3。

表 1-3 中的前两列(第 0 列和第 1 列)都是控制字符,共有 32 个。控制字符是不可见的字符,如回车符与换行符等。第 2 列到第 7 列为可显示(打印)的字符,包括各种符号和大小写的英文字母,共有 96 个。其中"空格"(SP)和"清除"(DEL)是特殊字符,也是不可见的。标准 ASCII 码是 7 位二进制编码,占一个字节。字节中的最高位(第七位)通常为 0(最高位为 1 时为扩展的 ASCII 码,目前还没有统一)。

查找字符的 ASCII 码方法是,找到该字符后,先查找该字符所在的列,再查找该字符所在的行,将其表达成十六进制形式即可。例如,字母 F 在第 4 列、第 6 行,写成十六进制即为 46H。大家应该记住几个重要字符的 ASCII 码,它们是 A、a 和 0,其 ASCII 码分别是 41H、61H 和 30H。从表中可以看出,所有的字母和数字都是按照顺序排列的,因此 B、b 和 1 的 ASCII 码分别为 42H、62H 和 31H,其他的字母和数字的 ASCII 码可以依此类推。这样就等于记住了所有字母和数字的 ASCII 码。另外回车、换行符为常用字符,它们的 ASCII 码分别为 0DH 和 0AH。

表1-3 ASCII 字符编码表

b3 b2 b1 b0 \ b6 b5 b4	000	001	010	011	100	101	110	111
0 0 0 0	NUL	DLE	SP	0	@	P	`	p
0 0 0 1	SOH	DC1	!	1	A	Q	a	q
0 0 1 0	STX	DC2	"	2	B	R	b	r
0 0 1 1	ETX	DC3	#	3	C	S	c	s
0 1 0 0	EOT	DC4	$	4	D	T	d	t
0 1 0 1	ENQ	NAK	%	5	E	U	e	u
0 1 1 0	ACK	SYN	&	6	F	V	f	v
0 1 1 1	BEL	ETB	'	7	G	W	g	w
1 0 0 0	BS	CAN	(	8	H	X	h	x
1 0 0 1	HT	EM	)	9	I	Y	i	y
1 0 1 0	LF	SUB	*	:	J	Z	j	z
1 0 1 1	VT	ESC	+	;	K	[	k	{
1 1 0 0	FF	FS	,	<	L	\	l	|
1 1 0 1	CR	GS	-	=	M	]	m	}
1 1 1 0	SO	RS	.	>	N	^	n	~
1 1 1 1	SI	US	/	?	O	_	o	DEL

　　西文字母和字符总数不足 128 个,用 7 位二进制足以表达出来。而我国的汉字数量巨大,无法用一个字节表示。我国国家标准局于 1981 年公布了《国家标准信息交换用汉字编码字符集》(GB2312—80),该标准给出了一个二维编码表。该表共有 94 行、94 列,共收集汉字 6763 个,符号 682 个。其中一级汉字 3755 个,二级汉字 3008 个。每个汉字的代码可以用该汉字在代码表中的位置即它所处的行号和列号来表示。行号称为区号,列号称为位号,一个汉字的区位号称为该汉字的区位码。区号和位号各加上 32 以后所得到的两个七位二进制编码称为该汉字的交换码(又称为国标码)。在计算机内部,为了与西文字符的 ASCII 码相区别,把两字节国标码的每个字节的最高位置为"1",这就是汉字的机内码表示。例如,"国"字的区位码是 195AH,其国标码就是 397AH,机内码则是 B9FAH。

　　汉字的区位码用于汉字的输入;机内码用于汉字的存取和处理;国标码则用于不同汉字系统之间汉字的传输和交换。

　　计算机除了能够处理数字和字符之外,还能处理声音和图像等多媒体信息。各种多媒体信息也是用二进制编码来表示的,一般把具有对声音和影像等信息媒体进行处理能力的计算机称为多媒体计算机。限于篇幅,本书对多媒体信息的处理不作更详细的介绍。

1.3 本课程的特点与学习方法

相对于其他课程,本课程有它自己的特点,归纳起来如下:

1. 综合性与系统性

完整的计算机系统是一个复杂而庞大的体系,涉及多学科的综合知识。从计算机的基础知识、数学运算的一般知识,到计算机的原理、硬件组成与电路,再到指令系统、程序设计、操作系统、应用软件等,要全面和准确地掌握它是非常困难的。然而它的每一个基本组成部分单独来看却是非常简单的,如数字电路、二进制等。因此要能够全面理解和掌握每一个基本组成部分还必须把它和其他部分联系起来,并了解有关的发展历史。一般来说,要完整地掌握计算机的知识需要系统地学习有关课程,通常在计算机专业的课程设置中已经考虑了有关课程的系统性与完整性。非计算机专业的课程虽然有所缩减,但是也具有一定的系统性和持续性。

2. 实践性

大多数学习计算机的人主要从事的还是应用技术。从应用的角度来看,本课程的实践性大大强于理论性。许多使用和维护计算机的高手并未受过系统的计算机方面的专业训练,就是一个充分的例证。因此学习本课程时非常强调实践与实验的重要性。不仅要仔细研究例题、做好练习和习题,还应该配合课程上机做大量的实验。这样才能真正掌握和理解课程的内容,并融会贯通。

3. 软件与硬件的结合

我国目前对于计算机能力的评定采用四级考试制度。其中一级为各专业通用的计算机应用基础;二级为高级语言程序设计;三级为有关工科专业的高级应用而设置,分为偏硬件与偏软件两种。对于一、二级的计算机课程,可以基本上不涉及硬件。本课程的设置基本上是针对三级偏硬件的考试,因此硬件与软件同等重要。

一般来说,高级语言的程序设计是与硬件无关的,而汇编语言的程序设计则是与硬件相关的。从一定意义上说,计算机的软件和硬件是不可分的。没有软件的纯粹硬件实际上就是数字电路;而没有硬件的软件将成为空中楼阁。只有深入了解硬件,才能对计算机的运作过程有足够充分的了解,也才能写出更优秀的软件。

4. 快速的技术更新

计算机是一门发展迅速的技术科学,而有关计算机的产品则是一个巨大的市场。这就导致了计算机技术与产品的快速更新换代,其速度远远超过其他技术产品。在计算机的发展过程中有一个著名的"摩尔定律",即集成电路的器件密度每隔 2 年就会翻一番,芯片的性能也随之提高一倍,而价格则降低一半。这一统计规律已经持续了近 40 年,至今仍无减缓之势。

这样的发展速度对于计算机的用户是好事,而对于大多数想深入学习计算机技术的人则是沉重的压力。往往是刚出现的新技术还没有来得及完全掌握,更新的技术和产品又登场了。如果不能跟上计算机技术发展的步伐,就会在市场的竞争中被淘汰。

5. "正反馈"效应

计算机神奇的计算能力和几乎无所不能的功能使所有想学习计算机的人都想尽快掌握它,并成为计算机的高手。然而大多数学习计算机的人都只能停留在基本的使用方法上,无法在更高的层次上使用计算机。至于计算机的维护更是一件令人头疼的事情,从而失去了进一步深入学习的兴趣和动力。这样的情况导致了所谓的"正反馈"效应,就是能够迅速掌握计算机基本原理和技术的人就更有兴趣深入学下去,从而比较容易达到较高的层次;而越是学得不好的人就越没有兴趣,因而只能停留在较低层次上甚至根本无法入门。

由于本课程的上述特点,在具体的学习过程中就要有一些针对性。具体来说要注意以下几点:

(1) 打好基础,尽快入门

像大多数技术一样,学习计算机也有一个入门的过程。要入门除了需要掌握一些基本知识外,最重要的是要形成"数字化"思维方式。所谓"数字化"思维方式,就是所有的信息必须用数字来表达;所有的操作必须数字化。如果不能解决这个问题,就无法进入计算机的世界,对以后的学习也很不利。

(2) 循序渐进,由浅入深,注意积累

前面谈到全面掌握计算机技术不是一件容易的事,因此必须循序渐进、由浅入深。正因为计算机技术涉及多学科的综合知识,所以决不能寄希望于靠短期突击就能全面掌握所有计算机的技术。又因为计算机技术发展很快,所以一定要注意平时的积累。

(3) 融会贯通,触类旁通,注重综合

虽然计算机技术在总体上很难,但就一个单独的问题或方面来说,计算机技术又很简单。因此学习计算机技术还要能够融会贯通、触类旁通。不管是理论还是应用,要能够从一个问题的处理、解决过程了解其原理和原因,并能举一反三。即不仅要知其然,还要知其所以然。由于计算机系统的复杂性,要能够全面解释和解决一个问题并不那么容易。这时就需要付出艰苦的努力去把它弄明白。也可以先把它记下来,留待以后再解决。

(4) 广泛阅读,强调自学的重要性

任何一个教师都不可能教给学生一门课程或技术的全部内容,计算机技术也是如此。有关计算机的书籍可以说是所有科学技术类图书中分类较广、数量较多的。每本书的侧重点不同,读者对象也不同,每个人的具体情况也有所不同。因此没有任何一本书是包罗万象、完美无缺的。学习计算机应该多找一些不同的书来读,可能会收到不同的效果。

最后强调一下学习计算机所应具有的"三心":

"细心"——一丝不苟。计算机是一架精密的机器,容不得任何的差错和失误。用"失之毫厘,差之千里"来形容一点也不过分。初学计算机的人一定要养成严密的思维和操作习惯,并要能迅速找到系统设计中的"失误"之处。

"耐心"——孜孜不倦。由于计算机是一个复杂而庞大的系统,各个部分必须正确地协调工作才能实现所预期的功能。设计与实现一个实际应用系统往往需要极大的耐心与艰苦的努力。特别在排查系统中的错误时,经常需要废寝忘食地工作。

"恒心"——坚定信念、持之以恒。学习计算机是一件艰苦的事情,并需要长期的积累。很多人会因此半途而废。要成为计算机的高手和内行,一定要有坚韧不拔的信念,并应该有足够的精神准备。

习 题 一

1. 电子计算机分成几代？各代计算机有哪些特点？
2. 电子计算机有哪些特点？有哪些主要的应用？
3. 微型计算机与大中型计算机的主要区别是什么？
4. 当前微型计算机的发展趋势是什么？
5. 为什么计算机采用二进制作为运算的基础？为什么计算机中同时又采用十进制和十六进制表示数字？
6. 二进制数字与十六进制数字之间有什么关系？
7. 什么是模？钟表系统中小时、分钟、秒计数的模各是多少？
8. 计算机中为什么大都采用补码表示数据？它有什么优点？
9. 什么是 ASCII 码？它能表示多少信息？
10. 什么是计算机发展中的"摩尔定律"？
11. 分别用二进制、八进制和十六进制表示下列十进制数：

    (1) 100   (2) 200

    (3) 1000   (4) 10000

12. 将下列十进制数转换为二进制数：

    (1) 175   (2) 257

    (3) 0.625   (4) 0.15625

13. 将下列二进制数转换为 BCD 码：

    (1) 1101   (2) 0.01

    (3) 10101.101   (4) 11011.001

14. 将下列二进制数分别转换为八进制数和十六进制数：

    (1) 10101011   (2) 1011110011

    (3) 0.01101011   (4) 11101010.0011

15. 分别选取字长为 8 位和 16 位，写出下列数据的原码、反码。

    (1) $X = +31$ (2) $Y = -31$

    (3) $Z = +169$ (4) $W = -169$

16. 分别选取字长为 8 位和 16 位，写出下列数据的原码、补码。

    (1) $X = +65$ (2) $Y = -65$

    (3) $Z = +129$ (4) $W = -257$

17. 已知数的补码形式表示如下，分别求出数的原码与真值。

    (1) $[X]_{补} = 0.10011$ (2) $[Y]_{补} = 1.10011$

    (3) $[Z]_{补} = $ FFFH   (4) $[W]_{补} = $ 800H

18. 如果将 FFH 与 01H 相加，会产生溢出吗？
19. 选取 8 位字长，分别用补码计算下列各式，并且判断是否有进位及溢出。

    (1) 01111001 + 01110000   (2) −01111001 − 01110001

    (3) 01111100 − 01111111   (4) −01010001 + 01110001

20. 计算下列各式,并判断结果是否有进位及溢出(结果为16位补码)。
    (1) 1234H + 5678H   (2) 8888H − 9999H
    (3) −3456H − 8899H   (4) −7788H + FFFFH

21. 分别写出用下列表示方法所能够表示的有符号和无符号数据的范围:
    (1) 8位二进制   (2) 10位二进制
    (3) 16位二进制   (4) 32位二进制

22. 分别写出下列字符串的ASCII码:
    (1) 10abc   (2) RF56   (3) Z#12   (4) W = −2

23. 写出下列数字所代表的无符号数、有符号数和ASCII码:
    (1) 89H   (2) 48H
    (3) 1234H   (4) 8899H

24. 已知$[x+y]_补 = 7001H$,$[x-y]_补 = 0001H$,试求$[2x]_补$,$[2y]_补$,$[x]_补$,$[y]_补$,x 和 y。

25. 对于字长为24位和32位的二进制补码,分别写出其数据的表示范围的一般表达式。各自所能够表示的负数的最小值与正数的最大值是多少?

26. 将下列十进制数转换为24位(8位阶符阶码 + 16位尾符及尾数)浮点数:
    (1) +8.5   (2) −4.825
    (3) 12.48   (4) −8800

27. 设二进制浮点数的阶码为3位、阶符1位,尾数为6位、尾符1位,分别将下列各数表示成规格化的浮点数:
    (1) 1111.0111B   (2) −1111.10101B
    (3) −12/128   (4) 189/64

第 2 章　微型计算机的组成与工作原理

计算机的硬件主要是由各种数字逻辑电路所构成的,这些电路相互配合协调工作并实现了计算机所有的运算与控制功能。要全面理解计算机的运行原理和过程就要对计算机的硬件电路有足够深入的认识。逻辑代数又称布尔代数,是描述数字逻辑电路工作原理的数学工具。本章从逻辑代数和基本的数字逻辑单元开始,先介绍基本的逻辑电路以及相应的数学描述。然后逐步深入,介绍计算机的各种基本功能电路,再深入到微型计算机的组成、结构与工作原理。最后介绍微型计算机系统的组成与配置。

2.1　逻辑代数与基本逻辑电路

2.1.1　逻辑电路

各种复杂的数字逻辑电路都可以分解为三种基本的门电路(与门、或门、非门),或者说一个复杂的逻辑电路可以看成是由这三种基本的门电路组合成的。在上述三种基本门电路基础上,可以形成各种更为复杂的门电路。利用这些门电路可以构成具有一定功能的逻辑器件,如译码器、触发器、运算器、运算器等。

各种组合数字逻辑电路已经在电子技术、数字电路等有关课程中作了比较详细的介绍,读者可以参考有关教材。表 2-1 是一些典型和常用门电路的名称、符号和布尔表达式。其中的缓冲器可以看成两个串联的反相器,在电路中起缓冲和增加驱动能力的作用。

2.1.2　布尔代数与真值表

布尔代数也称为开关代数,是一种表示开关量之间逻辑函数关系的数学表达式。布尔代数是研究和设计复杂逻辑电路的数学工具。与一般代数表达式一样,可以写成如下形式:
$$Y = f(A,B,C,D,\cdots)$$

布尔代数有两个特点:

① 其中的变量 A、B、C、D 等均只有两种可能的数值: 0 或 1。布尔代数变量的数值并无大小之意,只代表事物的两个不同性质。如用于开关,则 0 代表关(断路)或低电位,1 代表开(通路)或高电位;如用于逻辑推理,则 0 代表错误(假),1 代表正确(真)。

② 函数 f 只有三种基本方式:"或"运算、"与"运算及"非"运算。

表 2-1 常用门电路的符号及其布尔表达式

逻辑门	图标符号	国外常用符号	布尔表达式
非门	A—[1]o—Y	A—▷o—Y	$Y = \overline{A}$
或门	A,B—[≥1]—Y	A,B—⟫—Y	$Y = A + B$
与门	A,B—[&]—Y	A,B—⟩—Y	$Y = AB$
或非门	A,B—[≥1]o—Y	A,B—⟫o—Y	$Y = \overline{A + B}$
与非门	A,B—[&]o—Y	A,B—⟩o—Y	$Y = \overline{AB}$
异或门	A,B—[=1]—Y	A,B—⟫—Y	$Y = A \oplus B$ $= \overline{A}B + A\overline{B}$
异或非门	A,B—[=1]o—Y	A,B—⟫o—Y	$Y = \overline{A \oplus B}$ $= AB + \overline{A}\,\overline{B}$
缓冲器（同相）	A—[1]—Y	A—▷—Y	$Y = A$

1. "或""与""非"运算

（1）"或"运算

由于 A 和 B 只有 0 或 1 的可能取值，所以其各种可能结果如下：

$$Y = 0 + 0 = 0 \quad \rightarrow Y = 0$$

$$\left.\begin{array}{l} Y = 0 + 1 = 1 \\ Y = 1 + 0 = 1 \\ Y = 1 + 1 = 1 \end{array}\right\} \rightarrow Y = 1$$

上述第四个式子与一般的代数加法不同，这是因为 Y 也只能有两种数值：0 或 1。

上面四个式子可归纳成两句话，两者皆伪者则结果必伪，有一为真则结果必为真。这个关系也可推广至多变量的情形：A、B、C、D……，各变量全伪者则结果必伪，有一为真者则结果必真，写成布尔表达式如下：

设 $Y = A + B + C + D + \cdots$，则

$$Y = 0 + 0 + \cdots + 0 = 0 \quad \rightarrow Y = 0$$

$$\left.\begin{array}{l} Y = 1 + 0 + \cdots + 0 = 1 \\ Y = 0 + 1 + \cdots + 0 = 1 \\ \cdots\cdots \\ Y = 1 + 1 + \cdots + 1 = 1 \end{array}\right\} \rightarrow Y = 1$$

这意味着，在多输入的"或"门电路中，只要其中一个输入为 1，则其输出必为 1。或者

说只有全部输入为 0 时,输出才为 0。

"或"运算有时也称为"逻辑或"。当 A 和 B 为多位二进制数时,如:
$$A = A_1A_2A_3\cdots A_n$$
$$B = B_1B_2B_3\cdots B_n$$
则进行"逻辑或"运算时,各对应为分别进行"或"运算:
$$Y = A + B = (A_1 + B_1)(A_2 + B_2)(A_3 + B_3)\cdots(A_n + B_n)$$

【例 2-1】 设 $A = 10101, B = 11011$,则
$$Y = A + B$$
$$= (1+1)(0+1)(1+0)(0+1)(1+1)$$
$$= 11111$$

写成竖式则为

```
   1 0 1 0 1
+) 1 1 0 1 1
   ─────────
   1 1 1 1 1
```

这里要注意,1"或"1 等于 1,没有进位。

(2) "与"运算

根据 A 和 B 的取值(0 或 1)可以写出以下各种可能的运算结果:
$$\left.\begin{array}{l} Y = 0 \cdot 0 = 0 \\ Y = 1 \cdot 0 = 0 \\ Y = 0 \cdot 1 = 0 \end{array}\right\} \to Y = 0$$
$$Y = 1 \cdot 1 = 1 \quad \to Y = 1$$

这种运算结果也可归纳为:二者为真者结果必真,有一为伪者结果必伪。同样,这个结论也可推广至多变量的情形:各变量均为真者结果必真,有一为伪者结果必伪。写成布尔表达式如下:

设 $Y = A \cdot B \cdot C \cdot D \cdots$,则
$$\left.\begin{array}{l} Y = 0 \cdot 0 \cdot \cdots \cdot 0 = 0 \\ Y = 1 \cdot 0 \cdot \cdots \cdot 0 = 0 \\ Y = 0 \cdot 1 \cdot \cdots \cdot 0 = 0 \\ \cdots\cdots \end{array}\right\} \to Y = 0$$
$$Y = 1 \cdot 1 \cdot 1 \cdot \cdots \cdot 1 = 1 \to Y = 1$$

这意味着,在多输入"与"门电路中,只要其中一个输入为 0,则输出必为 0,或者说,只有全部输入均为 1 时,输出才为 1。

"与"运算有时也称为"逻辑与"。当 A 和 B 为多位二进制数时,如:
$$A = A_1A_2A_3\cdots A_n$$
$$B = B_1B_2B_3\cdots B_n$$
则进行"逻辑与"运算时,各对应位分别进行"与"运算:
$$Y = A \cdot B = (A_1 \cdot B_1)(A_2 \cdot B_2)(A_3 \cdot B_3)\cdots(A_n \cdot B_n)$$

(3) "非"运算

如果一件事物的性质为 A,则其经过"非"运算之后,其性质必与 A 相反,用表达式表示为:$Y = \overline{A}$。

这实际上也是反相器的性质。所以在电路实现上,反相器是"非"运算的基本元件。"非"运算也称为"逻辑非"或"逻辑反"。

当 A 为多位数时,如:$A = A_1 A_2 A_3 \cdots A_n$,则其"逻辑非"为:$Y = \overline{A_1 A_2 A_3 \cdots A_n}$。

2. 布尔代数的基本运算规则

(1) 恒等式

$A \cdot 0 = 0$ $A \cdot 1 = A$ $A \cdot A = A$

$A + 0 = A$ $A + 1 = 1$ $A + A = A$

$A + \overline{A} = 1$ $A \cdot \overline{A} = 0$ $\overline{\overline{A}} = A$

(2) 运算规律

与普通代数一样,布尔代数也有交换律、结合律、分配律,而且它们与普通代数的规律完全相同。

① 交换律:$A \cdot B = B \cdot A$

$A + B = B + A$

② 结合律:$(AB)C = A(BC) = ABC$

$(A + B) + C = A + (B + C) = A + B + C$

③ 分配律:$A(B + C) = AB + AC$

$(A + B)(C + D) = AC + AD + BC + BD$

利用这些运算规律及恒等式,可以化简很多逻辑关系式。

3. 真值表及与布尔代数式的关系

当人们遇到一个因果问题时,常常把各种因素全部考虑进去,然后再研究各种情况下的结果。真值表也就是这种方法的一种表格形式。在描述数字电路的功能时,有时采用真值表更为方便和直观。

例如,考虑两个一位的二进制数 A 和 B 相加,其本位的和 S 及向高一位进位 C 会有怎样的结果呢?

全面考虑各种组合,可能出现四种情况:或 A = 0,B = 0;或 A = 0,B = 1;或 A = 1,B = 0;或 A = 1,B = 1(一般 n 个因素可有 2^n 种情况)。这实质是两个一位数(可为 0,也可为 1)的排列。我们可以把它们列入一张表内,如表 2-2 左边部分所示。当 A 和 B 都为 0 时,S 为 0,进位 C 也为 0;当 A 为 0 且 B 为 1 时,S 为 1,进位 C 为 0;当 A 为 1 且 B 为 0 时,S 为 1,进位 C 为 0;当 A 为 1 且 B 也为 1 时,由于 S 是一位数所以为 0,而有进位 C = 1。结果如表 2-2 所示。

我们称表 2-2 为这个逻辑问题(二进制数相加的运算)的真值表。

表 2-2 二进制相加运算真值表

A	B	S	C
0	0	0	0
0	1	1	0
1	0	1	0
1	1	0	1

真值表和布尔代数都是描述和研究数字逻辑电路的工具,因此两者应该是等价的。但是在分析一个电路的功能时,采用真值表更为方便。而在进行电路的设计时,采用布尔代数更为方便。具体还涉及个人的习惯,两者可以互为补充。

2.2 计算机的逻辑功能部件

2.2.1 逻辑运算部件

计算机进行逻辑运算的电路就是由上面叙述的基本逻辑电路实现的。不同的只是根据计算机的字长,需要配备相应字长的逻辑运算器。计算机中的逻辑运算器可以用图 2-1 的符号表示。

图 2-1 计算机中的逻辑运算器

2.2.2 其他组合逻辑部件

只有单独的逻辑运算器还远远不够,计算机要能够对不同来源的数据进行不同的运算,并且需要将运算结果保存到指定的地方。这就需要各种辅助部件,另外还要配备有关的控制电路与输入、输出缓冲器,以便能够暂时存储运算数据和中间结果。

1. 编码器与译码器

编码是用二进制数码串表示信号的过程,编码器是实现编码操作的逻辑部件。常见的编码器有二进制编码器、BCD 码编码器和优先编码器等。

与编码器相反,译码可看成是编码的"逆运算",是将二进制数码串的特定含义"翻译"出来的过程。译码器是实现译码操作的逻辑部件。常见的译码器有二进制译码器、BCD 码译码器和字符显示译码器等。

(1) 二进制编码器和 BCD 码编码器

二进制编码器能将 2^n 个不同的信号分别用不同的 n 位二进制数表示出来。例如,对 8 个不同的输入信号进行编码时,输出的二进制数应为 3 位,这样的编码器如图 2-2 所示。当 Y_0 有效而其余的输入信号均无效时,编码器的输出为 000;当 Y_1 有效而其余的输入信号均无效时,编码器的输出为 001……当 Y_7 有效而其余的输入信号均无效时,编码器的输出为 111。该编码器在任何时刻都只能对一个输入信号进行编码,不允许两个或两个以上的输入信号同时有效,也就是说,各个输入信号之间是互相排斥的。

BCD 码编码器的输入端是 10 个互相排斥的信号,分别代表 10 个不同的十进制数字,输出端是 4 位二进制数(对应十进制数字的某种 BCD 码)。最常见的 BCD 码编码器是 8421 码编码器,如图 2-3 所示。

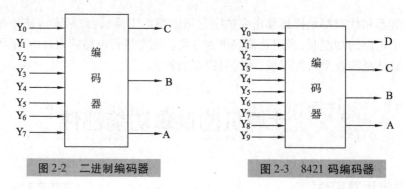

图 2-2 二进制编码器　　　　　图 2-3 8421 码编码器

(2) 优先编码器

在一般的编码器中,各个输入信号是互相排斥的,同一时刻只允许一个输入信号有效。在优先编码器中,允许多个输入信号同时有效,但只对其中优先级别最高的信号进行编码,将级别低的其他有效信号视为无效。这样的编码器称为优先编码器。信号优先级别的高、低是在设计电路时预先确定的。

优先编码器电路的外部形式与一般的编码器相同(图 2-2),但是内部电路不同。如果设 Y_0 的优先级最高,Y_1 的优先级次之……Y_7 的优先级最低,则只要 Y_0 有效而不管其余的输入信号是否有效,编码器都输出 000;只要 Y_0 无效、Y_1 有效而不管 $Y_2 \sim Y_7$ 是否有效,编码器都输出 001;只要 Y_0、Y_1 无效、Y_2 有效而不管 $Y_3 \sim Y_7$ 是否有效,编码器都输出 010……只有当 $Y_0 \sim Y_6$ 都无效,仅 Y_7 有效时编码器才输出 111。

(3) 二进制译码器和 BCD 码译码器

二进制译码器能将输入的二进制代码按照其原意翻译成对应的输出信号。例如,3-8 译码器能将输入的 3 位二进制数翻译成对应的 8 个输出信号之一,如图 2-4 所示。当输入为 000 时译码器的输出端 Y_0 有效,其余的信号都无效;当输入为 001 时译码器的输出端 Y_1 有效,其余的信号都无效……当输入为 111 时译码器的输出端 Y_7 有效,其余的信号都无效。一般来说,n-2^n 二进制译码器可将 n 位二进制数的 2^n 种组合翻译成相应的输出信号。

BCD 码译码器的输入端是 4 位二进制数(对应十进制数字的某种 BCD 码),输出端是相应的 10 个输出信号之一。在输入端的 16 种状态中,总有 6 种是无效的,在正常工作时不应出现。BCD 码译码器如图 2-5 所示。

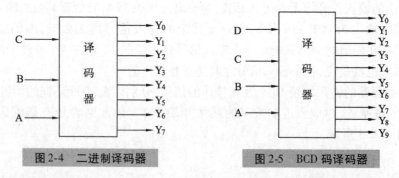

图 2-4 二进制译码器　　　　　图 2-5 BCD 码译码器

(4) 字符显示译码器

字符显示译码器是能产生数码管输入信号的译码器,其逻辑符号如图 2-6 所示。输入端的 D、C、B、A 是 8421 码,其中的 1010 ~ 1111 是未使用的 6 种无效状态。输出端 a、b、c、d、 e、f、g、h 的输出可作为 8 段数码管的驱动信号。

字符显示译码器和二进制译码器不同。对于输入端的同一个二进制数,二进制译码器的输出端只有一个信号有效,但字符显示译码器的输出端可能有多个信号同时有效,这多个信号的组合恰好对应数码管显示一个数字时的各段笔画。例如,输入信号为"1"时,输出信号 b、c 应为有效,其余输出信号为无效。对应的数码管 b、c 段点亮,其余段不亮,此时即显示数字"1"。字符显示译码器常用于显示电路中。

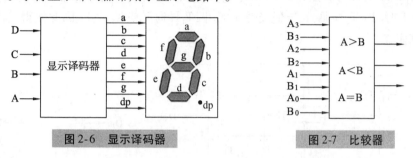

图2-6 显示译码器　　　　图2-7 比较器

2．比较器

比较器是用于比较两个机器数大小的逻辑部件,可分为串联比较器和并联比较器两类。

4 位并联比较器如图 2-7 所示。它的 8 个输入端用于输入两个 4 位二进制数 A 和 B,三个输出端用于输出比较结果:A = B 时仅"A = B"端输出 1(高电平);A > B 时仅"A > B"端输出 1(高电平);A < B 时仅"A < B"端输出 1(高电平)。

3．多路选择器与多路分配器

多路选择器是指从多路输入数据中选择一路输出的过程。实现多路选择的逻辑部件称为多路选择器或数据选择器,也称为多路开关。四输入的多路选择器如图 2-8 所示。输入端 A_3、A_2、A_1、A_0 用于输入四路数据(每路 1 位),控制端 S_1、S_0 用于选择输入数据,输出端 F 用于输出选中的一路数据,使能端(也称选通端、允许端)G 用于决定是否让该选择器工作。若 S_1、S_0 为 00,则 F 输出 A_0;若 S_1、S_0 为 01,则 F 输出 A_1;若 S_1、S_0 为 10,则 F 输出 A_2;若 S_1、S_0 为 11,则 F 输出 A_3。

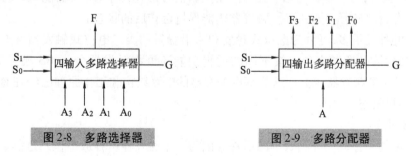

图2-8 多路选择器　　　　图2-9 多路分配器

多路分配与多路选择相反,是指将一路输入数据从选中的一个输出端输出的过程。实现多路分配的逻辑电路称为多路分配器或数据分配器。四输出的多路分配器如图 2-9 所示。输入端 A 用于输入数据,输出端 F_3、F_2、F_1、F_0 之一用于输出数据,控制端 S_1、S_0 用于选择输出端,使能端(也称选通端、允许端)G 用于决定是否让该分配器工作。当 G 无效时分配器不工作,当 G 有效时分配器工作,此时,若 S_1、S_0 为 00,则数据 A 从 F_0 输出;若 S_1、S_0 为 01,则数据 A 从 F_1 输出;若 S_1、S_0 为 10,则数据 A 从 F_2 输出;若 S_1、S_0 为 11,则数据 A 从 F_3 输出。

4. 三态门

三态门也称三态开关,是一种有三种输出状态(即 0 态、1 态和高阻态)的输出控制电路。用 MOS 管组成的三态门电路及逻辑符号如图 2-10 所示。其中 V_{DD} 是电源(+5 V),E 是三态门的控制端,D_{IN} 是数据输入端,D_{OUT} 是数据输出端,$T_1 \sim T_8$ 是 MOS 管,其中的 T_7 和 T_8 是负载管,起负载电阻的作用。

根据图 2-10 可以分析出,当 $E=0$ 时 T_3、T_4 截止,此时输出端等于输入端,即 $D_{OUT} = D_{IN}$。
当 $E=1$ 时,T_3、T_4 导通,T_3 导通又使 T_6 截止,T_4 导通又使 T_5 截止,因此使得输出端浮空,D_{OUT} 端呈高阻态。

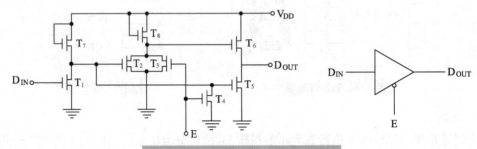

图 2-10 三态门的电路结构与符号

三态门电路广泛应用于计算机中各个部件之间的相互连接。例如,有三个部件 A、B、C,由于各个部件之间使用公共总线进行连接,当需要将数据从部件 A 传送到部件 C 时,部件 A 的三态门输出数据,部件 C 接收数据,此时部件 B 的三态门必须为高阻态。只有这样才能保证部件 B 中的数据不会错误地传送到部件 C 中去。

2.2.3 触发器及暂存数据部件

1. 各种触发器

触发器是用于存入和记忆 1 位二进制数码的逻辑部件,它有两种稳定状态,可将其中的一种称为"0"状态,另一种称为"1"状态。在控制信号的作用下,触发器能从一种状态翻转到另一种状态,在控制信号去除后,触发器仍能保持翻转后的状态。

触发器的种类很多,可分为电位式触发和边沿触发两类。电位式触发器又有同步触发器和主-从结构的触发器之分。按不同的逻辑功能还可将触发器分为 RS 触发器、D 触发器、JK 触发器和 T 触发器四类。这些基本触发器的电路结构和工作原理已经在有关课程讲述过,此处不再赘述。

2. 寄存器

寄存器是用于存放二进制数码的部件。因为一个触发器可存放 1 位二进制数码,所以,触发器也可称为 1 位寄存器。用 n 个触发器即可构成一个 n 位寄存器。

(1)数据寄存器

数据寄存器只有接收数码和暂存数码的功能。用 4 个 D 触发器构成的 4 位数据寄存器如图 2-11 所示。D_3、D_2、D_1、D_0 是数据输入端,Q_3、Q_2、Q_1、Q_0 是数据输出端,$\overline{Q_3}$、$\overline{Q_2}$、$\overline{Q_1}$、$\overline{Q_0}$ 是数据的反向输出端,CP 为接收控制信号。当 CP 到来后,各个 D 触发器同时更新状态,使 $Q_3Q_2Q_1Q_0 = D_3D_2D_1D_0$,将 $D_3D_2D_1D_0$ 端的数码 $X_3X_2X_1X_0$ 存入寄存器。

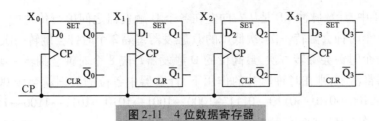

图 2-11　4 位数据寄存器

（2）移位寄存器

移位寄存器除了有接收数码和暂存数码的功能外,还有移位的功能。在移位控制脉冲的作用下,移位寄存器中的数据能依次左移或右移。

用 4 个 D 触发器构成的 4 位单向移位（右移）寄存器如图 2-12 所示。每个触发器的输出端都接到高一位触发器的输入端,只有最低位触发器的输入端 D_0 接收数据 D,CP 为移位控制信号。当 CP 到来后,各个 D 触发器同时更新状态,使 $Q_3Q_2Q_1Q_0 = Q_2Q_1Q_0D$,相当于将寄存器中原来的数码右移了一位。

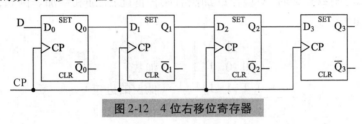

图 2-12　4 位右移位寄存器

3．锁存器

将若干个由电平触发的触发器控制端连接在一起,由一个公共的控制信号 CP 来控制,而每个触发器的数据输入端仍独立地接收数据,这种在一位控制信号 CP 的控制下能同时寄存多位数据的逻辑部件称为锁存器。

锁存器和寄存器都能寄存数据,两者的区别是:锁存器中的触发器由电平触发,寄存器中的触发器由脉冲边沿触发。如果有效数据的稳定滞后于触发信号,则只能使用由电位控制的锁存器来寄存数据;如果有效数据的稳定先于触发信号,且要求同步操作,则需要使用由脉冲边沿控制的寄存器来寄存数据。

一般锁存器都具有三态输出门控制,又称为输出允许控制,如图 2-13 所示。

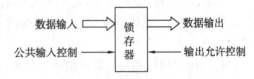

图 2-13　锁存器的电路符号

4．计数器

计数器就是能对输入脉冲的个数进行计数的寄存器。计数器的种类很多,有二进制计数器、十进制计数器及其他进制计数器;有加法计数器、减法计数器及加减法（可逆）计数器;有同步计数器、异步计数器等。用 4 个 D 触发器组成的一种 4 位二进制加 1 计数器的电路如图 2-14 所示。

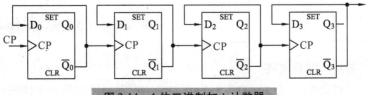

图 2-14　4 位二进制加 1 计数器

在图 2-14 中,计数脉冲 CP 是从右向左在各个 D 触发器之间串行传送的。最低位的 D 触发器每隔 1 个时钟会翻转一次,次低位的 D 触发器每隔 2 个时钟会翻转一次,次高位的 D 触发器每隔 4 个时钟会翻转一次,最高位的 D 触发器每隔 8 个时钟会翻转一次。如果先将 4 个 D 触发器都清零,则在时钟脉冲的作用下,计数器中各位的数据就会按 0000→0001→0010→0011→0100→0101→0110→0111→1000→1001→1010→1011→1100→1101→1110→1111 的次序依次变化,从而实现 4 位二进制计数。

2.2.4 算术逻辑单元(ALU)

算术逻辑单元(Arithmetic Logic Unit)是计算机内部进行算术运算和逻辑运算的功能部件。逻辑运算电路前面已经介绍过,本小节介绍算术运算电路。

1. 加法器

(1) 全加和半加

2 个多位二进制数相加时,对应位的加法有两种情况:全加和半加。例如,在如下 2 个 4 位二进制数的加法中:

```
    0 1 0 1    (被加数)
    0 0 1 1    (加数)
  + 0 1 1 1    (低位的进位)
  ─────────
    1 0 0 0
```

最低位只有 2 个二进制数码相加,这样的加法称为半加;其余各位都有 3 个二进制数码(包括低位的进位)相加,这样的加法称为全加。半加就是将同一位上的 2 个二进制数码相加,全加就是将同一位上的 3 个二进制数码(包括低位的进位)相加。能实现半加的逻辑电路称为半加器,能实现全加的逻辑电路称为全加器。

(2) 1 位二进制半加器电路

设 2 个 1 位二进制数 X 和 Y 的和为 S,进位为 C,则相加时的 4 种情况如表 2-3 所示。

由表 2-3 可知,若 X、Y 相同,则 S 为 0;若 X、Y 不同,则 S 为 1;若 X、Y 全为 1,则 C 为 1;若 X、Y 不全为 1,则 C 为 0。所以,S 是 X、Y 异或的结果,C 是 X、Y 相与的结果,即有:$S = X \oplus Y$;$C = X \cdot Y$。

可见,用异或门和与门即可组成半加器。1 位半加器的电路及逻辑符号如图 2-15 所示。

表 2-3 半加器的真值表

X	Y	S	C
0	0	0	0
0	1	1	0
1	0	1	0
1	1	0	1

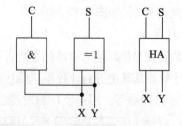

图 2-15 1 位二进制半加器的电路和符号

(3) 1 位二进制全加器电路

设 3 个 1 位二进制数 X、Y、C_0 的和为 S,进位为 C_1,则相加时的 8 种情况如表 2-4 所示。

表 2-4　全加器的逻辑真值表

X	Y	C_0	S	C_1
0	0	0	0	0
0	0	1	1	0
0	1	0	1	0
1	0	0	1	0
0	1	1	0	1
1	0	1	0	1
1	1	0	0	1
1	1	1	1	1

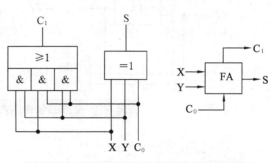

图 2-16　1 位二进制全加器的电路和符号

由表 2-4 可见,在 X、Y,Y、C_0,C_0、X 三对数码中,只要有一对全为 1,则 C_1 就为 1;有多对全为 1 时 C_1 也为 1;仅当任何一对数码都不全为 1 时 C_1 才为 0。所以,C_1 与 X、Y、C_0 的关系是:每对的两个数码间应相与,各对数码间再相或,即 $C_1 = X \cdot C_0 + Y \cdot C_0 + X \cdot Y$。

同样由表 2-4 可知,在 X、Y、C_0 三个数码中,若有偶数个 1,则 S 为 0,若有奇数个 1,则 S 为 1,所以,S 与 X、Y、C_0 之间的关系是:$S = X \oplus Y \oplus C_0$。

可见,用异或门、与门和或门即可组成全加器,1 位全加器的电路及逻辑符号如图 2-16 所示。

(4) 4 位二进制加法器

可以用 3 个全加器和 1 个半加器组成 1 个 4 位加法器,也可用 4 个全加器组成 1 个 4 位加法器。用全加器组成的 4 位加法器的电路和逻辑符号如图 2-17 所示。

运算时从最低位开始,A_0、B_0 和 C_0($C_0 = 0$)相加后得到和的最低位 S_0 及向高位的进位 C_1,然后 A_1、B_1 和 C_1 再相加,得到和的次低位 S_1 及向高位的进位 C_2……共做 4 步,才能得到最后的和 $S_3S_2S_1S_0$ 及向高位的进位 C_4。这样的加法器称为行波进位的加法器。

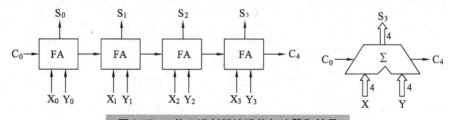

图 2-17　4 位二进制行波进位加法器和符号

2. 溢出检测电路

在前一章中我们已经知道计算机中带符号数的运算会有溢出的问题。溢出的检测方法有 3 种,分别是用单符号位检测、用进位位检测和用双符号位检测,其电路图分别如图 2-18、图 2-19、图 2-20 所示。其中的 Z_i 就是上述各图中的 S_i。

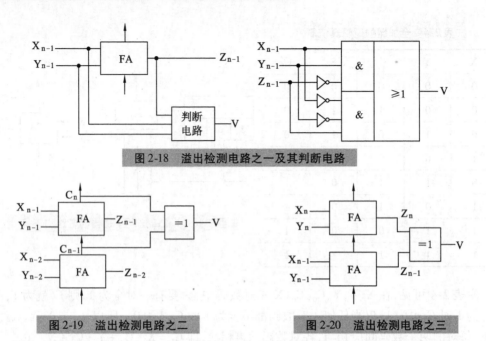

图 2-18　溢出检测电路之一及其判断电路

图 2-19　溢出检测电路之二　　　　　图 2-20　溢出检测电路之三

3. 加/减法器

将减法转换为加法的方法就是将减数的各位(包括符号位)求反后再在最低位加 1,用得到的数与被减数相加。

(1) 1 位二进制加/减法器

用 1 个全加器和 1 个异或门可组成 1 位加/减法器 ASU。ASU 的电路及逻辑符号如图 2-21 所示。其中,$M=0$ 时做加法,实现全加器的功能;$M=1$ 时做减法,将减数的"非"和被减数相加,如下式所示。

$$C_1 = X \cdot C_0 + \overline{Y} \cdot C_0 + X \cdot \overline{Y}$$
$$S = X \oplus \overline{Y} \oplus C_0$$

如果要最后完成减法,还需要在组成多位加/减法器时在最低位上加 1。

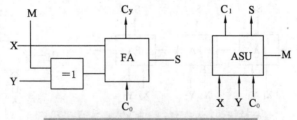

图 2-21　1 位二进制加/减法器和符号

(2) 行波进位的 4 位二进制加/减法器

用 4 个 1 位的加/减法器 ASU 串接起来可组成 1 个 4 位的加/减法器,称为行波进位加/减法器,其电路及逻辑符号如图 2-22 所示。

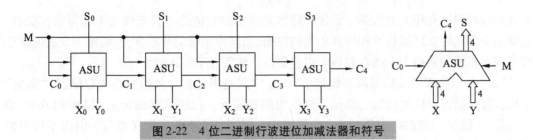

图 2-22　4 位二进制行波进位加减法器和符号

其中，M 加在每一位加/减法器的控制端，同时，M 还作为进位位 C_0 加在最低位。做加法时 $M = C_0 = 0$，将最低位的全加器作为半加器使用；做减法时 $M = C_0 = 1$，使最低位同时完成加 1 的运算。

行波进位加/减法器的进位是串行产生的，高位上的数据必须在得到低位的进位后才能开始计算，在数据位数较多时速度很慢。为了提高速度，可采用同步进位的快速加/减法器。

4. 乘/除法运算电路

在数学算法上，乘法可以用移位再相加的方法实现，而除法则可以用移位再相减的方法实现。在计算机中，用移位及加、减法操作进行乘、除运算时，无符号数和带符号数（补码）可使用同一个加/减法器，乘法和除法也可使用同一个运算电路。

n 位定点乘/除法运算电路的原理如图 2-23 所示。其中 R_2 为 n 位寄存器；R_0 和 R_1 合起来为 2n 位双向移位寄存器，ASU 为 n 位加、减法器。对于乘法操作，开始时 R_2 存放被乘数，R_1 存放乘数，R_0 存放部分积；结束时 R_2 仍存放被乘数，R_0 和 R_1 共同存放乘积；对于除法操作，开始时 R_2 存放除数，R_0 和 R_1 共同存放被除数，结束时 R_2 仍存放除数，R_0 存放机器余数，R_1 存放商。

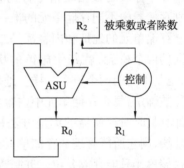

图 2-23　定点数乘/除法运算电路

2.3　计算机的组成与工作原理

2.3.1　计算机的组成与结构

1. 存储器

存储器是用来存放程序和数据的、具有记忆功能的装置，分为主存储器（也称主存、内存）和辅助存储器（也称辅存、外存）两类。主存储器用于存放正在运行的程序、可立即运行的程序以及相关的数据，辅助存储器（如磁盘、光盘和磁带）用于长期保存各种程序和数据。主存储器的容量较小，速度较快，价格较高，它可以和运算器直接交换数据。辅助存储器的容量较大，速度较慢，价格较低，它通常只能与主存储器成批交换数据。本小节只讨论主存储器，并将其简称为存储器。

存储器可分为随机存储器（Random Access Memory, RAM）和只读存储器（Read Only Memory, ROM）两类。随机存储器是指在通常情况下既可读又可写的存储器，主要用于存放正在运行的程序和相关的数据。只读存储器是指在通常情况下只能读而不能写的存储器，主要用于存放可立即运行的程序和相关的数据，如操作系统的核心部分，固定不变的通用子程序以及相关的数据。只读存储器的内容是在特殊条件下写入的。

"读"是指将程序或数据从存储器中取出，"写"是指将程序或数据存入存储器，"随机"是指读写存储器中任何位置的数据所用的时间都相同。按照这样的定义，RAM 和 ROM 都应该算作"随机"存储器，只不过 ROM 只能读不能写，RAM 既可读又可写。但由于历史的原因，RAM 被称为随机存储器，ROM 被称为只读存储器。从存储器中读出数据时存储器的原内容不会变，向存储器中写入数据时存储器的原内容被更新。断电时随机存储器中的内容会丢失，而只读存储器中的内容不会丢失。

计算机中的指令和数据都表现为二进制数码，它们必须被存入存储器的不同区域才能被区分。为了准确地对存储器进行读或写，通常以字节（或以字）为单位将存储器划分为一个个存储单元，并依次对每一个存储单元赋予一个序号（从零开始的无符号整数），该序号称为存储单元的地址。存储单元中存放的数据或指令称为存储单元的内容。地址是识别存储器中不同存储单元的惟一标识，如图 2-24 所示。

存储单元的地址和内容都是二进制数码，但它们是完全不同的两个概念，就好像旅馆的房间号和房间里居住的客人，也是不同的两个概念一样。地址的位数由控制器地址线的位数确定，每个存储单元中内容（数据或指令）的位数由设计计算机时对存储器的编址方法确定。如果控制器有 n 条

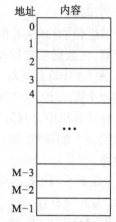

图 2-24　存储器及其地址

地址线，则它所能管理的存储单元最多为 2^n 个。如果对存储器采用的是按字节编址，则每个存储单元只能存放 8 位二进制数码。每个存储单元的地址都是惟一的，不同存储单元的地址互不相同。每次读、写存储器时都必须先给出存储单元的地址，然后才能访问（读或写）存储单元中的内容。

2. 运算器

运算器是进行算术运算（如加、减、乘、除等）和逻辑运算（如非、与、或等）的装置，通常由算术逻辑部件 ALU，专用寄存器 X、Y 和 Z，累加器，通用寄存器 R0、R1……Rn − 1 以及标志寄存器 F 组成，如图 2-25 所示。核心部件 ALU 用于完成算术运算和逻辑运算。X、Y 是 ALU 的输入寄存器，Z 是 ALU 的输出寄存器。早期的计算机用一个累加器存放原始数据和运算结果，现代计算机的每个通用寄存器都可作为累加器使用，用于存放原始数据和运算结果，但仍有一个处于特殊地位的寄存器称为累加器。F 用于存放运算结果的状态，如结果是否为零，是正还是负，有无进位，是否溢出等。

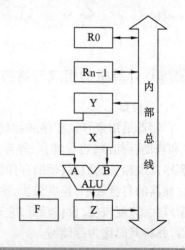

图 2-25　运算器的基本组成与结构

ALU 的功能是对 X、Y 中的数据进行运算，并将

结果送到 Z。X、Y、Z 是与 ALU 不可分的一部分,通常称为 ALU 的数据暂存器。X、Y 中的数据可来自通用寄存器,也可来自存储器。Z 中的数据可送往通用寄存器,也可送往存储器。

3. 控制器

控制器是指挥和控制计算机的所有部件协调工作的装置,是整个计算机的控制中枢,其功能就是执行指令。它能按程序规定的次序从存储器中逐条取出指令,对指令进行译码,产生相应的控制信号以控制有关部件的动作,使计算机能一步一步地完成程序所规定的任务。

程序在执行前必须存入存储器,执行时再将程序的每一条指令依次从存储器中取出,有时还需要从存储器(或输入设备)中取出数据或者向存储器(或输出设备)中存入数据。这些读/写存储器(或输入/输出设备)的操作都要在控制器的控制下才能完成。对存储器而言,数据和指令都是数据,只是存放在不同区域的数据;对控制器而言,在取指令期间从存储器中读出的内容则视为指令,在执行指令期间对存储器读/写的内容则视为数据。

(1) 对存储器的访问(读数据或写数据)

读存储器中的数据时,控制器首先要形成存储单元的地址并将其送上地址线,再发出"读"命令。存储器收到"读"命令后,将地址线上的地址经过译码确定欲读的存储单元,将该单元中的数据读出并将其送上数据线,同时向控制器发出应答信号。控制器收到应答信号后,将数据线上的数据送到运算器或输出设备,并可开始下一次的读/写操作。

将数据写入存储器时,控制器首先要形成存储单元的地址并将其送上地址线,再将运算器中的数据或输入设备中的数据送上数据线,最后发出"写"命令。存储器收到"写"命令后,将地址线上的地址经过译码确定欲写的存储单元,将数据线上的数据写入该存储单元,并向控制器发出应答信号。控制器收到应答信号后,方可开始下一次的读/写操作。

对存储器的一次访问(读数据或写数据)是从地址的传送开始,到数据的传送结束为止。连续两次独立的存储器操作所需的最小时间间隔称为存储器的访问周期。其中,从存储器中读数据的周期称为存储器的读周期,向存储器中写数据的周期称为存储器的写周期。

(2) 对输入/输出设备的访问(输入数据或输出数据)

输入数据时,控制器首先要形成输入设备的设备号(设备地址)并将其送上地址线,再发出"读"命令。被选中的设备收到"读"命令后,将该设备中的数据送上数据线,并向控制器发出应答信号。控制器收到应答信号后,将数据线上的数据送到运算器或存储器,并可开始下一次的输入/输出操作。

输出数据时,控制器首先要形成输出设备的设备号(设备地址)并将其送上地址线,再将运算器或存储器中的数据送上数据线,最后发出"写"命令。被选中的设备收到"写"命令后,将数据线上的数据写入该设备,并向控制器发出应答信号。控制器收到应答信号后,方可开始下一次的输入/输出操作。

对输入/输出设备的一次访问(输入数据或输出数据)是从设备号(设备地址)的传送开始,到数据的传送结束为止。连续两次独立的输入/输出操作所需的最小时间间隔称为一个输入/输出周期,其中,输入数据的周期称为输入周期,输出数据的周期称为输出周期。

与对存储器的访问不同,对输入/输出设备的访问还有两种与上述方式不同的特殊控制方式:中断控制方式和 DMA 控制方式,后面将会详细介绍。

为了实现对计算机各部件的有效控制,快速准确地取指令、分析指令和执行指令,控制器通常都由指令寄存器（Instruction Register，IR）、程序计数器（Program Counter，PC）、存储器地址寄存器（Memory Address Register，MAR）、存储器数据寄存器（Memory Data Register，MDR）、指令译码器（Instruction Decoder，ID）和控制电路等几部分组成，如图2-26所示。其中，IR用于存放正在执行或即将执行的指令；PC（也称指令地址寄存器、指令计数器或指令指针）用于存放下一条指令的存储单元地址，它具有自动增量计数的功能；MAR用于在访存时缓存存储单元的地址；MDR用于在访存时缓存对存储单元读/写的数据；ID用于对IR中的指令进行译码，以确定IR中存放的是哪一条指令；控制电路负责产生时序脉冲信号，并在时序脉冲的同步下对有关的部件发出操作控制命令，以控制各个部件的动作。

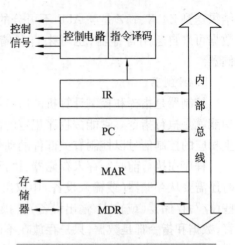

图2-26 控制器的基本组成与结构

4. 输入与输出设备

输入设备是用来输入数据（通常是原始数据）和程序的装置，其功能是将外界的信息转换成机内的表示形式并传送到计算机内部。常见的输入设备有键盘、鼠标、图形数字化仪、图像扫描仪、数字照相机和数字摄像机等；输出设备是用来输出数据（通常是处理结果）和程序的装置，其功能是将计算机内的数据和程序转换成人们所需要的形式并传送到计算机外部。常见的输出设备有显示器、打印机、绘图仪等。有的设备既有输入功能又有输出功能，如磁盘驱动器、光盘驱动器等，可称为输入/输出设备。

输入/输出设备又可分为字符设备和块设备两类，"块"是指长度固定的一组数据。以字符为单位输入/输出的设备称为字符设备，如键盘、鼠标、图形数字化仪、显示器、打印机等，这些设备输入/输出的数据通常都直接进/出运算器中的通用寄存器，需要时再在通用寄存器和存储器之间传送；以块为单位输入/输出的设备称为块设备，如磁盘驱动器、光盘驱动器等，这些设备输入/输出的数据通常都直接进/出存储器，需要时再在存储器和通用寄存器之间传送。

为了准确地对输入/输出设备进行访问，通常给每一个输入/输出设备都分配一个无符号整数作为其设备号。设备号也称为设备的地址，它是区别不同设备的惟一标识。

2.3.2 计算机的工作原理

1. 冯·诺依曼计算机的结构原理

冯·诺依曼计算机由存储器、运算器、输入设备、输出设备和控制器五部分组成，如图2-27所示。图中的双线箭头代表指令、数据或地址，单线箭头代表控制器发出的命令信号或应答信号以及其他部件发出的状态信号或请求信号。程序和数据可通过输入设备进入存储器，也可通过输出设备从存储器中输出。存储器中的数据可送往运算器或输出设备，存储器中的指令只能送往控制器。运算器可从存储器或输入设备中接收数据，也可向存储器或输出设备发送数据。控制器向每一个部件都可发出命令信号或应答信号，每一个部件都可向控制器发出状态信号或请求信号。只有控制器才能向存储器或输入/输出设备送出地址

（指向输入/输出设备的地址线没有画出）。

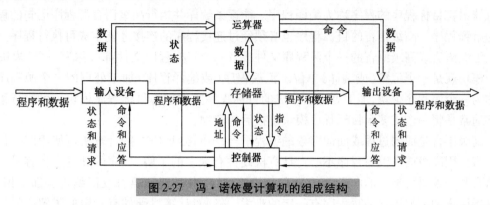

图 2-27　冯·诺依曼计算机的组成结构

2. 指令、程序及编程语言

指令就是计算机进行基本操作的命令。指令必须表示成二进制形式才能被计算机识别并执行。每条指令的功能都直接由硬件电路实现。每台计算机能执行的指令种类和数目完全由 CPU 决定。

CPU 能执行的全部指令的集合称为该 CPU 的指令系统，也称为指令集。每个 CPU 都有自己的指令系统，不同 CPU 的指令系统一般不相同，但同一系列的 CPU（如 Intel 80X86/Pentium 系列的 CPU）的指令系统是向下兼容的：新型号 CPU 的指令系统中包含了同系列中老型号 CPU 的全部指令。基于老型号 CPU 编写的程序，在同系列中新型号 CPU 的计算机上都可以运行。

让计算机做任何一件工作都要先编制程序。就是要把工作过程分解为若干步骤，再用相应的指令去实现这些步骤并组成一个指令序列，让计算机按这个指令序列执行即可完成这一工作，这样的指令序列就称为程序。也就是说，程序是指令的有序集合，是以完成某一任务为目的，从指令系统的指令中选取若干指令按一定顺序组成的指令序列。

用二进制代码表示的指令称为机器指令，机器指令实际上就是指令的二进制编码。由机器指令系统及相关的语法规定组成的编程语言称为机器语言。用机器语言编写的程序称为机器语言程序。机器语言是计算机惟一能识别的语言，机器语言程序装入内存可直接执行，但程序的编写繁琐困难。

用含义明确的英文缩写符号（助记符）代替机器指令中的各个部分，可将机器指令改写为易于记忆的指令。这种用助记符表示的容易记忆的指令称为汇编指令。由汇编指令系统及相关的语法规定组成的编程语言称为汇编语言。用汇编语言编写的程序称为汇编语言源程序。汇编语言源程序比机器语言程序容易编写且便于维护，汇编指令和机器指令之间有一一对应的关系，但必须将汇编语言源程序翻译成机器语言目标程序后才能被计算机识别，还必须进一步将相关的目标程序连接成可执行程序后才能被计算机执行。能将汇编语言源程序翻译成机器语言目标程序的程序称为汇编程序。能将相关的目标程序连接成可执行程序的程序称为连接程序。

机器语言及汇编语言都要求直接用指令编写程序，而高级语言则要求脱离指令用人们更容易理解的语句编写程序。高级语言的语句通常都与计算机的具体结构无关，其功能也很强。高级语言的一个语句所能完成的工作，需要汇编语言或机器语言用几十条甚至上百条指令才能完成。用高级语言编写的程序称为高级语言源程序。能将高级语言源程序翻译成机器语言目标程序的程序称为编译程序。能逐条编译并执行高级语言源程序语句的程序称为解释程序。高级语言的目标程序也必须经过连接程序的连接才能生成可执行程序。

汇编语言或高级语言的一个源程序文件或者一个目标程序文件都可称为一个"模块"。一个模块就是一个汇编(或编译)单位。汇编程序(或编译程序)加工处理的一个源程序文件称为一个源程序模块,加工处理后生成的目标程序文件称为目标程序模块。可执行程序文件通常是将一个或多个目标程序模块连接后的产物。

高级语言是面向过程或面向对象的编程语言,不同类型 CPU 的计算机可使用同一种高级语言。用高级语言编写程序不必对计算机硬件有太多的了解,程序的开发也较容易。机器语言和汇编语言都是面向机器的语言,不同类型 CPU 的机器语言及汇编语言都不相同。用机器语言和汇编语言编写程序有一定的难度,必须对计算机硬件有一定的了解。但与高级语言相比,汇编语言(或机器语言)程序对计算机硬件的控制最彻底,形成的可执行程序占内存最少,程序运行时速度也最快。所以,汇编语言常用来编写那些要求运行速度很快、内存占用很少、对 I/O 设备的控制要求很高的程序,如 BIOS 程序、I/O 设备驱动程序、实时控制程序、Windows 环境下的快速屏幕显示程序、图像处理中的快速压缩还原程序等。同时,汇编语言还是深入了解计算机组成结构和工作过程必不可少的工具。

本书只使用汇编语言,在必要时会涉及机器语言,但不使用高级语言。

3. 程序的装入与运行

机器语言和汇编语言的基本元素是指令,指令是计算机软件和硬件的交界面(接口)。用任何语言编写的程序最终都要转换成机器指令(二进制代码)序列。机器指令序列在装入计算机后即转换为存储器电路中的不同电位(高电位和低电位),指令被送到控制器并执行后即可指挥计算机执行各种动作并完成所对应的操作。

指令由操作码字段和操作数字段组成。操作码字段指出进行何种操作,操作数字段指出操作的对象,即操作数本身或操作数存放于何处。如果操作数在寄存器中,则汇编指令的操作数部分通常会给出用助记符表示的寄存器名,机器指令的操作数部分则会给出寄存器的二进制编号。如果操作数在存储器中,则汇编指令的操作数部分通常会给出助记符表示的存储器地址,机器指令的操作数部分则会给出存储器的二进制地址码。

例如,假设在某计算机的指令系统中设计有如下的几条指令:

① LOAD   R1,M1
② STORE   M3,R1
③ ADD   R1,M2
④ JMP   L

其中,LOAD、STORE、ADD、JMP 表示指令做何种操作,其余部分表示指令的操作数。R1 是通用寄存器,能寄存一个 8 位数。M1、M2、M3 分别是存储单元中数据的地址,存储单元中存放的内容均为 8 位数。L 是存储单元中指令的地址,从该存储单元开始存放的是一条指令。① 是传送类指令,其含义是将 M1 中的内容装入 R1。② 也是传送类指令,其含义是将 R1 的内容存入 M3 中。③ 是运算类指令,其含义是将 R1 的内容与 M2 中的内容相加后存入 R1。④ 是转移类指令,其含义是无条件转向 L 处,继续执行 L 处存放的另一条指令。因为在计算机设计时通常都不允许存储器对存储器的直接运算与操作,所以,在前三条指令的两个操作数中,必须有一个操作数是寄存器(如 R1),不能都是存储器(如 M1、M2、M3)。

再例如,如果要求将 M1 的内容与 M2 的内容相加后存入 M3(可表示为(M1)+(M2)→(M3)),再将程序转向 L 处的指令继续执行,则可用上面给出的各指令编写出如下的程序来实现:

汇编语言程序		机器语言程序	程序的功能
LOAD	R1,M1	00001011 00000101	将 M1 的内容送入 R1
ADD	R1,M2	00011011 00000110	将 R1 的内容加上 M2 的内容再送回 R1
STORE	M3,R1	00101011 00000111	将 R1 的内容送入 M3 中
JMP	L	00110000 00010001	转向 L 处继续执行那里的指令

其中,汇编语言程序就是上述各条指令的有序组合,机器语言程序是将汇编语言程序汇编后的产物。在汇编时,假设存储单元的地址 M1、M2、M3 分别为 5、6、7,其内容分别为 12、34、0;地址 L 为 17;R1 寄存器的编号为 1011;四条指令 LOAD、ADD、STORE、JMP 的操作码分别为 0000、0001、0010、0011。每条机器指令的第二个字节都是存储单元地址,第一个字节左边 4 位是操作码,右边 4 位是寄存器号或 0000。

上述机器语言程序可被计算机识别,但不能被执行,还需要为其分配存储器地址。例如,上述机器语言程序可能按如下方式分配存储器地址:

地址	内容	说明
00000101	00001100	M1
00000110	00100010	M2
00000111	00000000	M3
00001000	00001011	"LOAD R1,M1"的第一个字节
00001001	00000101	"LOAD R1,M1"的第二个字节
00001010	00011011	"ADD R1,M2"的第一个字节
00001011	00000110	"ADD R1,M2"的第二个字节
00001100	00101011	"STORE M3,R1"的第一个字节
00001101	00000111	"STORE M3,R1"的第二个字节
00001110	00110000	"JMP L"的第一个字节
00001111	00010001	"JMP L"的第二个字节
00010000	……	第五条指令(只有一个字节)
00010001	……	第六条指令

上述可执行程序和数据按上述地址被装入内存后,第一条指令的地址 00001000 也同时被装入 PC 寄存器。该程序的运行过程如下:

首先,CPU 以 PC 的内容(即 00001000)为地址访问存储器,取出第一条指令"LOAD R1,M1"(机器码为 00001011 00000101)并执行,执行时将 M1(即地址 00000101)的内容(即 00001100)装入(操作码为 0000)R1(寄存器号为 1011),执行后 R1 的内容为 00001100,同时 PC 的内容会加 2,变成 00001010。接着,CPU 以 PC 的内容(即 00001010)为地址访问存储器,取出第二条指令"ADD R1,M2"(机器码为 00011011 00000110)并执行,执行时将 R1(寄存器号为 1011)的内容(即 00001100)加(操作码为 0001)上 M2(即地址 00000110)的内容(即 00100010)存入 R1(寄存器号为 1011),执行后 R1 的内容为 00101110,同时 PC 的内容会加 2,变成 00001100。然后,CPU 以 PC 的内容(即 00001100)为地址访问存储器,取出第三条指令"STORE M3,R1"(机器码为 00101011 00000111)并执行,执行时将 R1(寄存器号为 1011)的内容(即 00101110)存储(操作码为 0010)到 M3(即地址 00000111)中,执行后 M3 的内容变成 00101110,同时 PC 的内容会加 2,变成 00001110。最后,CPU 以 PC 的内容(即 00001110)为地址访问存储器,取出第四条指令"JMP L"(机器码为 00110000 00010001)并执行,执行时将 L(即地址 00010001)存入 PC,执行后程序会无条件转移(操作码为 0011)到 L 处继续执行 L 处的指令。

该程序运行结束时,将使(M3) = (M1) + (M2) = 12 + 34 = 46,同时将程序转移到 L 处。

4. 计算机的工作过程

计算机的工作过程就是指令及程序的执行过程。指令的执行由控制器完成,指令规定的操作由控制器控制计算机的各部件分别完成。所以,计算机的工作过程实际上主要是指控制器的工作过程。

(1)计算机的内部结构

一种典型计算机的内部结构(不包括输入/输出设备)如图 2-28 所示。其中,右边是 CPU,左边是内存储器,两者之间用地址总线 ABUS 和数据总线 DBUS 相连。存储器中已经存入了一个程序和相关的数据。控制总线没有画出。

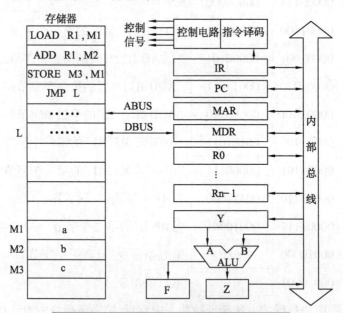

图 2-28 单总线 CPU 的计算机的基本结构

在图 2-28 中,CPU 由运算器和控制器两部分组成。运算器就是图 2-25 中的运算器,只是省去了输入寄存器 X。控制器就是图 2-26 中的控制器。为了使运算器能完成指定的操作,需要控制器发出相应的控制信号。例如,做加法时需要一个相加的信号"ADD"。

ABUS 为地址总线(单向),用于连接存储器和存储器地址寄存器 MAR。DBUS 为数据总线(双向),用于连接存储器和存储器数据寄存器 MDR。当 CPU 访问存储器时,必须首先将存储单元的地址送入 MAR,按 MAR 中的地址从存储单元中读出的指令或读/写的数据也要先送入 MDR,再传送给目的部件。另外,为了使存储器完成读/写操作,还需要控制器发出存储器读信号"M 读"或存储器写信号"M 写"。

控制器是执行指令序列的装置,指令序列在运行前必须存放在存储器中,通常是按地址递增的顺序依次存放。当程序运行时,控制器总是把 PC 的内容作为指令的地址去访问存储器,并从 PC 指向的存储单元中取出一条指令执行。在不发生转移时,每取出一条指令,PC 就会在"PC 加"信号的控制下自动增加一个值,形成下一条指令的地址;在发生转移时,控制器就将转移地址送往 PC。可见,PC 中存放的总是下一条要执行的指令的存储单元地址。

CPU 中各寄存器之间用内部总线相连,内部总线是 CPU 内各寄存器之间传送数据、指令或地址的惟一通路。具有两条内部总线的 CPU 称为双总线结构的 CPU,具有一条内部总线的 CPU 称为单总线结构的 CPU。图 2-28 所示的 CPU 是单总线结构的 CPU。在单总线结构的 CPU 中,同一时刻只能有一个寄存器通过总线传送数据、指令或地址,传送时需要控制器发出相应的控制信号。例如,当 PC 传送数据(实际是指令的地址)给 MAR 时,需要控制器依次发出 PC_{OUT} 和 MAR_{IN} 两个信号,前者打开 PC 的输出门,将 PC 的内容送上内部总线,后者打开 MAR 的输入门,将内部总线上的内容送入 MAR。类似的控制信号还有 MDR_{OUT}、MDR_{IN}、PC_{IN}、IR_{OUT}、IR_{IN}、$R1_{OUT}$、$R1_{IN}$、Y_{IN}、Z_{OUT} 等。这里的下标 OUT 和 IN 是指向内部总线的输出和从内部总线的输入,不是指向存储器的输出和从存储器的输入。

(2) 指令及程序的执行过程

每条指令的执行过程都要分几步完成。例如,加法指令"ADD R1,M2"要求将寄存器 R1 的内容和存储单元 M2 的内容相加,并将和存入 R1。执行该指令时,需要经过送存储单元的地址 M2、取存储单元 M2 中的数据到运算器、取寄存器 R1 中的数据到运算器并相加、送运算结果到寄存器 R1 等多个步骤,其中的每个步骤称为一个微操作。微操作是比指令更基本、更简单的操作,是指为完成指令的功能所需要的各个操作步骤。控制微操作的命令信号称为微操作控制信号,也称微命令。微命令是比指令更基本、更微小的操作命令。一条指令的执行是通过一系列微命令的执行来实现的。

为了让各种微操作能有序地进行,控制电路发出的微命令信号在时间上必须有一定的先后顺序,这就要求控制器电路能产生时间上有先后顺序的节拍脉冲,计算机的各部件按节拍脉冲信号一个节拍一个节拍有序地工作,才能完成各种操作任务。这种能产生节拍脉冲的电路可由循环移位寄存器实现。

计算机工作时的最小时间间隔称为时钟周期,每个时钟周期的长短都是相同的,它等于计算机主频的倒数。计算机完成一个微操作的时间称为一个机器周期(Machine Cycle),机器周期的长短视微操作的不同可能不同,也可能相同,每个机器周期都由若干个时钟周期组成。计算机执行一条指令所需要的时间称为一个指令周期(Instruction Cycle)。指令周期的长短视指令的不同也会不同,每个指令周期都由若干个机器周期组成。

控制器的基本任务就是根据指令的功能,综合有关的逻辑条件和时间条件,依次产生相应的微命令信号,控制计算机各部件有序地执行动作,完成指令所规定的操作。在执行每一条指令时,都要经过取指令、分析指令和执行指令三个步骤,即首先要将指令从存储器中取出送到控制器,在控制器中对指令进行分析(译码),以确定要执行的是哪一条指令,该指令应在什么时间对什么部件进行何种操作,然后再控制各部件在限定的时间内完成所应进行的操作。

程序是由多条指令组成的。源程序在汇编、连接时第一条指令的存储单元地址就已经确定,可执行程序在装入存储器时第一条指令的地址就已装入 PC 寄存器。所以,开始执行程序时,PC 中保存的正好是第一条指令的存储单元地址。

计算机执行程序的过程可归纳如下:

① 控制器把 PC 中的指令地址送往存储器地址寄存器 MAR,并发出读命令"M 读"。存储器按给定的地址读出指令,经由存储器数据寄存器 MDR 送往控制器,保存在指令寄存器 IR 中。

② 指令译码器 ID 对指令寄存器 IR 中的指令进行译码,分析指令的操作性质,并由控制电路向存储器、运算器等有关部件发出指令所需要的微命令。

③ 当需要由存储器向运算器提供数据时,控制器根据指令的地址部分,形成数据所在的存储单元地址,并送往存储器地址寄存器 MAR,然后向存储器发出读命令"M 读",从存储器中读出的数据经由存储器数据寄存器 MDR 送往运算器。

由输入设备向运算器提供数据的过程也与此类似。

④ 当需要由运算器向存储器写入数据时,控制器根据指令的地址部分,形成数据所在的存储单元地址,并送往存储器地址寄存器 MAR,再将欲写的数据存入存储器数据寄存器 MDR,最后向存储器发出写命令"M 写",MDR 中的数据即被写入由 MAR 指示地址的存储单元中。

由运算器向输出设备提供数据的过程也与此类似。

⑤ 一条指令执行完毕后,控制器就要接着执行下一条指令。为了把下一条指令从存储器中取出,通常控制器把 PC 的内容加上一个数值,形成下一条指令的地址,但在遇到"转移"指令时,控制器则把"转移地址"送入 PC。

控制器不断重复上述过程的①到⑤,每重复一次,就执行一条指令,直到整个程序执行完毕。

5. 计算机中指令及程序的执行过程举例

下面,以前面给出的由 4 条指令组成的程序为例,结合图 2-28 中所示的计算机结构,简述指令及程序的执行过程。假设程序及数据已经装入了存储器,第一条指令的地址已经装入了 PC 寄存器。

(1) 取指令"LOAD R1,M1"并执行

① 取指令"LOAD R1,M1"并形成下一条指令的地址。

(i) 控制器发"PC_{OUT}"和"MAR_{IN}"信号,使 PC→MAR;

(ii) 控制器发"M 读"信号,使存储器的内容(指令)→MAR,通过 DBUS;

(iii) 控制器发"PC 加"信号,使 PC + n→PC,其中 n 为该指令占用的地址数;

(iv) 控制器发"MDR_{OUT}"和"IR_{IN}"信号,使 MDR→IR。

这里,第(i)步要占用内部总线,第(ii)步和第(iii)步不占用内部总线,前三步可在同一个机器周期内完成。第(iv)步要占用内部总线,需要在下一个机器周期内完成。所以,取指

令共需要两个机器周期。

② 执行指令"LOAD R1,M1"。

（i）控制器发"IR_{OUT}"和"MAR_{IN}"信号，使 IR 中指令的地址段（即 M1）→MAR；

（ii）控制器发"M 读"信号，使存储器 M1 的内容（数据）→MDR,通过 DBUS；

（iii）控制器发"MDR_{OUT}"和"$R1_{IN}$"信号，使 MDR→R1。

这里，第（i）步要占用内部总线，第（ii）步不占用内部总线，前两步可在同一个机器周期内完成。第（iii）步要占用内部总线，需要在下一个机器周期内完成。所以，执行该指令共需要两个机器周期。

（2）取指令"ADD R1,M2"并执行

① 取指令"ADD R1,M2"并形成下一条指令的地址，操作过程同（1）中的①。

② 执行指令"ADD R1,M2"。

（i）控制器发"IR_{OUT}"和"MAR_{IN}"信号，使 IR 中指令的地址段（即 M2）→MAR；

（ii）控制器发"M 读"信号，使存储器 M2 的内容（数据）→MDR,通过 DBUS；

（iii）控制器发"MDR_{OUT}"和"Y_{IN}"信号，使 MDR→Y（即 ALU 的 A 端）；

（iv）控制器发"$R1_{OUT}$"，使 R1→内部总线（即 ALU 的 B 端）；

（v）控制器发"ADD"信号，使 A + B→Z；

（vi）控制器发"Z_{OUT}"和"$R1_{IN}$"信号，使 Z→R1。

这里，第（i）步要占用内部总线，第（ii）步不占用内部总线，前两步可在同一个机器周期内完成。第（iii）步和第（iv）步都要占用内部总线，各需要一个机器周期才能完成。第（v）步不占用内部总线，可与第（iv）步在同一个机器周期内完成。第（vi）步要占用内部总线，需要一个机器周期才能完成。所以，执行该指令共需要 4 个机器周期。

（3）取指令"STORE M3,R1"并执行

① 取指令"STORE M3,R1"并形成下一条指令的地址，操作过程同（1）中的①。

② 执行指令"STORE M3,R1"。

（i）控制器发"IR_{OUT}"和"MAR_{IN}"信号，使 IR 中指令的地址段（即 M3）→MAR；

（ii）控制器发"$R1_{OUT}$"贺"MDR_{IN}"信号，使 R1→MDR；

（iii）控制器发"M 写"信号，使 MDR→存储器 M3 中，通过 DBUS。

这里，第（i）步和第（ii）步都要占用内部总线，各需要一个机器周期。第（iii）步不占用内部总线，可与第（ii）步在同一个机器周期内完成。所以，执行该指令共需要两个机器周期。

（4）取指令"JMP L"并执行

① 取指令"JMP L"并形成下一条指令的地址，操作过程同（1）中的①。

② 执行指令"JMP L"。控制器发"IR_{OUT}"和"PC_{IN}"信号，使 IR 中指令的地址段（即 L）→PC。这里，惟一的一步操作要占用内部总线，需要一个机器周期。

将以上 4 条指令的执行过程综合起来，就是该程序的执行过程。参照图 2-28 这一过程（不包括取指令的过程）可简单概括如下：

● 以 M1 为地址从内存取数据 a 到 R1；

● 以 M2 为地址从内存取数据 b 到 ALU 的 A 端（即 Y 寄存器）；

● 将 R1 中的数据 a 送到 ALU 的 B 端（即内部总线）；

- 将 ALU 中 A 端的数据和 B 端的数据相加,将得到的和 c 送到 ALU 的输出端(即 Z 寄存器);
- 将 ALU 输出端的和 c 送到地址为 M3 的存储单元中;
- 将程序转向地址为 L 的指令继续执行。

2.3.3 控制器的工作原理

从指令的执行过程可以看出,只要按指令每一步操作的需要,依次发出各种微命令信号即可完成指令所规定的操作。所以,控制器的基本任务就是实时地发出各种微命令信号。

按照微命令信号形成方式的不同,控制器的结构可分为两种:硬布线控制器和微程序控制器。硬布线控制器可由组合逻辑电路和时钟信号产生电路共同组成,其中的时钟信号产生电路用于产生节拍脉冲,组合逻辑电路在节拍脉冲的同步下产生微命令信号。微程序控制器是将指令执行时每个机器周期所需的微命令信号分别编成微指令,每条指令的全部微指令序列组成一个微程序,将所有的微程序永久存放在只读存储器中,执行指令就是运行对应的微程序。运行时,在节拍脉冲信号的同步下一条一条地依次取出微指令执行,即可产生所需的微命令信号,一步一步地完成指令规定的操作。存放微程序的只读存储器称为控制存储器。

控制器的设计面向指令系统中的全部指令,就是说,对计算机的每一条指令,控制器都能分析并执行。下面,假设某计算机的指令系统中只有 2.3.2 小节中给出的 4 条指令,我们来讨论控制器的基本原理。

1. 硬布线控制器原理

硬布线控制器主要由环形脉冲发生器、指令译码器和微命令编码器组成。其中,环形脉冲发生器用于循环地产生节拍脉冲信号,指令译码器用于确定 IR 中存放的是哪一条指令,微命令编码器用于在不同节拍脉冲信号的同步下产生相应的微命令信号。

如果用 T1、T2、… 依次表示对应机器周期的节拍脉冲信号,用 00、01、10、11 依次表示指令 LOAD、ADD、STORE 和 JMP 的操作码,则硬布线控制器的原理如图 2-29 所示。

在取指令和执行指令时,都需要控制器能针对不同的指令在不同的机器周期内发出所需要的各种微命令。例如,在取指令时,就需要控制器在第一个周期内发出 PC_{OUT} 和 MAR_{IN}、M 读、PC 加共 4 个微命令,在第二个周期内发出 MDR_{OUT} 和 IR_{IN} 两个微命令。针对 2.3.2 小节中给出的 4 条指令及对指令执行过程的讨论,可归纳出不同指令在不同机器周期内应发出的微命令如表 2-5 所示。表中的 END 代表指令执行结束的微命令。

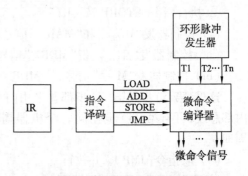

图 2-29 硬布线控制器原理

表 2-5 对不同指令应发出的微命令

指令名	T1	T2	T3	T4	T5	T6	T7
LOAD (00)	PC_{OUT} MAR_{IN} M 读 PC 加	MDR_{OUT} IR_{IN}	IR_{OUT} MAR_{IN} M 读	MDR_{OUT} $R1_{IN}$	END		
ADD (01)	同上	同上	IR_{OUT} MAR_{IN} M 读	MDR_{OUT} Y_{IN}	$R1_{OUT}$ ADD	Z_{OUT} $R1_{IN}$	END
STORE (10)	同上	同上	IR_{OUT} MAR_{IN}	$R1_{OUT}$ MDR_{IN} M 写	END		
JMP (11)	同上	同上	IR_{OUT} PC_{IN}	END			

如果用"·"表示"与",用"+"表示"或",用 Ti 表示第 i 个机器周期的节拍脉冲信号,并设所有的信号(包括各种微命令信号)都是高电平有效,则可用一个逻辑表达式来表示某个微命令应在什么时候发出,对哪些指令发出。例如,对于微命令 MAR_{IN},所有的四条指令在 T1 周期内都需要,LOAD、ADD、STORE 三条指令在 T3 周期内也需要,而其他指令则不需要。这一关系所对应的逻辑表达式就是

$$MAR_{IN} = T1 \cdot (LOAD + ADD + STORE + JMP) + T3 \cdot (LOAD + ADD + STORE)$$
$$= T1 + T3 \cdot (LOAD + ADD + STORE)$$

这里,用到了如下的逻辑关系式:

$$Ti \cdot (LOAD + ADD + STORE + JMP) = Ti$$

按照上述方法,根据表 2-5,可写出各个微命令的逻辑表达式如下:

PC_{OUT} = T1 MAR_{IN} = T1 + T3 · (LOAD + ADD + STORE)
PC 加 = T1   M 读 = T1 + T3 · (LOAD + ADD)
IR_{IN} = T2 MDR_{OUT} = T2 + T4 · (LOAD + ADD)
IR_{OUT} = T3 PC_{IN} = T3 · JMP
Y_{IN} = T4 · ADD $R1_{IN}$ = T4 · LOAD + T6 · ADD
MDR_{IN} = T4 · STORE $R1_{OUT}$ = T4 · STORE + T5 · ADD
ADD = T5 · ADD   M 写 = T4 · STORE
Z_{OUT} = T6 · ADD   END = T5 · (LOAD + STORE) + T7 · ADD + T4 · JMP

上述逻辑表达式的右端就是图 2-29 中微命令编码器的内部电路,左端是编码器输出的微命令。只要编码器按照上述电路工作,就能使控制器对指令译码器选中的某条指令依次发出各种微命令,完成指令规定的操作。例如,在取 LOAD 指令并执行时,译码器的输出端 LOAD=1,在 T1=1 时会使 PC_{OUT}、MAR_{IN}、M 读、PC 加共四个信号都等于 1;在 T2=1 时会使 MDR_{OUT} 和 IR_{IN} 信号都等于 1,从而能将 LOAD 指令取入 IR;在 T3=1 时会使 M 读、IR_{OUT} 和

MAR_{IN} 信号都等于 1；在 T4 = 1 时会使 MDR_{OUT} 和 $R1_{IN}$ 信号都等于 1，从而完成将 M1 的内容装入 R1 的工作；在 T5 = 1 时会使 END = 1，从而结束 LOAD 指令，并使环形脉冲发生器从头开始发节拍脉冲 T1、T2、…，开始取下一条指令并执行。

2. 微程序控制器原理

对于 2.3.2 小节中给出的 4 条指令，根据对指令执行过程的讨论，可归纳出指令周期的流程图，如图 2-30 所示。其中的 DBUS→MDR 表示存储器的内容→MDR，MDR→DBUS 表示 MDR 的内容→存储器。

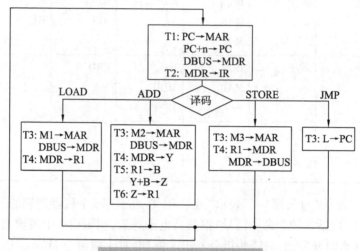

图 2-30 指令周期的流程图

控制器应发出的控制信号共有 16 个，排列如下：

PC_{OUT}　　MAR_{IN}　　M 读　　PC 加　　MDR_{OUT}　　IR_{IN}　　IR_{OUT}　　PC_{IN}
$R1_{IN}$　　Y_{IN}　　$R1_{OUT}$　　MDR_{IN}　　M 写　　ADD　　Z_{OUT}　　END

对某一机器周期，需要发出的控制信号用 1 表示，不需要发出的控制信号用 0 表示，就可组成一条 16 位长的微指令形式的信号序列。例如，对每条指令的 T1 周期，都要发 PC_{OUT}、MAR_{IN}、M 读和 PC 加共四个信号，这条微指令形式的信号序列就是 1111000000000000；对每条指令的 T2 周期，都要发 MDR_{OUT}、IR_{IN} 两个信号，于是这条微指令形式的信号序列就是 0000110000000000 等。

按照控制信号的上述排列次序，参照图 2-30 所示的操作流程，可以写出对每条指令在一个机器周期中需要发出的控制信号序列。将这些信号序列再加上地址转移部分，即可构成微指令，并组成微程序，如表 2-6 所示。

表 2-6 一个简单的微程序实例

微地址	指令	机器周期	微操作字段	下址字段
0000	取指令	T1	1111 0000 0000 0000	0 0001
0001		T2	0000 1100 0000 0000	1 ××10
0010	LOAD	T3	0110 0010 0000 0000	0 0011
0011	(00)	T4	0000 1000 1000 0000	0 1101

续表

微地址	指令	机器周期	微操作字段	下址字段
0110	ADD (01)	T3	0110 0010 0000 0000	0 0100
0100		T4	0000 1000 0100 0000	0 0101
0101		T5	0000 0000 0010 0100	0 0111
0111		T6	0000 0000 1000 0010	0 1101
1010	STORE (10)	T3	0100 0010 0000 0000	0 1000
1000		T4	0000 0000 0011 1000	0 1101
1110	JMP (11)	T3	0000 0011 0000 0000	0 1101
1101		T4	0000 0000 0000 0001	0 0000

在表 2-6 中，整个指令系统的每条指令都被分别变成了各自的微程序，各条指令的微程序的前两条微指令和最后一条微指令（即完成"取指令"操作的两条微指令和使微程序执行结束的微指令）都相同，可合在一起，所以共有 12 条微指令。每条微指令（包括下址字段）长 21 位，需占用一个字地址（每个字 24 位），整个微程序共需占用 12 个字地址的控制存储器。表中的"微地址"是控制存储器的 4 位地址，"下址字段"中的最高位给出了下一条微指令地址的形成方式。"下址字段"中"0"表示程序不发生分支，其后的 4 位地址就是下一条微指令的地址；"1"表示程序要发生分支，其后的 4 位地址只给出了转移地址的低两位，而高两位要由指令的操作码确定。例如，在本例中，四条指令的操作码依次为 00、01、10、11，它们就是转移地址的高两位。为了配合转移地址的这种构成方式，在分配控制存储器的地址时，要求给每条指令的 T3 周期（即每条指令执行时的第一个周期）的微指令分配一个特殊的地址（表中 0010、0110、1010、1110），该地址的低两位要相同，高两位要分别与各指令的操作码相同。其他各条微指令地址的分配是随意的。

根据表 2-6 中的微程序，可以描述指令的执行过程。例如，对于 ADD 指令，控制器首先取出 0000 地址处的微指令执行，发出了 4 个微命令，该微指令的"下址字段"为 0 0001，表示不发生分支，下一条微指令的地址为 0001；控制器在 0001 地址处取出第二条微指令执行，又发出了两个微命令，至此，取 ADD 指令的工作已经完成，译码后知该指令的操作码为 01。第二条微指令的"下址字段"为 1××10，表示要发生分支，下一条微指令地址的低两位为 10，高两位为 ADD 的操作码 01；控制器在 0110 地址处取出第三条微指令执行……直至在 1001 地址处开始取出最后一条微指令执行，该微指令发出指令结束的微命令 END，并转向 0000 地址处开始取下一条指令，并执行该指令所对应的微程序。

2.4 微型计算机及微型计算机系统

2.4.1 微型计算机的组成

冯·诺依曼结构的微型计算机,由存储器、运算器、输入设备、输出设备和控制器五部分组成。但大规模及超大规模集成电路技术的发展,使得运算器和控制器可以集成在一片硅片上成为微处理器(CPU),又可将输入/输出设备与 CPU 之间的接口电路从输入/输出设备中分离出来,成为一个独立的部件并采用集成电路技术制造,存储器也可采用集成电路技术制造,再用总线将 CPU、存储器、输入/输出接口电路连接起来,就组成了微型计算机的主机,如图 2-31 所示。主机中包含了除输入/输出设备以外的所有部件,是一个能独立工作的系统,所以有时也将主机称为微型计算机。

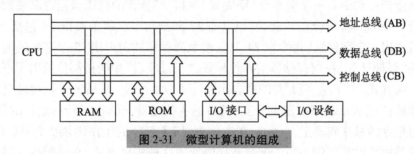

图 2-31　微型计算机的组成

1. CPU 与存储器

这两个部件已经在前一小节作了介绍。CPU 就是运算器和控制器的组合,是微型计算机的核心。存储器用于存放程序和数据。有关存储器的内容在后面第 4 章还要专门介绍。

2. 输入/输出(I/O)接口电路

输入/输出设备的种类繁多且性能各异,提供给 CPU 的信号也各不相同,有机械信号、电信号、磁信号、光信号等。仅就电信号而言,就有模拟信号、数字信号、电压信号、电流信号之分。各种信号的大小、强弱可能差别很大,数据传送的速度与格式也可能互不相同。而且输入/输出设备还在不断发展。如此复杂多样又多变的输入/输出设备,如果都由 CPU 去直接管理和控制是不可想象的。为了对输入/输出设备实施有效的管理和控制,就要求对每种输入/输出设备都配备各自的接口电路。

输入/输出接口电路(简称输入/输出接口或 I/O 接口)是在 CPU 和输入/输出设备之间起转换、协调、缓冲、匹配作用的电路。它的一边与 CPU 相连,另一边与输入/输出设备相连,用以完成数据格式的转换、操作时序的协调、速度快慢的缓冲、电气性能的匹配等。每个输入/输出设备都有自己的接口电路,不同的输入/输出设备需要不同的接口电路。输入/输出设备与 CPU 之间的数据传送必须通过各自的接口电路实现。

CPU 与输入/输出接口之间传递的信息有三种,即数据信息、命令信息和状态信息。数据信息可以双向传送,命令信息从 CPU 传向输入/输出接口,状态信息从输入/输出接口传向 CPU。在输入/输出过程中,CPU 和输入/输出接口之间上述三种信息的传送都要通过数据线,不能通过控制线或地址线。为了区分数据线上传送的信息种类,在接口电路中需设置三种可编程(可读/写)的寄存器:数据寄存器、命令寄存器和状态寄存器,分别用于存放数据信息、命令信息和状态信息,这些寄存器称为输入/输出端口,简称 I/O 端口,有时也直接称为端口。

每种 I/O 接口中都有数目不等的 I/O 端口。将所有 I/O 接口中的所有端口进行统一编号,此编号称为端口地址。端口地址就是前面所说的"设备地址",它与存储器的地址类似,也是无符号数,其位数由 CPU 设置的端口地址的数目决定,如图 2-32 所示。

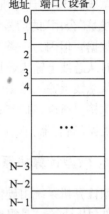

图 2-32 I/O 端口及其地址

I/O 端口的编址方法有两种:统一编址法和单独编址法。统一编址法是指将 I/O 端口和存储器合在一起统一编址;单独编址法是指将 I/O 端口和存储器分开,各自编排自己的地址。统一编址时,I/O 端口地址和存储器地址不会重复,访问端口和访问存储器可使用相同的指令,但 I/O 端口占用了存储器的地址,会使存储器的地址空间减少;单独编址时,I/O 端口地址和存储器地址会重复,访问端口和访问存储器必须使用不同的指令,但 I/O 端口不占用存储器的地址,不会使存储器的地址空间减少。目前,这两种编址方法在实际中都有应用。例如,Motorola 公司的微处理器一般采用统一编址法,而 Intel 公司的微处理器多采用单独编址法。

3. 总线(BUS)

总线(BUS)是指计算机部件与部件之间进行信息传输的一组公共信号线及相关的控制逻辑。它是能为计算机的多个部件服务的公用的信息传输通路,能分时地发送与接收各部件的信息。一条总线可以传送一位二进制数码,可用于表示一位命令信号、一位状态信号、一位数据或者一位地址。多条总线的集合可用以传送一个完整的数据或地址。

在图 2-31 中,CPU、存储器、I/O 接口电路之间用三组总线相连组成了微型计算机的主机。其中,用于传送地址的总线称为地址总线(Address Bus,AB),用于传送数据(包括指令)的总线称为数据总线(Data Bus,DB),用于传送状态信号(如准备就绪信号、中断请求信号等)或命令信号(如读/写命令信号、中断响应信号等)的总线称为控制总线(Control Bus,CB)。地址总线、数据总线、控制总线通常称为系统总线。

从传输方向上看,数据总线是双向的,即数据可以从 CPU 传送到其他部件,也可从其他部件传送到 CPU。地址总线是单向的,即地址只能由 CPU 传送到存储器或 I/O 端口,用以给出 CPU 将要访问的部件的地址。控制总线中的信号线有的是单向的,也有的是双向的。

数据总线的位数决定了 CPU 与存储器(或 I/O 端口)之间一次能传送的数据的位数,地址总线的位数决定了 CPU 最多能访问的存储单元(或 I/O 端口)的个数。一般说来,n 位数据总线能传送的无符号整数的范围是 $0 \sim 2^n - 1$,能传送的带符号整数(补码)的范围是 $-(2^{n-1}) \sim +(2^{n-1}-1)$,$n$ 位地址总线能直接访问的存储单元数为 2^n,如果每个存储单元存放一个字节数据,则最多可访问 2^n 个字节的存储器。总线的位数也称为总线的宽度。

数据总线的位数通常和 CPU 中运算器的位数(即字长)一致,但有时也不一致。例如,对于 16 位字长的 CPU,数据总线的位数可能为 16 位,也可能为 8 位;对于 32 位字长的

CPU，数据总线的位数可能为 32 位，也可能为 64 位等。通常将数据总线位数小于字长的计算机称为准字长计算机，也可将数据总线位数大于字长的计算机称为超字长计算机。例如，通常将具有 8 位数据总线的 16 位计算机（如 8088 CPU）称为准 16 位计算机，也可将具有 64 位数据总线的 32 位计算机（如 Pentium 系列 CPU）称为超 32 位计算机。

总线是"公用"的信号线，所以，与总线相连的任何部件都可向总线输出数据，也可从总线输入数据。但因为一条总线上的数据不是 0 就是 1，不可能既是 0 又是 1，所以，允许多个部件同时从总线上输入数据，但不允许两个或两个以上的部件同时向总线输出数据。在多个部件从总线上输入数据时，还要求不能超过总线的负载能力，否则总线上的数据（电位）将不能保持。所以，对于向总线的输入/输出操作必须加以控制。通常在部件与总线之间要加接触发器（寄存器）作为缓冲，并采用三态门（或类似的器件）进行输入/输出控制。

2.4.2 微型计算机系统的组成

微型计算机系统由硬件和软件两部分组成。

硬件（Hardware）是组成计算机系统的电路和设备实体，或者说是能够看得见的东西。硬件包括主机和外部设备。主机包括微处理器、内存储器、I/O 接口和系统总线，在上一小节已经作了详细介绍。外部设备包括输入/输出设备和外存储器等，常用的外设是键盘、显示器、鼠标、打印机等。常用的外存储器有硬盘、软盘、光盘、U 盘等。

软件（Software）是计算机上运行的各种程序和数据，而这些是无法直接看见的。软件包括系统软件和应用软件。系统软件是为了能使用户方便地使用计算机，一般由计算机厂商所提供的支持程序和数据，其中最重要的就是操作系统（Operating System，OS）。简单地说，操作系统是能够管理计算机系统资源和控制其他程序运行的程序。操作系统还提供了用户的操作界面，借助于操作系统，用户可以用输入命令、点击菜单或图标的方式发出操作命令。目前在微型计算机上使用的操作系统主要是 MS-DOS 和 MS-Windows。前者是在早期的 IBM PC 上使用的单用户、单任务操作系统；后者是目前使用最广泛的多用户/单用户、多任务图形化操作系统，也是目前功能最完善、使用最方便的微机操作系统之一。

系统软件还包括了一些为了方便用户所专门开发的应用程序，如为了便于不同国家的用户使用计算机而开发的语言翻译程序、为了便于用户上网而开发的网络浏览器程序、为了便于使用一些常用外设所开发的驱动程序等。

至于应用软件，更是五花八门、种类众多。从各种科学计算软件、办公应用软件、商务管理软件、通讯应用软件、教育教学软件，到家庭应用软件、游戏娱乐软件等。可以说，正是因为有了各种应用软件的支持，才使微型计算机的应用如此广泛，也才促成了微型计算机技术和市场的快速发展。

计算机系统的硬件和软件是相辅相成、相互依存的关系。硬件是计算机得以存在的物质基础，软件则是使计算机发挥功能的手段和方法。没有软件，纯粹的硬件就是数字电路；而没有硬件基础，软件就成了空中楼阁。只有硬件和软件的密切结合，才能充分发挥计算机的功能和作用。

微型计算机系统的具体组成如下：

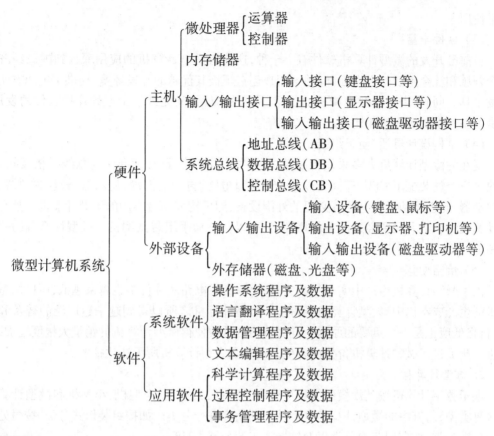

2.4.3 微型计算机的特点与分类

1. 微型计算机的特点

微型计算机具有一般计算机的共同特点,如工作速度快、计算精度高、有记忆力、能存储程序、能在程序的控制下自动进行运算等。除此之外,微型计算机还有一般计算机所无法比拟的独特的优点。

(1) 体积小、重量轻、功耗低

由于其采用了大规模和超大规模集成电路技术制造元器件,使微型计算机所含的元器件数目越来越少,整机的体积越来越小。20世纪50年代时占地上百平方米、耗电量上百千瓦的电子计算机的能力,也就相当于如今的一片大规模集成电路的微型计算机。如今的16位微处理器 MC 68000 芯片,仅占 $6.25mm \times 6.35mm$。Pentium Ⅱ 处理器其中包含 750 万个晶体管,但面积仅为 $203mm^2$,它在 266MHz 主频下工作时功耗仅为 38.2W。新推出的高性能微型计算机,如笔记本型电脑、掌上型电脑,其体积更小、重量更轻、功耗更低。微型计算机的这一优点在军事、航天、智能仪表、自动控制以及家庭和个人应用方面,都具有重要的意义。

(2) 可靠性高,使用环境要求低

由于其采用了大规模集成电路,减少了外部的接线和外加电路,大大提高了微型计算机的可靠性,降低了对使用环境的要求。现在的微型计算机,只需要一般的办公室或家庭的环境条件就可以长期稳定地工作,而便携式的个人电脑,在野外或旅途中的不稳定环境中也能正常使用。

(3) 软件丰富

目前已开发的微型计算机软件有上千种,这使得微型计算机的应用深入到国民经济的各个领域和社会生活的方方面面,并给用户创造了极其优越的开发环境,提供了更加方便的开发工具。同时,由于微型计算机的广泛、深入的应用,又促进了微型计算机软件的发展。这是大型计算机所无法相比的。

(4) 结构设计灵活、便于组装

现在的微型计算机大多采用模块化的硬件结构设计,具有标准化的总线插槽及接口。一块主板上就装配了 CPU、存储器以及 I/O 接口电路,再加上键盘、显示器、软盘驱动器、硬盘驱动器、光盘驱动器及电源等必要的外围设备,即可构成一台实用的微型计算机。具有一般计算机知识的人只要经过简单的培训,就可以自己动手组装微型机。微型计算机的故障诊断、日常维护也十分方便。

(5) 价格便宜

由于微型计算机生产中实现了高度自动化,集成电路芯片价格也越来越低,所以微型计算机的生产成本比中、大型计算机低得多。微型计算机之所以得到越来越广泛的普及和应用,价格低廉也是一个重要的原因。同时价格的低廉使得微型计算机的销量大幅度增加,这又进一步促进了微型计算机价格的降低。这也是大型计算机所无法比拟的。

2. 微型计算机的分类

电子数字计算机按其规模的大小可分为巨型机、大型机、中型机、小型机和微型计算机等多种类型,对其中的微型计算机又可从不同角度进行分类。如按组装形式分类、按微处理器的位数分类、按应用范围分类以及按制造工艺分类,等等。

按微处理器的位数(即字长)分类,可将微型计算机分为 4 位机、8 位机、16 位机、32 位机,以及位片式微型计算机等。位片式微型计算机是由若干个位片组合而成的,一片是一位,不同位片数可以组成不同字长的微型机。这类微型机的结构灵活。常见的产品有 MC 10800(4 位)、AM2900 系列(4 位)、F100220 系列(8 位)等。

按计算机的组装形式,可将微型计算机分为单片机、单板机及多板机几类。

单片机就是将 CPU、存储器及 I/O 接口电路全部制作在同一个芯片上的微型机。单片机的存储器容量不很大,I/O 端口的数量也不多,但它可方便地安装在仪器、仪表、家用电器等设备中,使这些设备实现自动化和智能化,应用也十分广泛。国内曾广泛使用的单片机有 Intel 公司的 8048、8049、8748、8749、8051、8096、8098,Zilog 公司的 Z-8,Texas 公司的 9940 等。近年来又出现了多种功能更强、更加通用的单片机。

单板机就是将 CPU 芯片、存储器芯片及 I/O 接口电路芯片全部安装在一块印刷电路板上的微型机。在印刷电路板上通常都装有小型键盘和数码管显示器,能进行简单的输入和输出操作。在板上的只读存储器中还装有监控程序(类似于操作系统),用来管理整个单板机的工作。国内曾广泛使用的单板机有 TP-801(Z80)、ET-3400(6800)、KD86(8086)等。近年来又出现了多种功能更强的、供教学使用的单板机。

多板机就是将 CPU 芯片、存储器芯片、I/O 接口电路芯片等制作在不同的印刷电路板上,再与电源等组装在同一机箱内的微型机。它可配置通用的键盘、显示器、打印机、软盘驱动器、硬盘驱动器及光盘驱动器等多种外围设备和相当丰富的软件,形成一个完整的微型计算机系统。目前常用的台式 PC 多数是这种组装形式。

习 题 二

1. 典型的"与"门、"或"门与"非"门是用什么电路实现的？
2. 试利用三种基本门电路设计 $Y = A + B + C$ 的逻辑电路。
3. 试利用三种基本门电路设计 $Y = A \cdot B \cdot C$ 的逻辑电路。
4. 什么是三态门？什么情况下需要使用三态门？试分析三态门的工作原理。
5. 试利用 3-8 译码器 74LS138 设计一个 4-16 译码器。
6. 组合逻辑电路与时序逻辑电路有什么区别？各自的用途是什么？
7. 布尔代数和真值表是怎样的关系？各自的特点是什么？
8. 简述 TTL 电路和 CMOS 电路的异同之处和各自的特点。
9. 请列出常用的 TTL 组合逻辑电路型号和 CMOS 组合逻辑电路型号。
10. 为什么常用数字电路中有 2-4 译码器和 3-8 译码器，却没有 1-2 译码器？
11. 电子计算机主要包括哪几个组成部分？其基本功能是什么？
12. 半加器与全加器之间的主要区别是什么？
13. 判断溢出的方法有几种？各自有何特点？在电路中如何实现？
14. 什么是锁存器？它在计算机的电路中有什么作用？
15. 什么是 ALU？它在计算机中起什么作用？
16. 微处理器内部是由哪些主要部件所组成的？
17. 简述冯·诺依曼计算机的体系结构与工作原理。
18. 计算机中的三种总线分别是什么？控制总线传输的信号大致有哪些？
19. 微处理器、微型计算机与微型计算机系统有何区别？
20. 微型计算机的分类方法有几种？可以分为几个类别？

第 3 章 8086/8088 微处理器

8086 CPU 是由 Intel 公司设计生产的 16 位微处理器,具有 40 个管脚的双列直插式封装芯片。其内外数据总线均为 16 位,地址总线为 20 位,可直接寻址 1MB。随后,Intel 公司为了与当时的 8 位外围设备相匹配,推出了内部结构与 8086 基本相同、外部数据总线为 8 位的微处理器 8088。该 CPU 也是最早用于个人计算机 IBM PC/XT 中的微处理器。

8086/8088 微处理器在结构上引进了指令流水线和存储器分段两个重要概念,为 Intel 系列微处理器芯片的发展奠定了基础。学习 8086/8088 微机系统是学习当代微机系统的入门基础。本章主要讲述 8086/8088 CPU 的内部结构、引脚功能和工作时序,以及 8086/8088 微型计算机系统的存储器组织。

3.1 8086/8088 微处理器的内部结构

3.1.1 8086/8088 CPU 的内部结构

1. 8086/8088 CPU 的指令流水线技术

从第 2 章论述的微型计算机原理中,可看出指令的执行过程主要有两大步:① 取指令并译码,即明确该指令执行什么操作;② 执行指令,即按照操作码完成对操作数的处理(参见 2.3.2 小节)。在 8086/8088 推出前的 CPU 中,指令的执行过程是以串行方式进行的,即只有在前一条指令执行完后,CPU 才会去取下一条指令,取指令和执行指令是依次进行的,如图 3-1(a)所示。图 3-1(a)表明,只有在取指令的时候,总线 BUS 上才有信息流产生,而在执行指令时,总线则处于空闲状态。为提高 CPU 的执行效率和运行速度,Intel 在 8086/8088 CPU 上实现了指令流水线技术,指令流水线技术的基本思想就是让 CPU 同时进行取指令和执行指令的操作。因此,从 8086/8088 开始,CPU 采取了一种新的内部结构来完成指令的执行过程,将取指令和执行指令这两大步骤分配给 CPU 内部的两个独立的部件(执行单元 EU 和总线接口单元 BIU),且以并行方式同时进行。这使得在大多数情况下,取指令与执行指令操作可以重叠进行,从而大大加快了程序的执行速度,如图 3-1(b)所示。

CPU	取指令 1	执行指令 1	取指令 2	执行指令 2	取指令 3	执行指令 3
BUS	忙	空闲	忙	空闲	忙	空闲

(a)没有采用流水线技术的 CPU

BIU	取指令1	取指令2	取指令3	……	
EU		执行指令1	执行指令2	执行指令3	……
BUS	忙	忙	忙	忙	忙

(b) 采用流水线技术的 CPU(如 8086/8088)

图 3-1　采用流水线技术的 8086/8088 CPU 的指令执行过程

2. 8086/8088 CPU 的内部结构

按照指令流水线技术,8086/8088 CPU 的内部结构被划分成两个独立的逻辑单元,分别是指令执行单元 EU(Execution Unit)和总线接口单元 BIU(Bus Interface Unit),如图 3-2 所示。

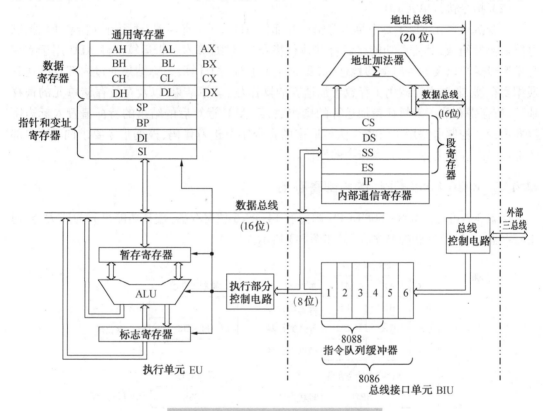

图 3-2　8086/8088 CPU 的内部结构图

(1) 总线接口单元 BIU

总线接口单元 BIU 由地址加法器、专用寄存器组(包括段寄存器和指令指针寄存器)、指令队列和总线控制电路等 4 个部分组成,其主要功能是通过外部三总线(地址总线、数据总线和控制总线)实现 CPU 与存储器、I/O 端口之间的地址信息、数据信息和控制/状态信息的传送。BIU 承担的具体任务是:在读取指令时,根据段寄存器 CS 和指令指针寄存器 IP 的值计算下一条将要执行指令的物理地址,经由总线控制电路发出地址信息选中存放指令的存储器单元,以及发出相应的读信号,将该条指令取出并送入指令队列缓冲器;在读写数据时,根据指令中给出的地址码计算出相应的存储器单元或 I/O 端口地址,以及发出相应的读写控制信号,经数据总线完成 8 位或 16 位数据的读写。

其中,BIU 中的地址加法器和 4 个 16 位段寄存器(CS、DS、SS、ES)用来计算并生成 20 位物理地址(参见 3.3.3 小节);总线控制电路是三态门控制的三组总线(16 条数据总线、20 条地址总线和若干条控制总线)输入/输出电路,它将 CPU 的内部总线与外部总线相连,是 CPU 与外界联系的惟一通道。

在 8086/8088 CPU 中,指令执行单元 EU 和总线接口单元 BIU 是同时工作的,即在 BIU 访问存储器和外围设备的时候,EU 负责执行已经取回的指令。为使这种工作方式得以持续进行,必须让 BIU 总是超前 EU。因此,8086/8088 CPU 的 BIU 须具有缓存,或称指令队列(8086 CPU 中指令队列的长度为 6 个字节,8088 CPU 中指令队列的长度为 4 个字节),一旦指令队列中空出 2 个字节,BIU 将自动进入取指令操作以填满指令队列。

(2) 指令执行单元 EU

指令执行单元 EU 主要由算术逻辑运算部件 ALU、标志寄存器、通用寄存器和 EU 控制电路等部件组成,其主要功能是解释并执行指令。其中,算术逻辑运算部件 ALU 用于实现算术逻辑运算以及寻址时偏移地址(参见 3.3.3 小节)的计算,运算结果通过内部总线送到通用寄存器;通用寄存器用于存放参加运算的操作数、运算结果,以及存放存储单元的偏移地址;暂存寄存器用来暂存参加运算的操作数,经 ALU 运算后的结果的特征值置入标志寄存器中;EU 控制电路用于将指令队列取来的指令字节进行译码,根据指令要求向 EU 内部各部件发出控制命令,以完成指令的操作。

3.1.2 8086/8088 CPU 的内部寄存器

从图 3-2 可看出 8086/8088 CPU 内部有 14 个 16 位寄存器,按其功能可分为三大类:通用寄存器、段寄存器和控制寄存器,如图 3-3 所示。

图 3-3 8086/8088 CPU 的内部寄存器

1. 通用寄存器

8086/8088 CPU 指令执行单元 EU 中有 8 个 16 位通用寄存器,分为三组,包括数据类寄存器、地址指针类寄存器和变址类寄存器。

(1) 数据寄存器

数据寄存器有 4 个,分别为累加器 AX(Accumulator Register)、基址寄存器 BX(Base Register)、计数寄存器 CX(Counter)和数据寄存器 DX(Data Register)。

每个 16 位数据寄存器又可分为高 8 位(AH、BH、CH 和 DH)和低 8 位(AL、BL、CL 和 DL),可作 8 位寄存器单独使用。

(2) 地址指针寄存器

地址指针寄存器有 2 个,分别为堆栈指针寄存器 SP(Stack Pointer)和基址指针寄存器 BP(Base Pointer)。SP 和 BP 默认的段寄存器都是 SS,用于存放堆栈段中某一存储单元逻辑地址偏移量。它们的区别是:SP 存放堆栈段栈顶地址的偏移量,每次出入栈后,SP 将自动变化(见堆栈操作);BP 存放堆栈段中一个数据区的基地址的偏移量,每次出入栈后 BP 不变。

(3) 变址寄存器

变址寄存器有 2 个,分别为源变址寄存器 SI(Source Index)和目的变址寄存器 DI(Destination Index)。SI 和 DI 的功能与指令类型有关:在数据传送指令中,SI 和 DI 都与段寄存器 DS 配对使用,用于存放数据段中某一存储单元的逻辑地址偏移量;在串操作指令中,SI 与段寄存器 DS 配对使用,用作源操作数的逻辑地址偏移量,允许段跨越,而 DI 则与段寄存器 ES 配对使用,用作目的操作数的逻辑地址偏移量,且不允许段跨越。

通用寄存器除了具有通用功能,用于算术逻辑运算中存放操作数或操作结果外,还具有一些特殊用法和隐含性质。隐含性质指的是某类指令中指定某些通用寄存器作为特殊用法,而寄存器名在指令中又不出现,这种性质通常被称为隐含寻址。另有一些寄存器虽也具有特殊用法,但不能隐含寻址。表 3-1 列出了这些寄存器的特殊用法和隐含性质。

表 3-1 通用寄存器的特殊用途和隐含性质

寄存器	特 殊 用 途	隐含性质
AX	在 16 位乘除指令中作累加器	隐含
	在 16 位 I/O 指令中作数据寄存器	不能隐含
AH	在 LAHF 指令中作目的寄存器	隐含
	在 8 位乘除指令中存放高 8 位数	隐含
AL	在 8 位乘除指令中作累加器	隐含
	在 8 位 I/O 指令中作数据寄存器	不能隐含
	在 BCD 码和 ASCII 码调整指令中作累加器	隐含
	在 XLAT 指令中作偏移量和目标寄存器	隐含
BX	间接寻址中作为基址寄存器	不能隐含
	在 XLAT 指令中作为基址寄存器	隐含
CX	在串操作指令中作重复次数计数器	隐含
	在循环操作指令中作循环次数计数器	隐含
CL	在移位和循环移位操作指令中作移位次数计数器	不能隐含

续表

寄存器	特 殊 用 途	隐含性质
DX	在16位乘除指令中存放高16位数据	隐含
DX	在I/O指令中作作为间接寻址的端口地址寄存器	不能隐含
SI	间接寻址方式中作为变址寄存器	不能隐含
SI	在串操作指令中作为源变址寄存器	隐含
DI	间接寻址方式中作为变址寄存器	不能隐含
DI	在串操作指令中作为目的变址寄存器	隐含
BP	在间接寻址中作为基址指针	不能隐含
SP	在堆栈操作中作为堆栈指针	隐含

2. 段寄存器

8086/8088 CPU 总线接口单元 BIU 中设有 4 个 16 位段寄存器,分别是代码段寄存器 CS (Code Segment)、数据段寄存器 DS(Data Segment)、附加段寄存器 ES(Extra Segment)和堆栈段寄存器 SS(Stack Segment)。段寄存器用于存放段基地址,即段起始地址的高 16 位。8086/8088 微机系统的存储器分段组织,以及段寄存器的使用将在本章 3.3 节中作详细叙述。

3. 控制寄存器

8086/8088 CPU 中的控制寄存器有 2 个,分别是指令指针寄存器 IP(Instruction Pointer) 和标志寄存器 FLAGS。IP 相当于第 2 章中介绍的程序计数器 PC。

(1) 指令指针寄存器 IP

IP 中存放着的是 BIU 要取的下一条指令字节的逻辑地址偏移量。在指令字节取出后, IP 的值将自动增量,指向下一条指令字节的地址。IP 的值不能用数据传送指令赋予,但可以通过控制转移类指令将转移目标地址送入 IP 中,以实现程序的转移控制。

(2) 标志寄存器 FLAGS

8086/8088 CPU 中还设置了一个 16 位标志寄存器 FLAGS,其中规定了 9 位作为标志位,用于存放算术或逻辑运算结果的状态以及控制指令操作的动向,如图 3-4 所示。

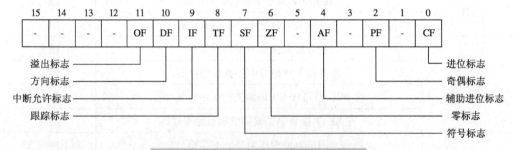

图 3-4　8086/8088 CPU 的标志寄存器

根据功能,标志寄存器的 9 位标志位可分为两类:一类为状态标志位,用来表示运算结果的特征;另一类为控制标志位,用于设置控制 CPU 操作的条件,控制标志被设置后便对其后的操作产生控制作用。

状态标志位有 6 个,分别是 CF、PF、AF、ZF、SF 和 OF,各位含义如下:

CF(Carry Flag)——进位标志位。当进行加法或减法运算时,若最高位(D_{15}或D_7)产生进位或借位,则CF=1;否则CF=0。

PF(Parity Flag)——奇偶校验标志位。当运算结果中含有偶数个"1"时,PF=1;含有奇数个"1"时,则PF=0。

AF(Auxiliary Flag)——辅助进位标志位。在8位或16位的加法或减法运算中,当运算结果的低4位向高4位有进位或借位时,AF=1;否则AF=0。

ZF(Zero Flag)——零标志位。当本次运算结果为零时,ZF=1;否则ZF=0。

SF(Sign Flag)——符号标志位。当运算结果的最高位(D_{15}或D_7)为1时,SF=1;否则SF=0。数以补码形式出现时,最高位为0表示正数;最高位为1表示负数。

OF(Overflow Flag)——溢出标志位。当算术运算结果超出有符号数的范围产生溢出时,OF=1;否则OF=0。从第1章的有关内容我们已经知道,8位有符号数的范围是-128～+127;16位有符号数的范围是-32768～+32767。

控制标志位有3个,分别是TF、IF和DF,各位含义如下:

IF(Interrupt Flag)——中断允许标志位。IF用于控制可屏蔽中断,使用CLI指令能将IF清零,禁止CPU接受可屏蔽中断请求;使用STI指令能将IF置1,允许CPU接受从INTR引脚上出现的外部可屏蔽中断请求。IF的状态不影响非屏蔽中断(NMI)和CPU内部中断。

TF(Trap Flag)——跟踪标志位。用于跟踪单步调试程序。将TF置1时,使CPU处于单步执行指令的工作方式。在这种工作方式下,CPU每执行完一条指令就自动产生一次内部中断,从而使程序员能逐条检查指令正确与否;若TF置0,则CPU正常执行程序。

DF(Direction Flag)——方向标志位。用于指示串操作指令中变址寄存器是递增还是递减。在串操作指令前使用CLD指令,可使DF置0,串操作过程中变址寄存器将自动增量;使用STD指令,可使DF置1,变址寄存器将自动减量。

从内部结构看,8086 CPU与8088 CPU的指令执行单元EU完全相同,其区别主要在总线接口单元BIU。8086 CPU的指令队列有6个字节,而8088 CPU仅有4个字节;8086 CPU的外部数据总线为16位,而8088 CPU的外部数据总线仅为8位。

3.2 8086/8088微处理器的引脚和工作时序

3.2.1 8086/8088 CPU的引脚

8086/8088 CPU都是具有40条引脚的集成电路芯片,采用双列直插式封装,如图3-5所示。为减少芯片的引脚数,8086/8088 CPU的许多引脚具有双重的定义和功能,这些多功能引脚的功能转换分为两种情况:一种是分时复用,即在每个总线周期的不同时钟周期内,引脚的定义与功能是不同的,传送的信号也不同(关于总线周期和时钟周期的基本概念可参见3.2.2小节);另一种是按工作模式(8086/8088系统可以有两种工作模式:最大模式和最小模式)来定义引脚的不同功能。图3-5中括号内的引脚为最大模式下重新定义的引脚功能。

最大模式是指微机系统中通常含有两个或多个微处理器,即多处理器系统。其中一个主处理器就是8086/8088 CPU,另外的处理器可以是数值协处理器8087或输入输出协处理器 8089 等。

最小模式是指在微机系统中只有一个微处理器。在这种情况下，所有的总线控制信号都是由 8086/8088 CPU 产生，适用于规模较小的微机应用系统。

8086/8088 CPU 的 40 条引脚按功能和特性可以分为 4 类：地址/数据总线、地址/状态总线、控制总线以及电源和接地线等其他引脚。

1. 8086 CPU 的引脚功能

(1) 地址/数据总线 $AD_{15} \sim AD_0$

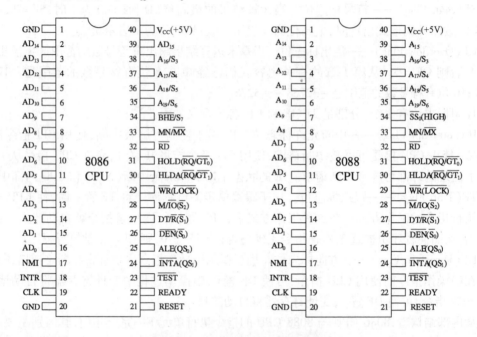

图 3-5 8086/8088 CPU 的引脚

$AD_{15} \sim AD_0$ 是分时复用的地址/数据总线。在每个总线周期的 T_1 时钟周期作地址总线使用，用来传送存储单元或 I/O 端口的低 16 位地址；在 T_2 时钟周期成为浮置或高阻状态，为传送数据作准备；在 T_3 时钟周期作数据总线使用，用于双向传送 16 位数据信号；在 T_4 时钟周期结束总线周期。

地址总线为单向总线，三态输出信号，由 CPU 发往存储器或 I/O 端口作寻址用；数据总线为双向总线，双向三态输入/输出信号，可在 CPU 与存储器、I/O 端口之间双向传送。

(2) 地址/状态总线 $A_{19}/S_6 \sim A_{16}/S_3$

$A_{19}/S_6 \sim A_{16}/S_3$ 是分时复用的地址/状态总线。在每个总线周期的 T_1 时钟周期作地址总线使用，传送存储单元的高 4 位地址信号 $A_{19} \sim A_{16}$，与地址/数据总线的 $AD_{15} \sim AD_0$ 一起构成访问存储单元的 20 位物理地址。访问 I/O 端口时，$A_{19} \sim A_{16}$ 置"0"，为低电平，这是因为只需用 $A_{15} \sim A_0$ 访问 16 位 I/O 端口地址或 $A_7 \sim A_0$ 访问 8 位 I/O 端口地址；在 T_2 时钟周期停止输出地址信号而改为输出状态信号 $S_6 \sim S_3$；在 T_3 时钟周期继续输出状态信号；

$S_6 \sim S_3$ 用于指示 CPU 的状态信息，其中 S_6 恒为低电平，表示 CPU 当前与总线连通；S_5 用于指出标志寄存器的中断允许标志状态位(IF)的当前值；S_3 和 S_4 的状态编码表示当前正在使用的是哪个段寄存器，S_3 和 S_4 编码与段寄存器的关系如表 3-2 所示。

表 3-2 S_3 和 S_4 的状态编码表

S_4	S_3	当前正在使用的段寄存器
0	0	附加段寄存器 ES
0	1	堆栈段寄存器 SS
1	0	代码段寄存器 CS 或未使用任何段寄存器
1	1	数据段寄存器 DS

（3）控制总线

控制总线是传送控制和状态信息的一组信号线，有存储器或 I/O 端口向 CPU 发出的输入信号，如 READY、INTR、RESET 等状态或请求信号；有 CPU 向存储器或 I/O 端口发出的输出信号，如读、写、中断响应等操作命令。

8086 CPU 的控制总线中，一部分与工作模式有关，另一部分与工作模式无关。用于控制 8086 CPU 系统处于何种工作模式的是 MN/$\overline{\text{MX}}$ 引脚。当 MN/$\overline{\text{MX}}$ 引脚接电源（+5V）时，系统处于最小模式，由 8086 CPU 提供系统所需的所有控制信号；当 MN/$\overline{\text{MX}}$ 引脚接地时，系统处于最大模式。

① 与工作模式无关的引脚控制功能

$\overline{\text{BHE}}/S_7$（Bus High Enable/Status）：高 8 位数据总线允许与状态信息复用引脚，三态输出信号。在每个总线周期的 T_1 时钟周期内输出 $\overline{\text{BHE}}$ 信号，低电平有效，表示高 8 位数据线 $D_{15} \sim D_8$ 上的数据有效；在 T_2、T_3 和 T_4 时钟周期输出状态信号 S_7。8086 系统中，$\overline{\text{BHE}}$ 用来作为访问高字节存储体的片选信号，而 A_0 作为低字节存储体的片选信号（参见 3.3.1 小节）。有关 $\overline{\text{BHE}}$ 与 A_0 的编码组合对应的数据传送操作见后面介绍的表 3-6。

$\overline{\text{RD}}$（Read）：读信号，三态输出，低电平有效，表示 CPU 正在读存储器或 I/O 端口的数据。当前是从存储单元读取数据还是从 I/O 端口读取数据取决于 M/$\overline{\text{IO}}$ 引脚信号：当 M/$\overline{\text{IO}}$ 信号为高电平时，CPU 读取存储器数据；低电平时，读取 I/O 端口数据。

$\overline{\text{TEST}}$：测试信号，输入，低电平有效。当执行 WAIT 指令时，每隔 5 个时钟周期，CPU 对 $\overline{\text{TEST}}$ 信号进行采样。若为高电平（无效），则使 CPU 重复执行 WAIT 指令而处于等待状态；若为低电平（有效），则等待状态结束，转而执行下一条指令。

READY：准备就绪信号，输入，高电平有效，是由存储器或 I/O 端口向 CPU 发出的状态响应信号。当 READY 处于高电平时，表示存储器或 I/O 端口已经准备就绪，可立刻进行一次数据传送，在 T_4 时钟周期内完成数据传送过程，结束当前总线周期。而当 READY 处于低电平（无效）时，表示存储器或 I/O 端口还没有准备好，这时 CPU 进入等待状态，在 T_3 时钟周期后插入一个或几个等待时钟周期 T_W，直到 READY 转换为高电平时，才进入 T_4 时钟周期，完成数据传送。

RESET：复位信号，输入，高电平有效。当 RESET 信号为高电平时，CPU 将停止正在进行的操作，把标志寄存器 FLAGS、段寄存器 DS、SS、ES 和指令指针 IP 清零，CS 置为 FFFFH，指令队列复位为空状态，如表 3-3 所示。为保证对 CPU 的可靠复位，要求 RESET 高电平信号至少保持 4 个时钟周期。当复位信号转换为低电平时，由于 CS 的值复位为 FFFFH，IP 的值复位为 0000H，因此复位后 CPU 从地址 CS:IP = FFFF:0000H 开始执行程序。程序正常运行时，RESET 引脚处于低电平。

表 3-3 复位后 CPU 内部寄存器的状态编码表

寄存器	状态	寄存器	状态
标志寄存器 FLAGS	0000H	数据段寄存器 DS	0000H
指令指针 IP	0000H	堆栈段寄存器 SS	0000H
指令对列缓冲器	清空	附加段寄存器 ES	0000H
代码段寄存器 CS	FFFFH		

NMI(Non-Maskable Interrupt)：非屏蔽中断请求，输入。NMI 是边沿触发信号，上升沿有效，不能用软件进行屏蔽，也不受标志寄存器的中断允许标志位 IF 的影响。当此信号出现时，在现行指令结束后立刻中断现行程序的执行，转而执行非屏蔽中断服务程序。

INTR(Interrupt Request)：可屏蔽中断请求，输入，高电平有效。CPU 在每条指令的最后一个时钟周期采样 INTR 信号。若 INTR 信号为高电平，表示有中断请求，此时还需根据 CPU 内部中断允许标志 IF 的状态决定是否响应中断：当 IF = 1 时，CPU 响应中断，根据中断类型码转入执行相应的中断服务程序；当 IF = 0 时，CPU 不响应中断，继续执行主程序。若 INTR 信号为低电平，表示没有中断请求，CPU 继续执行下一条指令。

② 最小模式下的引脚控制功能

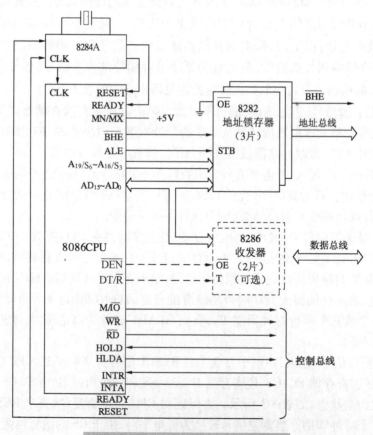

图 3-6 最小模式下系统的典型配置

最小模式下的系统典型配置如图 3-6 所示。其中时钟发生器 8284A 为 CPU 提供时钟脉冲；3 片 8282 芯片用来锁存 20 位地址信号和 $\overline{BHE}$ 信号；当系统有较多的存储单元和 I/O 端口时，仅靠 CPU 的数据总线难以提供足够的带负载能力，这时，供选用的 2 片数据收发器 8286 用于增加系统数据总线的驱动能力。在最小模式下，8086 CPU 的第 24～31 引脚的功能定义如下：

$\overline{INTA}$(Interrupt Acknowledge)：中断响应信号，三态输出，低电平有效。用于 CPU 对可屏蔽中断请求信号 INTR 的响应。$\overline{INTA}$ 信号实际上是位于两个连续总线周期中的两个负脉冲，在每个总线周期的 T_2、T_3 和 T_W 时钟周期发送，$\overline{INTA}$ 信号为低电平有效。第一个负脉冲表示 CPU 允许中断源提出的中断请求；外设在收到第二个负脉冲时将中断类型码放入数据总线，CPU 接收到中断类型码，经过计算确定中断服务程序的入口地址，就可转入中断服务程序。

ALE(Address Latch Enable)：地址锁存允许信号，输出，高电平有效。当地址/数据总线分时传送地址信息时，ALE 用来作为把地址信号锁存入地址锁存器的控制信号。在总线周期的 T_1 时钟周期，由 CPU 发出正脉冲，$AD_{15}\sim AD_0$ 和 $A_{19}/S_6\sim A_{16}/S_3$ 信号线上出现的是地址信号，在 T_1 时钟周期的下降沿将地址信号锁存入地址锁存器。$T_2\sim T_4$ 时钟周期内的 ALE 为低电平，$AD_{15}\sim AD_0$ 和 $A_{19}/S_6\sim A_{16}/S_3$ 信号线上出现的是数据和状态信号。

$\overline{DEN}$(Data Enable)：数据允许信号，三态输出，低电平有效。在最小模式系统中，作为数据总线收发器 8286/8287 的选通信号。$\overline{DEN}$ 为低电平时允许数据总线收发器接收或发送一个数据；$\overline{DEN}$ 为高电平时，不允许接收或发送数据。在 DMA 方式下，它被浮置为高阻状态。

$DT/\overline{R}$(Data Transmit/Receive)：数据发送/接收控制信号，三态输出。最小模式系统中用来控制数据总线收发器 8286/8287 数据传送的方向。$DT/\overline{R}$ 为高电平时，CPU 发送数据；$DT/\overline{R}$ 为低电平时，CPU 接收数据。在 DMA 方式下，它被浮置为高阻状态。

$M/\overline{IO}$(Memory/Input and Output)：存储器或 I/O 端口访问控制信号，三态输出。$M/\overline{IO}$ 为高电平时，CPU 访问存储器；$M/\overline{IO}$ 为低电平时，CPU 访问 I/O 端口。在 DMA 方式下它被浮置为高阻状态。

$\overline{WR}$(Write)：写信号，三态输出，低电平有效，表示 CPU 正在向存储器或 I/O 端口写入数据。由 $M/\overline{IO}$ 信号的状态决定是写入存储单元还是 I/O 端口。当 $M/\overline{IO}$ 信号为高电平时，CPU 对存储单元进行写操作；低电平时，对 I/O 端口进行写操作。在 DMA 方式下它被浮置为高阻状态。

HLDA(Hold Acknowledge)：保持响应信号，输出，高电平有效。当 HLDA 有效时表示 CPU 对其他主部件的总线请求作出响应，同时，所有与三态门相接的 CPU 引脚呈现高阻态，从而让出总线。

HOLD(Hold Request)：保持请求信号，输入，高电平有效，在系统最小模式下作为其他部件向 CPU 发出总线请求信号的输入端。当系统中 CPU 之外的另一个主部件要求占用总线时，通过此引脚向 CPU 发出一个高电平的请求信号。这时，如果 CPU 允许让出总线，就在当前总线周期完成时，于 T_4 时钟周期从 HLDA 引脚发出一个响应信号，对刚才的 HOLD 请求作出响应。同时，CPU 使地址/数据总线和控制/状态线处于浮空状态。总线请求部件收到 HLDA 信号后，就获得了总线控制权，在此后一段时间，HOLD 和 HLDA 都保持高电平。在总线占用部件用完总线之后,会把 HOLD 信号变为低电平,表示放弃对总线的占有。8086 CPU 收到低电平的 HOLD 信号后,也将 HLDA 变为低电平,这样,CPU 又获得了对总线的占有权。

③ 最大模式下的引脚控制功能

在最大模式系统中,一般包含两个或多个处理器,这样就要解决主处理器和协处理器之间的协调工作问题和对总线的共享问题。总线控制器 8288 就是为解决这些问题而加在最大模式系统中的。最大模式下的系统典型配置如图 3-7 所示。从图中可看出,最大模式下系统的典型配置与最小模式系统配置的主要区别就在于,在最大模式下需要用 8288 总线控制器来对 CPU 发出的控制信号进行变换和组合,以得到对存储器和 I/O 端口读写的控制信号,以及对地址锁存器 8282 和对总线收发器 8286 的控制信号。因此,在最大模式下,8086 CPU 的第 24~31 引脚的功能重新定义如下:

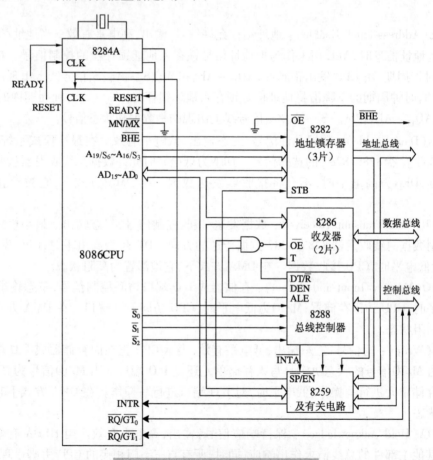

图 3-7 最大模式下系统的典型配置

QS_1 和 QS_0(Instruction Queue Status):指令队列状态信号,输出,高电平有效。QS_1 和 QS_0 的不同编码状态反映了 CPU 内部当前的指令队列状态,以便外部协处理器对 CPU 内部指令队列进行跟踪。QS_1 和 QS_0 的编码组合如表 3-4 所示。

$\overline{S_2}$、$\overline{S_1}$ 和 $\overline{S_0}$(Bus Cycle Status):总线周期状态信号,三态输出,低电平有效。这三条引脚状态的不同组合表示 CPU 总线周期的不同操作类型,如表 3-5 所示。$\overline{S_2}$、$\overline{S_1}$ 和 $\overline{S_0}$ 连接到总线控制器 8288,使 8288 产生访问存储器或 I/O 端口的控制信号或中断响应信号。

表 3-4 QS_1 和 QS_0 的编码组合含义

QS_1	QS_0	编 码 含 义
0	0	无操作
0	1	从指令队列中取出指令的第一个字节
1	0	指令队列已空
1	1	从指令队列中取指令的后续字节

表 3-5 $\overline{S}_2$、$\overline{S}_1$ 和 $\overline{S}_0$ 操作功能表

$\overline{S}_2$	$\overline{S}_1$	$\overline{S}_0$	操 作 类 型
0	0	0	发出中断响应信号
0	0	1	读 I/O 端口
0	1	0	写 I/O 端口
0	1	1	暂停
1	0	0	取指令
1	0	1	读存储单元
1	1	0	写存储单元
1	1	1	无效

$\overline{\text{LOCK}}$：总线优先权锁定信号，三态输出，低电平有效。这个信号用于封锁微机系统其他逻辑部件对总线的控制权。当 $\overline{\text{LOCK}}$ 为低电平时，只有 8086 CPU 才能有总线的控制权，不允许任何其他逻辑部件占用总线。$\overline{\text{LOCK}}$ 信号由程序设置，在指令前加上 LOCK 前缀，则在执行这条指令期间 $\overline{\text{LOCK}}$ 都保持低电平有效。

$\overline{\text{RQ}}/\overline{\text{GT}}_0$ 和 $\overline{\text{RQ}}/\overline{\text{GT}}_1$（Request/Grant）：总线请求/允许控制信号，三态双向输入/输出，低电平有效。引脚的有效信号为输入时，表示最大模式系统中的其他逻辑部件请求使用总线；信号为输出时，表示 CPU 对总线请求的响应，总线请求和允许响应信号用同一根控制线双向传送。两条控制线可以同时接两个系统外部逻辑部件，系统内部保证 $\overline{\text{RQ}}/\overline{\text{GT}}_0$ 的优先级别高于 $\overline{\text{RQ}}/\overline{\text{GT}}_1$。

（4）其他信号

CLK（Clock）：时钟输入信号，它提供了处理器和总线控制器的定时操作。8086 CPU 的标准时钟频率为 8MHz。

V_{CC}：电源线，+5V ± 10% 电源，输入。

GND：接地线。

2. 8088 CPU 与 8086 的主要区别

8088 CPU 的引脚功能与 8086 CPU 的基本相同，其主要区别在以下几个方面：

① 地址/数据分时复用总线上的区别：8086 CPU 地址与数据分时复用引脚是 16 位的 $AD_{15} \sim AD_0$；而 8088 CPU 的分时复用引脚是 8 位的 $AD_7 \sim AD_0$，$A_{15} \sim A_8$ 仅作为地址线使用。

② 存储器与 I/O 端口访问控制信号上的区别：8086 CPU 的访问控制信号为 $M/\overline{IO}$，$M/\overline{IO}$ 为高电平时访问存储器，为低电平时访问 I/O 端口。而 8088 CPU 的访问控制信号为 $IO/\overline{M}$，与 8086 的信号定义相反。

③ 8088 CPU 的第 34 脚为 $\overline{SS_0}$，8086 CPU 的第 34 脚是 $\overline{BHE}/S_7$。

3.2.2 8086/8088 CPU 的工作时序

1. 指令周期、总线周期和时钟周期

CPU 在运行中的取指令、译码和指令执行过程都是在时钟脉冲 CLK 的统一控制下一步步进行的。CPU 执行一条指令所需的时间称为一个指令周期（Instruction Cycle）。8086/8088 系统中不同指令的指令周期是不等长的。原因主要在于两个方面：一是指令本身不等长，最短的指令仅 1 个字节，大部分指令有 2 个字节，最长的指令可能有 6 个字节，指令的字节越长，执行起来所需时间也越长；二是指令中的操作数可能在不同的地方，如有立即数，有在内部寄存器中的，还有在存储器或 I/O 端口中的。立即数随指令代码进入指令队列，和存放在寄存器中的操作数一样都在 CPU 中，因而执行起来最快，在存储器中的其次，而在 I/O 端口中的则最慢。

指令周期可分为一个个的总线周期（Bus Cycle）。所谓总线周期，就是 CPU 通过系统总线对存储器或 I/O 端口进行一次访问（读/写）操作所需的时间，即 CPU 从存储器或 I/O 端口读/写一个字节的时间就是一个总线周期。任何一条指令的第 1 个总线周期必然是取指周期，第 2 个总线周期随指令不同而有所不同。最常见的基本总线周期有存储器读/写周期、I/O 端口的读/写周期、中断响应、复位等。

每个总线周期通常包含 4 个时钟周期（Clock Cycle），或称 T 状态。时钟周期是 CPU 操作的最小单位，是指加在 CPU 芯片引脚 CLK 上的时钟信号周期，由系统的时钟频率确定。例如，8086 CPU 的时钟频率为 8MHz，一个时钟周期为 125ns。

综上所述，在 8086/8088 系统中，一个指令周期可以分成若干个总线周期，而一个基本的总线周期通常由 4 个时钟周期组成。如果内存或 I/O 接口速度较慢，来不及响应时，则需在 T_3 时钟周期之后插入 1 个或几个等待状态 Tw。指令周期、总线周期和时钟周期之间的关系如图 3-8 所示。

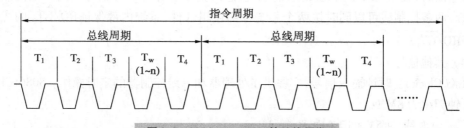

图 3-8 8086/8088 CPU 的总线周期

2. 8086/8088 CPU 典型时序分析

（1）最小模式下 8086 CPU 的 $\overline{M/IO}$ 读周期

一个基本的读周期至少包含 4 个状态，即 T_1、T_2、T_3 和 T_4，在存储器或 I/O 端口速度较慢的情况下，要在 T_3 后插入 1 个或几个等待状态 T_w。图 3-9 给出了最小模式下 8086 CPU 的 M/IO 读周期时序，从中可看出读周期被分成了 4 个部分：总线设置准备、启动读控制信号、实现读数据、恢复读前阶段。8086 CPU 的 M/IO 读周期时序如下：

① T_1 状态：

为了从存储器或I/O端口读出数据,首先要用$M/\overline{IO}$信号指出CPU是要从内存还是I/O端口读数据,所以$M/\overline{IO}$信号在T_1状态成为有效。若$M/\overline{IO}=1$,是从内存读数据;若$M/\overline{IO}=0$,则是从I/O端口读数据。$M/\overline{IO}$信号的有效电平一直保持到整个总线周期结束,即一直保持到T_4状态,如图3-9中a所示。

其次,CPU要给出存储单元地址或I/O端口的地址。8086 CPU的20位地址信号是通过多路复用总线输出的,高4位地址通过地址/状态线$A_{19}/S_6 \sim A_{16}/S_3$送出,低16位地址通过地址/数据线$AD_{15} \sim AD_0$送出。在$T_1$状态开始,20位地址信息就通过这些引脚送到存储器或I/O端口,如图3-9中b所示。

地址信息必须被锁存起来,这样才能在总线周期的其他状态传输数据和状态信息。为了实现对地址锁存,CPU在T_1状态从ALE引脚上输出一个正脉冲作为地址锁存信号。在ALE的下降沿到来之前,$M/\overline{IO}$、地址信号均已有效。锁存器8282正是利用ALE的下降沿实现对地址的锁存,如图3-9中c所示。

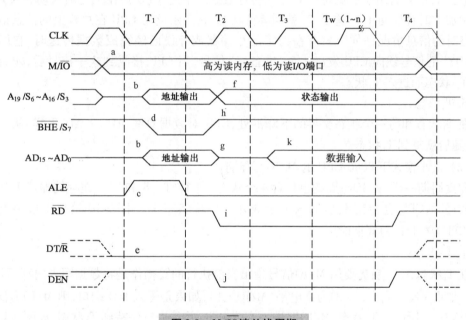

图3-9 $M/\overline{IO}$读总线周期

$\overline{BHE}$信号也在T_1状态通过$\overline{BHE}/S_7$引脚送出,用来表示高8位数据总线上的信息可以使用,如图3-9中d所示。因为奇地址存储体中的信息总是通过高8位数据线来传输(偶地址存储体的片选信号是A_0,详细情况见3.3节),因此$\overline{BHE}$信号常常作为奇地址存储体的片选信号,配合地址信号来实现存储单元的寻址。

如果系统中使用数据收发器8286,就要用到$DT/\overline{R}$和$\overline{DEN}$作为控制信号,$DT/\overline{R}$作为对数据传输方向的控制,$\overline{DEN}$实现对数据的选通。因此在T_1状态,$DT/\overline{R}=0$,表示本总线周期为读周期,即让数据总线收发器接收数据,如图3-9中e所示。

② T_2状态:

在T_2状态,地址信号消失。

$AD_{15} \sim AD_0$被浮置,进入高阻状态,以便为读数据准备,如图3-9中g所示。

$A_{19}/S_6 \sim A_{16}/S_3$ 及 $\overline{BHE}/S_7$ 引脚上输出状态信息 $S_6 \sim S_3$（8086 中 S_7 未定义），如图 3-9 中 f、h 所示。

$\overline{RD}$ 有效，$\overline{RD}$ 引脚上输出读信号，为读数据做好准备。只有被地址信号选中的存储单元或 I/O 端口才会被 $\overline{RD}$ 信号从中读出数据，并将数据送到系统的数据总线上，如图 3-9 中 i 所示。

$\overline{DEN}$ 信号在 T_2 状态变为低电平有效，从而在系统中接有总线收发器时，获得数据允许信号，如图 3-9 中 j 所示。

③ T_3 状态：

在基本总线周期的 T_3 状态，被选中内存单元或 I/O 端口将数据送到数据总线上，CPU 通过数据总线 $AD_{15} \sim AD_0$ 接收数据，如图 3-9 中 k 所示。

④ T_w 状态：

在有些情况下，由于外设或存储器的速度较慢，不能及时地配合 CPU 传送数据。这时，外设或存储器就会通过"READY"的信号线在 T_3 状态启动之前向 CPU 发一个"数据未准备好"信号，表示它们还来不及同 CPU 之间传送数据。于是，CPU 会在 T_3 之后自动插入 1 个或多个附加的时钟周期 T_w。这个 T_w 就叫等待状态，它表示此时 CPU 在总线上的信息情况和 T_3 状态时的信息情况一样。只有在指定的存储器或外设已经完成数据传送时，它们通过"READY"的信号线向 CPU 发出一个"准备好"信号，当 CPU 接收到这一信号后，才会自动脱离 T_w 状态而进入 T_4 状态。

⑤ T_4 状态：

在 T_4 状态和前一个状态交界的下降沿处，CPU 对数据总线 $AD_{15} \sim AD_0$ 采样，从而获得数据，随后恢复到 T_1 状态。

（2）最小模式下 8086 CPU 的 $M/\overline{IO}$ 写周期

和读周期一样，$M/\overline{IO}$ 写周期也包含 4 个状态，即 T_1、T_2、T_3 和 T_4。在存储器或 I/O 端口速度较慢时，CPU 也会在 T_3 后插入 1 个或几个等待状态 T_w。图 3-10 给出了最小模式下 8086 CPU 的 $M/\overline{IO}$ 写周期时序。

① T_1 状态：

在 T_1 状态，CPU 首先要用 $M/\overline{IO}$ 信号指出当前执行的写操作是将数据写入内存还是 I/O 端口。如果是写入内存，$M/\overline{IO}$ 为高电平（$M/\overline{IO} = 1$）；如果是写入 I/O 端口，则 $M/\overline{IO}$ 为低电平（$M/\overline{IO} = 0$）。所以在 T_1 状态，$M/\overline{IO}$ 即进入有效电平，并且一直保持到 T_4 状态，如图 3-10 中 a 所示。

CPU 在 T_1 状态要给出地址信号来指出要往哪一个存储单元或 I/O 端口写入数据。与读周期一样，地址信号的高 4 位地址通过地址/状态线 $A_{19}/S_6 \sim A_{16}/S_3$ 送出，低 16 位地址通过地址/数据线 $AD_{15} \sim AD_0$ 送出，如图 3-10 中 b 所示。

在 T_1 状态，待地址信息稳定后，由地址 ALE 锁存信号用下降沿将地址信息锁存，如图 3-10 中 c 所示。

$\overline{BHE}$ 信号也在 T_1 状态通过 $\overline{BHE}/S_7$ 引脚送出，用来表示高 8 位数据总线上的信息可以使用，如图 3-10 中 d 所示。

如果系统中使用数据收发器 8286，就要用到 $DT/\overline{R}$ 和 $\overline{DEN}$ 作为控制信号，$DT/\overline{R}$ 作为对数据传输方向的控制，$\overline{DEN}$ 实现对数据的选通。因此在 T_1 状态，$DT/\overline{R} = 1$，表示本总线周期为写周期，即让数据总线收发器发送数据，如图 3-10 中 e 所示。

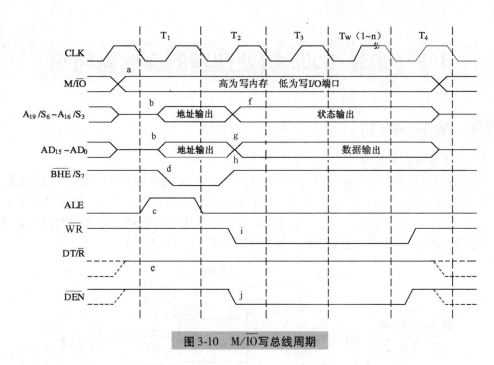

图 3-10 M/$\overline{\text{IO}}$ 写总线周期

② T₂ 状态：

在 T₂ 状态，地址信号发出后，CPU 在 $A_{19}/S_6 \sim A_{16}/S_3$ 上发出状态信号 $S_6 \sim S_3$，状态信息一直保持到 T₄ 状态的中间，如图 3-10 中 f 所示。

同时，CPU 把要送存储单元或 I/O 端口的数据立即发往地址/数据复用总线 $AD_{15} \sim AD_0$，数据信息会一直保持到 T₄ 状态的中间，如图 3-10 中 g 所示。

$\overline{\text{BHE}}$ 信号变为高电平，消失，如图 3-10 中 h 所示。

CPU 从 $\overline{\text{WR}}$ 引脚上发出写信号，写信号和读信号一样，一直保持到 T₄ 状态。写信号送到所有的存储器和 I/O 端口，只有被地址信号选中的存储单元或 I/O 端口才会被 $\overline{\text{WR}}$ 信号写入数据，如图 3-10 中 i 所示。

$\overline{\text{DEN}}$ 信号在 T₂ 状态变为低电平有效（$\overline{\text{DEN}}=0$），允许数据传送，如图 3-10 中 j 所示。

③ T3 状态：

在 T3 状态，CPU 继续提供状态信息和数据信息，并继续维持 $\overline{\text{WR}}$、$\overline{\text{DEN}}$ 为有效电平。

④ T4 状态：

完成写入操作，随后恢复到 T1 状态，总线周期结束。

(3) 8086/8088 CPU 的空闲总线周期

只有当 CPU 和存储器或 I/O 接口之间传送数据时，或者它正在填充指令队列缓冲器时，CPU 才执行总线周期。如果 CPU 在执行一个总线周期之后，并不立即执行下一个总线周期，那么，系统总线就会处于空闲状态，此时，CPU 将执行空闲周期。

在空闲周期中，可以包含 1 个或多个时钟周期。在此期间，CPU 在总线的高 4 位上仍将驱动前一个总线周期的状态信息。而且，如果前一个总线周期为写周期，则 CPU 会在总线的低 16 位上继续驱动数据信息；如果前一个总线周期为读周期，则在空闲周期中，总线低 16 位会处于高阻状态。

3.3 8086/8088 微处理器的存储器组织

3.3.1 存储器的结构

1. 存储器的基本结构

存储器是微机的存储记忆元件,其基本结构由存储体、地址译码器和控制电路组成,如图 3-11 所示。图中表明存储器与 CPU 之间通过三总线相连接。其中,地址译码器接收 CPU 地址总线 AB 送来的地址信息,经译码器译码后选中相应的存储单元。在控制总线的读/写信号控制下,经由数据总线 DB 完成对该存储单元的读/写操作。

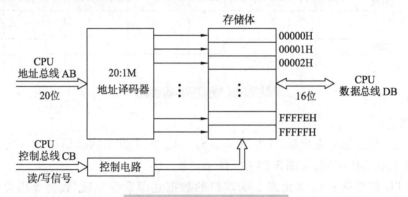

图 3-11 存储器的基本结构

2. 规则存放与非规则存放

存储器可分为一个个存储单元,而每个存储单元又有两个基本属性:一是存储单元的地址编号,二是存储单元的内容。为标识每个存储单元,系统为每一存储单元分配了一个惟一的地址编号,称为物理地址。

8086/8088 CPU 的地址总线为 20 位,可直接寻址的物理存储空间为 1MB(2^{20}),物理地址范围为:00000H ~ FFFFFH。

存储单元的内容就是该单元存放的数据信息。8086/8088 CPU 按照字节编址,即每个单元 8 位数据,按地址顺序存放。图 3-12 的示例表示地址编号为 00000H 的存储单元的内容为 66H,通常表示为(00000H) = 66H;地址编号为 20002H 的存储单元的内容为 68H,表示为(20002H) = 68H 等。

若存放的是 16 位字数据时,则需要连续的两个存储单元来存放,每个单元都有各自的地址。字数据存放规则是高字节数据放入高地址存储单元,低字节数据放入低地址存储单元,且低字节存储单元的地址是字数据的访问地址。

物理地址	存储器
00000H	66H
⋮	⋮
20000H	78H
20001H	56H
20002H	68H
20003H	34H
20004H	12H
⋮	⋮
FFFFFH	77H

图 3-12 存储示例

图 3-12 中,16 位的字数据 5678H 的存放地址为 20000H 和 20001H 两个单元,寻址时以低字节的地址表示访问地址,记为(20000H) = 5678H。字数据 1234H 的存放地址为

20003H 和 20004H，记为（20003H）=1234H。

从图 3-12 中可看出，一个字数据存放的起始地址可以从偶地址开始，也可以从奇地址开始。字数据从偶数地址开始存放称为规则存放，规则存放的字数据则称为规则字；相应地，字数据从奇数地址开始存放称为非规则存放，非规则存放的字数据称为非规则字。上例中，字"5678H"为规则字，而字"1234H"为非规则字。

由于 8086 CPU 与 8088 CPU 的外部数据总线宽度不一样，使得 8086 系统存储器与 8088 系统存储器的数据访问有所区别。8086 CPU 的数据总线为 16 位，允许一次传送 16 位的二进制数。8086 CPU 访问（读或写）存储器一次，能同时对两个存储单元完成操作，但必须以偶数地址为起始地址。因此，对规则字的访问可以在一个总线周期内完成。如果是非规则字，则需要两个总线周期，每个总线周期内都访问了一个不需要的字节。从偶数地址和奇数地址读入字节或字的操作过程如图 3-13 所示。

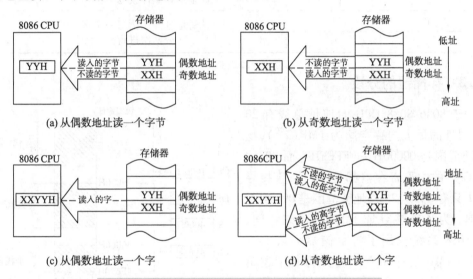

图 3-13 8086 存储器读入字节和字数据的操作过程

8088 CPU 的数据总线为 8 位，每次访问存储器只能存取一个字节信息。因此，8088 系统的存储器不存在规则存放与非规则存放。对于字数据的存取，CPU 都需要访问存储器两次才能完成。

需要说明的是，8086/8088 系统的编程并不涉及这些细节，编程时只需在指令中指明字节数据或字数据的存储地址，不需对存储器的访问过程提出要求，CPU 能自动识别和完成数据访问操作。

3. 1MB 内存的分体结构

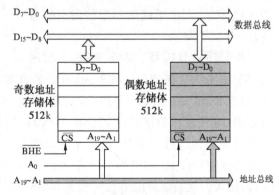

图 3-14 8086 系统 1MB 存储器的分体结构

8086 系统中，存储器采用分体结构，即 1MB 的存储空间被分成两个 512k 的存储体。其中，偶数地址存储体与低 8 位数据总线

($D_7 \sim D_0$)相连接,被称为低字节存储体;奇数地址存储体与高 8 位数据总线($D_{15} \sim D_8$)相连接,因此也被称为高字节存储体。8086 系统存储器与总线间的连接如图 3-14 所示。

图中可看出,偶数地址存储体的片选端受控于 8086 CPU 的 A_0 地址线,奇数地址存储体的片选端受控于 8086 CPU 的 $\overline{BHE}$ 信号。$\overline{BHE}$ 与 A_0 的组合对存储体的选择控制功能如表 3-6 所示。

表 3-6 $\overline{BHE}$ 与 A_0 的组合存储体的选择控制

$\overline{BHE}$	A_0	选 择 控 制 功 能
0	0	从偶地址开始读写一个字
0	1	从奇地址存储体读写一个字节
1	0	从偶地址存储体读写一个字节
0	1	从奇地址开始读写一个字
1	0	(分两次进行)

3.3.2 存储器的分段

由于 8086/8088 CPU 的地址总线有 20 位,可寻址的最大内存空间为 1MB(2^{20}),物理地址范围是 00000H ~ FFFFFH。而 8086/8088 CPU 的内部寄存器都是 16 位,直接寻址能力只有 64kB(2^{16}),地址范围是 0000H ~ FFFFH。为了能够寻址 1MB 的存储空间,8086/8088 系统采用了将存储器分段的方法,即把 1MB 的存储空间划分为若干逻辑段,段长不超过 64kB。允许段与段之间部分重叠、全部重叠或断开。存储器的分段示例如图 3-15 所示,图中堆栈段与附加段有部分重叠。

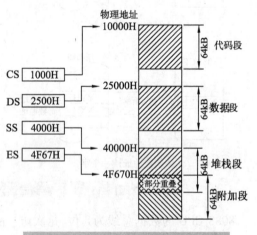

图 3-15 8086/8088 存储器分段示例

根据程序设计需要,8086/8088 系统通常将存储器分为代码段(Code Segment)、数据段(Data Segment)、堆栈段(Stack Segmnet)和附加段(Extra Segment)4 个段。各段的用途不同,如代码段用于存放程序;数据段用于存放数据;堆栈段作为堆栈使用的内存区域,用来传递参数、保存数据和状态信息;附加段用来补充其他各段的不足,是一个辅助的数据区。

存储器的分段中,每段第一个单元的地址称为段的起始地址,起始地址的低 4 位为 0000,即能成为起始地址的单元只能是 00000H、00010H、00020H、…、FFFF0H。起始地址的高 16 位称为段的基址,8086/8088 CPU 中设置了 4 个 16 位的段寄存器 CS、DS、SS 和 ES,分别用于存放代码段、数据段、堆栈段和附加段的基址。图 3-15 的示例中,代码段、数据段、堆栈段和附加段的基址分别是 1000H、2500H、4000H 和 4F67H,起始地址分别是 10000H、25000H、40000H 和 4F670H。

3.3.3 物理地址和逻辑地址

由于存储器的分段结构,存储单元的地址可以用物理地址和逻辑地址两种形式来表示。物理地址又叫实际地址,是存储单元按顺序依次排列的实际存在的地址。每个存储单元的物理地址是惟一的,用 20 位二进制数或 5 位 16 进制数表示。CPU 访问存储器时,必须先确定所要访问存储单元的物理地址,然后才能正确存取该单元的内容。

8086/8088 CPU 的寄存器为 16 位,因此编程时需采用逻辑地址来表达存储单元的 20 位物理地址。逻辑地址由 16 位段基址和 16 位偏移地址(偏移量)组成,表示形式为"段基址:偏移地址"。偏移地址是在某逻辑段内指定存储器单元到段基址的距离,也称为有效地址(EA)。物理地址与逻辑地址的关系为:

物理地址(PA) = 段基址 × 10H + 偏移地址(EA)

即将段基址左移 4 位,低 4 位补 0,再加上偏移地址得到该单元的物理地址,如图 3-16 所示。

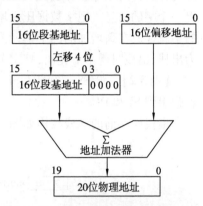

图 3-16 物理地址与逻辑地址的关系

【例 3-1】 设某存储单元的段基址为 2000H,偏移地址是 5678H。写出该单元的逻辑地址、物理地址,以及该单元所在段的首末单元物理地址。

解:该单元的逻辑地址表示为 2000H:5678H;

该单元的物理地址是 PA = 段基址 × 10H + 偏移地址(EA) = 2000H × 10H + 5678H = 25678H;

该单元所在段的首单元地址是:段基址 × 10H = 20000H;

该单元所在段的末单元地址是:段起始地址 + FFFFH = 2FFFFH。物理地址的计算如图 3-17 所示。

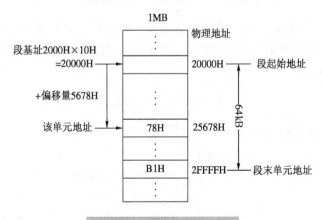

图 3-17 物理地址的计算

3.3.4 堆栈

堆栈是在存储器中按"先入后出"的原则组织起来的一段存储空间,用来存放需要暂时保存的数据。堆栈区域的一端固定,被称为栈底;另一端活动,被称为栈顶。当使用堆栈专用操作指令时,堆栈中所有数据的存取都只能是在堆栈的栈顶单元进行。

8086/8088 系统中的堆栈段是由段定义语句在存储器中定义的一个逻辑段。与其他段一样,堆栈段可定义在 1MB 存储器的任何空间内,且容量≤64kB。堆栈段的段基址由堆栈段寄存器 SS 给出,栈顶偏移地址则由堆栈指针寄存器 SP 给出。

8086/8088 系统堆栈的伸展方向是从高地址向低地址,堆栈操作都以字为单位,并且数据的存放为规则存放,既低字节在偶地址,高字节在奇地址,以保证一次访问就能压入或弹出一个字的信息。把字数据压入堆栈称为进栈,进栈时高字节先压入,低字节后压入,进栈的字就存放在新增加的两个单元内,堆栈指针 SP 自动减2;与之相应,把字数据弹出堆栈称为出栈,出栈时低字节先出,高字节后出,出栈时的堆栈指针 SP 自动加2。

【例 3-2】 设 SS = 3000H, SP = 2000H, DX = 5678H。将 DX 内容压入堆栈,及将堆栈内容弹出到 SI 和 DI。

堆栈操作前的堆栈结构如图 3-18 所示,图中 SP 指向堆栈操作前的栈顶地址。

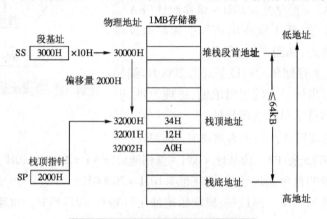

图 3-18 堆栈操作前的栈顶地址

将 DX 内容压入堆栈的操作过程可分为两步:首先执行 SP = SP − 1,将高字节数据 56H 压入 31FFFH 单元;然后再执行 SP = SP − 1,将低字节数据 78H 压入 31FFEH 单元。进栈操作过程如图 3-19 所示。

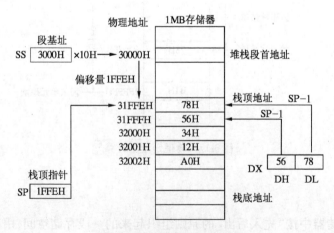

图 3-19 进栈操作示意图

将堆栈内容弹出到 SI 和 DI 的出栈操作过程如图 3-20 所示:将 16 位数 5678H 按低字节先出、高字节后出的顺序弹出堆栈并送到 SI,把 SP+2 指向新栈顶。此时,SP = 1FFEH + 2 = 2000H;同样,再将 1234H 弹出堆栈并送到 DI,再把 SP+2 指向新栈顶。出栈操作结束后,SP = 2000H + 2 = 2002H,栈顶物理地址为 32002H。

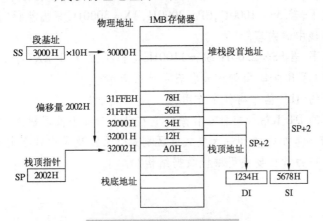

图 3-20 出栈操作示意图

习 题 三

1. 8086 CPU 有多少根数据线和地址线?它能寻址多少内存单元和 I/O 端口?8088 CPU 有多少根数据线和地址线?为什么要设计 8088 CPU?
2. 8086 CPU 按功能可以分为哪两大部分?它们各自的主要功能是什么?
3. 什么是微处理器的并行操作功能?8086 CPU 是否具有并行操作功能?在什么情况下 8086 的执行单元 EU 才需要等待总线接口单元 BIU 提取指令?
4. 逻辑地址和物理地址有何区别?段加偏移的基本含义是什么?
5. 基址指针 BP 和堆栈指针 SP 在使用中有何区别?
6. 段地址和段起始地址是否相同?两者是什么关系?
7. 8086 CPU 一般使用哪个寄存器来保存计数值?
8. 寄存器 IP 的用途是什么?它提供的是什么信息?
9. 寄存器 FLAGS 的用途是什么?它提供的是什么信息?
10. 如果某个寄存器的内容为 0,对应的零标志是否为 1?
11. 在实模式下,对于如下段寄存器内容,写出相应的段起始地址和结束地址:
    (1) 1000H (2) 1234H
    (3) E000H (4) AB00H
12. 在实模式下,对于如下的 CS:IP 组合,写出相应的存储器地址:
    (1) 1000H:2000H (2) 2400H:1A00H
    (3) 1A00H:E000H (4) 3456H:AB00H
13. 什么是总线周期?微处理器在什么情况下才执行总线周期?
14. 一个基本的总线周期由几个状态组成?在什么情况下需要插入等待状态?

15. 什么叫做非规则字？微处理器对非规则字的存取是如何进行的？
16. 什么是存储器的分体结构？用什么信号来实现对两个存储体的选择？
17. 为什么8086微处理器要采用分体结构？而8088微处理器不采用分体结构？
18. 堆栈的深度由哪个寄存器确定？为什么一个堆栈的深度最大为64KB？
19. 在实模式下，若SS=1000H，SP=2000H，AX=3000H，写出执行"PUSH AX"指令后SS、SP和相应的堆栈中的内容。
20. 在实模式下，若SS=2200H，SP=1100H，写出执行"POP AX"指令后SS、SP的内容。
21. 微处理器的$\overline{WR}$和$\overline{RD}$引脚信号各表示什么操作？
22. 微处理器的ALE信号有什么作用？
23. 微处理器的DT/$\overline{R}$信号有什么作用？它在什么情况下被浮置为高阻状态？
24. 8086系统的最小模式和最大模式的区别是什么？这是由什么引脚的信号决定的？
25. 微处理器中为什么要使用堆栈数据结构？

第4章 半导体存储器

从第 2 章的内容我们已经知道,存储器是计算机中不可缺少的一个重要组成部分。存储器的作用是存放计算机的程序、需要处理的数据、运算结果以及各种需要计算机保存的信息。正是因为有了存储器,计算机才有信息记忆功能,并能够脱离人的直接干预而自动地工作。在计算机中,大量的操作是 CPU 与存储器之间交换信息。因此存储器的性能是影响计算机系统性能的主要因素之一。本章主要介绍存储器的基本工作原理、各类半导体存储器的使用以及与 CPU 的连接方法。

4.1 半导体存储器概述

4.1.1 存储器及其分类

1. 存储器与存储设备

存储器由一些能够表示二进制"0"和"1"状态的物理器件组成,这些器件本身具有记忆功能,如电容、磁性体、双稳态电路等。这些具有记忆功能的物理器件构成了一个个存储元,每个存储元可以保存一位二进制信息。若干个存储元就构成了一个存储单元。通常一个存储单元由 8 个存储元构成,可存放 8 位二进制信息(即一个字节,Byte)。许多存储单元组织在一起就构成了存储器。

早期的计算机曾经采用非常原始的器件作为存储器的存储介质,如继电器、穿孔纸带、磁芯、磁带等,现今的计算机一般都采用半导体电路构成的存储器。而大容量的存储设备则大多采用磁记录和光记录形式的存储介质,如磁盘和光盘等。

在计算机系统中,存储器根据其所处的位置和功能可分为内部存储器(简称内存)和外部存储器(简称外存,或存储设备)。内存存放 CPU 当前正要处理的程序和数据,CPU 可以通过三总线直接对它进行访问。相对外部存储器,内存的容量小、存取的速度快。而外存刚好相反,外存用于存放当前不参加运行的程序和数据,CPU 不能直接对它进行访问,而必须通过配备专门的设备才能够对它进行读写。这是外存与内存之间的一个根本的区别。外存储器又称辅助存储器,存储介质通常是磁盘、光盘和磁带。外存属于计算机的外部设备,其容量一般很大,但存储速度相对较慢。

存储容量是存储器的一个重要指标,通常存储容量用其存储的二进制位信息量描述。显然,存储容量越大,能够存放的信息就越多,计算机处理信息的能力也就越强。存储容量的单位为字节(B)、千字节(kB)或兆字节(MB),如 64kB、128MB 等。

存储器有两种基本操作:读操作和写操作。读操作是从存储器中读出信息,不改变存单元原有的内容,是"非破坏性"的操作;写操作是把信息写入存储器,新写入的数据将覆盖原有的内容,是"破坏性"的操作。

2. 半导体存储器的分类

(1) 按照制造工艺分类

从制造工艺角度可以把半导体存储器分为双极型存储器、MOS型存储器。双极型存储器集成度低,功耗大,价格高,速度快。MOS型存储器集成度高,功耗低,价格较低,速度慢。MOS型存储器还可进一步分为 NMOS、HMOS、CMOS 等不同工艺产品。其中,CMOS 电路具有功耗低、速度快的特点,在微型计算机中的应用较广。

FLASH又称为闪存,是一种不同于传统制造工艺的新型半导体存储器。其性能在近年来得到很大改善和提高,因此正在获得日益广泛的应用。

(2) 按存取方式分类

半导体存储器按照存取方式不同,可以分为两大类:随机存取存储器 RAM(Random Access Memory)和只读存储器 ROM(Read Only Memory)。RAM 主要用来存放各种现场的输入输出数据、中间计算结果、与外存交换的信息,以及作为堆栈使用。它的存储单元的内容按照需要既可以读出,也可以写入。而 ROM 的信息在使用时是不能改变的,也就是不可写入的,只能读出。故 ROM 一般用来存放固定的程序,如微型计算机的管理、监控程序,汇编程序,以及存放各种常数、函数表等。半导体存储器的分类如图 4-1 所示。

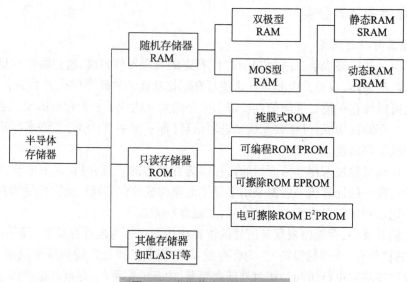

图 4-1 半导体存储器的分类

3. 随机存取存储器 RAM 的分类及特点

随机存取存储器 RAM 中,又可以分为双极型和 MOS 型 RAM 两大类。

(1) 双极型 RAM 的特点

双极型半导体 RAM 的主要优点是存取时间短,通常为几纳秒到几十纳秒,与 MOS 型 RAM 相比,其集成度低,功耗大,价格较高。因此,双极型 RAM 主要用于存取时间非常短的特殊应用场合,或用于高速缓存(Cache)。

(2) MOS 型 RAM

用 MOS 器件构成的 RAM 又可分为静态随机存取存储器(Static RAM,SRAM)和动态随机存取存储器(Dynamic RAM,DRAM)。

① SRAM 的存储元由双稳态触发器构成。双稳态触发器有两个稳定状态，可以用来存储一位二进制信息。只要不掉电，其存储的信息可以始终稳定存在，故称其为静态 RAM。SRAM 的主要特点有：
- 由六管双稳态触发器作为基本存储电路；
- 集成度高于双极型 RAM，但低于 DRAM；
- 功耗低于双极型 RAM，高于 DRAM；
- 存取速度较 DRAM 快；
- 不需要刷新，可省去刷新电路；
- 易于用电池作为后备电源，以解决 RAM 断电后保存信息问题。
- 适用于不需要大存储容量的微型计算机，如单板机和单片机中。

② DRAM 的存储元以电容来存储信息，电路简单。但电容总有漏电存在，时间长了存放的信息就会丢失或出现错误。因此需要对这些电容定时充电，这个过程称为刷新，即定时将存储单元的内容读出再写入。由于需要刷新，所以这种 RAM 称为动态 RAM。DRAM 的主要特点有：
- 基本存储电路用单管线路组成(靠电容存储电荷)；
- 集成度高；
- 功耗比静态 RAM 低；
- 价格比静态便宜；
- 因动态存储器靠电容来存储信息，由于总是存在有泄漏电流，故需要刷新(再生)。
- 适用于大存储容量的微型计算机，如微机中的内存主要由 DRAM 组成。

4. 只读存储器 ROM 的分类及特点

根据制造工艺不同，只读存储器分为掩膜式 ROM、PROM、EPROM、EEPROM 几类。只读存储器 ROM 在工作时只能读出，不能写入。掉电后不会丢失所存储的内容。

(1) 掩膜式 ROM

掩膜式只读存储器 ROM 是芯片制造厂根据 ROM 要存储的信息，对芯片图形(掩膜)通过二次光刻生产出来的。其存储的内容固化在芯片内，用户可以读出，但不能改变。这种芯片存储的信息稳定，成本低。适用于一些可批量生产的固定不变的程序或数据，但不适用于研发。

(2) 可编程只读存储器 PROM(Programmable ROM)

如果用户根据自己的需要来确定 ROM 中的存储内容，则可使用可编程只读存储器 PROM，PROM 允许用户对其进行一次编程，即写入数据或程序。一旦编程之后，信息就永久性固定下来。用户可以读出其内容，但再也无法改变它的内容。

(3) 可擦除的可编程只读存储器

上述两种芯片存放的信息只能读出而无法修改，这给许多方面的应用带来不便。由此出现了两类可擦除的 ROM 芯片。这类芯片允许用户通过一定的方式多次写入数据或程序，也可修改其中存储的内容，且写入的信息不会因为掉电而丢失。由于这些特性，可擦除可编程 ROM 芯片得到了广泛的应用。可擦除可编程只读存储器因其擦除的方式不同可分为两类：

① 紫外线可擦除的只读存储器 EPROM（Erasable Programmable ROM），用紫外线照射来擦除，擦除后可编程，并允许用户多次擦除和编程。

② 电可擦除的只读存储器 EEPROM 或 E^2PROM（Electrically Erasable Programmable ROM），采用加上一定电压的方法进行擦除和编程，也可多次擦除和编程。

值得注意的是，尽管 EPROM 或 EEPROM 既可读出也可以对其编程写入和擦除，但它们与 RAM 还是有本质区别的。首先，RAM 能随机快速地进行读写，而 EPROM 或 EEPROM 需要一定的条件才能写入和修改；其次，在掉电后 RAM 会丢失存储的内容，而 EPROM 或 EEPROM 则不会丢失。

4.1.2 半导体存储器芯片的内部结构

半导体存储器芯片由存储体、地址译码器、控制逻辑电路和数据缓冲器四部分组成，如图 4-2 所示。

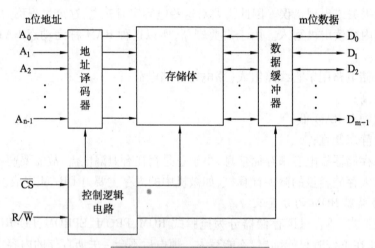

图 4-2 存储器芯片的组成

存储体是存储芯片的主体，由若干个存储单元按照一定的排列规则构成。每个存储单元又由若干个基本存储电路（存储元）组成，每个存储元可存放一位二进制信息"1"或"0"。通常一个存储单元为一个字节，存放 8 位二进制数，以字节来组织。

将存储体中所有存储单元赋予单元地址，由芯片内部的地址译码器接收 CPU 送来的 n 位地址信号，经译码后产生 2^n 个地址选择信号，实现对片内存储单元的选择。

在 CPU 及其接口电路送来的芯片选择信号 $\overline{CS}$ 和读写控制信号 $R/\overline{W}$ 的配合下，通过数据缓冲器，对该单元中的数据进行读或写操作。在不进行读或写操作时，芯片选择信号无效，控制逻辑电路使数据缓冲器处于高阻状态，存储体与数据线脱开。

存储器芯片中的数据缓冲器用于暂存来自 CPU 的写入数据或从存储体内读出的数据。暂存的目的是协调 CPU 与存储器之间在速度上的差异。

4.1.3 半导体存储器的主要性能指标

1. 存储容量

存储器的容量是指存储器芯片上能存储的二进制数位数。存储容量用"存储单元个数×每存储单元的位数"来表示。

2. 存取时间和存取周期

存取时间又称为存储器访问时间,即启动一次存储器操作(读或写)到完成该操作所需的时间。CPU 在读写存储器时,其读写时间必须大于存储器芯片的额定存取时间。否则,微机无法工作。存取周期是连续启动两次独立的存储器操作所需间隔的最小时间。

3. 可靠性

存储器的可靠性一般是指存储器对磁场及温度变化等因素的抗干扰能力,常用平均故障间隔时间 MTBF(Mean Time Between Failure)来衡量。MTBF 越长,表示可靠性越高。计算机要可靠运行,必然要求存储器系统具有很高的可靠性,存储器所发生的任何错误都会使计算机不能正常工作。存储器的可靠性与所构成的芯片有关。

4. 功耗

功耗通常是指每个存储单元消耗功率的大小,单位为毫瓦/位(mW/b)或微瓦/位(μW/b)。使用功耗低的存储器芯片构成存储系统不仅可以减少对电源容量的要求,而且还可以提高存储系统的可靠性。

4.2 随机存取存储器 RAM

随机存取存储器主要用来存放当前运行的程序、各种输入输出数据、中间运算结果及堆栈数据等。其存储内容既可随时读出,也可随时写入,掉电后其存储内容则会全部丢失。本节将从应用角度出发,以几种常用的典型芯片为例,介绍两类 MOS 型随机存储器 SRAM 和 DRAM 的特点、外部特性以及它们的应用。

4.2.1 静态随机存取存储器 SRAM

1. 六管基本存储电路

静态存储电路是由两个增强型的 NMOS 反相器交叉耦合而成的触发器,如图 4-3 中深色背景部分所示。其中 T_1、T_2 为控制管,T_3、T_4 为负载管。这个电路具有两个不同的稳定状态:若 T_1 截止,则 A = 1(高电平),它使 T_2 导通,于是 B = 0(低电平),而 B = 0 又保证了 T_1 截止。所以,这种状态是稳定的。同样,T_1 导通,T_2 截止的状态也是互相保证而稳定的。因此,可以用这两种不同状态分别表示"1"或"0"。当把触发器作为存储电路时,应能控制该电路是否被选中,这样就形成了图 4-3 所示的六管基本存储电路。

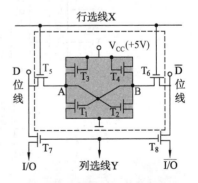

图 4-3 六管静态存储电路

由图中可看出,当 X 的译码输出线为高电平时,T_5、T_6 管导通,A、B 端就与位线 D 和 $\overline{D}$ 相连;当这个电路被选中时,相应的 Y 译码输出也是高电平,故 T_7、T_8 管也是导通的,于是 D 和 $\overline{D}$(存储器内部的位线)就与输入输出电路 I/O 及 $\overline{I/O}$(存储器外部的数据线)相通。

当写入时,写入信号自 I/O 和 $\overline{I/O}$ 线输入,如要写"1",则 I/O 线为"1",而 $\overline{I/O}$ 线为"0"。它们通过 T_7、T_8 管以及 T_5、T_6 管分别与 A 端和 B 端相连,使 A=1,B=0,使得 T_2 管导通,T_1 管截止。相当于把输入电荷存储于 T_1 和 T_2 管的栅极。当输入信号以及地址选择信号消失后,T_5、T_6、T_7、T_8 都截止。由于存储元有电源和两负载管,可以不断地向栅极补充电荷,所以靠两个反相器的交叉控制,只要不掉电就能保持写入的信号"1",而不用再生(刷新)。若要写入"0",则 I/O 线为"0",而 $\overline{I/O}$ 线为"1",使 T_1 导通,而 T_2 截止,同样写入的"0"信号也可以保持住,一直到写入新的信号为止。

在读出时,只要某一电路被选中,相应的 T_5、T_6 导通,A 点和 B 点与位线 D 和 $\overline{D}$ 相通,且 T_7、T_8 也导通,故存储电路的信号被送至 I/O 与 $\overline{I/O}$ 线上。读出时可以把 I/O 与 $\overline{I/O}$ 线接到一个差动放大器,由其电流方向即可判定存储元的信息是"1"还是"0";也可以只有一个输出端接到外部,以其有无电流通过而判定所存储的信息。这种存储电路,它的读出是非破坏性的,即信息在读出后仍保留在存储电路内。

2. SRAM 的结构

(1) 存储体

存储体内基本存储元的排列结构通常有两种方式:一种是多字一位结构(位结构),即将多个存储单元的同一位排在一起,其容量表示成 N 字×1 位,如 1k×1 位、4k×1 位。另外一种排列是多字多位结构(字结构),即将一个存储单元的若干位(如 4 位、8 位)组合在一起,其容量表示为 N 字×4 位或 N 字×8 位。

在较大容量的存储器中,往往把各个字的同一位组织在一个片中。例如,图 4-4 中的 1024×1 位,它是 1024 个字的同一位,由这样的 8 个芯片则可组成 1024×8 位存储体。同一位的这些字通常排成矩阵的形式,如 32×32=1024,由 X 选择线(行线)和 Y 选择线(列线)的重叠来选择所需要的存储单元。这样做可以节省译码和驱动电路,如对 1024×1 位来说,若不采用矩阵的办法,则译码输出线就需要有 1024 条;在采用 X、Y 译码驱动时,只需 32+32=64 条。

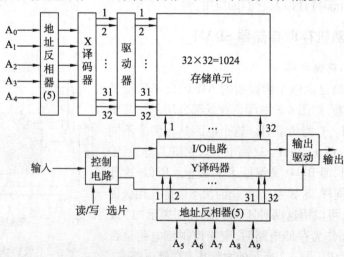

图 4-4　1k×1 位 SRAM 的结构

如果存储容量较小,也可把 RAM 芯片的单元阵列直接排成所需要位数的形式。这时每一条 X 选择线代表一个字,而每一条 Y 线代表字中的一位,所以习惯上就把 X 选择线称为字线,而 Y 选择线称为位线。

(2) 外围电路

一个存储器除了由基本存储电路构成的存储体外,还有许多外围电路,通常有:

① 地址译码器

存储单元是按地址来选择的,如内存为 64kB,则地址信息为 16 位($2^{16}=64$k),CPU 要选择某一单元就在地址总线上输出此单元的地址信号给存储器,存储器就必须对地址信号经过译码,用以选择需要访问的单元。

② I/O 电路

它处于数据总线和存储器单元之间,用以控制被选中的单元的读出或写入,并具有放大信息的作用。

③ 片选控制端$\overline{CS}$(Chip Select)

目前每一片存储器的容量终究还是有限的,所以,一个存储体总还是要由一定数量的芯片组合而成。在地址选择时,首先要选片,用地址译码器的输出和一些控制信号(如 IO/$\overline{M}$)形成选片信号。只有当$\overline{CS}$有效选中某一片时,此片所连的地址线才有效,才能对这一片上的存储单元进行读或写的操作。

④ 集电极开路或三态输出缓冲器

为了扩展存储器的字数,常需将几片 RAM 的数据线并联使用,或与双向的数据总线相接。这就需要用到集电极开路或三态输出缓冲器。

此外,在有些 RAM 中为了节省功耗,采用浮动电源控制电路,对未选中的单元降低电源电压,使其还能维持信息,这样可降低平均功耗。在 DRAM 中,还有预充、刷新等方面的控制电路。

3. 地址译码的方式

地址译码有两种方式:一种是单译码方式或称字结构,适用于小容量存储器中;另一种是双译码,或称复合译码结构。

(1) 单译码方式

在单译码结构中,字线选择某个字的所有位。图 4-5 是一种单译码结构的存储器,它是一个 16 字 4 位的存储器,共有 64 个基本存储电路。把它排成 16 行×4 列,每一行对应一个字,每一列对应其中的一位。所以,每一行(四个基本存储电路)的选择线是公共的;每一列

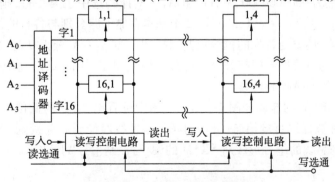

图 4-5 单译码结构存储电路

(16个基本存储电路)的数据线也是公共的。基本存储电路可采用上述的六管静态存储电路。

数据线通过读/写控制电路与数据输入端或数据输出端相连,根据读/写控制信号,对被选中的单元进行读出或写入操作。

因为是16个字,故地址译码器输入线有四根 A_0、A_1、A_2、A_3,可以给出 $2^4 = 16$ 个状态,分别控制16条字选择线。如地址信息为0000,则选中第1条字线;若地址信息为1111,则选中第16条字线。

(2)双译码方式

采用双译码方式,可以减少选择线的数目。在双译码结构中,地址译码器分成两个。若每一个译码器有 n/2 个输入端,它可以有 $2^{n/2}$ 个输出状态,两个地址译码器就共有 $2^{n/2} \times 2^{n/2} = 2^n$ 个输出状态。而译码输出线却只有 $2^{n/2} + 2^{n/2} = 2 \times 2^{n/2}$ 根。若 n = 10,双译码的输出状态为 $2^{10} = 1024$ 个,而译码线却只要 $2 \times 2^5 = 64$ 根。但在单译码结构中却需要1024根选择线。采用双译码结构的 1024×1 的存储电路如图4-6所示。

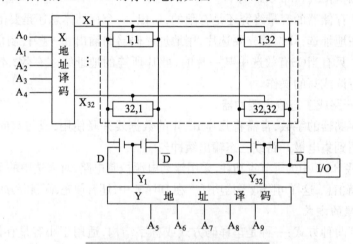

图4-6 双译码结构的存储电路

其中的基本存储电路可采用六管静态存储电路。1024个字排成32×32的矩阵需要10根地址线 $A_0 \sim A_9$,一分为二,$A_0 \sim A_4$ 输入至 X 译码器,它输出32条选择线,分别选择1~32行;$A_5 \sim A_9$ 输入至 Y 译码器,它也输出32条选择线,分别选择1~32列控制各列的位线控制门。若输入地址为0000000000,X 方向由 $A_0 \sim A_4$ 译码选中了第一行,则 X_1 为高电平,因而其控制的(1,1)、(1,2)、…、(1,32)等32个基本存储电路分别与各自的位线相连,但能否与输入输出线相连,还要受各列的位线控制门控制。当 $A_5 \sim A_9$ 全为0时,Y_1 输出为"1",选中第一列,第一列的位线控制门打开,故双向译码的结果选中了(1,1)这个存储电路。

4. CPU 总线与 SRAM 的连接

CPU 总线与 SRAM 的连接如图4-7所示。图中可看出,CPU 的低位地址线和数据线与 SRAM 的地址线和数据线直接相连;CPU 的高位地址线经译码后连接到 SRAM 的片选信号端$\overline{CS}$;CPU 的控制总线的组合形成对 SRAM 的读/写控制信号$\overline{WE}$和$\overline{OE}$。

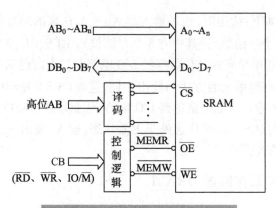

图 4-7　CPU 总线与 SRAM 的连接

5. SRAM 芯片

不同厂家生产的 SRAM 芯片的种类很多，Intel 6116 是其中常用的 SRAM 芯片之一。类似的芯片还有 6264(8k×8)、62256(32k×8)等。6116 是容量为 2kB 的 SRAM 芯片，24 脚双列直插封装，其引脚及内部结构如图 4-8 所示。

其中，$A_0 \sim A_{10}$ 为地址输入线，$D_0 \sim D_7$ 为数据输入/输出线，$\overline{CS}$ 为片选信号，$\overline{WE}$ 为写允许信号，$\overline{OE}$ 为输出允许信号。

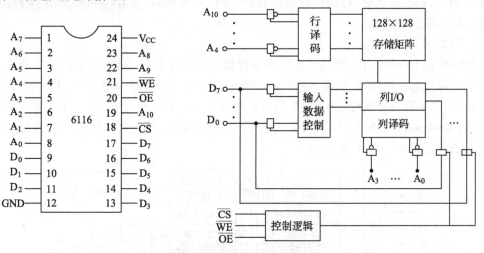

图 4-8　Intel 6116 引脚及内部结构框图

Intel 6116 有 11 根地址线 $A_0 \sim A_{10}$，7 根用于行地址译码输入，4 根用于列地址译码输入，每条列线控制 8 位，从而形成了 128×128 的存储矩阵结构(2kB=128×128/8)，即 16384 个存储体。6116 的三个控制信号($\overline{CS}$、$\overline{WE}$ 和 $\overline{OE}$)的组合决定了 6116 的工作方式，如表 4-1 所示。

表 4-1　Intel 6116 的工作方式

$\overline{CS}$	$\overline{OE}$	$\overline{WE}$	方式	I/O 引脚
1	×	×	未选中	高阻
0	0	1	读出	D_{OUT}
0	1	0	写入	D_{IN}

6116 的工作过程如下:读出时,地址输入线 $A_{10} \sim A_0$ 送来的地址信号送到行、列地址译码器,经译码后选中一个存储单元(其中有 8 个存储位),由 $\overline{CS}$、$\overline{OE}$、$\overline{WE}$ 构成读出逻辑($\overline{CS} = 0, \overline{OE} = 0, \overline{WE} = 1$),被选中单元的 8 位数据经 I/O 电路和三态门送到 $D_7 \sim D_0$ 输出。

写入时,选中某一存储单元的方法与读出相同,这时 $\overline{CS} = \overline{WE} = 0, \overline{OE} = 1$,从 $D_7 \sim D_0$ 端输入的数据经三态门和输入控制电路送到 I/O 电路,从而写到存储单元的 8 个存储位中。

当没有读写操作时,$\overline{CS} = 1$,即片选处于无效状态,输入/输出三态门成高阻状态,从而使存储器芯片与系统总线脱离。

4.2.2 动态随机存取存储器 DRAM

1. 单管基本存储电路

单管存储电路如图 4-9 所示,它由一个 MOS 管 T_1 和一个电容 C 构成。写入时,字线(地址选择线)为"1",T_1 管导通,写入信号由位线(数据线)存入电容 C 中;在读出时,字线为"1",存储在电容 C 上的电荷通过 T_1 输出到数据线上,通过读出放大器即可得到存储信息。为了节省面积,这种单管存储电路的电容不可能做得很大,一般都比数据线上的分布电容 C_D 小。因此,每次读出后,存储内容就被破坏,要保存原先的信息必须采取恢复措施。

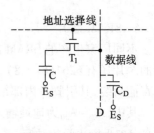

图 4-9 单管基本存储电路

2. DRAM 的结构

DRAM 和 SRAM 一样,都是由许多基本存储单元电路按行、列排列组成的二维存储矩阵。为了降低芯片的功耗,保证足够高的集成度,减少芯片对外封装引脚数目和便于刷新控制,DRAM 芯片都设计成位结构形式,即每个存储单元只有一位数据位,一个芯片上含有若干个字,如 4k×1 位、8k×1 位、16k×1 位等。一种早期生产的动态随机存取存储器 Intel 2164A,其内部结构如图 4-10 所示。

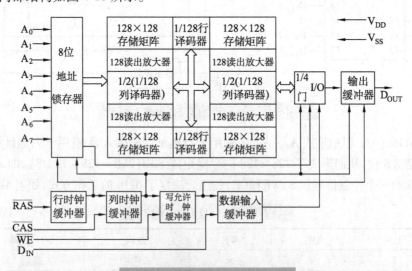

图 4-10 Intel 2164A 内部结构

Intel 2164A 是 64k×1 位的芯片,片内共有 65536(64k)个存储体,每个存储体一位数据,用 8 片 Intel 2164A 就可以构成 64kB 单元的存储器。要片内寻址 64k 的存储单元,则需要 16 条地址线。为了减少地址引脚数目,地址线分为行地址与列地址,采用分时复用的方法,通过行地址选通信号RAS(Row Address Strobe)和列地址选通信号CAS(Column Address Strobe),由 8 条地址线分两次送入 16 位地址信息:先由行地址选通信号$\overline{RAS}$选通($\overline{RAS}=0$、$\overline{CAS}=1$),把 8 条地址线上出现的 8 位地址信号 $A_0 \sim A_7$ 送至芯片内部设有的 8 位行地址锁存器;再由列地址选通信号选通($\overline{RAS}=1$、$\overline{CAS}=0$),把 8 条地址线上后出现的 8 位地址信号 $A_0 \sim A_7$ 送至 8 位列地址锁存器。这样,芯片的地址引脚只需 8 条。

64k 的存储体由 4 个 128×128 的存储矩阵构成。每个 128×128 的存储矩阵有 7 条行地址线和 7 条列地址线进行选择:7 条行地址线经过译码产生 128 条选择线,分别选择 128 行;7 条列地址线经过译码也产生 128 条选择线,分别选择 128 列。

锁存在行地址锁存器中的 7 位行地址 $RA_6 \sim RA_0$(地址总线上的 $A_6 \sim A_0$)同时加到 4 个存储矩阵上,在每个矩阵中都选中一行,则共有 512 个存储电路被选中,它们存放的信息被选通至 512 个读出放大器,经过鉴别、锁存和重写。

锁存在列地址锁存器中的 7 位列地址 $CA_6 \sim CA_0$(地址总线上的 $A_{14} \sim A_8$),在每个存储矩阵中选中一列。最后经过 1/4 的 I/O 门电路(由 RA_7 与 CA_7 控制)选中一个单元,可以对这个单元进行读写。

数据的输入和输出是分开的,由$\overline{WE}$信号控制读写。当$\overline{WE}$为高电平时,实现读出,选中单元的内容经过输出缓冲器(三态缓冲器)在 D_{OUT} 引脚上读出。当$\overline{WE}$为低电平有效时,实现写入,D_{IN} 引脚上的信号经过输入缓冲器(三态缓冲器)对选中单元进行写入。Intel 2164A 只有一个控制信号端$\overline{WE}$,而没有另外的片选信号$\overline{CS}$。其引脚图和逻辑符号如图 4-11 所示。

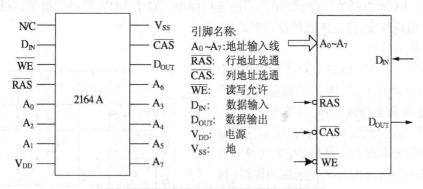

图 4-11　Intel 2164A 的引脚和逻辑符号

3. DRAM 的刷新

由 DRAM 单管存储电路的原理和 4.2.2 小节的内容可知,DRAM 使用中的一个重要问题就是必须对它所存储的信息定时刷新。

相比较数据读写,刷新过程是按行进行的,即每当 CPU 或外部电路对 DRAM 提供一个行地址选通信号($\overline{RAS}=0$),而使列地址选通信号无效($\overline{CAS}=1$)时,刷新电路会将选中行各单元上的信息进行刷新(对原来为"1"的电容补充电荷,原来为"0"的则保持不变)。每次送出不同的行地址,就可以刷新不同行的存储单元,只要将行的地址循环一遍,就可刷新芯片上所有的存储单元。例如,Intel 2164A DRAM 内部采用了 4 个 128×128 位矩阵结构,在

使用行地址 $RA_6 \sim RA_0$ 时,4 个 128 × 128 位矩阵的同一行同时被选中。因此 Intel 2164A 只需刷新 128 次就可完成。

由于刷新时列选通信号无效($\overline{CAS}=1$),所以位线上的信号不会送到数据总线上,这时数据输出端为高阻态。

DRAM 基本存储电路上电容电荷的维持时间只能保持大约 2ms,因此要求在 2ms 内刷新所有基本存储电路,给原来有电荷的电容及时充电。因为芯片的刷新周期一般不能大于 2ms,利用芯片正常读写实现刷新显然是不可靠的,必须为刷新提供专门的电路。这个电路能够在刷新时提供行选通信号,并且提供连续的行地址,保证在 2ms 内将全部行地址循环一遍。

实现 DRAM 定时刷新的方法和电路有多种,本章对此不再展开详细讨论。

4.3 只读存储器 ROM

ROM 的电路比 RAM 简单,故集成度更高,成本更低。而且有一重大优点就是掉电以后,它的信息是不会丢失的。所以,在计算机中尽可能地把一些管理、监控程序,操作系统的基本输入输出程序 BIOS,汇编程序,以及各种典型的程序(如调试、诊断程序等)放在 ROM 中。本小节主要介绍掩膜式 ROM、EPROM 和 E^2PROM 的基本原理。

4.3.1 掩膜式 ROM

掩膜式 ROM 由制造厂做成,用户不能进行修改。这类 ROM 可由二极管、双极型晶体管或 MOS 电路构成,但工作原理是类似的。

1. 字译码结构

图 4-12 是一个简单的 4 × 4 位的 MOS 型 ROM,采用字译码方式,两位地址输入,经译码后,输出四条选择线,每一条选中一个字,位线输出即为这个字的各位。在图示的存储矩阵中,有的列是连有管子的,有的列没有连管子,这是在制造时由二次光刻版的图形(掩膜)所决定的,所以把它叫做掩模式 ROM。

在图 4-12 中,若地址信号为 00,选中第一条字线,则它的输出为高电平。若有管子与其相连,如位线 1 和位线 4,则相应的 MOS 管导电,于是位线输出为"0";而位线 2 与位线 3 没有管子与字线相连,则输出为"1"(实

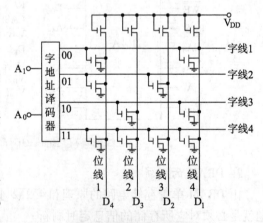

图 4-12 字译码结构

际输出到数据总线上的是"1"还是"0",取决于在输出线上有无反相)。由此可见,当某一字线被选中时,连有管子的位线输出为"0"(有反相时为"1");而没有管子相连的位线,输出为"1"(有反相时为"0")。故存储矩阵的内容取决于制造工艺,且一旦制造好以后,用户是

无法变更的。

从图 4-12 中也可看到 ROM 有一个很重要的特点是：它是非易失性存储器，即当电源掉电后存储的信息是不变的。

2. 复合译码结构

图 4-13 是一个 1024×1 位的 MOS 型 ROM 电路。10 条地址信号线分成两组，分别经过 X 和 Y 译码，各产生 32 条选择线。X 译码输出选中某一行，但在这一行中，哪一个输出能与 I/O 电路相连，还取决于列译码输出，故每次只选中一个单元。把 8 个这样的电路的地址线并联，则可得到 8 位信号输出。

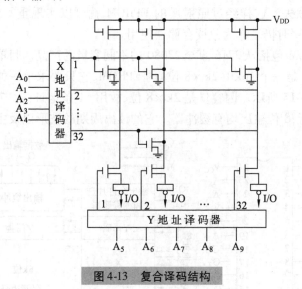

图 4-13 复合译码结构

4.3.2 可擦除只读存储器 EPROM

EPROM 的一个基本存储电路如图 4-14 所示。它与普通的 P 沟道增强型 MOS 电路相似，在 N 型的基片上生产了两个高浓度的 P 型区，它们通过欧姆接触，分别引出源极（S）和漏极（D）。在 S 和 D 之间有一个由多晶硅做的栅极，但它是浮空的，被绝缘物 SiO_2 所包围。在制造好时，硅栅上没有电荷，则管子内没有导电沟道，D 和 S 之间是不导电的。

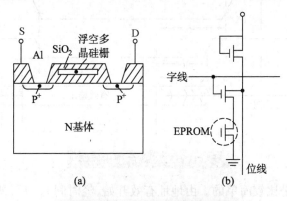

图 4-14 EPROM 基本存储电路

当把 EPROM 管用于存储矩阵时,一个基本存储电路如图 4-14(b)所示。这样的电路所组成的存储矩阵输出为全"1"(或"0")。要写入时,则在 D 和基片(也即 S)之间加上 25V 的电压,另外加上编程脉冲(其宽度约为 50ms),所选中的单元在这个电源作用下,D 和 S 之间被瞬时击穿,就会有电子通过绝缘层注入到硅栅。当高电源去除后,因为硅栅被绝缘层包围,故注入的电子无处泄漏走,硅栅就为负,于是就形成了导电沟道,从而使 EPROM 单元导通,输出为"0"(或"1")。

EPROM 存储电路做成的芯片的上方有一个石英玻璃的窗口。当用紫外线通过这个窗口照射时,所有电路中的浮空多晶硅栅上的电荷会形成光电流泄漏,使电路恢复起始状态,从而把写入的信号擦去。这样经过照射后的 EPROM 就可以实现重写。由于写的过程很慢,这样的电路在使用时仍是作为只读存储器使用。

27 系列的 EPROM 包括从 2716 直至 27080 的不同容量的产品。目前常用的是 27CXXX 系列的产品。27C16 是一个 16kB(2k×8 位)的 EPROM,它只要求单一的 5V 电源。它的引脚及内部结构如图 4-15 所示。因容量是 2k×8 位,故用 11 条地址线。7 条用于 X 译码,以选择 128 行中的一行,8 位输出均有缓冲器。它的读出周期的波形以及主要参数见图 4-16。

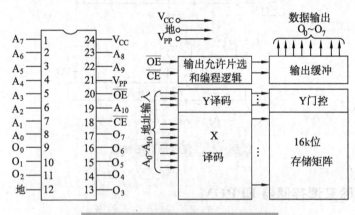

图 4-15 27C16 的引脚和内部结构

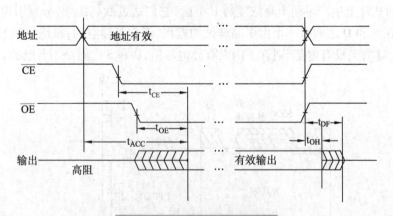

图 4-16 27C16 的读出周期

27C16 的读操作是比较简单的。由地址有效开始,经时间 t_{ACC} 后,所选中单元的内容就可由存储矩阵读出。但能否输出至外部数据总线,还取决于片选信号 $\overline{CE}$ 和输出允许信号

$\overline{OE}$。时序中规定,必须从$\overline{CE}$有效经过时间t_{CE},以及从$\overline{OE}$有效经过时间t_{OE}后;芯片的输出三态门才能完全打开,数据才能送至数据总线上。故要保证自地址有效后经t_{ACC}时间数据能输出,则输出信号必须在数据有效前的t_{CE}时间有效,输出允许信号在数据有效前的t_{OE}时间有效。

4.3.3 电可擦除只读存储器 E^2PROM

E^2PROM 电路的结构示意图如图 4-17 所示。它的工作原理与 EPROM 类似,当浮空栅上没有电荷时,管子的漏极和源极之间不导电。若设法使浮空栅带上电荷,电路就会导通。在 E^2PROM 中使浮空栅带上电荷和消去电荷的方法与 EPROM 中是不同的。

在 E^2PROM 中漏极上面增加了一个隧道二极管,它在第二栅与漏极之间的电压 U_G 的作用下(在电场的作用下),可以使电荷通过它流向浮空栅(起编程作用);若 U_G 的极性相反也可以使电荷从浮空栅流向漏极(起擦除作用)。编程与擦除所用的电流是极小的,可用极普通的电源供给 U_G。

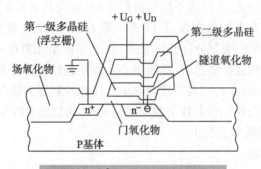

图 4-17 E^2PROM 基本存储电路

E^2PROM 的另一个优点是擦除可以按字节分别进行(不像 EPROM 擦除时把整个芯片的内容全变为"1")。字节的编程和擦除都只需要 10ms。

4.4 存储器与 CPU 的连接

在 CPU 对存储器进行读/写操作的过程中,首先是由地址总线给出地址信号,然后由控制总线发出相应的读/写控制信号,最后才能通过数据总线对存储器实现读/写操作。所以,存储器与 CPU 的连接也就表现为地址总线、数据总线、控制总线的正确连接上。具体体现在如下几个方面:根据微机系统对存储器容量的要求来选择相应的存储器芯片;存储器芯片与系统的地址总线、数据总线和控制总线的连接方法;如何对存储器的存储单元进行地址分配等。

4.4.1 存储器与 CPU 连接中的一些问题

存储器与 CPU 在连接中要考虑的问题主要有以下几个方面:
1. CPU 总线的负载能力

CPU 在设计时,一般输出线的直流负载能力为一个 TTL 负载。现在的存储器都为 MOS

电路,直流负载很小,主要负载是电容负载。故在小型系统中,CPU 是可以直接与存储器相连的。而在较大的系统中,必要时就要加上缓冲器,再由缓冲器的输出连接负载。

2. CPU 的时序和存储器的存取速度之间的配合问题

CPU 在取指和存储器读或写操作时,是有固定时序的,由此可以确定对存储器存取速度的要求。或在存储器已经确定的情况下,考虑是否需要 T_W 周期,以及如何实现。

3. 存储器的地址分配和片选问题

内存通常分为 RAM 和 ROM 两大部分,而 RAM 又分为系统区(即机器的监控程序或操作系统占用的区域)和用户区,用户区又要分成数据区和程序区。所以内存的地址分配是一个重要的问题。另外,目前生产的存储器,单个芯片的容量仍然是有限的,所以总是要由多个芯片才能组成一个存储器系统,这就存在一个如何产生片选信号的问题。

4.4.2 存储器与数据总线、控制总线的连接

1. 与数据总线的连接

存储器芯片有 1 位、4 位、8 位等不同的内部结构,对应其芯片的有 1 根、4 根、8 根等不等的数据线,如 2118 只有 1 根数据线,2114 有 4 根数据线,2716 有 8 根数据线等。微机中是以字节(8 位)为基本单位来划分存储单元的,每个存储单元对应一个地址编号。当用这些字长不是 8 位的芯片构成存储器时,必须用多片芯片组成芯片组来构成 8 位的存储单元。在用多片芯片构成存储单元时,应将芯片组的地址线和控制线并联在一起,数据线则分别接 CPU 数据总线的高位或低位。当芯片的数据线与 CPU 的数据总线相同时,则所有数据线全部一对一地挂在 CPU 的数据总线上。

2. 与控制信号的连接

CPU 在对存储器操作时,一般要使用以下几个控制信号:IO/$\overline{M}$(8086 CPU)、$\overline{RD}$、$\overline{WR}$ 以及 READY(或 $\overline{WAIT}$)信号。要考虑这些信号如何与存储器要求的控制信号相连,以实现所需的控制作用。除片选信号 $\overline{CS}$ 接片选地址信号译码器的输出端外,存储器芯片的其余控制线与 CPU 的控制线直接相连。

4.4.3 存储器与地址总线的连接

微机系统的存储器通常都是由多片存储器芯片组成存储器系统,因此 CPU 发出的地址信号对存储器要实现的选择有两个方面:片选和字选,即先通过外部电路对地址信息译码,使相关芯片的片选端 $\overline{CS}$ 有效,选择存储器芯片,这称为片选;再通过芯片内部的译码电路译码,在选中的芯片内部选择某一存储单元,这称为单元选择或字选。

CPU 的地址总线通常多于存储器芯片的地址线数,因此只要将存储器芯片地址线与 CPU 从 A_0 位开始的低位地址总线依次相连即可实现字选。多余的 CPU 高位地址总线经过地址译码器产生片选信号,把组成一个存储器的多个芯片区分开,同时也把 RAM 和 ROM 区分开,让它们各自有自己的地址空间。为此,需要将芯片实现分组,每组芯片的片选信号输入端 $\overline{CS}$(或 $\overline{CE}$)连成一根线,并接在片选地址译码器的某一个输出端。这样,CPU 在进行存储器操作时,通过地址信号可以使同一组中的所有芯片同时被选中。

根据对 CPU 高位地址总线的译码方法的不同,片选译码方法有三种:全译码法、部分译码法和线译码法。

1. 线译码法

这种方法将 CPU 低位地址线直接接存储芯片的片内地址,将余下的 CPU 高位地址线分别直接作为各存储区芯片的片选信号,而不需要通过译码逻辑电路译码,如图 4-18(a)所示。要注意的是,为确保每次存取操作只选中一个芯片,这些片选地址线每次寻址时只能有一位有效,不允许同时有多位有效。

2. 部分译码法

这种方法对余下的 CPU 高地址线中的一部分地址信号进行译码,以产生各存储芯片的片选信号,如图 4-18(b)所示。当采用线选法不够用,而又不需全部系统存储空间的寻址能力时,可采用这种方法。

线译码法和部分译码法的优点是电路简单,常用于中小规模的微机系统,特别是单片机应用系统中。但这两种方法由于高地址未全部参与译码,存在地址的不连续和多义性,使寻址空间利用率降低,而且它们有限的寻址能力限制了存储器系统的扩展。这样,在较大的系统中,为避免地址的不连续和多义性,加强系统的扩展能力,则采用另一种寻址方法,即全译码法。

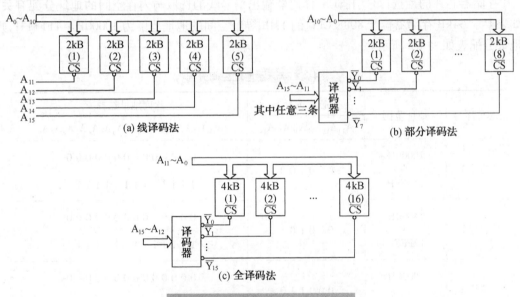

图 4-18 三种常用片选控制方法

3. 全译码法

这种方法除了将 CPU 的低位地址总线直接连接至芯片的地址线用于字选外,将余下的高位地址总线全部译码,译码输出作为各芯片的片选信号,如图 4-18(c)所示。在这种寻址方式中,所有的地址线均参与片内(字选)或片外(片选)的地址译码,不仅不会产生地址的多义性和不连续性,而且可以提供对全部存储空间的寻址能力。

4. 一个应用实例

在 8088 微机系统中,使用 $16k \times 8$ 位的存储器芯片组成 $64k \times 8$ 位的存储器。

(1) 所需存储器芯片的分组数及片数

$$\text{所需芯片片数} = \text{存储器容量}/\text{芯片容量} = \frac{64k \times 8 \text{位}}{16k \times 8 \text{位}} = 4(\text{片})$$

$$分组组数 = 存储器所需存储单元数/每片芯片存储单元数 = \frac{64k}{16k} = 4(组)。$$

$$每组芯片片数 = 存储器每单元位数/芯片每单元位数 = \frac{8位}{8位} = 1(片/组)。$$

即存储器需要有 4 个芯片构成。

（2）与 CPU 数据总线和控制总线的连接

所采用存储器芯片的位数为 8 位，因此每片芯片的数据线直接连接 8088 CPU 的 8 位数据线；控制线与 CPU 对接。

（3）与 CPU 地址总线的连接

本例中，存储芯片有 14 根地址线（16K = 2^{14}），8088 CPU 有 20 根地址线，按译码方法的不同，下面分别介绍存储器芯片与 8088 CPU 地址线连接的三种方法：

① 全译码法连接。8088 CPU 的 20 根地址总线中，$A_0 \sim A_{13}$ 与存储器芯片的 14 根地址线相连，余下的高位地址线 $A_{14} \sim A_{19}$ 全部接片选地址译码器的输入端作片选译码用。片选地址译码器为 6∶64 的译码器，可从译码器输出的 64 根，信号线中选取需要的 4 根，分别接 4 片存储器芯片的片选信号引脚$\overline{CS}$，译码器输出信号线的选取与内存空间的地址分配有关。如果要求 64kB 存储器位于 8088 CPU 的 1MB 寻址空间的地址范围为 10000H～1FFFFH，则地址分配表如表 4-2 所示。

表 4-2　存储器地址空间分配

芯片序号	地址范围	芯片选择 $A_{19}A_{18}A_{17}A_{16}A_{15}A_{14}$	片内地址选择 $A_{13}A_{12}A_{11}A_{10}A_9A_8A_7A_6A_5A_4A_3A_2A_1A_0$
芯片 1	10000H ~ 13FFFH	0 0 0 1 0 0	0 0 0 0 0 0 0 0 0 0 0 0 0 0 ~ 1 1 1 1 1 1 1 1 1 1 1 1 1 1
芯片 2	14000H ~ 17FFFH	0 0 0 1 0 1	0 0 0 0 0 0 0 0 0 0 0 0 0 0 ~ 1 1 1 1 1 1 1 1 1 1 1 1 1 1
芯片 3	18000H ~ 1BFFFH	0 0 0 1 1 0	0 0 0 0 0 0 0 0 0 0 0 0 0 0 ~ 1 1 1 1 1 1 1 1 1 1 1 1 1 1
芯片 4	1C000H ~ 1FFFFH	0 0 0 1 1 1	0 0 0 0 0 0 0 0 0 0 0 0 0 0 ~ 1 1 1 1 1 1 1 1 1 1 1 1 1 1

从表中可看出，芯片 1 的高位地址选择信号 $A_{19}A_{18}A_{17}A_{16}A_{15}A_{14}$ = 000100B = 4，所以该片片选引脚$\overline{CS}$接片选地址译码器的$\overline{Y_4}$端。同理，芯片 2、芯片 3 和芯片 4 的$\overline{CS}$分别接$\overline{Y_5}$、$\overline{Y_6}$和$\overline{Y_7}$端。存储器与 CPU 的连接如图 4-19 所示。

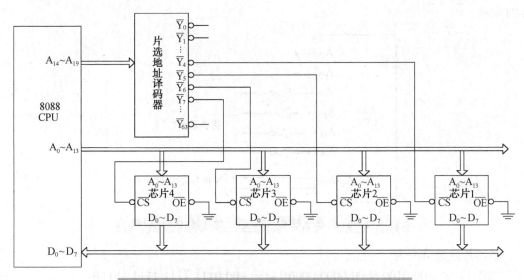

图 4-19 64kB 存储器与 8088 CPU 的连接(全译码法)

② 部分译码法连接。CPU 的高位地址线 $A_{14} \sim A_{19}$ 中部分地址线接片选地址译码器的输入端作片选译码用。由于有 4 个芯片的 4 条 $\overline{CS}$ 需要接译码器输出端,因此片选地址信号线只需要 2 根。可以在高位地址线 $A_{14} \sim A_{19}$ 中任意选取,但选用的地址线不同,芯片所占有的存储空间也会不同,而且还可能会给芯片的存储空间带来地址重叠区。

如选择 A_{14}、A_{15} 两条地址线接片选译码器的输入端,$A_{16} \sim A_{19}$ 为空,则 2-4 片选译码器与 CPU 地址线的连接如图 4-20 所示。

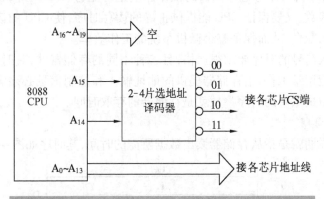

图 4-20 64kB 存储器与 8088 CPU 的连接(部分译码法)

各芯片地址分配为:
芯片 1:× × × × 0000 0000 0000 0000B ~ × × × × 0011 1111 1111 1111B
芯片 2:× × × × 0100 0000 0000 0000B ~ × × × × 0111 1111 1111 1111B
芯片 3:× × × × 1000 0000 0000 0000B ~ × × × × 1011 1111 1111 1111B
芯片 4:× × × × 1100 0000 0000 0000B ~ × × × × 1111 1111 1111 1111B

③ 线译码法连接。将 CPU 的高位地址线 $A_{14} \sim A_{19}$ 中的 4 条地址总线反相后,接片选地址译码器的输入端作片选译码用。选用的地址线不同,芯片的地址也不相同。如选择 $A_{14} \sim A_{17}$ 这 4 条地址线接片选译码器的输入端,A_{18}、A_{19} 为空,存储器与 CPU 地址线的连接如图

4-21所示。

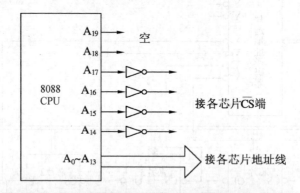

图 4-21 64kB 存储器与 8088 CPU 的连接(线译码法)

各芯片地址分配为：
芯片 1：× ×00 0100 0000 0000 0000B ~ × ×00 0111 1111 1111 1111B
芯片 2：× ×00 1000 0000 0000 0000B ~ × ×00 1011 1111 1111 1111B
芯片 3：× ×01 0000 0000 0000 0000B ~ × ×01 0011 1111 1111 1111B
芯片 4：× ×10 0000 0000 0000 0000B ~ × ×10 0011 1111 1111 1111B

4.4.4 存储器与 CPU 连接时的速度匹配

在微机工作过程中，CPU 对存储器的读写操作是最频繁的基本操作。因此，在考虑存储器与 CPU 的连接时，必须考虑存储器的工作速度是否能与 CPU 匹配，也就是既要合理选择存储器的相关参数，又要保证 CPU 能提供正确的读写时序，使 CPU 的读写时序能与存储器的时序要求密切配合，从而保证整个微机系统的工作效率。

存储器对输入信号的时序要求很严格，且各种不同的存储器件，其时序要求也不一样。为确保微机系统能正常工作，给存储器提供的地址输入和控制信号必须满足存储器所规定的时序参数。其中最重要的时序参数就是存储器的存取时间。

1. 存储器读周期

存储器的读周期就是指从存储器读出数据所需的时间，其时序如图 4-22 所示。

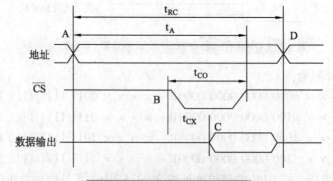

图 4-22 存储器读周期时序

图中，t_{RC} 是 CPU 设定的对存储器进行读操作所用的时间，即存储器进行两次连续的读操作所必须间隔的时间(读周期);t_A是当存储器收到CPU发来的地址信号到读出的数据稳定出现在外部数据总线上所需的时间;t_{CO}是从片选信号$\overline{CS}$有效到读出的数据稳定在外部数据总线上所需的时间;t_{CX}是片选信号$\overline{CS}$有效到数据开始从存储器中读出,出现在外部数据总线上所需的时间。

CPU进行存储器读操作时,首先要向存储器发送地址信号,接着发送片选信号$\overline{CS}$。为能正确完成对存储器的读操作,一般将t_A作为读取时间,但经过一个t_A后并不能立即启动下一个读操作,还需要一定的时间进行内部操作,也就是数据读出后需要一定的恢复时间,所以读取时间加上恢复时间才是存储器的读周期,也就要求t_{RC}大于t_A。

t_A总要比t_{CO}大,MOS存储器的读取时间一般在50~100ns,从CPU送出存储器地址开始,为确保在t_A时间之后读出的数据稳定出现在外部数据总线上,就要求$\overline{CS}$信号最迟在地址有效之后的t_A-t_{CO}时间段中有效。否则,在地址有效之后,经过时间t_A存储器读出的数据只能保持在内部数据总线上,而不能将数据送到系统的数据总线上。当时序满足这些条件时,CPU对存储器的读操作可正确完成,否则就需要一个等待周期T_W。

2. 存储器写周期

在存储器的写周期,除了要加上地址信号和片选信号$\overline{CS}$外,还要提供写信号$\overline{WE}$。存储器的写周期时序如图4-23所示。

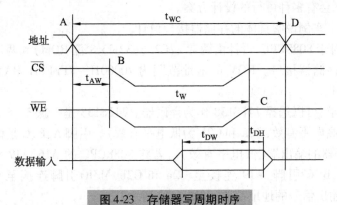

图4-23 存储器写周期时序

图中,t_{WC}为存储器的写周期,此时间内地址信号保持稳定;t_W为存储器写时间,存储器写时间内,$\overline{CS}$和$\overline{WE}$同时低电平有效,数据被写入存储单元;t_{DW}是数据有效时间,即从数据稳定到存储器写入时间。

当CPU发送的地址信号稳定后,$\overline{CS}$和$\overline{WE}$变为低电平有效,存储器从数据输入端上接收数据,存放于存储单元。此时数据输出端置于高阻状态,以保证不能进行读操作。当存储器的工作速度与CPU匹配时,要求CPU发送的地址信号有效时间大于t_{WC};发出的控制信号应使$\overline{CS}$和$\overline{WE}$的有效时间大于t_W;CPU将数据放到数据总线上到被写入存储单元的时间大于t_{DW}。也就是CPU给定的时间应大于存储器进行写数据操作所要求的时间。

需要指出的是,这里给出的存储读/写周期都是指存储器件本身能达到的最小时间要求,而当把存储系统作为一个整体来考虑时,因为输入/输出控制电路、系统总线控制电路和存储器接口电路等都会产生延迟,故实际的读/写时间及读/写周期还要长。

8088CPU 与存储器的接口设计要点如下：

① 8088 的低 8 位地址总线与数据总线是分时复用的(AD0~AD7)，因此需要一个地址锁存器并通过 ALE 引脚将低 8 位地址信号分离出来。目前常用的锁存器芯片是 74LS373（早期的 8282 芯片早已停产），74LS373 的引脚功能如图 4-24 所示。D0~D7 为数据输入，Q0~Q7 为锁存器输出。LE 引脚(Latch Enable)是锁存控制，将其连接到 CPU 的 ALE 引脚即可实现地址锁存。OE(Output Enable)引脚是输出使能，需要将其接地。

② 8088CPU 的数据总线(AD0~AD7)与所有存储器相对应的 8 位数据线相互连接。存储器地址线与相对应的 CPU 一侧的低位地址线相互连接。例如，存储器 27C256 的地址线共有 15 根(A0~A14)，分别与 CPU 一侧的 A0~A14 相连接。其中 A0~A7 是通过前述的地址锁存器分离出来的。

③ 对于 ROM 存储器，其 $\overline{OE}$ 引脚(Output Enable)需要连接到 CPU 的 $\overline{RD}$ 引脚，才能执行读出数据的操作。对于 RAM 存储器，其 $\overline{OE}$ 引脚也要连接到 CPU 的 $\overline{RD}$ 引脚，另外还有一个 $\overline{WE}$ 引脚(Write Enable)，需要连接到 CPU 的 $\overline{WR}$ 引脚，才能执行写入数据的操作。

④ 8088CPU 的 M/$\overline{IO}$ 引脚与若干高位地址线共同控制存储器的译码电路（由于地址总线是存储器接口与 I/O 接口共用的，M/$\overline{IO}$ 引脚的作用是避免两者的冲突）。由前述内容可以看到，译码电路的设计有很大的灵活性，需要一定的技巧与经验。根据不同的要求和限制条件，通常情况下会有多种可行的设计方案。

下面通过一个实例说明具体的存储器接口设计。

【例 4-1】 对于 8088CPU，设计由两片 27C256(32K×8 位 ROM)和两片 62256(32K×8 位 RAM)组成的存储器接口。ROM 的地址范围为 70000H~7FFFFH，RAM 的地址范围为 10000H~1FFFFH。

根据题目要求，可以选择 74LS138 作为译码器。74LS138 是一款 3-8 译码器，并具有 3 个门控端(G1 为高电平有效，G2a 和 G2b 为低电平有效)。引脚 A、B、C 是译码器输入端，引脚 $\overline{Y0}$~$\overline{Y7}$ 是译码器的输出端（低电平有效）。若将 8088CPU 的 A16、A17 和 A18 分别连接至 74LS138 的 A、B、C 引脚，A19 连接至 G2a 和 G2b，M/$\overline{IO}$ 引脚连接至 G1，则可以得到 74LS138 的 8 个输出信号的地址范围，如图 4-25 所示。

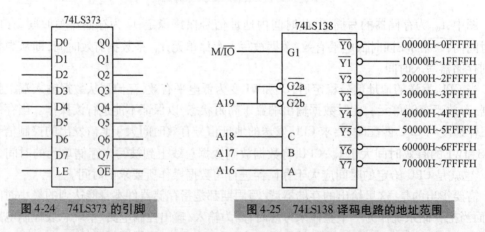

图 4-24 74LS373 的引脚   图 4-25 74LS138 译码电路的地址范围

由图 4-25 可见，74LS138 输出信号 $\overline{Y0}$ 和 $\overline{Y7}$ 的范围就是题目要求的地址范围。利用这两个输出信号再结合地址线 A15，通过或门就可以得到两个 32K 存储器芯片的片选信号。再将 A15 反相后通过或门就可以得到另外两个 32K 存储器芯片的片选信号(在这里反相器就是一个 1-2 译码器)。根据上述的存储器接口设计要点,可以得到符合要求的存储器接口电路,如图 4-26 所示(为了便于阅读和理解,图纸上的元件都做了简化处理,没有用到的引脚一般不画出来。电源引脚按照常规也没有画出来)。

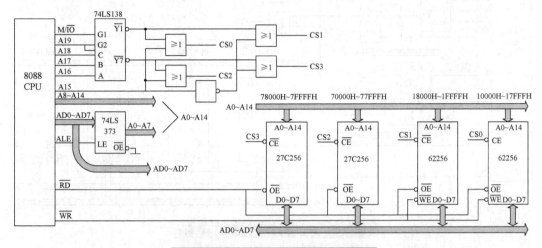

图 4-26 例【4-1】的存储器接口电路

8086 系统的存储器采用分体结构,即分为偶数地址存储体与奇数地址存储体,如图 3-14 所示。在具体应用中,8086CPU 与存储器的接口设计要点如下:

① 与 8088CPU 类似,8086 的低 16 位地址总线与数据总线也是分时复用的(AD0~AD15),因此需要两个 8 位地址锁存器并通过 ALE 引脚将低 16 位地址信号分离出来。

② 8086CPU 的低 8 位数据总线(AD0~AD7)与偶数地址存储体相对应的 8 位数据线相互连接,高 8 位数据总线(AD8~AD15)与奇数地址存储体相对应的 8 位数据线相互连接。存储器地址线与相对应的 CPU 一侧高一位的低位地址线相互连接。例如,存储器 27C256 的地址线共有 15 根(A0~A14),要分别与 CPU 一侧的 A1~A15 相连接。地址线 A0 则用于偶数地址存储体的片选译码。

③ 对于 ROM 存储器,其 OE 引脚需要连接到 CPU 的 $\overline{RD}$ 引脚,才能执行读出数据的操作。对于 RAM 存储器,其 $\overline{OE}$ 引脚也要连接到 CPU 的 $\overline{RD}$ 引脚,另外还有一个 $\overline{WE}$ 引脚,需要连接到 CPU 的 $\overline{WR}$ 引脚,才能执行写入数据的操作。这与 8088CPU 的接口电路是一样的。

④ 8086CPU 的 $M/\overline{IO}$ 引脚和若干高位地址线,以及 A0 和 $\overline{BHE}$ 引脚,共同控制存储器的译码电路。其中 A0 用于偶数地址存储体的片选译码,$\overline{BHE}$ 用于奇数地址存储体的片选译码。与 8088CPU 的接口类似,译码电路的设计也有很大的灵活性。

下面通过一个实例说明具体的存储器接口设计。

【例 4-2】 针对例【4-1】,将 CPU 改为 8086,设计相应的存储器接口电路。

8086 系统的存储器采用分体结构,因此存储器芯片的数目一定是偶数。本例中两片 ROM 存储器和两片 RAM 存储器分别作为偶数地址存储体和奇数地址存储体,A0 和 $\overline{BHE}$ 引脚分别与 74LS138 的片选信号通过或门即可形成每片存储器的片选信号。在图 4-25 的基础上，根据上述的 8086CPU 的存储器接口设计要点，可以很容易地设计出符合要求的接口电路，如图 4-27 所示。

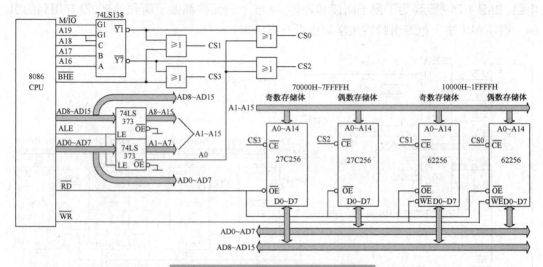

图 4-27　例【4-2】的存储器接口电路

4.5　PC 中的存储器

4.5.1　存储器的分层结构

微机系统对存储器的要求可简单概括为：容量大、速度快、可靠性高和成本低。只有容量大的存储器才能为高性能的软件提供优秀的工作平台，并存放足够多的指令代码和数据代码。计算机内大量的、最为频繁的操作是在 CPU 与存储器之间传送数据，只有存取速度足够快的存储器才不至于影响计算机系统的整体速度。但在实践中要想完全达到上述几项要求是困难的，而且有些要求本身往往就是互相矛盾的。为了缓解这些矛盾，目前在微型计算机中广泛采用了分层存储体系结构，如图 4-28 所示。

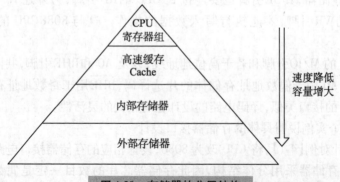

图 4-28　存储器的分层结构

在图中，CPU中的寄存器组虽然也有存储信息的功能，但一般不称其为存储器。高速缓存Cache是一个高速、小容量存储器，用来临时存放指令和数据，以提高处理速度。Cache多由双极型静态存储器(SRAM)组成。和内存相比，它存取速度快，但容量小。目前一般已经与CPU制作在同一块芯片内。

内存用来存放计算机运行期间的程序和数据，它和高速缓存Cache交换指令和数据，Cache再和CPU交换信息。目前内存都由MOS型动态随机存储器(DRAM)组成，为了便于应用一般都制作成标准的内存条。

外存通常用来存放暂时不使用的程序、文件及数据等。大量的系统文件、应用程序和数据文件只有在运行时才调入内存执行或进行处理。目前广泛采用的外存主要有：软盘（正在逐步淘汰）、硬盘、光盘和被称为U盘的电子盘。

上述三种类型的存储器构成了三级存储管理体系。其中，高速缓存高速运作，使存取速度能与CPU的速度相匹配；外存追求大容量，以满足对计算机的容量要求；内存则介于两者之间，要求其具有适当的容量，能容纳较多的核心软件和用户程序，还要满足系统对速度的要求。存储器的这种分层结构有效解决了容量、速度、成本之间的矛盾。

4.5.2 内存条

为了使用方便，将动态存储器芯片和一些辅助器件按照一定的规格和容量安装在标准的电路板上，这就是所谓的内存条。PC中的存储器都是以内存条的形式提供的，在以前的286、386和486微机中一般都采用一种单面的内存条(SIMM)。这些单面内存条共有30根引线、32位总线宽度，容量从256KB到4MB不等。

由于Pentium系统需要更大的内存支持，因而出现了72线的单面内存条，容量也上升为4~32MB。这种改进后的内存条被称为快速存取内存(FPM)，由于它仍然使用32位总线，对于64位总线必须成对安装使用。以后又出现了速度更快的扩展数据输出内存(EDO)，它仍然使用相同的单面内存技术，但容量可以达到64MB。

随着计算机整体技术的不断发展，内存条技术也在不断更新。在Pentium及以后系列的PC中，采用了支持64位数据宽度、采用168个引脚的内存条。由于引脚数目较多，故采用了双面连接的结构(DIMM)。DIMM内存条上的存储器芯片有普通DRAM、EDO和SDRAM等不同的新型芯片。目前64位DIMM已经成为大多数PC系统的标准配置，且以采用新型的DDR SDRAM为主。

SDRAM(Synchronous DRAM)是同步动态随机存储器的简称。传统的DRAM采用异步方式进行存取，CPU在给出存储器的地址和读写命令后，还要等待存储器内部进行地址译码和数据读写等操作完成。SDRAM采用同步方式进行存取，送往SDRAM的地址信号、数据信号和控制信号都是在一个时钟内被采样和锁存的。SDRAM输出的数据在规定的时间内锁存到芯片内部的输出寄存器，CPU无需等待操作完成，从而提高了系统的性能。

同步动态读写存储器早在20世纪90年代就已经开始应用。以后在SDRAM的基础上，采用延时锁定环(Delay-Locked Loop)技术提供数据选通信号，同时可以在时钟上升沿和下降沿进行数据传输，即所谓双数据传输率(Double Data Rate，DDR)。这样可以在不提高时钟频率的情况下，使数据传输速率提高一倍，这就是至今广泛采用的DDR SDRAM。而且在此基础上又不断发展，形成DDR2、DDR3和DDR4。现在一般认为普通的SDRAM是第一代产品,而 DDR SDRAM(也称 DDR1)是第二代产品,后面的 DDR2、DDR3 和 DDR4 则分别被称为第三代、第四代和第五代产品。DDR 内存条也采用 DIMM 结构,但是引脚数增加到 184 个。为了避免插错和反插,不同代的内存条连接插槽的金手指缺口位置是不同的(SDRAM 有两个缺口,DDR1 以后都是一个缺口)。另外,台式机和笔记本电脑的内存条尺寸也是不一样的,使用时要注意区分。总的来说,越是后来的内存条产品,存储器的容量越大,存储速度越快,单位功耗越低。为了既提高速度,又降低功耗,就要降低工作电压。以下是各种 SDRAM 内存条的工作电压及最高速度。

SDR: 3.3V 133MHz 已经淘汰,只有旧货
DDR: 2.5V 400MHz 已经淘汰,只有旧货
DDR2: 1.8V 800MHz 已经停产,但还有一部分计算机在用
DDR3: 1.5V 1600MHz 大部分计算机在使用
DDR4: 1.2V 3600MHz 最新产品

图 4-29 是三种典型内存条的安装尺寸示意图。

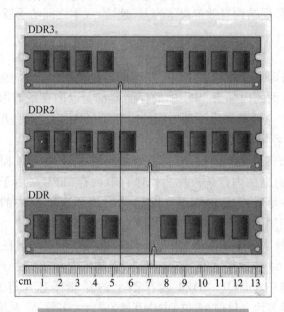

图 4-29 三种典型的内存条安装尺寸

习 题 四

1. 简述存储介质和半导体存储器的基本分类情况。
2. 简述静态 RAM 与动态 RAM 的区别与各自的优缺点。
3. 简述掩膜式 ROM、PROM、EPROM 和 EEPROM 的主要特点和应用场合。
4. 当前新型存储器都有哪些?今后的发展趋势如何?
5. 存储器和 CPU 连接时应考虑哪几方面的问题?
6. 一片静态 RAM 芯片通常包含哪些引脚?这些引脚各起什么作用?

7. 下列存储器各需要多少条地址线和数据 I/O 线？
(1) 1k×8   (2) 4k×4
(3) 16k×1   (4) 256k×8

8. 分别用 1k×4 位、16k×1 位芯片构成 64k×8 位的存储器,各需要多少片芯片？

9. 试为某 8 位微机系统设计一个具有 16kB 的 ROM 和 48kB 的 RAM 的存储器。ROM 选用 2716,地址从 0000H 开始；RAM 紧随其后,芯片采用 6264(8k×8)。

10. 某 RAM 芯片的引脚中有 12 根地址线,8 根数据 I/O 线,该存储器芯片的容量为多大？若该芯片在系统中的起始地址为 1000H,其结束地址是多少？

11. 某 CPU 有 16 根地址线($A_0 \sim A_{15}$),试分析右图中片选信号 $\overline{CS_1}$、$\overline{CS_2}$ 所指定的存储器地址范围。

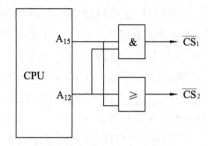

12. 试为 8088 CPU 设计 192k×8 位存储器系统。其中程序区为 64k×8 位,置于 CPU 寻址空间最高端,芯片采用 27256(32k×8 位)；数据区为 128k×8 位,芯片采用 62256(32k×8 位),置于寻址空间最低端。写出地址分配关系,画出所设计的电路图。

第 5 章　8086/8088 的指令系统

指令是让计算机完成某种功能操作的命令。如果将多条指令按照一定要求编成指令序列,这就是程序,它可以让计算机完成某项规定的任务。一台计算机能够提供多少种指令,基本上决定了这台计算机的功能。所谓指令系统,就是该计算机能提供的所有指令的集合,它表示了该计算机所具有的全部操作功能。每一种类型的计算机都有一组可供用户使用的指令系统,它是由该计算机的 CPU 结构和性能所决定的。一般微型计算机的指令系统可以包含几十至上百条指令。

目前,用户普遍使用的微机大多是属于 80X86 系列的,如早期的 IBM PC-XT/AT、PC-286、PC-386、PC-486,以及近几年的 Pentium 系列及其兼容产品等,可以说是通用类微机中的主流机型。因为这一系列的微机都是在 8086/8088 CPU 的基础上不断发展和扩展功能的,它们的指令是向下兼容的,所以本章主要介绍 8086/8088 CPU 的指令系统。

5.1　指令与指令格式

5.1.1　指令的基本概念

在计算机内部,任何信息都是以二进制形式存储和处理的,指令也不例外,它是由一系列 0 和 1 组成的代码,这种代码可以被计算机硬件直接识别,我们把它称为机器语言指令。一条指令可以让机器完成一种功能操作,指令通常由操作码字段和操作数字段组成。操作码字段指示计算机执行何种操作功能,而操作数字段则指出了操作的对象——在执行该操作过程中所需要的数据。如下所示:

操作码	操作数 1	……	操作数 n

例如,将寄存器 AX 中的 16 位数据与另一个 16 位数据 1A26H 相加,结果存入 AX 中的机器语言指令二进制形式为

　　　　10000001 11000000 00100110 00011010 B　　(十六进制为 81C0261AH)

其中最高 6 位为操作码字段,其余位为操作数字段,指令长度为 4 字节。

机器语言指令是一种面向机器(硬件)的语言,指令与操作功能一一对应,机器可直接执行,运行速度快。但是,机器语言指令对于用户来说,既不方便书写也难以记忆。为了方便使用,人们采用汇编语言来书写指令和编写程序。汇编语言是一种符号语言,汇编语言指令与机器语言指令也是一一对应的,它用助记符表示操作码、用符号或符号地址表示操作数或操作数地址。汇编语言程序在运行前要通过汇编程序将其翻译成机器语言指令代码(目

标代码),CPU 才能识别并执行操作。

5.1.2 指令的格式

本章所讲述的指令及其指令格式均是以汇编语言的格式来表示的。不同系列的计算机因为指令系统不同,其汇编语言的助记符和指令格式也各不相同。8086/8088 系列微型计算机使用的宏汇编语言中允许使用指令和伪指令两种语句形式。有关伪指令的概念将在下一章中讨论,本章中主要介绍指令。汇编语言指令语句格式如下所示:

[标号:]〈指令助记符〉[操作数1][,操作数2][;注释]

用"[ ]"括起来的字段为可选项,可根据需要选用或缺省;用"〈 〉"括起来的字段为必选项,不可缺省。各字段的意义说明如下:

1. 标号

标号是一种符号地址,它指示了该指令在内存中的起始偏移地址,是可缺省的标识符。如果指令中使用了标号,则标号后必须加冒号":"。使用该标识符应遵循下列规则:

① 标识符由英文字母(a~z,A~Z)、数字(0~9)或某些特殊字符组成。

② 标识符的第 1 个字符必须是英文字母或某些特殊字符,不可以是数字,"?"不能单独作标识符。

③ 标识符的最大有效长度为 31 个字符,若超出该长度,则只保留前面的 31 个字符为有效标识符。

2. 指令助记符

该字段是指令操作功能的代表符号,指示了该指令应完成什么功能以及操作的类型,是指令语句的关键字,不可缺省,也不可随意书写,必须是指令系统中提供的相关指令符号。在某些场合,可在指令助记符前加上一个或多个"前缀",从而实现某些附加功能。

3. 操作数

操作数是本条指令操作的对象,即参与本指令运算或处理的内容。操作数的形式可以是数据本身或数据表达式,也可以是数据所在寄存器的名称,还可以是数据所在存储单元的地址或地址的一部分。有些指令的操作数是隐含的,此时就不需要操作数,可以缺省;有些指令只需一个操作数;有些指令需要两个操作数,此时必须用","将两个操作数分开。操作数和指令助记符之间必须用至少一个空格分开。

在双操作数指令中,通常其中一个操作数除了参与运算操作以外,还要用于保存操作后的结果,我们把该操作数称为目的操作数(Destination);另一个操作数称为源操作数(Source)。源操作数在指令执行后内容不变。在指令格式中,规定"操作数 1"为目的操作数,"操作数 2"为源操作数。

4. 注释

注释字段是可选项,可以缺省。注释部分的内容主要用于对指令功能加以说明,使用户能方便地阅读程序,计算机对注释不作任何操作,汇编程序也不对它作任何处理。如果在指令后面需要使用注释,则注释部分必须以";"开头。

例如,前面机器语言中列举的一条加法指令,其相应的汇编语言指令形式为

ADD AX,1A26H　　　　　;将立即数 1A26H 与 AX 中的数据相加,结果送入 AX 中

该指令中 ADD 为指令助记符,表示该指令的功能是进行加法运算;寄存器 AX 为目的

操作数,1A26H 为源操作数;分号后面书写的文字为注释。

5.2 8086/8088 的寻址方式

从功能上来说,寻址方式分为对操作数的寻址方式和对指令的寻址方式,前者主要解决如何获取操作内容的问题;而后者则是解决程序的执行顺序和程序转移等问题。在通常情况下,寻址方式一般指操作数的寻址方式。本节主要讨论的也是操作数的寻址方式或者说与数据有关的寻址方式。

寻址方式可以分为立即数寻址、寄存器寻址和存储器寻址三种基本类型。

5.2.1 立即数寻址(Immediate Addressing)

指令所需的 8 位或 16 位操作数直接在指令中给出,这种寻址方式叫做立即数寻址,相应地这种操作数也称为立即数。例如:

  MOV AL,68H ;将一个 8 位立即数 68H 送入 AL 寄存器

指令执行后,(AL) = 68H。这里(X)表示 X 中的内容,以下同。

  MOV BX,0B8A0H ;将一个 16 位立即数 B8A0H 送入 BX 寄存器

指令执行后,(BX) = B8A0H。

在上面两条指令中,源操作数采用的就是立即数寻址方式,对指令中用到的立即数有如下规定:

立即数可以是 8 位(1 个字节),也可以是 16 位(1 个字),但必须是整数。

立即数可以是十进制、二进制、十六进制或八进制数,数字后面应分别加上数制符号 D、B、H 或 Q,如数字后面不加数制符号,则指令将其默认为十进制数。当采用十六进制书写时,如第一个数码在 A~F 之间,前面应加 1 个"0"。例如,A8H 要写成 0A8H;C700H 要写成 0C700H。

立即数可以是常量,也可以是表达式,指令执行时以表达式的值作为操作数。例如:

  MOV AX,25 * 4 - 30

立即数也可是字符,字符要用单引号括起来,字符的 ASCII 码相当于立即数。例如:

  MOV AL,'a'

指令将字母"a"的 ASCII 码值 61H 作为立即数送入 AL 寄存器。

立即数只能作为源操作数,而不能用于目的操作数。

在立即数寻址方式中,因为操作数直接在指令中给出,CPU 不需要运行总线周期,所以指令执行速度最快。采用这种寻址方式的指令主要用于对寄存器赋初值。

5.2.2 寄存器寻址(Register Addressing)

操作数在 CPU 的内部寄存器中,指令中给出该寄存器名,这种寻址方式就叫做寄存器寻址。例如,5.2.1 小节中两条指令的目的操作数即为寄存器寻址。

对于 16 位操作数,使用的寄存器可以是 AX、BX、CX、DX、SI、DI、SP 和 BP;而对于 8 位操作数,寄存器可以是 AL、AH、BL、BH、CL、CH、DL、DH 等 8 个。

8086/8088 指令系统允许指令的两个操作数中的任一个采用寄存器寻址方式,也允许两个操作数同时采用寄存器寻址方式。例如:

    MOV AX,BX   ;将 BX 寄存器中的内容送入 AX 寄存器中

如果指令执行前

    (AX) = 6800H,(BX) = 5678H

则指令执行后,(AX) = 5678H,(BX)仍为 5678H 不变。

使用寄存器寻址方式,由于操作数就在 CPU 内部,不需要运行总线周期,所以指令执行速度快。

5.2.3 存储器寻址(Memory Addressing)

当操作数不在 CPU 中而在内存单元中时,需要使用存储器寻址,CPU 在执行指令时要运行总线周期以实现与存储单元之间传递数据(读或写)。存储器寻址方式具体又分为直接寻址、寄存器间接寻址、寄存器相对寻址、基址变址寻址和相对基址变址寻址 5 种。

1. 直接寻址(Direct Addressing)

操作数在存储单元中,该单元的偏移地址即有效地址 EA(Effective Address)在指令中直接给出,这种寻址方式是存储器寻址方式中最简单的形式,称为直接寻址。在采用直接寻址方式时,有效地址必须用方括号括起来,若指令中没有使用段前缀指明操作数所在单元是在哪个段中,则默认在数据段中,段地址由数据段寄存器 DS 提供,单元的物理地址由下式计算:

$$物理地址 = (DS) \times 16 + EA$$

直接寻址方式的寻址过程如图 5-1 所示。

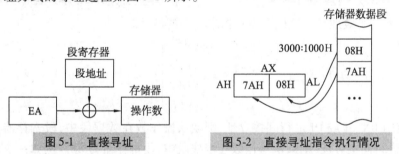

图 5-1 直接寻址   图 5-2 直接寻址指令执行情况

例如: MOV AX,[1000H]

操作数的有效地址 EA 为 1000H。假设(DS) = 3000H,则单元的物理地址为 3000H × 16 + 1000H = 31000H,则指令实现将物理地址为 31000H 和 31001H 两个连续单元中的数据送入 AX 寄存器,高地址单元内容送入 AX 的高 8 位;低地址单元的内容送入 AX 的低 8 位。指令的执行情况如图 5-2 所示。

如果操作数不在数据段中,则必须在指令中使用段前缀来指定操作数所在段。例如:

    MOV   AX,ES:[3200H]

该指令将 ES 段中偏移地址为 3200H 和 3201H 两个单元中的内容送入 BX 寄存器。

在 8086/8088 汇编语言指令的直接寻址方式中,也可以用符号地址代替数值地址。例如:

    MOV   AX,DATA1

DATA1 为存放操作数的单元的符号地址,方括号可以省略。必须指出的是,符号地址必须是在程序中已经定义过的变量(有关变量的定义将在下一节讨论),变量的段地址和偏移地址由该变量定义时确定。特别要注意,该指令传送的不是符号地址的值,而是符号地址所在单元的内容。假设 DATA1 是在数据段中定义的字变量,且 DATA1 的起始单元的地址为 3280H,则该指令将由(DS)指定的段中偏移

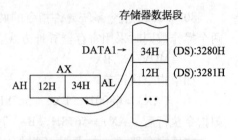

图 5-3 用符号地址的直接寻址

地址为 3280H 和 3281H 的两个连续单元中的内容送入 AX 寄存器。指令的执行情况如图 5-3 所示。

2. 寄存器间接寻址(Register Indirect Addressing)

操作数在存储单元中,该单元的有效地址 EA 存放在基址寄存器 BX、BP 或变址寄存器 SI、DI 中,指令中给出寄存器名,这种由寄存器间接给出操作数有效地址的寻址方式称为寄存器间接寻址。其寻址过程如图 5-4 所示。

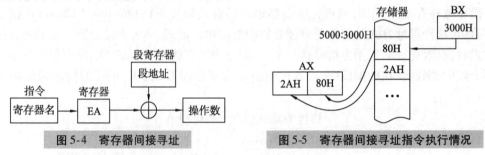

图 5-4 寄存器间接寻址   图 5-5 寄存器间接寻址指令执行情况

存储单元的有效地址为这四个寄存器之一中的值,即

$$EA = \begin{Bmatrix} (BX) \\ (BP) \\ (DI) \\ (SI) \end{Bmatrix}$$

如果使用 BX、SI 或 DI 进行间接寻址,则默认操作数在数据段中,段寄存器为 DS;而如果使用 BP 进行间接寻址,则默认操作数在堆栈段中,段寄存器为 SS。例如:

  MOV AX,[BX]
  MOV CX,[BP]

设(DS) = 5000H,(SS) = 5200H,(BX) = 3000H,(BP) = 0040H,则前一条指令将物理地址为 53000H 和 53001H 的两个单元中的内容送入 AX 中,后一条指令将物理地址为 52040H 和 52041H 两个单元中的内容送入 CX 中。

指令的执行情况如图 5-5 所示。

指令中也可以用段跨越前缀来指定单元的段地址。例如:

  MOV AX,ES:[BX]

使用寄存器间接寻址的好处是可以通过改变寄存的内容来修改地址,适合于对数组或表格的处理。

在寄存器间接寻址方式中,如果使用基址寄存器 BX 进行间接寻址,又可以称为数据段

基址寻址；如果使用基址寄存器 BP 进行间接寻址，又可以称为堆栈段基址寻址；如果使用源变址寄存器 SI 或目的变址寄存器 DI 进行间接寻址，又可以称为变址寻址。变址寻址在后面讲到的串操作指令中非常有用。

3. 寄存器相对寻址（Register Relative Addressing）

操作数在存储单元中，单元的有效地址 EA 是一个基址寄存器或变址寄存器的内容和指令中给出的 8 位或 16 位位移量之和，即

$$EA = \begin{Bmatrix} (BX) \\ (BP) \\ (DI) \\ (SI) \end{Bmatrix} + \begin{Bmatrix} 8\ 位位移量 \\ 16\ 位位移量 \end{Bmatrix}$$

位移量可以是常数或常数表达式，也可以是符号地址。寻址过程如图 5-6 所示。

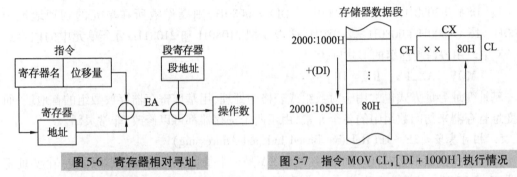

图 5-6　寄存器相对寻址　　　　图 5-7　指令 MOV CL,[DI + 1000H] 执行情况

与寄存器相对寻址一样，在不使用段前缀的情况下，若寄存器为 BX、SI 或 DI，则默认操作数在数据段中；如果寄存器为 BP，则默认操作数在堆栈段中。例如：

　　　MOV　CL,[DI + 1000H]
　　　MOV　DX,[BP + VAL]

设 (DS) = 2000H, (SS) = 3000H, (DI) = 0050H, (BP) = 3200H, VAL = 1200H，则前一条指令中源操作数的物理地址为 2000H × 16 + 0050H + 1000H = 21050H，指令将 21050H 单元中的 1 个字节内容送入 CL 寄存器；后一条指令中源操作数的物理地址为 3000H × 16 + 3200H + 1200H = 34400H，指令将 34400H 和 34401H 两个单元中的 1 个字内容送入 DX 中。

以上两条指令也可以写成如下形式，功能完全一样。

　　　MOV　CL,1000H[DI]
　　　MOV　DX,VAL[BP]

指令的执行情况如图 5-7 所示。指令中也可以使用段跨越前缀指定操作数的段地址。

使用寄存器相对寻址同样适合于数组或表格的处理，而且更方便灵活。数组的首地址可以用符号地址（数组名）来指示，数组元素相对于数组首地址的偏移量可以用寄存器来指示，通过改变寄存器的值就可以访问数组中的各个元素。

4. 基址变址寻址（Based Indexed Addressing）

操作数在存储单元中，单元的有效地址 EA 是一个基址寄存器 BX 或 BP 和一个变址寄存器 SI 或 DI 的内容之和，即

$$EA = \begin{Bmatrix} (BX) \\ (BP) \end{Bmatrix} + \begin{Bmatrix} (DI) \\ (SI) \end{Bmatrix}$$

如果基址寄存器为BX,则默认操作数在数据段中;如果基址寄存器为BP,则默认操作数在堆栈段中。寻址过程如图5-8所示。

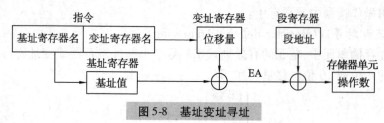

图5-8 基址变址寻址

例如:MOV AX,[BX+DI]
或写成以下形式:

  MOV AX,[BX][DI]

设(DS)=2000H,(BX)=1000H,(DI)=0080H,则操作数所在单元的物理地址为2000H×16+1000H+0080H=21080H,该指令把21080H和21081H两个单元中的内容送入AX中。用段跨越前缀的形式则为

  MOV AX,ES:[BX][DI]

基址变址寻址方式也常用于对数组或表格的处理,用基址寄存器存放数组的首地址,而用变址寄存器来访问数组中的各个元素,由于两个寄存器都可以修改,非常灵活。

5. 相对基址变址寻址(Relative Based Indexed Addressing)

操作数在存储单元中,单元的有效地址EA是一个基址寄存器BX或BP和一个变址寄存器SI或DI的内容再加上一个8位或16位位移量之和,即

$$EA = \begin{Bmatrix} (BX) \\ (BP) \end{Bmatrix} + \begin{Bmatrix} (DI) \\ (SI) \end{Bmatrix} + \begin{Bmatrix} 8\text{位位移量} \\ 16\text{位位移量} \end{Bmatrix}$$

相对基址变址寻址方式的寻址过程如图5-9所示。

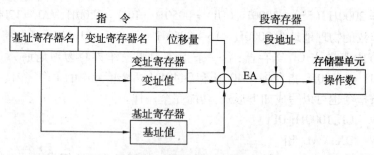

图5-9 相对基址变址寻址

当基址寄存器为BX时,默认操作数在数据段中;而当基址寄存器为BP时,默认操作数在堆栈段中。例如:

  MOV AX,DISP[BP][DI]

也可写成 MOV AX,DISP[BP+DI] 或者 MOV AX,[BP+DI+DISP]。

设(SS)=3000H,(BP)=1000H,(DI)=1200H,DISP=0300H,则单元的物理地址为3000H×16+1000H+1200H+0300H=32500H,该指令将32500H和32501H两个单元中的内容送入AX中。

这种寻址方式在处理数组或表格时更加灵活,特别是为堆栈中数组的访问过程提供了极大的方便。在访问堆栈段数组时,可以用(BP)存放堆栈栈顶的地址,从栈顶到数组首地址的距离用位移量表示,再用变址寄存器来指示数组该元素到数组首地址的距离,从而访问数组中的该元素,如图 5-10 所示。

以上 7 种寻址方式中,除立即数寻址方式以外,其他 6 种寻址方式既可以用于源操作数,也可以用于目的操作数。

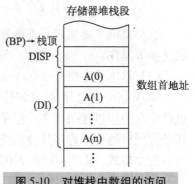

图 5-10 对堆栈中数组的访问

5.3 8086/8088 的指令系统

8086/8088 的指令系统共有九十多条指令,按功能可以分为数据传送类指令、算术运算类指令、逻辑运算与移位类指令、串操作类指令、控制转移类指令、CPU 控制类指令等 6 类。

5.3.1 数据传送类指令

数据传送类指令是指令系统中使用最频繁、形式最多的一类指令,广泛使用于数据的传递、保存、交换和地址的传送等场合,具体又可以分为通用数据传送指令、堆栈操作指令、地址传送指令、标志寄存器传送指令和 I/O 传送指令等几类。这些指令如表 5-1 所示。

表 5-1 数据传送类指令

分 类	指 令 名 称	指 令 格 式
通用数据传送	基本传送指令	MOV DST, SRC
	数据交换指令	XCHG OPR1, OPR2
	换码指令	XLAT
堆栈操作	数据入栈指令	PUSH SRC
	数据出栈指令	POP DST
地址传送	取有效地址指令	LEA REG, SRC
	取地址指针至寄存器和 DS 指令	LDS REG, SRC
	取地址指针至寄存器和 ES 指令	LES REG, SRC
标志寄存器传送	读取标志指针	LAHF
	设置标志指令	SAHF
	标志入栈指令	PUSHF
	标志出栈指令	POPF
I/O 传送	输入指令	IN ACC, PORT/DX
	输出指令	OUT PORT/DX, ACC

注:DST 为目的操作数,SRC 为源操作数,OPR 为操作数,REG 为寄存器,ACC 为累加器,PORT 为端口号。

1. 通用数据传送指令

这类指令主要实现在寄存器和寄存器之间、寄存器和存储器之间进行数据的相互传送和交换等操作。

(1) 基本传送指令 MOV(Move)

MOV 指令是最简单、在程序设计中使用最多的一条指令,在上一节寻址方式的举例中也已多次使用过这条指令。但是在使用这条指令时应注意一些基本规则和条件,这些规则和条件同样适合于许多其他的指令。

指令格式:MOV DST,SRC

为便于书写,式中用缩写符号 DST 表示目的操作数(Destination),用缩写符号 SRC 表示源操作数(Source)。

操作功能:(DST)←(SRC)

将源操作数的内容送入目的操作数。MOV 指令不影响标志位。例如:

```
MOV   DX,50H         ;立即数 0050H 送入 DX 寄存器
MOV   BL,AL          ;寄存器 AL 中的字节数据送入寄存器 BL
MOV   DS,AX          ;寄存器 AX 中的字数据送入段寄存器 DS
MOV   AL,[2000H]     ;2000H 单元中的字节内容送入 AL
MOV   AX,[2000H]     ;2000H 和 2001H 单元中的内容作为 1 个字送入 AX
MOV   [BX],CL        ;CL 中的字节数据送入由(BX)指定的单元
MOV   [BX][SI],DX    ;DX 中的内容送入存储单元
MOV   AL,BDDR        ;字节变量 BDDR 单元中的内容送入 AL
MOV   AX,WDDR        ;字变量 WDDR 单元中的内容送入 AX
```

在使用 MOV 指令时,应注意以下规则:

① 两个操作数的类型属性必须一致。

类型属性是指操作数是字还是字节,只有类型属性一致,才能确定本次操作是字操作还是字节操作。对于立即数来说,当不大于 FFH 时可以把它作为 1 个字节,也可以把它作为 1 个字,其类型属性可由另一个操作数来确定,如上面第一条指令中,立即数可看作是 1 个字(0050H),这条指令属于字操作;如果立即数在 100H ~ FFFFH 之间,则只能用于字操作而不能用于字节操作。采用数值地址的直接寻址或寄存器间接寻址或基址变址寻址的操作数类型属性是不确定的,可以作为字节也可作为字,指令可通过另一个操作数来确定操作类型,如上面的第 4 和第 6 条指令为字节操作,而第 5 和第 7 条指令则为字操作。

对于用变量进行的直接寻址,变量必须先经过定义,而且变量一经定义,该操作数便具有了确定的类型属性(字节变量或字变量),用变量定义伪指令可以对变量进行定义。例如,下面两条伪指令语句:

```
VAR1   DB  2AH,0B8H,10H,23H
VAR2   DW  3050H,1234H,0B800H
```

VAR1 和 VAR2 是要定义的变量名(数组名),是一种符号地址,第一条语句中功能符 DB 表示将 VAR1 变量(数组)定义成字节属性,DB 后面有 4 个操作数,表示为变量在存储器中定义 4 个连续的字节单元并在这 4 个单元中分别存入语句中所列的 4 个数据,如图 5-11(a)所示;第二条语句的功能符 DW 则表示定义变量(数组)VAR2 为字属性,其后的每

一数据项为一个字,在内存中存放时低字节在低地址单元中,高字节在高地址单元中,如图5-11(b)所示。

图 5-11 有关变量的存储单元分配

在变量定义伪指令中,允许有多个操作数,变量名后面不加冒号。在经过上面的定义后,VAR1 和 VAR2 便分别有了字节和字的属性,譬如对 VAR1,我们可以进行字节操作,如:

  MOV AL,VAR1

指令执行后,(AL)=2AH。但不能用如下字操作指令:

  MOV AX,VAR1

否则就会出现属性不一致的错误。同样,对于变量 VAR2,应采用字操作而不能采用字节操作。有些情况下,我们也可以用属性操作符临时改变变量的属性,以满足操作需要。属性操作符有:

  BYTE PTR——指定操作数为字节属性;
  WORD PTR——指定操作数为字属性;
  DWORD PTR——指定操作数为双字属性。

此时,若运行以下两条指令:

  MOV AX,WORD PTR VAR1
  MOV AL,BYTE PTR VAR2

就不会出现类型属性不一致的错误。

需要注意的是,属性操作符不是指令,不能单独在指令语句中使用。另外,属性操作符只对其作用的该条指令有效,在其他场合,变量仍具有原来的属性。

伪指令不同于指令,它不能被翻译成目标指令代码。有关伪指令的详细内容,将在下一章中介绍。

② 两个操作数的类型属性不能全是不确定的。

例如,下面为错误指令:

  MOV [2000H],50H

该指令无法确定传送的是字节还是字。这种情况,也可用属性操作符对操作数的类型属性进行指定,如:

  MOV WORD PTR[2000H],50H

该指令的功能是将立即数 0050H 作为一个字送入有效地址为 2000H 的字单元中。

③ 立即数和代码段寄存器 CS 不可用于目的操作数。

立即数作为目的操作数是没有意义的;而代码段的段地址是由系统根据资源配置情况自动分配的,不允许用户随意改变,所以我们不能试图把任何数据送入 CS 寄存器中。

④ 两个操作数不可都是存储器寻址方式。

如下几条为错误指令:

  MOV [BX],[2000H]
  MOV [6000H],[1000H]
  MOV VAL1,[BX]

若要在存储单元之间用 MOV 指令传送数据,如上面第一条指令,可以用以下两条指令实现:

  MOV AX,[2000H]
  MOV [BX],AX

⑤ 当目的操作数是段寄存器时,源操作数不可是立即数;两个操作数也不可都是段寄存器。这样规定是为了避免随意改变段寄存器的内容。

立即数或段地址必须经过寄存器如 AX 等送到段寄存器。例如:

  MOV AX,1000H
  MOV DS,AX

(2) 数据交换指令 XCHG(Exchange)

指令格式:XCHG OPR1,OPR2

操作功能:(OPR1)⟷(OPR2)

这里 OPR1 和 OPR2 表示操作数 1 和操作数 2,因为该指令中的两个操作数是互为源操作数和目的操作数,指令实现将两个操作数中的内容进行互换。互换的对象可以是寄存器和寄存器之间,也可以是寄存器和存储器之间,但不允许是存储器和存储器之间,也不可以使用段寄存器及立即数。

指令允许字节或字操作,且不影响标志位。例如:

  XCHG AL,BL ;AL 和 BL 中的字节内容进行交换
  XCHG BX,DAT ;BX 和 DAT 变量单元中的字内容进行交换
  XCHG CX,[BX][SI] ;CX 和由基址变址方式指示的存储单元中的字内容交换

(3) 换码指令 XLAT(Translate)

指令格式:XLAT

操作功能:(AL)←((BX) + (AL))

该指令又可以称为查表指令或翻译指令,其操作数是隐含的。在程序设计中,有时要把一种代码转换成另一种代码,譬如把数字 0 ~ 9 转换成七段显示器件所需的驱动代码等,就可以采用 XLAT 指令来实现。实现代码变换的表格如表 5-2 所示。

第 5 章 8086/8088 的指令系统

表 5-2 十进制数字与七段显示代码变换表

十进制数字	七段显示代码	显示字形	代码的十六进制数
0	01111110		7EH
1	00110000		30H
2	01101101	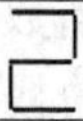	6DH
3	01111001		79H
4	00110011	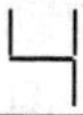	33H
5	01011011	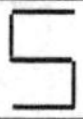	5BH
6	01011111	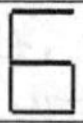	5FH
7	01110000	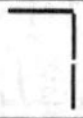	70H
8	01111111	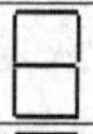	7FH
9	01111011		7BH

现就以该代码转换为例来说明 XLAT 指令的功能。这个表格中的七段显示代码应按顺序存于内存数据段的单元中。在执行 XLAT 指令前,先要将表格的首地址送入 BX 寄存器中,该首地址一般用符号地址(也可以是直接的数值地址),再将需要转换的十进制数字送入 AL 寄存器中,这个十进制数也就是需要换取的代码所在单元地址相对于表格首地址的偏移量,单元的内容即是要换取的七段显示代码。该指令执行时,自动将 BX 寄存器和 AL 寄存器中的内容相加,相加后的值作为代码单元的地址,然后将该单元中的内容送入 AL 寄存器中以替代原来的值,就可在 AL 中得到转换后的代码。例如:

```
LEA    BX,DISPLAY
MOV    AL,5
XLAT
```

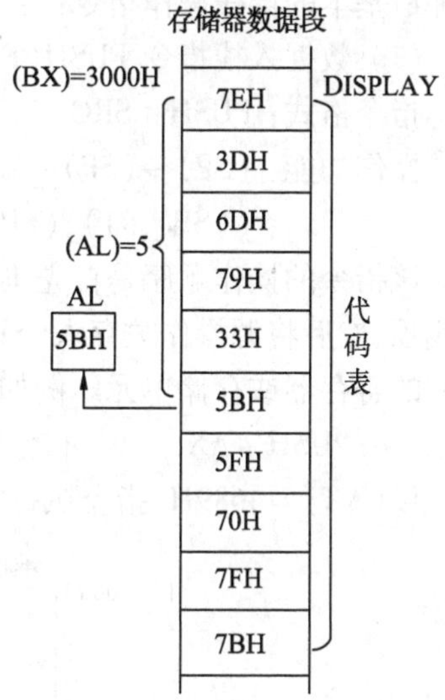

假设符号地址 DISPLAY 等于 3000H,即表格存放在数据段首地址为 3000H 开始的连续单元中,指令的执行情况如图 5-12 所示。执行结果是将十进制数"5"的七段显示码 5BH 送入 AL 中。

图 5-12 换码指令执行过程

该指令只能是字节操作,所以表格的最大容量为 256 字节。指令不影响标志位。

2. 堆栈操作指令

堆栈是存储器的一部分,同时也是一个比较特殊的存储区域,在存储器分段中称为堆栈段。堆栈段的段地址由 SS 寄存器指示。在堆栈中数据以后进先出的规则进行存取,并且数据是按从高地址向低地址的顺序进行存放。当我们定义好一个堆栈段时,栈底是堆栈的最高地址单元,固定不变;栈顶是当前最近一次存入数据的单元地址,是浮动的。为保证后进先出的存取规则,有一个16位的专用寄存器SP来指示栈顶,该寄存器的值始终是当前栈顶的有效地址,所以称SP为堆栈指示器或堆栈指针。假如把偏移地址为0000~00FFH定义为堆栈区,那么堆栈指针SP的初始值为0100H,当数据存入堆栈时,SP的值会首先自动减量以指示新的栈顶并将数据存入当前堆栈指针所指向的存储单元中;当从堆栈取出数据时,是从当前栈顶单元中取出,并自动将堆栈指针增量以恢复该数据存入堆栈前的栈顶。图5-13为堆栈区的结构示意图。

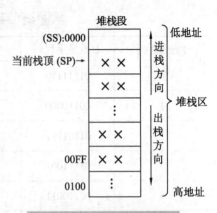

图5-13 堆栈结构示意图

在程序设计中,堆栈是一个十分有用的存储区,在子程序调用和中断处理过程中,应该将当前被暂停执行的程序的断点地址保存起来,用作子程序或中断处理结束后的返回地址。另外,在进入子程序或中断处理后,还需要保留原通用寄存器的值,子程序或中断处理结束返回前,则要恢复通用寄存器的值,并将返回地址恢复到指示指令地址的寄存器中。这些功能都要通过堆栈来实现,其中保存和恢复返回地址的过程分别是在调用子程序和从子程序返回时自动完成的,而通用寄存器值的保存和恢复需要用堆栈操作指令来完成。下面就是两种最基本的堆栈操作指令:

(1)数据入栈指令 PUSH(Push into the Stack)

指令格式:PUSH SRC

操作功能:(SP)←(SP)-2

((SP)+1),(SP))←(SRC)

该指令的操作顺序是首先堆栈指针SP的内容自动减2,栈顶上移2个单元,以指示新的栈顶,然后将源操作数存入(SP)指示的两个单元中,也称为压入堆栈。操作数必须是字类型的寄存器或存储单元。例如:

PUSH AX

设(AX)=4689H,指令执行情况如图5-14所示。

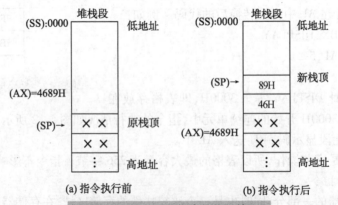

图5-14 PUSH AX 指令的执行情况

（2）数据出栈指令 POP（Pop from the Stack）

指令格式：POP　DST

操作功能：(DST)←((SP)+1,(SP))

　　　　　(SP)←(SP)+2

该指令的操作顺序是首先将当前栈顶开始的两个单元中的 1 个字内容弹出，送入目的操作数，然后堆栈指示器 SP 的内容自动加 2，栈顶下移。操作数据也必须是字类型的。

例如：

　　　POP　AX

指令执行情况如图 5-15 所示。

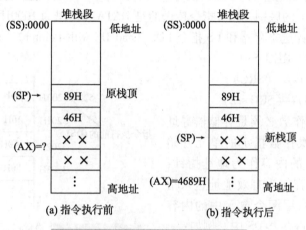

图 5-15　POP AX 指令的执行情况

在使用堆栈指令 PUSH 和 POP 时，应注意以下规则：

① 堆栈操作必须以字为单位进行，不可进行字节操作。

② 操作数可以采用除立即数以外的任一种寻址方式。

③ 可以使用段寄存器作为操作数，但在 POP 指令中不可使用 CS（CS 不允许用作 DST）。

这两条指令不影响标志位。

在使用堆栈保存多个寄存器的内容时，要保证数据在出栈时能恢复到各原来的寄存器中，即应该注意后进先出的操作规则。例如：

　　　PUSH　BX
　　　PUSH　CX
　　　……
　　　……
　　　POP　　CX
　　　POP　　BX

3．地址传送指令

该类指令主要用于传送存储单元的地址，可将操作数的有效地址或段地址和有效地址送到指定的寄存器中，有 LEA、LDS 和 LES 三条指令。

(1) 取有效地址指令 LEA(Load Effective Address)

指令格式：LEA　REG,SRC

操作功能：(REG)←SRC

REG 为寄存器,指令把源操作数的有效地址送入指定的寄存器中。例如：

　　　LEA　BX,[2000H]

　　　LEA　SI,DATA1

以上第一条指令是把 2000H 单元的有效地址送入 BX,执行结果为(BX)＝2000H,其效果与指令 MOV　BX,2000H 相同,所以实用意义不是太大；而第二条指令比较有用,它是取符号地址 DATA1 的值(注意不是 DATA1 单元的内容)送入 SI 寄存器。若 DATA1＝1000H,则表示 DATA1 的有效地址为 1000H,执行结果为(SI)＝1000H。这里要注意与基本传送指令 MOV　SI,DATA1 的区别,MOV 指令传送的是 DATA1(这里为 1000H)单元里面的内容。

(2) 取地址指针送寄存器和 DS 指令 LDS(Load DS with Pointer)

指令格式：LDS　REG,SRC

操作功能：(REG)←(SRC)

　　　　　(DS)←(SRC＋2)

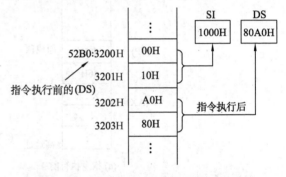

图 5-16　LDS SI,[3200H]指令的执行情况

该指令的源操作数必须是存储器寻址方式,其功能是把操作数指定的单元开始的连续 4 个单元中的内容作为地址指针,前两个单元中的内容作为有效地址送入指令指定的寄存器中；后两个单元中的内容作为段地址送入段寄存器 DS 中。例如：

　　　LDS　SI,[3200H]

设原(DS)＝52B0H,数据段中有效地址为 3200H～3203H,4 个单元中的内容分别为 00H、10H、A0H 和 80H。

指令执行后(DS)＝80A0H,(SI)＝1000H,如图 5-16 所示。

(3) 取地址指针送寄存器和 ES 指令 LES(Load ES with Pointer)

指令格式：LES　REG,SRC

操作功能：(REG)←(SRC)

　　　　　(ES)←(SRC＋2)

该指令的功能与 LDS 指令基本相同,只是把 DS 换成了 ES。

4. 标志寄存器传送指令

该指令主要用于对标志寄存器 FR 中的内容的读取和设置,共有 4 条。

(1) 读取标志指令 LAHF(Load AH with Flags)

指令格式：LAHF

操作功能：(AH)←(FR 的低字节)

该指令将标志寄存器中的低 8 位内容传送到 AH 寄存器中,为字节操作。

(2) 设置标志指令 SAHF(Store AH into Flags)

指令格式：SAHF

操作功能：(FR 的低字节)←(AH)

该指令将 AH 中的字节内容送入标志寄存器 FR 的低 8 位中,是 LAHF 指令的反操作。

(3) 标志入栈指令 PUSHF(Push the Flags)

指令格式:PUSHF

操作功能:$(SP) \leftarrow (SP) - 2$

$((SP)+1,(SP)) \leftarrow (FR)$

该指令将标志寄存器中的内容压入堆栈,为字操作。堆栈的操作顺序与前面介绍的 PUSH 指令相同。

(4) 标志出栈指令 POPF(Pop the Flags)

指令格式:POPF

操作功能:$(FR) \leftarrow ((SP)+1,(SP))$

$(SP) \leftarrow (SP) + 2$

该指令是 PUSHF 指令的反操作。

5. I/O 传送指令

在 8086/8088 系统中,对存储器单元和 I/O 端口是采用分别独立编址的方式进行管理的,每一个端口可以传送 8 位数据,并分配有一个地址号,为了区分是 CPU 与存储单元之间还是 CPU 与 I/O 端口之间传送数据,采用专用的 I/O 传送指令来实现 CPU 与 I/O 端口之间的数据传送功能。

(1) 输入指令 IN(Input)

指令格式 1: IN   AL,PORT   (字节操作)
          IN   AX,PORT   (字操作)

操作功能: $(AL) \leftarrow (PORT)$ (字节操作)
         $(AX) \leftarrow (PORT+1,PORT)$ (字操作)

指令格式 2: IN   AL,DX   (字节操作)
          IN   AX,DX   (字操作)

操作功能: $(AL) \leftarrow ((DX))$ (字节操作)
         $(AX) \leftarrow ((DX+1),(DX))$ (字操作)

(2) 输出指令 OUT(Output)

指令格式 1: OUT   PORT,AL   (字节操作)
          OUT   PORT,AX   (字操作)

操作功能: $(PORT) \leftarrow (AL)$ (字节操作)
         $(PORT+1,PORT) \leftarrow (AX)$ (字操作)

指令格式 2: OUT   DX,AL   (字节操作)
          OUT   DX,AX   (字操作)

操作功能: $((DX)) \leftarrow (AL)$ (字节操作)
         $((DX+1),(DX)) \leftarrow (AX)$ (字操作)

其中 PORT 为端口号。IN 指令完成将指定 I/O 端口中的数据读入到 CPU 中;而 OUT 指令完成将 CPU 中的数据写(输出)到指定的端口中。在输入/输出指令中,CPU 只能通过累加器(即寄存器 AL 或 AX)来完成与端口间的数据传递,不能使用其他寄存器。

8086/8088 系统最多可有 65536 个 I/O 端口,端口号(即端口地址)为 0000H~0FFFFH。

指令格式1中的"PORT"表示端口号,对于前256个端口(端口号为0~0FFH),指令中可使用直接端口号(PORT)来指定端口,即直接端口寻址。当端口号大于0FFH时,则必须使用指令格式2,用DX来指示端口地址,即间接端口寻址,在传送数据前要先将端口地址号送入DX寄存器中(端口号可以是0000H~0FFFFH),然后再使用IN或OUT指令。指令格式1对应的机器码由两个字节构成,这种格式又称为长格式;而指令格式2对应的机器码只有一个字节,所以这种格式又称为短格式。

IN和OUT指令可以是字节或字操作,如果传送的数据是8位的,则用字节操作,数据在AL和由PORT或(DX)指定的端口之间传送;如果传送的数据是16位的,则采用字操作,数据在AX和由PORT或(DX)指定的端口号开始的连续两个端口之间传送。

I/O指令不影响标志位。

【例5-1】 从端口地址号为20H的端口中读入一个字节,然后将该字节数据送到100H号端口,再将内存数据段有效地址为5200H开始的两个单元中的一个字送到102H开始的两个端口中。实现该功能的指令序列如下:

```
IN    AL,20H          ;从20H号端口读字节至AL
MOV   DX,100H         ;100H号端口地址送DX
OUT   DX,AL           ;AL中内容送100H号端口
MOV   AX,[5200H]      ;5201H、5200H单元内容送AX
MOV   DX,102H         ;102H号端口地址送DX
OUT   DX,AX           ;AX中内容送103H、102H号端口
```

5.3.2 算术运算类指令

算术运算类指令也是指令系统中使用较为频繁的一类指令,可以实现无符号数或带符号数(正数和负数)的加、减、乘、除运算以及BCD码的运算。这类指令中有双操作数指令,也有单操作数指令,如果是双操作数指令,有关操作数寻址方式的一些使用规则与MOV指令相同。算术运算类指令中大多数指令在执行后都会影响标志寄存器中相关的标志位,以指示本次操作后的结果情况,如结果是正或负、是否为0、有无进位、有无溢出等。这一类指令的情况列于表5-3中。

表5-3 算术运算类指令

分类	指令名称	指令格式
加法运算	不带进位的加法指令	ADD DST, SRC
	带进位的加法指令	ADC DST, SRC
	增量指令	INC DST
减法运算	不带借位的减法指令	SUB DST, SRC
	带借位的减法指令	SBB DST, SRC
	减量指令	DEC DST
	求补指令	NEG DST
	比较指令	CMP OPR1, OPR2

续表

分类	指令名称	指令格式
乘法指令	无符号数乘法指令	MUL SRC
	带符号数乘法指令	IMUL SRC
除法运算及符号扩展	无符号数除法指令	DIV SRC
	带符号数除法指令	IDIV SRC
	字节转换为字指令	CBW
	字转换为双字指令	CWD
十进制调整	加法的十进制调整指令	DAA
	减法的十进制调整指令	DAS
	加法的 ASCII 调整指令	AAA
	减法的 ASCII 调整指令	AAS
	乘法的 ASCII 调整指令	AAM
	除法的 ASCII 调整指令	AAD

1. 加法运算指令

（1）不带进位的加法指令 ADD(Add)

指令格式：ADD DST,SRC

操作功能：(DST)←(DST) + (SRC)

该指令实现将目的操作数和源操作数内容相加,结果存于目的操作数中,并影响 FR 中的状态标志位。例如：

```
ADD   AL,CL        ;AL 和 CL 字节内容相加,结果存于 AL 中
ADD   BX,RESU      ;BX 和 RESU 单元中的字相加,结果存于 BX 中
ADD   [BX][SI],AX  ;(BX) + (SI) + 1 和(BX) + (SI)两个单元中的
                   ;内容和 AX 中的内容相加,结果存入这两个单元中
ADD   CX,80H       ;CX 中的字和立即数 0080H 相加,结果存入 CX 中
```

（2）带进位的加法指令 ADC(Add with Carry)

指令格式：ADC DST,SRC

操作功能：(DST)←(DST) + (SRC) + CF

该指令的使用格式和 ADD 相同,只是在两个操作数相加时再加上标志寄存器中进位标志 CF 的值。该指令适合于多字节或多字相加的情况,使低位字相加后产生的进位能加到高位字的加法运算中。

【例 5-2】 设数据段中 1000H 开始的连续单元中有 4 个字节的数据,构成一个 32 位的无符号数,高字节在高地址、低字节在低地址;2000H 开始的存储单元中也有 4 个字节构成的一个 32 位无符号数,要求将这两个 32 位数相加,结果存于 1000H 开始的单元中。

对于该题,我们可以采用双字相加的方法,即先加低位字,再加高位字。指令序列如下：

```
MOV   SI,1000H
```

```
MOV    DI,2000H
MOV    AX,[SI]
ADD    AX,[DI]
MOV    [SI],AX
MOV    AX,[SI+2]
ADC    AX,[DI+2]
MOV    [SI+2],AX
```

本题也可以采用字节操作,按地址由低到高顺序分 4 次相加,最低字节用 ADD,其他字节用 ADC,不过指令条数增加了。

(3) 增量指令 INC(Increment)

指令格式:INC DST

操作功能:(DST)←(DST)+1

该指令实现将目的操作数的内容加 1 后再送回该操作数,可以是字节操作也可以是字操作。例如:

```
INC    AL
INC    BX
INC    BYTE PTR[BX]
INC    WORD PTR[1000H]
INC    VALU
```

在使用 INC 指令时,对于存储器寻址中的几种方式,要注意操作数的类型属性,如上面第三、四条指令,如不加属性操作符就会出现类型属性不明确的错误。

INC 指令实现的是加 1 功能,如语句"INC AL"与语句"ADD AL,1"功能相同,但 INC 指令的机器码长度比 ADD 指令短,执行速度也更快,这条指令通常用在程序中修改地址指针和循环次数。INC 指令不影响进位标志 CF,但影响其他标志位。

2. 减法运算指令

(1) 不带借位的减法指令 SUB(Subtract)

指令格式:SUB DST,SRC

操作功能:(DST)←(DST)-(SRC)

该指令实现将目的操作数减去源操作数,运算结果存入目的操作数,并影响 FR 中的状态标志位。例如:

```
SUB    BX,50H
SUB    WORD PTR[BP][DI],52700
SUB    [2000H+SI],CL
```

(2) 带借位的减法指令 SBB(Subtract with Borrow)

指令格式:SBB DST,SRC

操作功能:(DST)←(DST)-(SRC)-CF

该指令的使用格式和 SUB 相同,只是在目的操作数减去源操作数后再减去进位标志 CF 的值。该指令适合于多字节或多字相减的情况,因为在低位字节或字相减时若产生了借位,会使进位标志 CF 置 1。

(3) 减量指令 DEC(Decrement)

指令格式：DEC   DST

操作功能：(DST)←(DST)-1

该指令实现将目的操作数的内容减1后再送回目的操作数,它的使用方式、影响标志位的情况与 INC 指令类似。

(4) 求补指令 NEG(Negate)

指令格式：NEG   DST

操作功能：(DST)← 0 - (DST)

该指令实现对一个操作数求补码的功能,因为该指令执行的是0减去目的操作数,所以也是减法运算指令。该指令的执行结果相当于改变操作数的符号。例如：

  NEG   AX

(5) 比较指令 CMP(Compare)

指令格式：CMP   OPR1,OPR2

指令功能：(OPR1) - (OPR2)

OPR1、OPR2 分别表示操作数1和操作数2,指令实现将操作数1减操作数2,但不保存运算结果,只根据结果影响标志位。因为不保存结果,经运算后两个操作数的内容都不会改变,所以指令中用操作数1和操作数2来表示。例如：

  CMP   BX,7FH

  CMP   AL,'y'

  CMP   SI,DI

  CMP   AX,[2000H]

程序设计中 CMP 指令通常用于比较两个数的大小或是否相等,根据它影响标志位的情况,为程序下一步如何运行提供依据。

以上讨论了加法和减法运算的八条指令。在数值运算中,有无符号数和带符号数两种类型,而对于带符号数来说,我们知道当机器数采用补码方式时,符号位可以和数值位一样直接参与二进制运算;在8086/8088的加法和减法指令中,如果参与运算的操作数是带符号数,一律作为补码对待,运算结果也是和或者差的补码,所以在加减法指令中就不需分成带符号和不带符号的了。

下面来看加法和减法指令影响标志位的情况。以上八条指令除 INC 和 DEC 不影响 CF 外,其他都影响 OF、SF、ZF、AF、PF、CF 6 个状态标志(也称为条件标志)。其中 ZF、SF、AF、PF 设置情况较为简单,这里着重分析 CF 和 OF 的设置情况。

① 在执行加法指令时,如果和的最高有效位有向更高位的进位,便将进位标志 CF 置 1,无进位时将 CF 置 0。因此,在多字长加法运算时低位字相加后产生的 CF 位值可以加到高位字的加法运算中。另外,因为无符号数的最高位只有数值意义而无符号意义,从该位产生的进位正是无符号数相加结果的实际进位值,说明在有限位数范围内结果超出了表示数范围,所以 CF 标志可以用来表示无符号数的溢出与否,CF 标志对带符号数没有意义。

溢出标志 OF 适合于带符号数,我们知道在带符号数的补码形式中,最高位为符号位,该位为 0 时表示正数;该位为 1 时表示负数。在执行加法运算时,如果两个正数(最高位为 0)相加后结果变为负数(最高位为 1)或两个负数相加结果变为正数即为溢出,OF 置 1;否则 OF 置 0。OF 标志对无符号数没有意义。

② 在减法运算中标志位置位的情况与加法运算类似。CF 同样适合于无符号数,当被减数的最高有效位向更高位产生借位时,说明被减数小于减数,此时 CF 置 1,表示无符号数相减的溢出;否则 CF 置 0。CF 对带符号数没有意义。

OF 标志也反映了带符号数相减的溢出情况,如果两个符号相异的带符号数相减,而结果的符号与减数相同,则 OF 置为 1,表示溢出;其他情况下 OF 为 0,结果不溢出。

③ 对 NEG 指令,只有当操作数为 0 时,求补运算结果使 CF 置 0,其他情况下 CF 置 1;只有当字节操作时对 -128 求补或字操作时对 -32768 求补,运算结果使 OF 置 1,其他情况下 OF 置 0。

3. 乘法运算指令

乘/除法运算在机器内部的处理过程与加/减法运算不同,分为无符号数和有符号数两种类型。

(1) 无符号数乘法指令 MUL(Unsigned Multiple)

指令格式：MUL　SRC

操作功能：字节操作时　　(AX)←(AL)×(SRC)

　　　　　字操作时　　　(DX,AX)←(AX)×(SRC)

该操作功能可由图 5-17 加以说明。

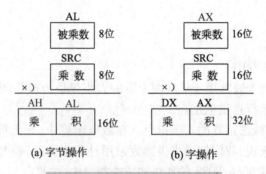

图 5-17　乘法运算的操作功能

字节操作时,8 位累加器 AL 中的内容与 8 位源操作数相乘,得到的是 16 位的乘积存放于 AX 中;字操作时,16 位累加器 AX 中的内容与 16 位源操作数相乘,得到的是 32 位的乘积,乘积的高位字存放于 DX 中,低位字存放于 AX 中。指令中的操作数应为无符号数,其中源操作数可以使用除立即数以外的任何一种寻址方式。

(2) 带符号数乘法指令 IMUL(Signed Multiple)

指令格式：IMUL　SRC

操作功能与 MUL 指令相同,只是操作数必须为带符号数,当两个操作数符号相同时积为正;符号相异时积为负。

在以上两种乘法运算指令中,目的操作数是隐含的,而且指定为累加器,因此在使用乘法指令之前必须先将目的操作数(两个乘数之一)存入累加器 AL 或 AX。另外,要根据操作数是否带符号来正确选择使用哪一条指令。

乘法指令运行后对标志位的设置只有 CF 和 OF 有意义,对其他标志可能会影响,但无意义。具体为:对于 MUL 指令,如果乘积的高一半为0,即字节操作后的(AH)或字操作后的(DX)为0,则 CF 标志和 OF 标志均为0;否则 CF 和 OF 均为1。通过标志位的这种状态,可以检查字节相乘后积的实际数值是否已超出了字节长度而成为了字,字相乘后积的实际数值是否已超出了字的长度而成为了双字长。对于 IMUL 指令,如果乘积的高一半是低一半的符号扩展,则 CF 和 OF 为0;否则 CF 和 OF 均为1。

4. 除法运算及符号扩展指令

与乘法运算一样,除法运算也分为无符号数的除法指令和带符号数的除法指令两种。

(1) 无符号数除法指令 DIV(Unsigned Divide)

指令格式: DIV SRC

操作功能: 字节操作时   (AL)←(AX)/(SRC)的商
                        (AH)←(AX)/(SRC)的余数
          字操作时   (AX)←(DX,AX)/(SRC)的商
                        (DX)←(DX,AX)/(SRC)的余数

该操作功能可由图 5-18 加以说明。

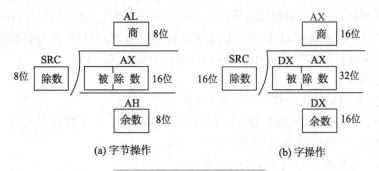

图 5-18 除法运算的操作

字节操作时,将16位累加器 AX 中的内容作为被除数、指令中给出的8位源操作数作为除数进行除法运算,得到的8位整数商存入 AL 中,8位余数存入 AH 中;字操作时,将 DX 和 AX 中的内容作为32位被除数(DX 为高位字,AX 为低位字)、指令中给出的16位源操作数作为被除数进行除法运算,得到的16位整数商存入 AX 中,16位余数存入 DX 中。指令中被除数和除数均为无符号数,运算后商和余数亦为无符号数。源操作数可使用除立即数方式以外的任一种寻址方式。

(2) 带符号数除法指令 IDIV(Signed Divide)

指令格式: IDIV SRC

操作功能与 DIV 指令相同,但操作数必须是带符号数,商和余数也均为带符号数,当两个操作数符号相同时商为正;符号相异时商为负,且余数的符号总是与被除数的符号相同。

除法指令对所有标志位均无定义。

需要注意的是,在除法指令中,如果是字节操作,被除数必须在 AX 中;如果是字操作,被除数必须在 DX 和 AX 中,不可使用其他寄存器或存储单元。

例如,设(AX) = 1200H,(BL) = (0B5H),则

① 当把它们作为无符号数时,(AX)为 4608D,(BL)为 181D。

执行指令 DIV BL 后,(AL) = 19H(即 25D)为商,(AH) = 53H(即 83D)为余数。

② 当把它们作为带符号数时,(AX)为 +4608D,(BL)为 -75D。

执行指令 IDIV BL 后,(AL)=9FH(即 -61D)为商,(AH)=26H(即 38D)为余数。

在以上除法指令中,当进行字节操作时,被除数必须是 16 位的(字);当进行字操作时,被除数必须是 32 位的(双字)。而在加法或减法运算时,两个操作数长度必须相同。但在有些情况下,参与运算的操作数长度格式可能不符合运算要求,此时应将长度短的操作数位数加以扩展使其满足要求。对于无符号数来说,只需在高位补"0"即可实现;而对于带符号数来说,这种扩展就要根据符号位的情况而定,当符号位为 0(正数)时应在高位补"0";当符号位为 1(负数)时应在高位补"1"。在指令系统中,有下面两条专门用于带符号数符号扩展的指令,即带符号数的长度转换指令。

(3) 字节转换为字指令 CBW(Convert Byte to Word)

指令格式:CBW

操作功能:将 AL 内容的符号扩展到 AH 中。

该指令操作数隐含。例如,若原(AL)=76H,即二进制 01110110B,符号位为 0,则符号扩展后(AH)=00H,结果(AX)=0076H;若原(AL)=0A4H,即二进制 10100100B,符号位为 1,则符号扩展后(AH)=0FFH,结果(AX)=0FFA4H,即二进制 1111111110100100B。因为带符号数是以补码来表示的,所以不论是正数还是负数,经符号扩展后其数值不会改变。

(4) 字转换为双字指令 CWD(Convert Word to Double Word)

指令格式:CWD

操作功能:将 AX 内容的符号扩展到 DX 中。

若(AX)的符号位为 0,则扩展后(DX)=0000H;若(AX)的符号位为 1,则扩展后(DX)=0FFFFH。扩展的原理与 CBW 类似。

以上两条符号扩展指令均不影响标志位。

在阐述了以上几条运算指令后,下面通过一个四则运算的例子来综合应用这些指令。

【例 5-3】 设 A、B、C、D、E 均为已定义的字变量,变量单元内均为带符号的 16 位数,编写指令序列计算下式:

$$((C \times D - 620) + (A - B))/E$$

运算结果的商和余数分别存入变量 E 的后续单元中。

```
MOV    AX,C          ;被乘数 C 送入 AX
IMUL   D             ;实现 C×D 运算,32 位积在 DX、AX 中
SUB    AX,620        ;低位字减去 620
SBB    DX,0          ;高位字减 0 并减去低位字的借位
MOV    BX,AX         ;保存结果至 CX、BX 中
MOV    CX,DX
MOV    AX,A          ;被减数 A 送入 AX
SUB    AX,B          ;减去 B
CWD                  ;将 A-B 的结果扩展成 32 位
ADD    AX,BX         ;AX 与前面结果的低位字相加并存于 AX 中
ADC    DX,CX         ;DX 与前面结果的高位字及进位相加并存于 DX 中
IDIV   E             ;(DX,AX)中的 32 位数除以 E
```

```
        LEA    SI,E              ;取 E 的有效地址至 SI
        MOV    [SI+2],AX         ;将结果的商存入 E+2 单元
        MOV    [SI+4],DX         ;将结果的余数存入 E+4 单元
```

5. 十进制调整指令

在数字系统中,经常要用到 BCD 码,最常用的是 8421BCD 码,它用 4 位二进制编码 0000~1001 表示十进制数 0~9。在计算机中,所有运算都是以二进制的方式进行的,如要直接对 BCD 码进行十进制运算必须进行相应的调整。这是因为 4 位二进制数的模是 16,也就是逢 16 进 1,而 BCD 码只有 10 个数,它是逢 10 进 1。

例如,有两个 BCD 码:

　　BCD1 = 0110B
　　BCD2 = 0101B

这是十进制数 6 和 5,两数之和应为 11D,而如果用加法指令运算,则

　　0110 + 0101 = 1011B

显然,这不是 11D 的 BCD 码,因此需要进行调整。

在 86 系列微机里,BCD 码有两种不同的表示形式,分别是组合式 BCD 码和分离式 BCD 码。组合式 BCD 码(又称为压缩 BCD 码)用 4 位二进制数表示 1 位十进制数,每个字节可以表示两个 BCD 码。例如:

十进制数 93D 的组合式 BCD 码为 10010011B,十进制数 1380D 的组合式 BCD 码为 0001001110000000B。

分离式 BCD 码(又称为非压缩 BCD 码)是以 8 位二进制数表示一个 BCD 码,其中低 4 位为有效的 BCD 码,高 4 位无意义。例如:

十进制数 93D 的分离式 BCD 码为 ××××1001××××0011B("×"表示任意),十进制 1380D 的分离式 BCD 码为 ××××0001××××0011××××1000××××0000B。

在 8086/8088 指令系统中,有专用的十进制调整指令。

(1) 加法的十进制调整指令 DAA(Decimal Adjust for Addition)

这是一条对组合式 BCD 码进行加法运算后的调整指令。

指令格式:DAA

操作功能:(AL)←将 AL 中的和调整到组合式 BCD 格式

DAA 指令对 OF 标志无定义,但影响所有其他标志位。

其调整原理是:如果辅助进位标志 AF 为 1,或者(AL)的低 4 位为 1010~1111,则(AL)加 06H,且将 AF 置 1。因为如果 AF 为 1,说明字节的低 4 位向高 4 位产生了进位,而这个进位是逢 16 进 1,所以对于逢 10 进 1 的 BCD 码来说,应加上 6 调整才能得到正确值;如果(AL)低 4 位为 1010~1111,则已超出了十进制范围,也应加 6 调整,使其产生进位。如果进位标志 CF 为 1,或者(AL)的高 4 位为 1010~1111,则(AL)加 60H,且将 CF 置 1。因为若 CF 为 1,说明高 4 位产生了向更高位的进位,其调整原理与低 4 位一样,只是当高 4 位要加 6 时,对于字节数来说就是加 60H。

在执行调整指令之前,必须先执行 ADD 或 ADC 指令将两个压缩 BCD 码字节进行相加,并将结果存于 AL 中,且只可字节操作。例如:

```
        ADD    AL,BL
```

DAA

设(AL) =38H,(BL) =79H,它们分别是十进制数 37 和 79 的组合式 BCD 码。
执行指令 ADD AL,BL 后,(AL) =0B1H。再执行 DAA 进行调整,如下所示:

```
    0011 1000    (AL)
+   0111 1001    (BL)
    1011 0001    (AL) = (AL) + (BL) = 0B1H, AF = 1
+   0000 0110    因 AF = 1,所以(AL)加 06H 调整
    1011 0111    低 4 位调整后的结果
+   0110 0000    因高 4 位为 1011,大于 1001,所以(AL)再加 60H 调整
    0001 0111    调整后的最终结果即为 117D 的 BCD 码
```

(2) 减法的十进制调整指令 DAS(Decimal Adjust for Subtraction)

该指令为用于组合式 BCD 码的十进制减法调整指令。

指令格式:DAS

操作功能:(AL)←将 AL 中的差调整到组合式 BCD 格式

DAA 指令对 OF 标志无定义,但影响所有其他标志位。

其调整原理是:当辅助进位标志 AF 为 1,或者(AL)的低 4 位为 1010 ~ 1111,则(AL)减 06H,且将 AF 置 1;如果进位标志 CF 为 1,或者(AL)的高 4 位为 1010 ~ 1111,则(AL)减 60H,且将 CF 置 1。因为若 AF 为 1,说明低 4 位向高 4 位有借位;若 CF 为 1,说明高 4 位向更高位有借位,其调整原理与加法的十进制调整的道理是一样的。

【例 5-4】 设有 3 个十进制数 2586、4348 和 2167,分别用 BCD 码的形式定义在 3 个变量 BCD1、BCD2 和 BCD3 中:

```
        BCD1    DB 86H,25H
        BCD2    DB 48H,43H
        BCD3    DB 67H,21H
```

用 BCD 码直接计算 BCD1 + BCD2 - BCD3,结果存入 DX 寄存器中。

```
        MOV     AL,BCD1
        ADD     AL,BCD2
        DAA
        MOV     DL,AL
        MOV     AL,BCD1 + 1
        ADC     AL,BCD2 + 1
        DAA
        MOV     DH,AL
        MOV     AL,DL
        SUB     AL,BCD3
        DAS
        MOV     DL,AL
        MOV     AL,DH
        SBB     AL,BCD3 + 1
        DAS
```

MOV   DH,AL

（3）加法的 ASCII 码调整指令 AAA(ASCII Adjust for Addition)

分离式 BCD 码一个字节只表示一个 BCD 码,最典型的是数字的 ASCII 码,每个 ASCII 码占一个字节,十进制数 0~9 的 ASCII 码分别为 30H~39H,每个码的低 4 位对应的便是数字的 BCD 码。所以,分离式 BCD 码的调整指令就称为 ASCII 码调整指令。AAA 是用于分离式 BCD 码进行加法运算后的指令。

指令格式：AAA

操作功能：（AL）←将 AL 中的和调整到分离式 BCD 格式

（AH）←（AH）+ 调整产生的进位值

具体调整步骤为：如果（AL）的低 4 位在 1010~1111 之间或 AF 为 1,则（AL）加 06H,（AH）加 1,并将 AF 置 1,清除（AL）高 4 位,AF 位的值送 CF 位。

AAA 指令除影响 CF、AF 外,对所有其他标志均无定义。该指令使用之前,必须先执行 ADD 或 ADC 指令对两个分离式 BCD 码进行相加,并将结果存于 AL 寄存器中。例如：

ADD   AL,BL
AAA

（4）减法的 ASCII 码调整指令 AAS(ASCII Adjust for Subtraction)

指令格式：AAS

操作功能：（AL）←将 AL 中的差调整到分离式 BCD 格式

（AH）←（AH）- 调整产生的借位值

具体调整步骤为：如果（AL）的低 4 位在 1010~1111 之间或 AF 为 1,则（AL）减 06H,（AH）减 1,并将 AF 置 1,清除（AL）高 4 位,AF 位的值送 CF 位。

AAS 指令除影响 CF、AF 标志外,对所有其他标志均无定义。该指令使用之前,必须先执行 SUB 或 SBB 指令对两个分离式 BCD 码进行减法运算,并将结果存于 AL 寄存器中。例如：

SUB   AL,BL
AAS

（5）乘法的 ASCII 码调整指令 AAM(ASCII Adjust for Multiplication)

指令格式：AAM

操作功能：（AX）←把 AL 中的积调整到分离式 BCD 格式

具体调整步骤为：把 AL 中的内容除以 0AH,商存于 AH 中,余数存于 AL 中,最后（AX）即为调整后的分离式 BCD 码。本指令根据 AL 中的内容影响标志位 SF、ZF 和 PF,对 OF、CF 和 AF 无定义。该指令执行之前必须先执行 MUL 指令将两个 BCD 码相乘,并且要求这两个分离式 BCD 码的高 4 位为 0,运算结果存于 AL 寄存器中。该指令根据 AL 寄存器中的内容设置 SF、ZF 和 PF 标志,对 OF、CF 和 AF 标志无定义。例如：

MUL   BL
AAM

设指令运行前：（AL）=07H,（BL）=09H

执行 MUL 后：（AL）=3FH

执行 AAM 后：（AH）=06H,（AL）=03H   （即为 63 的分离式 BCD 码）

(6) 除法的 ASCII 码调整指令 AAD(ASCII Adjust for Division)

指令格式：AAD

操作功能：(AL)←(AH)×10+(AL)

(AH)←0

该指令与前面几条调整指令不同，它不是在先进行除法运算后再用 AAD 进行调整，而是在执行除法指令 DIV 之前先调整。在进行除法运算前，存放于 AX 中的被除数必须满足 AH=0、AL 为普通二进制数的格式，如果已经满足此格式则不需要调整，否则就需要调整。若需要调整，首先要求两位分离式 BCD 码被除数存放在 AX 寄存器中，AH 中为十位数、AL 中为个位数，而且要求 AH 和 AL 中的高 4 位均为 0，AAD 的功能是将 AX 中的内容调整成普通二进制数(把 AH 中的内容乘以 10 再加上 AL 中的内容)，并存放于 AL 中，将 AH 清零，使其满足除法运算要求的格式。该指令根据 AL 寄存器中的内容设置 SF、ZF 和 PF 标志，对 OF、CF 和 AF 标志无定义。

【例 5-5】 设有两个十进制数：X=95，Y=7，要求用分离式 BCD 码计算 X/Y。

除法运算过程与平时常用的除法过程是一样的。先将被除数 95 的高位 9 作为第一次被除数去除以 7，得第一个商 1 和余数 2，再将余数 2 作为第二次被除数的高位加上被除数的低位 5 即 25，然后将 25 再除以 7 得第二个商 3 和最后的余数 4。先后两次运算得到的商即分别为商的高位和低位，在每一次进行除运算之前，若被除数不符合二进制格式则要先进行调整。设内存定义情况如图 5-19 所示。

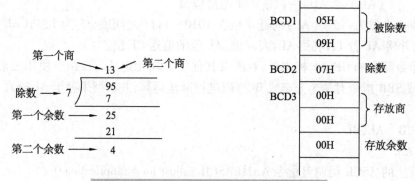

图 5-19 95/7 的除法运算及内存定义情况

编制程序如下：

```
BCD1    DB 05H,09H      ;被除数,高位在高字节
BCD2    DB 07H          ;除数
BDC3    DB 0,0,0        ;用于存放结果商和余数
……
        MOV     AL,BCD1+1   ;被除数高位 09 送入 AL
        MOV     AH,0        ;AH 清零
        MOV     BL,BCD2     ;除数 07 送入 BL
        DIV     BL          ;除运算,因(AX)已满足格式要求所以不必调整
                            ;(AX)/(BL)→(AL)=01,(AH)=02
        MOV     BCD3+1,AL   ;保存商的高位 01 至 BCD3+1 单元
```

MOV	AL,BCD1		;被除数低位 05 送入 AL,(AX)=0205
AAD			;调整,(AL)=(AH)×10+(AL)=25D,(AH)=0
DIV	BL		;除运算,(AX)/(BL)→(AL)=03,(AH)=04
MOV	BCD3,AL		;保存商的低位 03 至 BCD3 单元
MOV	BCD3+2,AH		;保存余数 04 到 BCD3+2 单元

运算结果商为 0103H,即 13 的分离式 BCD 码;余数为 04H,即 4 的分离式 BCD 码,结果正确。

5.3.3 逻辑运算与移位类指令

逻辑运算和移位指令均属逻辑操作类指令,如表 5-4 所示。

1. 逻辑运算类指令

逻辑运算类指令是按位操作的指令,8086/8088 系统提供"与"、"或"、"非"和"异或"等运算指令。

表 5-4 逻辑运算与移位类指令

分类	指令名称	指令格式
逻辑运算	与运算指令	AND DST, SRC
	或运算指令	OR DST, SRC
	非运算指令	NOT DST
	异或运算指令	XOR DST, SRC
	测试指令	TEST OPR1, OPR2
逻辑和算术移位	逻辑左移指令	SHL DST, CNT
	算术左移指令	SAL DST, CNT
	逻辑右移指令	SHR DST, CNT
	算术右移指令	SAR DST, CNT
循环移位	循环左移指令	ROL DST, CNT
	循环右移指令	ROR DST, CNT
	带进位的循环左移指令	RCL DST, CNT
	带进位的循环右移指令	RCR DST, CNT

注:CNT 为移位次数(位数)为 1 或 CL。

(1) 与运算指令 AND(And)

指令格式:AND DST,SRC

操作功能:(DST)←(DST)∧(SRC)

(2) 或运算指令 OR(Or)

指令格式:OR DST,SRC

操作功能:(DST)←(DST)∨(SRC)

(3) 非运算指令 NOT(Not)

指令格式：NOT　DST

操作功能：(DST)←($\overline{DST}$)

(4) 异或运算指令 XOR(Exclusive Or)

指令格式：XOR　DST,SRC

操作功能：(DST)←(DST)⊕(SRC)

(5) 测试指令 TEST(Test)

指令格式：TEST　OPR1,OPR2

操作功能：(OPR1)∧(OPR2)

操作数 1 和操作数 2 相与，不保存运算结果，即不改变参与运算的任何一个操作数，但可根据结果影响标志位。

以上 5 条指令中，单操作数指令 NOT 不可使用立即数，其他指令中操作数的寻址方式与 MOV 及 ADD 等指令相同。NOT 指令不影响标志位，其他指令使 OF、CF 置 0，AF 无定义，SF、ZF 和 PF 根据运算结果而定。

因为逻辑运算是按位进行的，所以对操作数的某些位的处理很有用，常见的有以下几种情形：

① 使操作数的某些位置 1，可以用 OR 指令实现。例如，将(CL)的第 4 位置 1，其余位不变：

　　　OR　CL,10H

```
        **** ****    (CL)任意
   OR   0001 0000    与立即数 10H 相或
        ***1 ****    (CL)第 4 位为 1,其余位不变
```

② 屏蔽掉操作数的某些位(使某些位置 0)，可以用 AND 指令实现。例如，屏蔽掉(AL)的第 0 位和第 1 位，其余位不变：

　　　AND　AL,0FCH

```
        **** ****    (AL)任意
   AND  1111 1100    与立即数 0FCH 相与
        **** **00    (AL)第 0、1 位为 0,其余位不变
```

③ 使操作数的某些位变反，可以用 XOR 指令实现。例如，将(AH)的低 4 位变反，其余位不变：

　　　XOR　AH,0FH

```
        1011 0110    (AH)设原为 0B6H
   XOR  0000 1111    与立即数 0FH 相异或
        1011 1001    (AH)高 4 位不变,低 4 位变反
```

④ 测试操作数的某些位是否为 0(或是否为 1)，但不改变操作数内容，可以用 TEST 指令实现。例如，测试(AL)的第 1 位是否为 0(或为 1)：

　　　TEST　AL,02H

```
        **** ****    (AL)任意
   TEST 0000 0010    与立即数 02H 相与
        0000 00*0    (AL)是否为 0,取决于第 1 位是否为 0
```

运算后只要根据 ZF 标志来判别测试结果，若 ZF＝1，则被测试位为 0；若 ZF＝0，则被测

试位不为 0。

2. 移位类指令

这类指令主要用于将操作数的二进制位按位向左或者向右移动一位或若干位,总共有八条指令。

(1) 逻辑左移指令 SHL(Shift Logical Left)

指令格式:SHL　DST,CNT

操作功能:如图 5-20(a)所示。各位依次左移,最高位移至 CF 中,最低位以 0 补充。

目的操作数 DST 可采用除立即数以外的任一种寻址方式,并可以是字节或字操作。CNT 为移位的位数,当 CNT 为 1 时,可以使用立即数;当 CNT 大于 1 时,则必须由 CL 寄存器来指示移位的位数。例如:

　　SHL　　AX,1　　　　　;将 AX 中的内容向左移动 1 位
　　MOV　　CL,3
　　SHL　　DX,CL　　　　;将 DX 中的内容向左移动 3 位

有关 DST 寻址方式和 CNT 使用方法的规定,对后述几条移位指令同样适用。

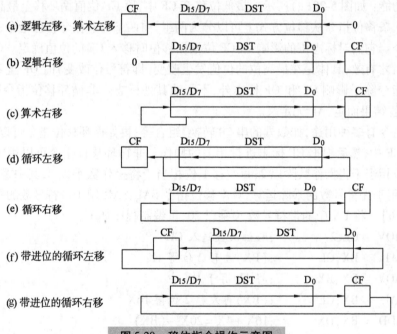

图 5-20　移位指令操作示意图

(2) 算术左移指令 SAL(Shift Arithmetic Left)

指令格式:SAL　DST,CNT

操作功能:与 SHL 完全相同。

(3) 逻辑右移指令 SHR(Shift Logical Right)

指令格式:SHR　DST,CNT

操作功能:如图 5-20(b)所示。各位依次右移,最低位移至 CF 中,最高位以 0 补充。

(4) 算术右移指令 SAR(Shift Arithmetic Right)

指令格式:SAR　DST,CNT

操作功能：如图 5-20(c)所示。各位依次右移，最低位移至 CF 中，最高位在右移的同时以原最高位的值补充至新的最高位。

(5) 循环左移指令 ROL(Rotate Left)

指令格式：ROL　DST,CNT

操作功能：如图 5-20(d)所示。最高位移至 CF 中，同时也循环移动至最低位。

(6) 循环右移指令 ROR(Rotate Right)

指令格式：ROR　DST,CNT

操作功能：如图 5-20(e)所示。最低位移至 CF 中，同时也循环移动至最高位。

(7) 带进位循环左移指令 RCL(Rotate Left through Carry)

指令格式：ROL　DST,CNT

操作功能：如图 5-20(f)所示。最高位移至 CF 中，原 CF 位值循环移至最低位，即把 CF 置入移位循环体中。

(8) 带进位循环右移指令 RCR(Rotate Right through Carry)

指令格式：ROR　DST,CNT

操作功能：如图 5-20(g)所示。最低位移至 CF 中，原 CF 位值循环移至最高位。

以上八条移位指令从移位方式上可以分为两组，前四条为非循环移位指令；后四条为循环移位指令。它们对标志位的影响是：CF 位根据移位时移入 CF 的位值确定。OF 位只有当 CNT 为 1 时才有效，具体是在最高位的位值发生改变（即符号位改变）时 OF 置 1；否则置 0。循环移位指令除了影响 CF 和 OF 标志外，不影响其他标志。非循环移位指令中 SF、ZF 和 PF 根据移位结果而定，AF 无定义。

移位指令有多种用途，如数据的串/并转换、组合等；再如循环移位指令可以将某个特定的位移到 CF 中，然后根据 CF 标志进行相关的操作。非循环移位指令可以用于乘除运算，每右移 1 位相当于将操作数除以 2；每左移 1 位相当于将操作数乘以 2，其中逻辑移位指令 SHL、SHR 用于无符号数的乘除运算，算术移位指令 SAL、SAR 用于带符号数的乘除运算。

【例 5-6】 将 BX 中的带符号数 X 乘以 20，可编制程序如下：

```
    MOV    CL,2        ;移位次数送入 CL
    SAL    BX,CL       ;(BX)左移 2 位得 4X
    MOV    DX,BX       ;将 4X 存于 DX 中
    SAL    BX,CL       ;(BX)再左移 2 位得 16X
    ADD    BX,DX       ;16X+4X=20X→(BX)
```

5.3.4　串操作类指令

串操作指令，简称串指令，就是可以用一条指令实现对一串（组）数据或字符进行操作的指令。要完成串操作，还必须在基本串操作指令语句中加上重复前缀来配合。重复前缀和基本串操作指令如表 5-5 所示。

表 5-5 串处理类指令

分　　类	指令名称	指令格式
基本串操作	字节串传送指令	MOVSB 或 MOVS ES:BYTE PTR[DI], DS:[SI]
	字串传送指令	MOVSW 或 MOVS ES:WORD PTR[DI], DS:[SI]
	字节串存储指令	STOSB 或 STOS ES:BYTE PTR[DI]
	字串存储指令	STOSW 或 STOS ES:WORD PTR[DI]
	从串中取字节指令	LODSB 或 LODS DS:BYTE PTR[SI]
	从串中取字指令	LODSW 或 LODS DS:WORD PTR[SI]
	字节串扫描指令	SCASB 或 SCAS ES:BYTE PTR[DI]
	字串扫描指令	SCASW 或 SCAS ES:WORD PTR[DI]
	字节串比较指令	CMPSB 或 CMPS ES:BYTE PTR[DI], DS:[SI]
	字串比较	CMPSW 或 CMPS ES:WORD PTR[DI], DS:[SI]
重复前缀	重复	REP
	相等/为零时重复	REPE/REPZ
	不相等/不为零时重复	REPNE/REPNZ

1. 重复前缀

重复前缀本身并不是指令,而是用在指令语句中让串指令根据一定的条件重复运行的附加操作符号。重复前缀主要有 REP、REPE/REPZ、REPNE/REPNZ 三种形式。

(1) 重复 REP(Repeat)

使用格式:REP 〈基本串操作指令〉

例如:REP MOVSB

功能及执行过程:

① 先判别(CX),若(CX)=0,则退出本条指令,执行下一条指令;否则进入下一步。

② (CX)←(CX)-1。

③ 执行后面的基本串操作指令。

④ 重复①。

REP 的功能流程如图 5-21 所示。

显然,REP 有使(CX)自动递减的功能,并以(CX)是否为 0 作为是否继续重复执行串指令的惟一依据。所以,在执行带有重复前缀的串操作指令前,必须先将预定的重复次数送入 CX 寄存器。

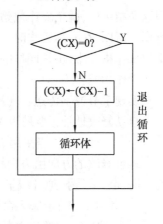

图 5-21 REP 的运行流程

(2) 相等/为零时重复 REPE/REPZ(Repeat while Equal/Zero)

使用格式:REPE 〈基本串操作指令〉或者 REPZ 〈基本串操作指令〉

两数相等或者说两数相减为 0 时重复,所以 REPE 和 REPZ 是等效的,它们的判别依据是 ZF=1,具体过程为:

① 先判别(CX)和 ZF 标志,若(CX)=0 或者 ZF=0(不相等)则退出本条指令,执行下

一条指令;否则进入下一步。

② (CX)←(CX)-1。

③ 执行后面的基本串操作指令。

④ 重复①。

显然,重复操作的过程可能在(CX)尚未为零时提前结束。

(3) 不相等/不为零时重复 REPNE/REPNZ(Repeat while not Equal/not Zero)

使用格式和执行过程与 REPE 相似,只是它的退出条件是(CX)=0 或者 ZF=1。

2. 基本串操作指令

串操作指令是指令系统中惟一的一组允许 DST 和 SRC 都在存储单元中的指令,并且在执行串操作指令时会自动修改操作数地址。对存放于存储器中的串操作数的寻址有如下特点:源串的偏移地址必须用源变址寄存器 SI 来指示,段地址在 DS 中;目的串的偏移地址必须用目的变址寄存器 DI 来指示,段地址在 ES 中。对于源串的段地址,可以用段前缀来改变;而对于目的串的段地址,只能在 ES 中,不允许改变。

(1) 串传送指令 MOVS(Move String)

指令格式 1: MOVSB　　　（字节传送）

指令格式 2: MOVSW　　　（字传送）

指令格式 3: MOVS　DST,SRC

对于指令格式 1 和 2,明确指定为字节或字传送,指令中不需要给出操作数,其操作数是隐含的;而指令格式 3 中要指出目的操作数和源操作数,并要使用属性操作符说明操作数类型属性。例如:

　　　MOVS　ES:BYTE PTR[DI],DS:[SI]

但这条指令中,两个操作数是不允许使用其他寻址方式的,它只是提供给汇编程序作类型检查用。所以,在实际编程时,一般只要用指令格式 1 或 2 就可以了。对于后面介绍的其他基本串操作指令中,也是同样的道理。

操作功能:

实现字节或字传送:((ES):(DI))←((DS):(SI))

自动修改地址: 当采用 MOVSB 时(SI)←(SI)±1 , (DI)←(DI)±1

　　　　　　　当采用 MOVSW 时 (SI)←(SI)±2 , (DI)←(DI)±2

地址修改的方向由方向标志 DF 决定,当 DF 为 0 时,上式中取"+"号,地址增量;在 DF 为 1 时,取"-"号,地址减量。DF 可以用如下指令进行设置:

　　CLD　　;清除方向标志(Clear DF),该指令使 DF=0

　　STD　　;置位方向标志(Set DF),该指令使 DF=1

串传送指令可以把数据段中由(SI)所指向的单元中的 1 个字节或字传送到附加段中由(DI)指向的单元中去,然后根据方向标志和数据类型属性对(SI)和(DI)自动进行修正,以便进行下一个数据的传送。当它与重复前缀 REP 配合使用时,便可将一串数据(一个数组或字符串)从内存中的一个区域中传送到另一个区域中。指令不影响标志位。

【例 5-7】 将数据段中首地址为 DATA1 的一个长度为 20 字节的字符串传送到附加段中首地址为 DATA2 的缓冲区中。指令序列如下:

　　CLD　　　　　　　　　　　　　;设定方向标志,使 DF=0

```
        LEA   SI,DATA1          ;源串的首地址送到源变址寄存器 SI
        LEA   DI,DATA2          ;目的串的首地址送到目的变址寄存器 DI
        MOV   CX,20             ;串长度送到 CX 寄存器
        REP   MOVSB             ;实现字符串传送
```

假如要使目的串和源串在同一段中,可以将(ES)和(DS)设成相同的值,即附加段和数据段成为同一个段。该例中串传送的示意图如图 5-22 所示。

上例中串传送的顺序是从低地址单元开始传送,也可以从高地址单元开始传送,只需将 CLD 改成 STD,将源串和目的串的首地址改成末地址即可,传送结果一样。

在进行数据串传送时,有些情况下必须注意传送顺序问题,如果目的串与源串在地址上不重叠,则两种顺序都可以使用,如上例的情况;如果目的串的上部与源串的下部出现部分重叠,则应采用从末地址开始传送,并设置 DF=1;如果目的串的下部与源串的上部出现部分重叠,则应采用从首地址开始传送,并设置 DF=0。这三种传送方向的示意图如图 5-23 所示。

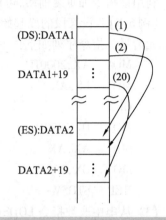

图 5-22　例 5-7 程序执行情况

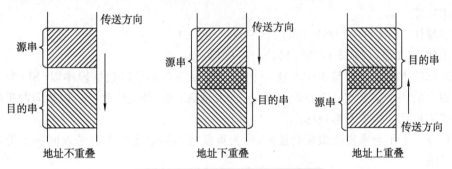

图 5-23　串传送方向选择示意图

在执行串传送指令前需做的准备工作可以归纳如下:

① 将源串的首地址(或末地址)送入 SI 寄存器。

② 将目的串的首地址(或末地址)送入 DI 寄存器。

③ 把串的长度(用 MOVSB 时为字节数,用 MOVSW 时为字数)送入 CX 寄存器。

④ 建立好方向标志 DF:如从首地址开始传送时,用 CLD 使 DF=0,地址自动增量;如从末地址开始传送时,用 STD 使 DF=1,地址自动减量。

(2) 串存储指令 STOS(Store String)

指令格式 1: STOSB　　（字节操作）

指令格式 2: STOSW　　（字操作）

指令格式 3: STOS　DST

操作功能:

字节操作:((ES):(DI))←(AL),(DI)←(DI)±1

字操作:((ES):(DI))←(AX),(DI)←(DI)±2

地址修改方向的规定与 MOVS 指令相同。指令的功能是将 AL 中的一个字节或 AX 中的一个字存放到附加段中以(DI)为偏移地址的目的串中,同时修改(DI)以指向目的串的下一个字节或字单元。指令不影响标志位。

利用该指令加重复前缀,可以对存储器的一个区域设置相同的值。

【例5-8】 设某段的段起始地址为2000H,要求将该段中偏移地址为1800H 开始的512个单元清零。指令序列如下:

```
    MOV   AX,2000H
    MOV   ES,AX           ;将段地址送入 ES
    CLD                    ;设定方向标志,使 DF=0
    MOV   DI,1800H        ;偏移地址送入目的变址寄存器 DI
    SUB   AX,AX           ;使(AX)=0
    MOV   CX,256          ;设定重复次数,512 个单元即为 256 字
    REP   STOSW           ;重复 256 次将 256 个字单元清零
```

(3) 从串中取数指令 LODS(Load String)

指令格式1: LODSB　　(字节操作)

指令格式2: LODSW　　(字操作)

指令格式3: LODS　SRC

操作功能:

字节操作: (AL)←((DS):(SI)),(SI)←(SI)±1

字操作: (AX)←((DS):(SI)),(SI)←(SI)±2

地址修改方向的规定与 MOVS 指令相同。指令的意义是将数据段中以(SI)为偏移地址的源串中的一个字节或一个字取出来送入 AL 或 AX 中,并且修改(SI)以指向源串的下一个字节或字单元。指令不影响标志位。

该指令一般不与重复前缀配合使用,因为重复将不同单元的内容送入同一个寄存器是没有意义的。

(4) 串扫描指令 SCAS(Scan String)

指令格式1: SCASB　　(字节操作)

指令格式2: SCASW　　(字操作)

指令格式3: SCAS　DST

操作功能:

字节操作: (AL) - ((ES):(DI)),(DI)←(DI)±1

字操作: (AX) - ((ES):(DI)),(DI)←(DI)±2

该指令的功能是将 AL 或 AX 中的内容与目的串中的一个字节或字进行比较(相减),但不保留结果,只根据结果影响标志位,并且修改(DI)以指向目的串中的下一个字节或字单元。指令影响标志位 OF、SF、ZF、AF、PF、CF。

指令与重复前缀 REPNE/REPNZ 配合使用可以用来在目的串中搜索一个与(AL)匹配的字符,或与 REPE/REPZ 配合检查某一数据块中所有单元的内容是否完全相同。

【例5-9】 在附加段中以偏移地址 400H 开始的长度为 100 个字节的字符串中查找字符"$",如果找到该字符,则将该字符所在单元的偏移地址送 BX 寄存器;否则将 BX 寄存

器清零。

```
        MOV     DI,0400H        ;字符串的偏移地址送 DI
        MOV     AL,'$'          ;查找的关键字符送入 AL
        MOV     CX,100          ;串长度送 CX
        CLD                     ;置 DF=0
        REPNE   SCASB           ;在串中查找与(AL)相同的字符,找到即退出
        JNZ     CLR             ;如未找到即跳转到 CLR 标号处
        DEC     DI              ;地址减 1,使其指向匹配字符所在单元
        MOV     BX,DI           ;地址送 BX
        JMP     EXIT            ;跳转到标号 EXIT
    CLR: MOV    BX,0            ;未找到,将 BX 清零
    EXIT: HLT                   ;停机
```

(5) 串比较指令 CMPS(Compare String)

指令格式 1：CMPSB　　　　　　(字节操作)

指令格式 2：CMPSW　　　　　　(字操作)

指令格式 3：CMPS　DST,SRC

操作功能：

字节或字相减：((DS):(SI))-((ES):(DI))

自动修改地址：当字节比较时(SI)←(SI)±1,(DI)←(DI)±1

当字比较时　(SI)←(SI)±2 ,(DI)←(DI)±2

指令的功能是用(DS)段源串中的一个字节或一个字减去(ES)段目的串中的一个字节或一个字,但不保留结果,仅根据结果影响标志位以指示两数是否相等。地址修改的规则与 MOVS 指令相同。指令影响标志位 OF、SF、ZF、AF、PF、CF。

CMPS 指令与重复前缀 REPE/REPZ 配合使用常可以用来检验两个数据块是否完全相同,或与 REPNE/REPNZ 配合使用来检查两个不同的数据块中有否相同的地方。

【例 5-10】　在段地址为 5000H 的内存区域中,有两个长度相同均为 1k 字节的数据块 DATA1 和 DATA2,检查这两数据块是否相同。如有不同,则将发现的第一个不同处对应两单元中的内容分别送 AL 和 AH 中;否则令 AL 和 AH 为 0。

```
        MOV     AX,5000H
        MOV     DS,AX           ;将段地址送 DS
        MOV     ES,AX           ;将段地址送 ES,使(ES)=(DS)
        LEA     SI,DATA1        ;DATA1 的首地址送 SI
        LEA     DI,DATA2        ;DATA2 的首地址送 DI
        CLD                     ;设定方向标志
        MOV     CX,400H         ;串长度送 CX
        REPE    CMPSB           ;串比较
        JZ      SAM             ;如完全相同则跳转至标号 SAM
        DEC     SI              ;指向第一个不相同的单元地址
        DEC     DI
```

```
            MOV   AL,[SI]        ;保存 DATA1 中第一个不相同的字节内容
            MOV   AH,[DI]        ;保存 DATA2 中第一个不相同的字节内容
            JMP   STOP           ;跳转至 STOP
    SAM：   MOV   AX,0           ;两串完全相同，AX 清零
    STOP：  HLT                  ;停机
```

5.3.5 控制转移类指令

控制转移类指令就是能够改变程序执行顺序的指令，主要包括无条件和条件转移、循环、子程序调用与返回、中断等指令，如表 5-6 所示。

表 5-6 控制转移类指令

分类		指令名称	指令格式	测试条件
无条件转移		无条件转移指令	JMP DST	—
条件转移	无符号数	高于/不低于或等于时转移	JA/JNBE ADDR	CF=0 且 ZF=0
		高于或等于/不低于时转移	JAE/JNB ADDR	CF=0 或 ZF=1
		低于/不高于或等于时转移	JB/JNAE ADDR	CF=1 且 ZF=0
		低于或等于/不高于时转移	JBE/JNA ADDR	CF=1 或 ZF=1
	带符号数	大于/不小于或等于时转移	JG/JNLE ADDR	ZF=0 且 OF⊕SF=0
		大于或等于/不小于时转移	JGE/JNL ADDR	ZF=1 或 OF⊕SF=0
		小于/不大于或等于时转移	JL/JNGE ADDR	ZF=0 且 OF⊕SF=1
		小于或等于/不大于时转移	JLE/JNG ADDR	ZF=1 或 OF⊕SF=1
	单标志	相等/结果为零时转移	JE/JZ ADDR	ZF=1
		不相等/结果不为零时转移	JNE/JNZ ADDR	ZF=0
		结果为负时转移	JS ADDR	SF=1
		结果为正时转移	JNS ADDR	SF=0
		溢出时转移	JO ADDR	OF=1
		不溢出时转移	JNO ADDR	OF=0
		有进位时转移	JC ADDR	CF=1
		无进位时转移	JNC ADDR	CF=0
		奇偶为 1 时转移	JP/JPE ADDR	PF=1
		奇偶为 0 时转移	JNP/JPO ADDR	PF=0
	(CX)	CX 寄存器的内容为零时转移	JCXZ ADDR	(CX)=0
循环控制		基本循环	LOOP ADDR	—
		相等/结果为零时循环	LOOPE/LOOPZ ADDR	
		不相等/结果不为零时循环	LOOPNE/LOOPNZ ADDR	

续表

分 类	指令名称	指令格式	测试条件
子程序调用和返回	调用子程序指令	CALL DST	—
	子程序返回指令	RET	
中断及返回	中断指令	INT TYPE	—
	溢出时中断指令	INTO	
	中断返回指令	IRET	

在前面相关章节中讨论了操作数的寻址方式，本节中控制转移类指令涉及的则是程序指令的寻址方式，或者说指令地址的寻址方式。在计算机内部，指令是按程序书写顺序并按地址由低到高依次存放于内存单元中。指令地址包括段地址和偏移地址，分别由代码段寄存器 CS 和指令指针寄存器 IP 指示，(IP)始终指向当前执行指令的下一条指令的起始偏移地址。指令寻址主要有顺序寻址和转移寻址两种，顺序寻址就是程序完全按指令在内存中的存放顺序逐条执行，而转移寻址就是改变指令的执行顺序，使程序转移到指定的地址去执行指令。这里主要讨论转移寻址方式。

1. 无条件转移指令及转移地址的寻址方式

（1）无条件转移指令 JMP(Jump)

指令格式：JMP ADDR

操作功能：无条件地转移（跳转）到该指令中 ADDR 指定的地址去执行从该地址开始的指令，这个地址就是目标指令地址，也称为转移地址。

在转移指令中可以用多种不同的形式给出转移地址，这就是转移地址的寻址方式。

（2）转移地址的寻址方式

只要改变 IP 的值或同时改变 IP 和 CS 的值，即可实现程序的转移。

① 段内转移和段间转移。

段内转移是指目标指令地址和当前指令地址在同一代码段中，所以只需要改变 IP 的值即可实现转移。段内转移又称为近转移，在转移指令中用属性符 NEAR PTR 加以说明。例如：

JMP NEAR PTR LLP

LLP 为目标指令的符号地址，通常是该指令的标号。如果目标指令地址与当前 IP 的值（当前下一条指令地址）之差在 −128 ～ +127 范围内，又称段内短转移，可以用属性符 SHORT PTR 加以说明。当指令中不加属性符时，则默认是短转移。例如：

JMP LLP

当目标指令地址不在当前代码段内时，这种转移为段间转移。在执行段间转移时，要同时改变 CS 和 IP 的值，即把目标指令所在段的段地址和指令在该段中的偏移地址分别送入 CS 和 IP。段间转移又称远转移，在转移指令中应用属性符 FAR PTR 加以说明。例如：

JMP FAR PTR PRO2

指令中 PRO2 为目标指令的符号地址（标号），属性符 FAR PTR 不可省略。

② 直接转移和间接转移。

不论是段内转移还是段间转移,都有直接转移和间接转移之分。直接转移方式是目标指令地址信息直接在转移指令中给出,该信息一般为目标指令的符号地址,如前面三条转移指令举例都属直接转移。

间接转移方式是目标指令地址信息在寄存器或内存单元中,转移指令中用操作数寻址方式间接取得目标指令地址。例如:

  JMP BX

BX 寄存器中的 16 位数就是所需的目标指令的有效地址。因为地址在寄存器中,只能是 16 位的,所以这种方式只能实现段内转移。再如:

  JMP DWORD PTR[BX]

DWORD PTR 为双字属性操作符,操作数寻址方式为寄存器间接寻址,该指令将数据段中以(BX)为有效地址的连续四个单元中的内容作为目标指令地址,且前两个单元送 IP、后两个单元送 CS 以取代原来的 IP 和 CS 值,因此能实现段间转移。

③ 相对转移和绝对转移

这是指转移地址的计算方法。相对转移是以当前(IP)值加上与转移地址之间的位移量表示的,该位移量可能是正数也可能是负数,亦即在当前下一条指令的地址上向前或向后跳过若干个地址以实现转移,位移量的计算是由转移指令自动完成的。所以无论该程序在内存中哪个区域运行,这种相对的地址差不会改变,因而是一种最常用的转移方法,可用于条件转移和无条件转移。这种相对转移的示意图如图 5-24 所示。所有段内直接转移均属相对转移。

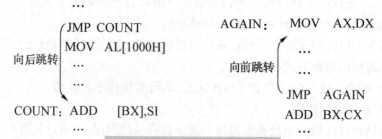

图 5-24 段内相对转移示意图

绝对转移又称为固定寻址,它是以新的绝对地址值代替当前(IP)或(IP)和(CS),新的地址值与当前地址值无关。所有段内间接转移和段间转移都属绝对转移。

2. 条件转移指令

满足某种条件才执行转移,否则就不执行转移而按顺序执行下一条指令,这种转移方式称为条件转移。是否满足条件的判别依据是标志位的状态,称为测试条件,它是由上一条影响标志位的指令设置的。

指令格式:〈条件转移关键字〉〈目标标号〉

操作功能:根据关键字所对应的测试条件进行判别,若满足条件,就跳转到目标标号所指定的地址开始执行指令;否则往下顺序执行指令。例如:

  JNZ NEXT

其意义是如果前一条指令的运算结果不等于 0,程序就实现转移(Jump if not Zero)。从标号为 NEXT 的指令开始执行,它的测试条件是标志位 ZF,如果 ZF=0,则为满足转移条件;

ZF=1,则为不满足转移条件。各种条件转移指令的形式如表 5-6 所示。

不同的条件转移指令具有不同的测试条件,有的只需单个标志,有的则需要多个标志。对于单标志、无符号数运算标志和位条件标志的测试条件比较容易理解,而对于带符号数的测试条件就相对复杂一些。下面我们来分析这种测试条件的设置原理,设有 A 和 B 两个带符号数进行比较(减法运算 A−B),比较结果与标志位的设置情况如下:

(1) 当 A<B 时,有以下 4 种情况:
- 若 A 为正、B 为正,则结果必为负,且不溢出,影响标志位: SF=1,OF=0。
- 若 A 为负、B 为正,则结果可能为负,不溢出,影响标志位: SF=1,OF=0。
- 若 A 为负、B 为正,则结果可能变为正,溢出,影响标志位: SF=0,OF=1。
- 若 A 为负、B 为负,则结果必为负,且不溢出,影响标志位: SF=1,OF=0。

以上 4 种情况对 ZF 的设置总是为 0(结果不为 0)。当 A<B 时,比较结果总是使 SF 和 OF 相异,所以指令 JL 的测试条件为 SF ⊕ OF=1 且 ZF=0。

(2) 当 A≤B 时,即 A<B 或者 A=B,根据 A<B 的情况,显然有 SF ⊕ OF=1 或 ZF=1。

(3) 当 A>B 时,其对标志位的设置应和 A≤B 相反,所以有 SF ⊕ OF=0 且 ZF=0。

(4) 当 A≥B 时,其对标志位的设置应和 A<B 相反,所以有 SF ⊕ OF=0 或 ZF=1。

条件转移指令使用的是相对转移,并且属段内短转移,因此,目标指令标号与当前(IP)的差值应在 −128 ~ +127 范围内。若要超出以上范围,可以采用两级跳转的方法来实现,如图 5-25 所示。条件转移指令本身不影响标志位。

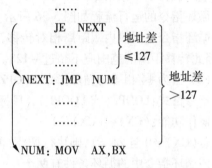

图 5-25 扩大转移范围的方法

【例 5-11】 内存中有一个首地址为 RESU 的数组,里面存放着 70 个学生某门课程的成绩,满分为 100 分,60 分为及格。要求统计及格和不及格的人数分别存入 BH 和 BL 寄存器中。

程序段如下:

```
         MOV   AL,60          ;及格标准送 AL
         MOV   BX,0           ;人数统计清零
         MOV   CX,70          ;总人数送 CX 作循环计数
         LEA   SI,RESU        ;数组首地址送 SI
AGAIN:   CMP   [SI],AL        ;分数判别
         JL    FAIL           ;<60 分则转移到 FAIL
         INC   BH             ;及格数加 1
         JMP   NEXT           ;跳转到 NEXT
FAIL:    INC   BL             ;不及格人数加 1
NEXT:    INC   SI             ;修改地址,使地址加 1
         DEC   CX             ;计数减 1
```

```
        JNZ     AGAIN           ;若(CX)≠0,跳转到 AGAIN 进行循环
        HLT
```

3. 循环控制指令

循环控制指令的功能是使某一程序段循环运行多次。例 5-11 实际上也是一个循环结构的程序段,其中利用 CX 寄存器作为循环次数的控制,在进入循环前先将确定的循环次数送入 CX,利用 JNZ 条件转移指令实现循环功能,每循环一次就将循环次数减 1,直到(CX) =0 循环结束。

在 8086/8088 指令系统中有专用的循环指令,可以使循环程序的设计更加方便,循环指令共有三条。

(1) 基本循环指令 LOOP(Loop)

指令格式:LOOP 〈目标指令标号〉

操作功能:(CX)←(CX) -1

若(CX)≠0,则执行循环,跳回到指定的标号去运行;否则按顺序执行下一条指令。

循环指令的运行流程如图 5-26 所示。

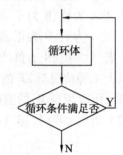

图 5-26 循环指令执行流程

循环指令也属段内短距离相对转移,并且总是向后跳转的,因此转移距离的范围应不超过 -128。

(2) 当为零/相等时循环指令 LOOPZ/LOOPE(Loop while Zero or Equal)

指令格式:LOOPZ(或 LOOPE)〈目标指令标号〉

操作功能:(CX)←(CX) -1

若(CX)≠0 且 ZF =1,则执行循环;否则顺序往下执行。

该循环指令中的循环条件有两个:一是计数寄存器(CX)不为 0;二是标志位 ZF,它是由前面一条能影响标志位的指令执行后设置的,这种循环有可能在(CX)未达到 0 时提前结束循环,条件是运算结果不为 0(两数不相等)。

(3) 当不为零/不相等时循环指令 LOOPNZ/LOOPNE(Loop while Nonzero or not Equal)

指令格式:LOOPNZ(或 LOOPNE)〈目标指令标号〉

操作功能:与上一条指令类似,而测试条件为(CX)≠0 且 ZF =0。

以上三条循环指令的循环计数都由计数寄存器 CX 来承担的,每执行一次循环时, (CX) -1 是由指令自动完成的,因此设计循环程序时,在进入循环体之前必须将最大循环次数送入 CX 寄存器。另外,还有一些初始化工作,如在循环中用于计数或累加的寄存器在进入循环之前需要清零,地址初值的设置等指令均应安排在循环体之前。

【例 5-12】 将例 5-11 改用循环指令编写的程序如下:

```
            MOV     AL,60
            MOV     BX,0
            MOV     CX,70
            LEA     SI,RESU
    AGAIN:  CMP     [SI],AL
            JL      FAIL
            INC     BH
```

```
            JMP    NEXT
    FAIL:   INC    BL
    NEXT:   INC    SI
            LOOP   AGAIN
            HLT
```

4. 子程序调用及返回

子程序(又称为过程),是独立于主程序以外的一段程序,子程序可以被主程序(又称调用程序)调用,子程序执行完后又会返回主程序断点地址处继续运行,子程序的调用和返回也是一种控制转移。子程序和主程序可以在同一段中,也可以不在同一段中,相应地,子程序的调用分为段内调用和段间调用两种。下面是子程序调用和返回指令的几种格式。

(1) 段内直接调用指令

指令格式:CALL 〈过程名〉

操作功能:(SP)←(SP)-2

$\qquad$ ((SP)+1,(SP))←(IP)

$\qquad$ (IP)←(IP)+D16

过程名即子程序名,它代表了子程序的入口地址。主程序在执行 CALL 指令时,第一步是先把当前(IP)压入堆栈进行保存,以作为子程序结束时返回主程序的返回地址;第二步是将子程序的入口地址(由过程名指示)送入 IP,使之转到子程序去执行,其中 D16 是返回地址与子程序入口偏移地址之间的位移量,汇编程序在对源程序汇编时会计算出这个位移量的值,从而确定子程序入口的偏移地址,这是一种相对寻址方式。在这种调用方式下,子程序的入口地址可以与主程序中的返回地址一起浮动,所以不管程序装在内存什么位置,都不会影响主程序对子程序的调用。因为是段内调用,所以不需保存也不会改变当前(CS)。

例如:

$\qquad$ CALL   SUB1

SUB1 是具有 NEAR 属性的过程名(子程序名)。子程序的属性是在编程时用伪指令进行定义的,有 NEAR 和 FAR 两种。当子程序和主程序在同一个逻辑段中时,可定义该子程序为 NEAR 属性,若子程序和主程序不在同一逻辑段中时应定义该子程序为 FAR 属性。

(2) 段间直接调用指令

指令格式: CALL   FAR   PTR 〈过程名〉

操作功能:(SP)←(SP)-2

$\qquad$ ((SP)+1,(SP))←(CS)

$\qquad$ (SP)←(SP)-2

$\qquad$ ((SP)+1,(SP))←(IP)

$\qquad$ (IP)←子程序第一条指令的有效地址

$\qquad$ (CS)←子程序的段地址

段间直接调用时指令中要加上属性操作符 FAR PTR,表示这是一种远程调用,在执行 CALL 指令时,第一步是先将当前代码段的段地址压入堆栈,再把当前(IP)值压入堆栈以保存好返回地址,然后将子程序的入口地址(过程名指示的段地址和偏移地址)分别送入 CS 和 IP,使之转到子程序去执行。这是一种直接寻址方式。例如:

　　　　CALL　FAR PTR SUB2

SUB2 是具有 FAR 属性的过程名(子程序名)。

(3) 段内间接调用指令

指令格式：CALL　DST

操作功能：(SP)←(SP)-2
　　　　　((SP)+1,(SP))←(IP)
　　　　　(IP)←(EA)

DST 是用操作数的寻址方式得到的有效地址,指令把当前的(IP)压入堆栈后,再把 EA 指示的连续两个单元中的一个字作为子程序入口的偏移地址送入 IP。功能与转移指令中的间接转移类似。例如：

　　　　CALL　WORD PTR[BX]

WORD　PTR 为字属性操作符。

(4) 段间间接调用指令

指令格式：CALL　DST

操作功能：(SP)←(SP)-2
　　　　　((SP)+1,(SP))←(CS)
　　　　　(SP)←(SP)-2
　　　　　((SP)+1,(SP))←(IP)
　　　　　(IP)←(EA)
　　　　　(CS)←(EA+2)

DST 的含义与段内间接调用相同,不同的是：指令把(IP)和(CS)压入堆栈后,再把 EA 指示的连续四个单元中的内容作为子程序入口的偏移地址和段地址分别送入 IP 和 CS 中。这是一种双字操作的指令。例如：

　　　　CALL　DWORD PTR[BX]

DWORD　PTR 为双字属性操作符。

(5) 子程序返回指令

该指令应安排在子程序的末尾,当子程序运行完后便执行该指令以返回主程序,无论是采用哪一种调用,返回指令都具有相同的指令格式,只是在执行返回时会根据调用是属于段内或段间调用实现相应的返回操作。

指令格式：RET

操作功能：

① 若子程序是被段内调用的,执行的返回操作则为段间返回,操作顺序如下：
　　　　(IP)←((SP)+1,(SP))
　　　　(SP)←(SP)+2

② 若子程序是被段间调用的,执行的返回操作则为段间返回,操作顺序如下：
　　　　(IP)←((SP)+1,(SP))
　　　　(SP)←(SP)+2
　　　　(CS)←((SP)+1,(SP))
　　　　(SP)←(SP)+2

CALL 指令和 RET 指令不影响标志位。有关子程序的设计将在下一章中讨论。

5. 中断指令

中断(Interrupt)分为外部中断和内部中断。内部中断是 CPU 在执行指令时遇到数据溢出、除法的除数为 0 等情况,或者是执行到程序中安排的中断指令时产生的中断操作,也称为软中断。当 CPU 响应中断时,就暂停当前正在运行的程序而去执行相应的中断服务程序。每个中断服务程序的入口地址称为中断向量,中断向量存放在内存绝对地址为 00000H~003FFH 这 1k 个单元内,称为中断向量表。每个中断向量占用向量表的 4 个单元。每一种中断都有一个与之对应的中断类型号,根据中断类型号乘以 4 作为地址可以访问向量表的单元从而取得中断向量。在 8086/8088 系统中定义了很多与中断类型相应的功能,如类型 0 为除数为 0 时的中断,类型 4 为溢出时的中断,类型 20H 为程序结束中断,类型 21H 为系统功能调用的中断等。

与调用子程序类似,在执行中断时也要将返回地址保存到堆栈中,另外还要将当前标志寄存器 FR 的内容保存到堆栈中,以保证能全面地保护现场,因此在中断返回时除了要恢复(CS)和(IP)外,还要恢复(FR)。在指令系统中,有以下中断指令和中断返回指令:

(1) 中断指令 INT(Interrupt)

指令格式: INT 〈中断类型号〉

操作功能: (SP)←(SP)-2
　　　　　((SP)+1,(SP))←(FR)
　　　　　(SP)←(SP)-2
　　　　　((SP)+1,(SP))←(CS)
　　　　　(SP)←(SP)-2
　　　　　((SP)+1,(SP))←(IP)
　　　　　(IP)←(中断类型号×4)
　　　　　(CS)←(中断类型号×4+2)

从以上顺序可以看出,在执行 INT 指令时,先保存(FR);再保存(CS)、(IP),然后再将中断向量的低位字送(IP)、高位字送(CS)完成中断响应。

中断类型号可以是十六进制数或十进制数,也可以是常数表达式,但其值应不超过十进制数 255。

(2) 溢出时中断指令 INTO(Interrupt if Overflow)

指令格式: INTO

该指令的功能是执行类型号为 4 的中断操作。

(3) 中断返回指令 IRET(Return from Interrupt)

指令格式: IRET

操作功能: (IP)←((SP)+1,(SP))
　　　　　(SP)←(SP)+2
　　　　　(CS)←((SP)+1,(SP))
　　　　　(SP)←(SP)+2
　　　　　(FR)←((SP)+1,(SP))
　　　　　(SP)←(SP)+2

中断返回指令与子程序返回指令类似,安排在中断服务程序的末尾。该指令对标志位的影响根据从堆栈中恢复的 FR 值确定。

5.3.6 CPU 控制类指令

CPU 控制类指令主要用于针对 CPU 本身的一些功能控制,可以分为两类:一类是对标志寄存器 FR 中某些标志的置位或复位操作;另一类是对处理器工作的控制。这些指令如表 5-7 所示。

表 5-7 CPU 控制类指令

分 类	指令名称	指令格式
对标志位的操作	进位标志清零指令	CLC
	进位标志置 1 指令	STC
	进位标志求反指令	CMC
	方向标志清零指令	CLD
	方向标志置 1 指令	STD
	中断标志清零指令	CLI
	中断标志置 1 指令	STI
其他处理机指令	等待指令	WAIT
	空操作指令	NOP
	停机指令	HLT
	交权指令	ESC
	封锁指令	LOCK

1. 标志位操作指令

这一类指令共七条,可以对进位标志 CF、方向标志 DF、中断标志 IF 实现置位或复位,对 CF 取反等操作。由于指令功能简单明确,所以不再作讨论。

2. 处理器控制指令

(1) 空操作指令 NOP(No Operation)

指令格式:NOP

该指令不执行任何操作,也不影响标志位。因为其机器码占用内存 1 字节单元,所以在程序调试时可用此指令在其前后指令之间预留一些内存单元,以便将来用其他指令取代。

(2) 停机指令 HLT(Halt)

指令格式:HLT

该指令可使 CPU 暂停工作,当 CPU 接收到外部复位信号或中断请求信号时会退出暂停状态。

(3) 等待指令 WAIT(Wait)

指令格式:WAIT

该指令使 CPU 处于空转状态,同时 CPU 测试 $\overline{\text{TEST}}$ 引脚,当 $\overline{\text{TEST}}$ 引脚为高电平时,CPU

继续等待,且每隔 5 个时钟周期对 TEST 的状态进行一次测试,直到该引脚出现低电平时,CPU 退出等待,顺序执行下一条指令。

(4) 交权指令 ESC(Escape)

指令格式:ESC DATA,SRC

该指令适用于多处理器系统中 CPU 与外部处理器(如协处理器)配合工作。DATA 是一个 6 位立即数,由汇编程序将其编入指令的机器码中。SRC 指出一个存储单元,当执行 ESC 指令时,外部处理器便获取该操作码,并从总线取得单元中的操作数完成预定的操作。

(5) 封锁指令 LOCK(Lock)

指令格式:LOCK

该指令实际上是一种前缀,它可与其他指令配合使用。它使 CPU 在执行该指令时封锁总线,以禁止其他处理器使用总线直到与其配合的指令执行完为止。在多处理器系统中,该指令可以有效地避免有用的信息遭到破坏。

5.4 指令系统要点

本章主要介绍了 8086/8088 CPU 的指令系统,具体讨论了 8086/8088 指令的寻址方式和各种类型指令的格式和使用方法。

8086 和 8088 CPU 的内部的数据总线都是 16 位的,所以内部所有的寄存器都是 16 位的,而外部数据总线 8086 是 16 位、8088 则是 8 位的,但是它们的指令系统和指令的使用格式是完全相同的。

在本章中讨论的寻址方式主要是指指令对操作数的寻址方式,寻址方式就是指令获取操作数的途径。8086/8088 的寻址方式可以分为七种类型:立即数寻址、寄存器寻址、直接寻址、寄存器间接寻址、寄存器相对寻址、基址变址寻址和相对基址变址寻址。立即数寻址是指操作数就在指令中,寄存器寻址是指操作数就在 CPU 内部的寄存器中;在这两种寻址方式下,操作数不需要通过外部数据总线来传送,因而不需要执行总线周期,速度较快。后五种寻址方式的操作数都是在内存单元即存储器中,指令中直接或间接地给出存储单元的地址,所以这五种寻址方式从大的分类上来说都属于存储器寻址。在寄存器间接寻址方式中,如果用 BX 或 BP 作为间址寄存器,又可称为基址寻址;如果用 SI 或 DI 作为间址寄存器,则又可称为变址寻址。8086/8088 CPU 中可以用于指示存储器地址的寄存器有:分别用以指示代码段、数据段、附加段和堆栈段段地址的段寄存器 CS、DS、ES 和 SS;基址寄存器 BX 和 BP;变址寄存器 SI 和 DI;堆栈指针 SP 和指令指针 IP。可用于指示端口地址的寄存器是 DX。可用于存放数据的寄存器主要有:AX、BX、CX、DX、SI、DI、BP,其中 AX、BX、CX、DX 寄存器又可以拆分为 8 位的寄存器 AL、AH、BL、BH、CL、CH、DL、DH。

8086/8088 的指令系统可分为数据传送类指令、算术运算类指令、逻辑运算和移位类指令、串操作类指令、控制转移类指令和 CPU 控制类指令六大类。

数据传送类指令主要用于 CPU 内部寄存器与寄存器之间、CPU 与存储器之间和 CPU 与 I/O 端口之间传递数据或地址信息。通用数据传送指令 MOV 是使用最频繁的一种传送指令,可以进行字节或字操作,在使用时应注意以下几点:两个操作数的类型属性必须一致;

立即数和代码段寄存器 CS 不可用于目的操作数；两个操作数不可以全是存储单元，也不可以全是段寄存器；另外，立即数也不可以直接传送给段寄存器。这些规定同样适合于加减运算指令和逻辑运算指令。在 CPU 与 I/O 端口之间传送数据时，不可使用 MOV 指令，而应该使用专用的输入/输出指令 IN/OUT，并且 CPU 必须通过累加器 AX 或 AL 与端口交换数据，端口地址如果不超过 255(0FFH)，可以在指令中直接给出，也可以通过 DX 寄存器间接给出；如果超过 255，则必须由 DX 寄存器间接给出。除 SAHF 和 POPF 指令外，所有数据传送类指令都不影响标志位。

算术运算类指令主要实现操作数的加、减、乘、除运算和 BCD 码的调整。因为带符号数补码的加、减运算与无符号数是一样的，所以加减运算指令没有带符号数与不带符号数之分，但是在多位字或多字节运算时，最低位字的加、减运算分别要用 ADD 和 SUB 指令，高位字的加、减运算分用带进位、借位的指令 ADC 和 SBB。乘、除运算都是单操作数指令，并且分为带符号的乘、除指令 IMUL、IDIV 和不带符号的乘、除指令 MUL、DIV，在使用时必须注意选择，不能用错。在乘法运算中，如果是字节操作，被乘数必须在 AL 寄存器中，执行运算后的积为字在 AX 寄存器中；如果是字操作，被乘数必须在 AX 中，运算后的积为双字，高位字在 DX 中、低位字在 AX 中。在除法运算中，如果是字节操作，被除数必须是字并且在 AX 中，运算后的整数商在 AL 中、余数在 AH 中；如果是字操作，被除数必须是双字，并且高位字在 DX 中、低位字在 AX 中，运算后的整数商在 AX 中、余数在 DX 中。另外还要注意，由于除法运算中除数和商的字长(商)小于被除数字长，因此即使除数不为 0，也有可能导致除法结果溢出。可以在做除法之前先进行测试或进行预处理以避免除法溢出错误。算术运算指令运行后都会影响标志位，具体不同的指令对标志位的影响也是不同的。

逻辑运算指令是按位操作的指令，实现两个操作数对应位的与、或、非和异或运算，通过逻辑运算可以对操作数的某些位实现置 1、置 0、取反、比较等操作。移位指令可以将操作数向左或向右移动，共有 4 条左移指令和 4 条右移指令，它们分别有不同的移动特点。移位指令可使操作数的某些位改变位置，也可以将某个特定的位移至进位标志 CF 中，以便进行某些特别的处理。移位指令还可以用于简单的乘、除法运算。

串操作指令是指令系统中惟一的一组允许两个操作数都在存储单元中的指令，并且在每一次执行指令后会自动修改地址指针。这类指令是在基本串操作指令前加上重复前缀来实现用一条指令语句对数据串的处理，主要用于：将一组数据(如字符串)从内存中的一个缓冲区移动到另一个缓冲区；在某个字符串中查找某个特定的字符；将两长度相同的数据串进行比较，以找出相同或不相同的地方；对内存某缓冲区中所有单元赋以相同的值等。这类指令都有操作数隐含的字节操作指令和字操作指令，不论是字节还是字，凡是在寄存器中的操作数，其所在的寄存器必须是累加器 AL 或 AX；凡是在存储器中的操作数(如数据串)，对于源操作数来说，它必定在 DS 段中，并且由源变址寄存器 SI 来指示其偏移地址；对于目的操作数来说，它必定在 ES 段中，并且由目的变址寄存器指示其偏移地址。指令重复的最大次数由 CX 提供，每执行一次串指令，(CX)将自动减 1，并自动修改单元地址，地址修改的方向由方向标志 DF 来指示。

控制转移类指令主要用于改变程序的执行顺序，有无条件转移、条件转移、循环、子程序调用、中断等几种指令。无条件转移指令为 JMP，其转移的方式有段内和段间转移、近转移和短转移、直接转移和间接转移之分，一般在比较小的程序中，较常用的是段内直接短转移。

条件转移的转移依据是标志位的状态,称为测试条件,不同的条件转移指令有不同的测试条件,特别要注意的是在使用条件转移指令前,必须执行过对关键标志位(即测试条件)产生影响的操作指令,否则就不能实现正确的判断,条件转移都属于段内直接短转移。循环指令是能使某一程序段反复运行若干遍的指令,循环指令实现的也是一种段内直接短转移,循环工作体执行的最大遍数由 CX 寄存器指示,每执行一遍循环体,(CX)将自动减 1。调用子程序指令和子程序返回指令也是一种转移,程序在执行调用子程序指令时会自动保存返回地址至堆栈中,便于在子程序结束时能返回断点继续执行原来的程序。中断指令和中断返回指令与调用子程序的情况相似,不过它在保存断点地址的同时还会将当前标志寄存器 FR 的内容也压入堆栈,以便在中断返回时能完全恢复现场。

习 题 五

1. 分别指出下列指令中源操作数和目的操作数的寻址方式。
   (1) MOV　BX,1000H　　　　(2) MOV　BL,[BX]
   (3) MOV　BUF[BX],AX　　　(4) MOV　BX,[BP][SI]
   (5) MOV　[DI],DL　　　　　(6) MOV　AX,RESULT
   (7) MOV　[2000H],CX　　　 (8) MOV　AL,[BX+SI+50H]

2. 已知:(BX)=2000H,(SI)=120H,(DS)=1200H,(SS)=200H,(BP)=3000H,符号地址 VARE=1000H。试回答在以下各种寻址方式下操作数存放于何处。如果是在存储单元中,则计算单元的物理地址是什么。
   (1) 使用 BX 的寄存器寻址;
   (2) 立即数寻址;
   (3) 使用 BX 的寄存器相对寻址;
   (4) 直接寻址;
   (5) 使用 SI 的寄存器间接寻址;
   (6) 使用 BP 和 SI 的基址变址寻址;
   (7) 使用 BX 和 SI 的相对基址变址寻址。

3. 现有(DS)=2000H,(BX)=100H,(SI)=2H,(20100H)=12H,(20101H)=34H,(20102H)=56H,(20103H)=78H,(21200H)=2AH,(21201H)=4CH,(21202H)=0B7H,(21203H)=65H。试指出下列各条指令单独执行后累加器中的内容是什么。
   (1) MOV　AX,1200H　　　　(2) MOV　AX,BX
   (3) MOV　AX,[1200H]　　　 (4) MOV　AX,[BX]
   (5) MOV　AX,1100H[BX]　　 (6) MOV　AX,[BX][SI]
   (7) MOV　AX,1100H[BX][SI] (8) MOV　AL,[BX]

4. 指出下列指令的错误。
   (1) MOV　BL,AX　　　　　　(2) MOV　[BX],[BP+SI]
   (3) MOV　CS,AX　　　　　　(4) MOV　DS,1000H
   (5) MOV　BX,[SI][DI]　　　 (6) MOV　[2000H],10

5. 设当前数据段寄存器的内容为 1B00H,在数据段偏移地址为 2000H 开始的单元内,含有一个内容为 0FF10H 和 8000H 的指针,它们是一个 16 位变量的偏移地址和段地址,试写出把该变量装入 AX 的指令序列,并画出内存图。

6. 设当前(SP)=0100H,(AX)=2000H,(BX)=0B100H,回答下列问题并画出各自堆栈示意图。
   (1) 执行指令 PUSH   AX 后,(SP)为多少?
   (2) 再执行指令 PUSH   BX 和 POP   AX 后,(SP)为多少?

7. 要求从 85 号端口读入一个字节数据,然后到数据段首地址为 1000H 的表格中换取相应的数据码,再将该数据输出至 3000 号端口,试编写指令序列。

8. 试编写将某十进制数字转换成七段代码的程序段。设该十进制数字存储在名为 BCDKEY 的字节变量中,要求将转换的结果送入 RESULT 变量。十进制数字与相应七段代码的对应如表 5-8 所示。

表 5-8

十进制数字	0	1	2	3	4	5	6	7	8	9
七段代码	3FH	06H	5BH	4FH	66H	6DH	7DH	07H	7FH	6FH

9. 根据以下要求编写相应的指令:
   (1) 将 AX 寄存器和 BX 寄存器的内容相加,结果存入 BX 寄存器。
   (2) 用增量指令使采用 BX 寄存器间接寻址的单元中的字节内容加 1。
   (3) 用 BX 寄存器和位移量 300H 的寄存器相对寻址方式把存储器中的一个字和(CX)相加,结果送回该存储单元中。
   (4) 用寄存器 BX 和 SI 的基址变址寻址方式,把存储器中的一个字节与 AH 寄存器的内容相加,并保存在 AH 中。
   (5) 采用合适的指令,将 1000H 单元中的字与 1200H 单元中的字相加,结果存入 1000H 单元。

10. 设以下表达式中的变量名均为 16 位带符号数所在单元的地址,编写指令序列,完成下列运算(除法运算的余数舍去):
    $(W \times Y)/(A+70) \rightarrow X$
    $(A-B \times C)/(X-Y) \rightarrow Z$

11. 变量 VARA1 和变量 VARA2 已定义如下:
    VARA1   DW   23A8H,0280H
    VARA2   DW   0A210H,1248H
    (1) 将 VARA1 和 VARA2 单元中的对应字数据相加,结果存入 VARA2 指示的单元中;
    (2) 将 VARA1 单元中的两个字作为双字和 VARA2 单元中的两个字组成的双字相加,结果存放在 VRAR2 单元中,双字的存放格式都是低位字在低地址单元、高位字在高地址单元中。

12. 写出完成以下组合式 BCD 码计算的指令序列:
    BCD1 + BCD2 − BCD3→DX

13. 下列各条指令是否正确？如不正确,指出其错在何处。
(1) MOV CS,1000H   (2) ADC BX,25H
(3) ADD [BX],20   (4) MUL AX,BL
(5) PUSH CS   (6) MOV DX,2000H
(7) ADD [BX+SI],30H   (8) POP CS
(9) INC [SI]   (10) MOV [BX],[SI]

14. 用逻辑运算指令分别写出完成下列要求的指令:
(1) 将 BX 寄存器中的高 4 位清零。
(2) 将 CX 寄存器中的第 0、1 两位置 1。
(3) 将 AL 寄存器的中间 4 位变反。
(4) 测试 AX 的最高位和次高位是否为 0。

15. 设(BX)=0A6H,(CL)=3,CF 为 1,试指出下列各条指令单独执行后 BX 中的值。
(1) SAR BX,1   (2) SHR BX,CL
(3) SHL BL,CL   (4) SAL BL,1
(5) ROR BX,CL   (6) RCL BX,CL
(7) ROL BH,1   (8) RCR BL,1

16. 已知有一 32 位的无符号数在(DX,AX)中,试编写指令序列,将该 32 位数左移 4 位,将低 4 位用 0 填补;将移出的高 4 位存入 CH 的低 4 位中。

17. 利用移位指令、传送指令和加法指令完成乘法运算:(AX)×10。

18. 试分别指出在下列 3 种条件下执行指令 SUB AX,BX 时,对标志位 OF、CF、SF、ZF 影响的情况。
(1) (AX)=14C6H,(BX)=80DCH
(2) (AX)=42C8H,(BX)=608DH
(3) (AX)=0D023H,(BX)=9FD0H

19. 在 8086/8088 指令系统中,哪些指令可以加重复前缀？重复前缀共有哪几种形式？它们的操作功能是什么？

20. 在一个名为 STRING、长度为 100 字节的字符串中查找是否含有字符"$",如果有,则将第一次发现的"$"字符所在单元的偏移地址送入 BX 寄存器中；如果未找到,则将 0FFFFH 送入 BX 寄存器中。

21. 将 2000H 段中名为 BUFST 的缓冲区中长度为 200 个字节的数据串移到 3000H 段中名为 DSTST 的缓冲区中。编写两种采用不同指令实现该功能的程序段。

22. 编一程序段,将 1000 段中名为 DATSTR 的字符串,向高地址方向平移 20 个字节。字符串的长度为 45 字节。

23. 用其他指令完成与下列指令同样的功能。
(1) REP MOVSB   (2) REPE CMPSW
(3) REP STOSB   (4) REPNE SCASB

24. 有 100 个学生的计算机课程成绩存放在 COMPUT 缓冲区中,编写指令序列统计 85 分以上、60~85 分、60 分以下各有多少人,并把统计结果存入 ORDER 开始的三个字节单元中。

25. 在内存数据区从 4000H 开始存放着由 30 个字符组成的字符串，编写指令序列，查找并统计串中空格符的个数，并将统计结果存入 4020H 单元中。

26. 编写一指令序列，统计寄存器 BX 中内容含"1"的个数，将统计结果送入 CX 寄存器中。

27. 试分析下列程序段：

  ADD AX,BX
  JNO L1
  JNC L2
  SUB AX,BX
  JNC L3
  JNO L4
  JMP L5

如果 AX 和 BX 的内容给定如下：

	AX	BX
(1)	147BH	80DCH
(2)	0B568H	54B7H
(3)	4C28H	608DH
(4)	0D023H	9FD0H
(5)	94B7H	0B568H

问在这 5 种条件下，以上程序执行完后程序将转向哪里？

28. 设在内存数据段中有一个由 28 个字节数据组成的数组，数组的起始地址为 2000H。试编写程序段，将其分成正数组和负数组，正数组存放于 2020H 开始的单元中；负数组存放于 2040H 开始的单元中。

29. 在首地址为 VALU 的字节数组中，存放有 10 个无符号数。编写指令序列，求出它们的平均值并存放于 BL 寄存器中(只取整数)，再统计出数组中有多少个小于平均值的数，将结果存于 DL 寄存器中。

30. 有 20 个 ASCII 码表示的分离式 BCD 码存放在缓冲区 UNPBCD 中，编写指令序列将它们转换成组合式 BCD 码，即把两个相邻字节单元的数码合并成一个字节单元，高地址单元存放在高 4 位，低地址单元存放在低 4 位，转换结果存放于 PABCD 缓冲区中。

第6章 8086汇编语言程序设计

计算机的指令系统都是用汇编语言的形式表达的。用汇编语言编写的程序称为汇编语言源程序，简称为源程序。但是这种用助记符书写的源程序是不能直接执行的，因此必须将汇编语言源程序翻译成机器语言程序，才能被机器识别并执行。这种经翻译后生成的二进制程序文件称为目标文件（目标程序），将汇编语言源程序翻译成目标程序的过程称为汇编，完成这种汇编所需要的工具称为汇编程序。为了保证用户编写的源程序能被汇编程序正确地翻译成目标程序，源程序的编写必须符合汇编程序的相关规则。这些规则除了要求正确使用指令的格式以外，还要符合汇编程序对源程序的结构与初始化说明格式的要求。违背这些规则和格式将会因为语法错误导致汇编失败，因此汇编过程也是一个检查程序语法错误的过程。

目前广泛使用的汇编程序主要有 MASM（宏汇编语言）和 TASM 等。本书将使用宏汇编语言 MASM 编写有关的程序，但对宏汇编语言，我们不在本书中做全面介绍，只补充介绍一些编程时应遵循的程序格式和常用的伪指令等内容，通过这些内容的学习，我们就能够编写完整的汇编语言源程序。作为一种教学和初学者入门工具，简单而实用的 EMU8086 近年来得到了广泛的使用。EMU8086 能够全面兼容 MASM 与 TASM（仅有极少不同），因此本书也会适当介绍一些 EMU8086 的使用方法和程序实例。

6.1 8086汇编语言源程序的语句格式

汇编语言的语句有两种基本类型：指令语句和伪指令语句。指令语句在第4章已作了详细的介绍，它是汇编语言源程序中最主要的部分，指令语句可由汇编程序翻译成机器语言指令。

伪指令是不能被汇编成机器语言指令的，它作为构成汇编语言源程序的一部分，其作用是在汇编过程中告诉汇编程序如何对源程序进行汇编。例如，告诉汇编程序，该源程序中用到哪些变量，在内存中需要为这些变量开辟多少存储单元并可以在这些单元中预置初值；变量名及类型属性是什么；该程序共有哪几个逻辑段，段的名称是什么；是否用到子程序，子程序如何定义等。

伪指令是汇编程序在对源程序进行汇编时使用的，但也是组成汇编语言源程序的基本语句，也有规定的使用格式。有了指令和伪指令，才能构成完整的源程序。在指令语句和伪指令语句中，还会用到各种常量、变量以及由各种运算和操作符号组成的表达式来表示操作数，在汇编时汇编程序都会将这些变量或表达式运算后转换成确定的数值存放于内存中。

6.1.1 常量和变量

1. 常量

常量分为数值型常量和字符型常量两种类型。

(1) 数值型常量

数值型常量根据不同的计数制有二进制、八进制、十进制、十六进制几种形式。无论是在指令语句中还是伪指令语句中,二进制数必须以字母 B 结尾;八进制数必须以字母 Q 结尾;十六进制数必须以字母 H 结尾;十进制数以 D 结尾。如果数值常量后面无数制符,则汇编时将其视为十进制数。在书写十六进制数时,第一位必须是数字,若不是数字则应在其前面加 1 个 0,如 F7H 要写成 0F7H,否则汇编时将被看成是标识符。

数值型常量有无符号数和带符号数两种,在指令语句中无符号数通常用于指示单元地址或地址的位移量;带符号数又分为正数和负数,负数一般用十进制表示(如 -56),在汇编时带符号数将一律被转换成二进制补码的形式。

对于实数来说,计算机中一般用十进制浮点数表示法,它由整数、小数和指数三部分组成,其表示格式为

$$\pm 整数部分.小数部分 E \pm 指数部分$$

其中整数和小数部分称为这个数的尾数,它的前面可加正号或负号。E 为指数符号,E 后面是阶符和阶码,表示乘十的多少次幂。例如,-0.00456 用浮点数表示为:-4.56E-3。

(2) 字符型常量

字符型常量即字符串,是用单引号括起来的一个或多个字符(字符串)。经汇编后各个字符都将被转换成其相应的 ASCII 码存放于内存中。例如,"A"的 ASCII 码为 41H,"234"的 ASCII 码为 32H、33H、34H 等。

常量在指令语句中用作立即数、地址值或地址的位移量;在伪指令语句中可参与表达式运算、为表达式名赋值、进行变量定义时给变量的单元赋值等。

2. 变量

在计算机中,变量是经定义后的一个或多个内存单元,变量的内容就是单元中的数据。这些数据可以在变量定义伪指令中按顺序存放到相应的存储单元中,并且这些数据在程序运行期间可以被访问和修改。变量在定义时被赋以变量名。变量名是一种符号,它的意义是用来指示这些存储单元的地址。

6.1.2 表达式和常用操作符

在指令和伪指令中,操作数项可以是表达式。表达式是由常量、寄存器、变量、标识符和一些运算操作符组成的算式,有数字表达式和地址表达式两种,在汇编程序对源程序汇编时,会按运算规则及优先级对表达式进行计算后得到一个数值或地址。表达式中的运算操作符根据运算功能有算术运算符、逻辑运算符、关系运算符、分析运算符等。下面介绍一些表达式中常用的运算操作符。

1. 算术运算操作符

算术运算操作符主要有 +、-、*、/、MOD。前四个操作符分别为加、减、乘、除,如 15 + 21,DATA - 2,VAL * 2 + 100 等。

MOD 是除法取余操作符,其功能是取两数相除后得到的余数。参与运算的两个数必须是正整数。例如:

  MOV AX,85 MOD 9   ;结果为(AX)=4
  MOV BL,0A7H MOD 10H   ;结果为(BL)=7

2. 逻辑运算操作符

逻辑运算操作符主要有 AND(与)、OR(或)、NOT(非)、XOR(异或)四种,其运算功能与逻辑运算指令相同,按位操作。需要注意的是这里作为操作符在表达式中出现,不是指令,参与运算的操作数必须是正整数。例如:

  MOV AX,59H AND 0B3H   ;结果为(AX)=11H
  MOV AX,NOT 0B5H   ;结果为(AX)=4AH

3. 关系运算操作符

关系运算操作符主要有 GT(大于)、GE(大于或等于)、EQ(等于)、LT(小于)、LE(小于或等于)、NE(不等于)几种。参与运算的数应是正整数,当关系成立时,运算结果为 0FFFFH;当关系不成立时运算结果为 0。例如:

  MOV AX,25 GE 100   ;结果为(AX)=0000H
  MOV AX,25 GE 12   ;结果为(AX)=0FFFFH

4. 分析操作符

(1) 求段基址操作符 SEG

格式:SEG 〈符号名〉

功能:取符号名(变量名或标号)所在段的段地址。例如:

  MOV AX,SEG VAL1

该指令实现将符号 VAL1 所在段的段地址送至 AX 中。

(2) 求偏移地址操作符 OFFSET

格式:OFFSET 〈符号名〉

功能:取符号名(变量或标号)的偏移地址(即有效地址)。例如,设 RESU 是已定义的变量:

  MOV BX,OFFSET RESU

实现将变量 RESU 的有效地址送 BX 寄存器。其作用相当于指令:

  LEA BX,RESU

但要区别 LEA 是指令,而 OFFSET 是一个分析操作符。

(3) 求类型属性操作符 TYPE

格式:TYPE 〈符号名〉

功能:如果符号名是已定义的变量,则取变量的类型属性值,该值表示了每一数据占用的字节数,DB 为 1、DW 为 2、DD 为 4、DQ 为 8、DT 为 10。如果符号名是指令的标号,则取该标号的类型值,NEAR 为 -1、FAR 为 -2。例如:

  RESU DW 01H,0200H,23H,100
  MOV BX,TYPE RESU

则运行结果(BX)=2。

(4) 返回存储区的单元数 LENGTH

格式：LENGTH 〈符号名〉

功能：用来计算一个存储单元(单元可以是字节、字或者双字)的数目。当变量定义的第一个表达式用 DUP 时，返回重复次数；否则返回值1。

(5) 返回存储区的字节总数 SIZE

格式：SIZE 〈符号名〉

功能：用来计算分配给变量的字节总数。此值等于 LENGTH 值和 TYPE 值的乘积。

例如：

  BUF DW 50 DUP(0)

  ……

  MOV CX,SIZE BUF   ;(CX) = 50 × 2 = 100

(6) 修改属性操作符 PTR

格式：〈类型〉 PTR 〈表达式〉

功能：可以为已定义过属性的变量单元临时重新设定其在本指令中的类型属性。上面格式中"表达式"为需要临时定义属性的操作数，"类型"为在本语句中定义的类型，可以是 BYTE、WORD、DWORD 等。例如：

  DAT1 DW 4567H,1000H,0

  ……

  MOV BL,BYTE PTR DAT1

变量 DAT1 在变量定义伪指令中定义的是字属性，而在 MOV 指令中被临时定义为字节属性，使本指令语句中的两个操作数类型一致，运行结果(BL) = 67H。

该操作符也可对类型属性不明确的指令语句确定类型属性。例如：

  MOV AL,BYTE PTR[BX]

属性操作符只对其使用的这条指令有作用，在以后的指令语句中变量的属性仍为该变量原来定义的属性。

(7) 取低字节分离操作符 LOW

格式：LOW 〈表达式〉

功能：取一个数据或地址表达式的低字节。

(8) 取高字节分离操作符 HIGH

格式：HIGH 〈表达式〉

功能：取一个数据或地址表达式的高字节。例如，设 QGP = 5818H：

  MOV BL,LOW 191FH   ;(BL) = 1FH

  MOV AL,LOW QGP   ;(AL) = 18H

  MOV AH,HIGH QGP   ;(AH) = 58H

以上介绍了一些较常用的操作符，还有一些操作符因为使用频率较低，在此不一一介绍，感兴趣的读者可以参阅其他相关书籍。需要进一步强调的是，在源程序中指令或伪指令都可以独立组成语句，而操作符不能独立组成语句，它只能出现在指令或伪指令语句中作为一种附加的操作功能符。

6.2 常用伪指令

宏汇编语言中提供了相当丰富的伪指令。本节将介绍一些比较常用的伪指令,并通过这些伪指令的应用,了解其基本功能和使用方法,从而掌握汇编语言源程序的编写方法。

6.2.1 伪指令语句格式

与指令语句格式类似,伪指令也用助记符表示,语句中可以有操作数项和注释项等,但有一些差别。具体格式如下:

[名称] 〈伪指令助记符〉[操作数1][,操作数2][,…][;注释]

用"[ ]"括起来的字段为可缺省项;用"〈 〉"括起来的字段为必选项,不可缺省。各字段的意义说明如下:

(1) 名称

名称是一种符号地址,是可缺省的标识符,与指令中标号不同的是名称后面不加冒号。名称可以是变量名、常量名、段名、过程名、结构名、记录名等。该标识符的其他书写规则与标号相同。

(2) 伪指令助记符

该字段是伪指令功能的代表符号,指示该伪指令要求汇编程序完成何种功能的操作,不可缺省。

(3) 操作数

与指令语句不同的是,伪指令语句中的操作数可以缺省,也可以多于两个,各操作数之间用逗号分隔。操作数可以是各种计数制的常数、字符串、常量名、变量名、表达式、标号或者一些专用的符号等。操作数和伪指令助记符之间必须用至少一个空格分开。

(4) 注释

注释字段以分号开始,是任选取项,它的作用与指令语句中的注释字段相同。有时候,我们可以将整条语句作为注释项,用以对程序段的功能加以说明;也可将以分号开头的一串符号作为注释语句,用来分隔各个程序段以方便程序的阅读。

6.2.2 常用的伪指令

1. 数据定义及存储器分配伪指令

这类伪指令用于为数据开辟存储单元空间、定义数据的类型属性并将数据存入单元中。数据的存放是按语句中操作数书写的先后顺序从单元的低地址到高地址依次存放的。

语句格式为:

[变量名] 〈数据定义助记符〉 操作数1 [,操作数2] [,操作数3] [,…] [;注释]

其中变量名可有可无。如果有变量名,这就是我们前面讲到的变量定义伪指令,变量名指示了该伪指令定义的数据中第一个字节的偏移地址。数据定义助记符有 DB、DW、DD、DQ 和 DT,分别定义操作数的类型属性。具体功能如下:

DB 用于定义字节数据,其后的每个操作数占内存一个字节。

DW 用于定义字数据,其后的每个操作数占内存一个字(两个字节)。低字节在低地址单元中,高字节在高地址单元中。

DD 用于定义双字数据,其后的每个操作数占内存两个字(四个字节)。

DQ 用于定义四字数据,其后的每个操作数占内存四个字。

DT 用于定义十字节数据,其后的每个操作数占内存十个字节。

以上几种伪指令中 DW 用来存放字类型的数据,也可以用来存放某个数据或指令的偏移地址;DD 可以存放一个完整的地址(段地址和偏移地址);DQ 和 DT 主要用于存放组合式 BCD 码。

【例 6-1】 对于如下的伪指令:

```
DATA1   DW   1234H,9AH,5678H
        DW   105BH
DATA2   DB   25*2,-5
DATA3   DD   45H
DATA4   DB   'ABCD'
DATA5   DW   'AB','CD'
```

汇编程序会在汇编时将其定义的数据存入内存单元中,其排列如图 6-1 所示(假设第一个变量 DATA1 的逻辑地址为 2000:0000H)。

变量定义后具有三个属性:

① 段属性(SEG):表示该变量是在哪个段中定义的,段属性的值就是该段的段基址。假设该段的段基址为 2000H,则以上伪指令定义的变量都具有相同的段属性或者说段地址 2000H。

② 偏移属性(OFFSET):表示该变量第一个字节的偏移地址,即有效地址。假设变量 DATA1 是某一逻辑段中第一个定义的变量,则

DATA1 的偏移地址为 0000H
DATA2 的偏移地址为 0008H
DATA3 的偏移地址为 000AH
DATA4 的偏移地址为 000EH
DATA5 的偏移地址为 0012H

③ 类型属性(TYPE):如以上变量中,DATA1、DATA5 为字属性;DATA2、DATA4 为字节属性;DATA3 为双字属性。在以后的指令中如果要引用到这些变量,必须注意类型属性的匹配问题,否则会出现错误。例如:

```
MOV   AL,DATA1              ;类型不一致
MOV   AX,DATA1              ;正确
MOV   AL,BYTE PTR DATA1     ;正确
MOV   AX,DATA1+6            ;正确
```

DATA1	34H
	12H
	9AH
	00H
	78H
	56H
	5BH
	10H
DATA2	32H
	FBH
DATA3	45H
	00H
	00H
	00H
DATA4	41H
	42H
	43H
	44H
DATA5	42H
	41H
	44H
	43H

图 6-1 例 6-1 的变量排列

操作数可以是问号"?",这种形式可用来预留存储空间,但不存入数据。

操作数中还可以用复制符 DUP,这种形式可以复制一个或多个操作数,使得在定义一些重复性的数据时减少语句的长度,其格式为

〈复制遍数〉 DUP(〈复制的数据项〉)

【例 6-2】 有伪指令如下:

```
ADDR1   DW      0A078H,?
ADDR2   DB      2 DUP(0,1,50H,?)
ADDR3   DB      30H,100 DUP(?)
```

所定义的变量在内存中的排列情况如图 6-2 所示。

复制符可以嵌套使用。例如:

DAT DB 20 DUP(30H,00H,3 DUP(?))

可以将字节内容 30H、00H、?、?、? 重复定义 20 次,共占用 $20 \times 5 = 100$ 个单元。但是 EMU8086 不支持这种嵌套中的"?"符号,对此可以用任意数据(如 0)替代。

2. 表达式赋值伪指令

有时程序中需要多次用到同一个表达式,为了方便使用可以将该表达式用一个符号来表示,并将表达式的值赋给该符号。其格式为

〈表达式名〉 EQU 〈表达式〉

〈表达式名〉 = 〈表达式〉

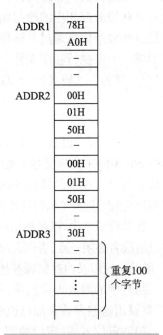

图 6-2 例 6-2 的变量排列

这样,以后程序中如要用到这个表达式就可以直接用该表达式名来代替了。表达式可以是能够求出常数的表达式,也可以是任何有效的操作数或标识符。

【例 6-3】 可以用如下的赋值伪指令说明:

```
CENT    EQU     85              ;CENT 值为 55H
X       EQU     CENT+14         ;X 值为 63H
Y       EQU     [BX+1000H]      ;Y 值为存储器寻址后取得的内容
Z       EQU     VALU+20         ;若 VALU 为已定义的变量,则 Z 值为地址表达式
                                ;所指向单元中的内容
```

需要注意在语句表达式中出现的符号名必须是在该语句之前已定义过的。

"EQU"和"="两种操作符在功能上完全相同,区别在于用"EQU"定义过的表达式名不允许在其后的语句中被重复定义;而用"="定义的表达式名可以被重复定义。例如,不可以进行如下的重复定义:

```
CONST   EQU     20              ;CONST 值为 20
……
CONST   EQU     25              ;(或 CONST=25)
```

但可以进行以下的重复定义:

```
ORAN    =       20              ;ORAN 值为 20
……
ORAN    =       25              ;ORAN 值重新定义为 25
```

3. 段定义伪指令

在 8086/8088 微机中对内存采用的是分段管理的方式,每个单元的逻辑地址由段基址和偏移地址构成。在编写源程序时必须建立若干个逻辑段,在汇编程序对源程序汇编时就会为这些段分配相应的段起始地址(即段基址),为段中定义的标号和变量确定偏移地址,并把这些地址信息通过目标模块传送给连接程序(LINK),以便把不同的段和模块连接在一起形成一个可执行程序文件。逻辑段的定义用如下的段定义伪指令来实现:

格式:〈段名〉　　SEGMENT　　［定位方式］［连接方式］［类别名］
　　　　　　……
　　　　　　……
　　　〈段名〉　　ENDS

其中 SEGMENT 为定义段开始伪指令,ENDS 为定义段结束伪指令(End Segment),中间省略号部分为这一段中的指令或伪指令。对于数据段、附加段或堆栈段来说,通常是数据定义和存储器分配、表达式赋值等伪指令,对于代码段来说,则是由指令和伪指令构成的程序段。

在该伪指令中,段名是用户为该段所取的名称,可以是任意合法的名称,但开始的段名与结束的段名必须一致,否则会出现错误。在汇编过程中汇编程序会根据源程序中定义段的数量、段的长短以及内存资源等情况为该段分配一个段起始地址,并将该段地址值赋给段名。

括号中的参数为可选项,一般情况下可以不用,但当要将本程序与其他程序模块相连接时,就要用这些参数来加以说明。这些参数的意义如下:

(1) 定位方式(定位类型)

用于指令段的起始地址边界,有 4 种方式:

PAGE　　指定段起始地址必须从页的边界开始,即段起始地址的最低两个 16 进制数为 0,即地址值能被 256 整除,如 5100H、2A00H、3400H 等。

PARA　　指定段起始地址必须从小段边界开始,即段起始地址的最低位的 16 进制数为 0,如 2130H、6B50H、3C60H 等。这是系统隐含的定位方式。

WORD　　指定段起始地址必须从字的边界开始,即段起始地址必须为偶数。

BYTE　　该段可以从任何地址开始,即段起始地址为任意值(0 ~ 0FFFFH)。

(2) 组合方式(连接方式)

组合方式告诉连接程序本段与其他段可按某种方式实现连接,共有 6 种选择:

PUBLIC　　将该段与其他同名段连接在一起,公用一个段的起始地址,形成一个物理段,其连接次序由连接命令指定。

COMMON　　本段与其他同名同类别的段共用一个段起始地址,且地址重叠。用 COMMON 连接的段长度是各分段中的最大长度。

AT〈表达式〉该段的起始地址由表达式的值指定(但该参数不能用于代码段)。

STACK　　表示该段为堆栈段。连接方式与 PUBLIC 相同,连接后的段起始地址存于 SS 寄存器中。

MEMORY　　指定将该段连接在所有其他段的前面(在高地址上),如果连接时有几个指定的 MEMORY 段,则遇到的第一段作为 MEMORY 段,其他作 COMMON 段。

缺省　　表示本段不与任何段连接。这是系统隐含的连接方式。

（3）类别名

类别名连接时用以组成段的名字。它可以是任意合法的符号且必须用单引号括起来，如'STACK'、'CODE'等。类别名相同的段在连接时会按先后顺序连接起来。

以上段定义伪指令格式中，定位方式、组合方式和类别名这几个可选项如无特殊需要可以不用，或只用到其中的一个到两个。例如：

    DATA SEGMENT

这条伪指令中没有用到任何可选方式的说明。DATA 为段名，它是该段开始的符号地址，具体的段起始地址值在汇编时由汇编程序根据系统资源自动进行分配。

    DATA SEGMENT AT 2000H

这条伪指令中用到了组合方式中的 AT 参数。它告诉汇编程序，该段的起始地址应该为 2000H。若用到两个以上的可选项，书写顺序必须与 SEGMENT 语句格式中给出的顺序一致。因为连接程序 LINK 在对目标程序模块进行连接时，是先处理组合方式，后处理定位方式，再处理类别名。要注意的是，当定义的某个段要作为堆栈段来使用时，必须要有组合方式中的 STACK，以表示该段将作为堆栈段使用。例如：

    STASEG SEGMENT STACK

4. 段寄存器说明伪指令

该伪指令用于指出源程序中定义的各个段分别对应于四个专用逻辑段中的哪个段。

格式：ASSUME　〈段寄存器名〉:〈段名1〉[,〈段寄存器名〉:〈段名2〉][,…]

该伪指令应放在代码段中最前面。段寄存器名是 CS、DS、ES 或 SS 之一，段名是段定义伪指令中定义的段名，用冒号建立段寄存器与段名的关系。例如：

    ASSUME CS:CODE,DATA:DS,ES:EXTR,SS:STACK

表示 CODE 为代码段，DATA 为数据段，EXTR 为附加段，STACK 为堆栈段。在实际编程时，不一定四个段全部要用到，如只用到代码段和数据段，此时该语句中关于 ES 和 SS 的段说明就不需要。但必须注意的是，程序中至少要有一个代码段。

需要指出的是，该伪指令仅建立了段名与段寄存器之间的关系，除代码段寄存器 CS 的值由系统自动分配外，DS、ES 和 SS 三个段寄存器还需要用传送指令在程序运行时为它们赋予段地址值。例如：

    MOV AX,DATA   ;段名为 DATA 的段地址传送到 AX 中
    MOV DS,AX   ;将段地址送入 DS
    MOV AX,EXTR   ;段名为 EXTR 的段地址传送到 AX 中
    MOV ES,AX   ;将该段地址送入 ES

因为段地址是不能直接传送给段寄存器的，所以程序中用 AX 进行传递。

5. 程序开始伪指令

程序的开始可以用以下两种伪指令来为程序模块取名字。

（1）模块命名伪指令

格式：NAME　〈模块名〉

模块名由用户自定，为便于阅读，可根据该程序的主要功用来取名。汇编程序将以该模块名作为汇编后产生的目标程序模块的模块名。

（2）列表伪指令

格式：TITLE 〈标题文本〉

如果没有为源程序取模块名,也可以用 TITLE 伪指令。汇编程序会将标题文本中的前 6 个字符作为模块名,并在用列表文件打印源程序时会在每一页上打印该标题。标题文本最多可有 60 个字符。

如果源程序中既无 NAME 伪指令也无 TITLE 伪指令,则汇编程序会将源文件名作为模块名。因此,NAME 和 TITLE 这两个伪指令不是必需的,但通常用 TITLE 来给出标题,以便在打印列表文件时能打印出该标题。

6. 程序结束伪指令

格式：END 〈符号〉

该伪指令是整个源程序结束的标志,它告诉汇编程序,对源程序的汇编到此为止。每个单独汇编的源都必须要有 END 伪指令。格式中的"符号"是该程序运行时的启动地址,它通常是代码段中第一条可执行指令语句的标号。END 伪指令必须放在程序的最后。其后面的程序段将被丢弃(不做任何处理)。

7. 过程定义伪指令

过程,即子程序,也必须用伪指令定义其名称的属性。

格式：〈过程名〉 PROC ［类型属性］

　　　　……
　　　　……　｝子程序内容

　　　〈过程名〉 ENDP

过程名是用户为子程序所取的名称,可以是任何有效的标识符,开始和结束两条伪指令中的过程名必须一致。类型属性为可选项,有以下两种属性：

NEAR 该过程仅供段内调用,也就是说该子程序与主程序在同一个段中,主程序在调用该子程序时,只需改变 IP 的值,而不需要改变 CS 的值。

FAR 该子程序允许被段间调用,即该子程序与主程序不在同一个段中,主程序在调用该子程序时,要同时改变 IP 和 CS 的值。

当类型属性缺省时,系统将其默认为 NEAR 属性。

在主程序用 CALL 指令调用子程序时,会根据过程的属性自动选择段内或段间调用,就是说如果过程的属性是 NEAR,则在执行 CALL 指令时,主程序会采用段内调用的方式完成调用功能；如果过程的属性是 FAR,则在执行 CALL 指令时,主程序会采用段间调用方式,而两种情况下 CALL 指令的格式是一样的。

8. 定位伪指令和当前地址计数器

定为伪指令的格式为：ORG 〈地址表达式〉

其中地址表达式的值用于指示一个偏移地址。该伪指令的功能是告诉汇编程序,把紧接该伪指令的下一条指令的起始地址或下一条数据定义伪指令定义的数据从表达式所指示的内存单元开始存放。

"$"代表当前地址计数器的值。例如：

```
            ORG    0010H
    DA1     DB     5BH,07H      ;DA1 的起始偏移地址是 0010H
    DA2     EQU    $-DA1        ;DA2 的值是 02H
    DA3     DW     1200H        ;DA3 的偏移地址是 0012H
    DA4     DW     $-DA1        ;DA4 的偏移地址是 0014H,DA4 单元的内容是 0004H
            ……
            ORG    1000H
            MOV    AX,BX        ;该指令在内存中的起始偏移地址为 1000H
```

9. 定义符号及其类型伪指令

格式:〈标识符〉 LABEL 〈类型〉

其中标识符可以是变量名或标号,类型就是为该标识符所定义的类型。相应于变量名的类型有 BYTE、WORD、DWORD、结构名、记录名,相应于标号的类型有 NEAR、FAR。所以该伪指令的功能是定义某变量名或标号的类型的。变量和标号除具有类型属性外,还具有段属性和偏移属性,在该伪指令中标识符的这两个属性就是汇编程序汇编到该语句时语句所在的段和当前的偏移地址。例如:

```
    STACK   SEGMENT  STACK
            DB    256 DUP(?)
    TOP     LABEL    WORD
    STACK   ENDS
```

这里由段定义伪指令定义了一个 STACK 段。在该段中用 LABEL 伪指令定义了变量名 TOP,它的类型属性为字。TOP 的段地址即为 STACK 段的段地址,它的偏移地址为 0100H。因为 STACK 段内一开始就已定义了 256 个字节,偏移地址范围为 0000~00FFH,因此汇编到 TOP 处偏移地址就是 0100H 了。

在前面已经知道,变量可以用变量定义伪指令来定义。而用 LABEL 伪指令定义的变量与用变量定义伪指令定义的变量的不同之处是它虽具有段地址和偏移地址属性,但它并不占用内存单元。例如:

```
    VALUE   LABEL   BYTE
    VARIA   DW   50 DUP(?)
```

这两条伪指令语句分别定义了两种类型的变量。用 LABEL 定义的变量 VALUE 为字节类型属性,但它并不占用内存单元,只是对在该语句之后定义的内存单元可以用该变量名对它们进行字节操作。而用 DW 定义的变量 VARIA 为字类型属性,并占用了 50 个字(100 个字节)的内存单元,用变量名 VARIA 对定义的内存单元操作时只能是字操作。VALUE 和 VARIA 的段和偏移地址完全相同,这两条语句的作用是,将 100 个字节的首地址同时赋予两个不同类型的变量名,为的是程序中可以对这 100 个字节的内容进行两种不同类型属性的操作。

10. 对准伪指令

格式:EVEN

其功能是使下一个字节的地址成为偶数。对于 8086 系列微机来说，当 CPU 要访问内存一个字的时候，如果该字是从偶地址开始存放的话，只需要执行一个时钟周期；如果从奇地址开始存放，则需要执行两个时钟周期。因此，字数据的存放单元最好从偶地址开始。例如：

```
DATA    SEGMENT
PHYS    DB    50H,55H,60H
EVEN
MATH    DW    1234H,5678H
……
```

以上变量在内存中的排列情况如图 6-3 所示。

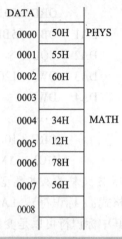

图 6-3 对准伪指令的作用

6.3 汇编语言程序的开发过程

6.3.1 上机过程与常用工具软件

在学习了汇编语言的指令、伪指令、语句格式和程序的基本结构后，就可以根据实际问题的要求来编写源程序并上机调试了。汇编语言程序从编写到上机运行需要经过以下几个基本步骤：建立和编辑汇编语言源程序、对源程序进行汇编以产生目标程序文件、最后连接目标程序以产生可执行程序文件（以便进行调试）。这一过程可以用图 6-4 来表示。

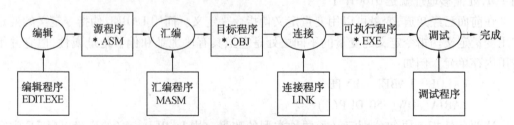

图 6-4 汇编语言程序的编辑、汇编和连接过程

要实现以上过程，必须具有以下几个工具软件：
- 用于编写汇编语言源程序的文本编辑软件。
- 进行语法检查并将源程序转换为目标程序的汇编程序。
- 将目标程序进行连接产生可执行程序的连接程序。
- 能够对可执行程序进行可控运行的调试程序。

上述这些工具软件又有以下几个种类：

（1）基于 DOS 环境的独立工具软件

早期的开发工具软件都是基于 DOS 环境的独立工具软件，如 MASM.EXE、LINK.EXE 等。文本编辑软件有行编辑程序 EDLIN.EXE 和全屏幕文本编辑程序 EDIT.EXE 等。目前各种版本的 Windows 都可以进入命令提示符状态,这也是一种 DOS 操作环境。这使原来在 DOS 环境下运行的程序基本上都能够在 Windows 操作系统下运行。

(2) 集成开发工具软件

独立软件在使用上很不方便,因此许多公司在独立软件的基础上开发了集成开发工具软件。例如,Borland 公司的 Turbo 系列软件将源程序的编辑软件、汇编软件与连接软件集成在一个操作界面内,提高了效率,使用起来很方便。本书所使用的开发软件宏汇编 MASM 是由 Microsoft 公司开发的。早期的版本是由几个独立运行的软件所组成的,在 6.0 版以后成为集成化的工作平台 PWB(Programmer's WorkBench)。但是其中的软件还是能够独立运行,并且能够使用由其他工具软件形成的中间文件。就是说,程序的编写、汇编、连接与调试可以在一个集成环境下进行,也可以分开来独立进行。

(3) 基于 Windows 操作环境下的开发软件

EMU8086 是一个在 Windows 环境下的集成开发工具,但其运行与调试是用仿真实现的。由于是仿真运行,因此 EMU8086 并不需要像 MASM 那样复杂的结构说明伪指令,可以直接书写核心程序,同时又能够兼容用 MASM 和 TASM 书写的源程序。而其仿真运行的特点又能够避免一些特殊指令会影响到操作系统的运行。本书的附录 E 对 EMU8086 的安装使用有详细介绍。

一个程序从建立和编辑源程序开始,经汇编、连接,到产生可执行程序并能够顺利运行,最后取得预期的结果,通常不是一遍就能实现的,即便是经验丰富的程序员也难免会出现这样或那样的问题。如果在汇编与连接时报告错误,则需要检查程序的结构和内容,修改后重新进行汇编与连接。最后,程序运行的结果未必能够符合我们的要求,即在程序中还存在逻辑上的错误。因此,还要对可执行程序进行调试(DEBUG),才能完成整个上机过程。所谓调试,也就是发现和排除逻辑错误的过程。通常情况下,一个程序通常要经过反复的修改、汇编、连接和调试才能达到预期的目标。这一过程可以用如图 6-5 所示的流程来表示。

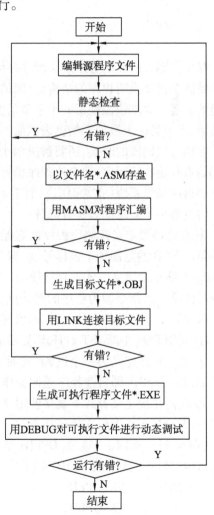

图 6-5 汇编语言程序的上机流程

6.3.2 汇编语言程序的结构形式

一个完整的 80X86 汇编语言程序通常由若干相对独立的逻辑段组成,即代码段、数据段、堆栈段和附加段。一个程序可以包含若干个相同的或不同的逻辑段,段与段之间的顺序也可以随意排列。需要独立运行的程序必须包含至少一个代码段,所有可执行的指令必须位于某一个代码段内。说明性语句可以根据需要位于某一个段内。通常情况下程序还需要一个堆栈段。因此程序的开始首先就要按照前面介绍的语法规定来定义这些段。

完整的段定义方法已经在前一小节中做了介绍,后面的例题中还有更详细的说明。

MASM 5.0 以后的版本已经开始支持简化的段定义格式,可以简化标准段(代码段、数据段和堆栈段)的定义。具体格式如下:

```
        . MODEL   SMALL              ;定义程序存储模式
        . STACK   n                  ;定义堆栈段
        ……
        . DATA                       ;定义数据段
        ……
        . CODE                       ;定义代码段
        ……
```

简化段定义的开始必须定义程序存储模式,小型程序一般用小模式 SMALL 即可。以圆点开始的伪指令说明程序的结构,上面的例子依次定义了堆栈段、数据段和代码段。.STACK 后面的 n 表示为堆栈段预留 n 个字节的空间,n 缺省时为 1024 字节。简化段定义不用说明段结束,因为另一个段的开始就表示前一个段的结束。

在编写代码段的时候,还要解决两个问题:第一是如何让程序装入内存后可以从程序的起始点开始执行程序,即要使程序指针指向要执行的第一条指令;第二是在程序执行结束后能够返回操作系统(正常退出),而不是进入不可预知的状态造成死机。

解决第一个问题的方法有两种:

① 在完整段定义代码段程序的起始指令前增加一个标号(如 START),然后在汇编结束伪指令 END 的后面加上该标号,汇编程序将会自动产生使程序指针指向该标号的指令。

② 在简化段定义方式下直接使用 .STARTUP 伪指令(MASM 6.0 以后支持该指令),该指令后的第一条指令即为程序的起始点。

解决第二个问题的方法有多种,常用的有三种:

① 利用 DOS 中断 INT 21H,详见后面的例子。

② 把主程序定义为一个过程(相对于 DOS 系统的子程序),称为主过程。主过程结束后的返回指令 RET 即可使程序返回操作系统。

③ 在简化段定义方式下直接使用 .EXIT 0 伪指令,该指令能够自动生成返回操作系统的指令(MASM 6.0 以后支持该指令)。

【例 6-4】 将两个字数据 OPER1 和 OPER2 定义在数据段中,然后进行相加,运算结果存入这两个数据之后的单元 RESULT 中。指令语句序列如下:

```
        MOV    AX,OPER1              ;取第一个操作数到 AX
        ADD    AX,OPER2              ;完成加法运算,结果在 AX 中
        MOV    RESULT,AX             ;保存结果至 RESULT 单元
```

下面以三种不同的形式来编写完整的汇编语言源程序。

(1) 完整的段定义形式

```
        TITLE    EXAMPLE 1-PROGRAM
        DATA    SEGMENT               ;定义数据段
```

```
            OPER1    DW    12              ;定义第1个字数据
            OPER2    DW    230             ;定义第2个字数据
            RESULT   DW    ?               ;为运算结果预留存储单元
    DATA    ENDS                            ;数据段结束
    CODE    SEGMENT                         ;定义代码段
            ASSUME   CS:CODE,DS:DATA        ;段寄存器说明
    START:  MOV      AX,DATA
            MOV      DS,AX                  ;设定数据段段地址
            MOV      AX,OPER1               ;取第一个操作数到AX
            ADD      AX,OPER2               ;完成加法运算,结果在AX中
            MOV      RESULT,AX              ;保存结果至RESULT单元
            MOV      AH,4CH                 ;返回DOS
            INT      21H
    CODE    ENDS                            ;代码段结束
    END     START                           ;对源程序汇编到此结束
```

在该程序框架中只定义了数据段和代码段,如果需要定义附加段和堆栈段,则定义方法和建立与段寄存器的关系与数据段类似。在主程序结束时使用了两条指令:

```
    MOV    AH,4CH
    INT    21H
```

这是功能号为4CH的DOS系统功能调用,它的功能是结束当前运行的程序并返回DOS操作系统。

(2) 以主过程的形式编写程序

此时源程序如下:

```
    TITLE   EXAMPLE1-PROGRAM
    DATA    SEGMENT                         ;定义数据段
            OPER1    DW    12              ;定义第1个字数据
            OPER2    DW    230             ;定义第2个字数据
            RESULT   DW    ?               ;为运算结果预留存储单元
    DATA    ENDS                            ;数据段结束
    CODE    SEGMENT                         ;定义代码段
    MAIN    PROC     FAR                    ;定义主程序为远过程
            ASSUME   CS:CODE,DS:DATA        ;段寄存器说明
    START:  PUSH     DS
            XOR      AX,AX
            PUSH     AX
            MOV      AX,DATA
            MOV      DS,AX                  ;设定数据段段地址
            MOV      AX,OPER1               ;取第一个操作数到AX
            ADD      AX,OPER2               ;完成加法运算,结果在AX中
```

```
            MOV      RESULT,AX      ;保存结果至 RESULT 单元
            RET                     ;返回 DOS
    MAIN    ENDP                    ;主过程结束
    CODE    ENDS                    ;代码段结束
            END      START          ;对源程序汇编到此结束
```

主过程 MAIN 的属性应定义为 FAR,供机器操作系统进行远程调用,在主程序的 START 标号开始处,首先安排了三条指令,第一条:PUSH DS 将(DS)压入堆栈;第二条:XOR AX, AX 将(AX)清零;第三条:PUSH AX 将 0 压入堆栈,目的是使主程序结束时能用 RET 指令正常返回操作系统。

(3) 简化的段定义形式

```
    .MODEL   SMALL
    .STACK   100
    .DATA
        OPER1   DW   12             ;定义第 1 个字数据
        OPER2   DW   230            ;定义第 2 个字数据
        RESULT  DW   ?              ;为运算结果预留存储单元
    .CODE
    .STARTUP                        ;程序起始点
        ……                          ;插入上面的语句序列
    .EXIT 0                         ;程序结束,返回 DOS
    END
```

需要说明的是,由于 MASM6.0 以后才支持.STARTUP 和.EXIT 指令,因此若使用 MASM5.x 版本的汇编工具,需要将上面的代码段修改为如下形式:

```
    .CODE
    START:
        MOV     AX,@DATA            ;程序起始点,相当于.STARTUP
        MOV     DS,AX
        ……                          ;插入上面的语句序列
        MOV     AH,4CH              ;程序结束,返回 DOS,相当于.EXIT 0
        INT     21H
        END     START
```

在简化段定义方式中不需要使用 ASSUME 伪指令。为简单起见,在后面的例题中一般使用简化段定义形式。

(4) 用 EMU8086 编写程序

```
        OPER1    DW    12           ;定义第 1 个字数据
        OPER2    DW    230          ;定义第 2 个字数据
        RESULT   DW    ?            ;定义运算结果
    ;
        MOV      AX,OPER1           ;取第一个操作数到 AX
```

```
        ADD      AX,OPER2           ;完成加法运算,结果在 AX 中
        MOV      RESULT,AX          ;保存结果至 RESULT 单元
```
由于是仿真运行,我们不必关心各种变量放在哪里,也不用进行段的初始化,在程序调试时仿真程序会自动处理好所有问题。用户可以直接编写自己的核心程序,由此可见使用 EMU8086 编写程序最为简单。

6.4 汇编语言程序设计初步

通常,编制一个汇编语言源程序的过程大致可分为以下几个基本步骤:

① 仔细分析和理解题意,明确目的要求,确定总体的设计方案。要把解决问题所需的条件、原始数据、要实现的功能、输入/输出信息的方式确定下来。

② 建立数学模型和确定算法。这是将具体问题向计算机处理方式的转化,对于初学者来说,编制比较简单的程序可能就不一定需要建立数学模型;而对于较复杂的并涉及数学问题时的程序设计,就要把要处理的问题数学化、公式化、逻辑化,找出符合计算机运行的合理算法和应能达到的精度。

③ 画出程序流程图。程序的流程图是由各种功能的框和带箭头的线组成的图形,用来指示程序的运行流向。流程图是根据确定的算法和对问题的处理顺序来画的,它能把程序的内容直观地表达出来。在编写比较复杂的程序时,画出流程图是能够正确处理程序流向、不致发生逻辑错误的关键。

④ 内存空间分配和寄存器分配。内存空间分配一是要考虑程序要使用哪几个逻辑段,即代码段、数据段、附加段和堆栈段。在一个程序中代码段是必不可少的,其他段可根据需要进行分配。有些段(譬如堆栈段)在程序中若没有指定分配内存空间,系统会按约定方式自选分配;第二是要给原始数据、中间结果、最后运行结果分配哪些内存单元;第三是寄存器的分配使用,要综合考虑程序中需用到哪些寄存器,哪些寄存器要用来存放地址信息,哪些寄存器用来存放数据,并且避免寄存器使用上的冲突。

⑤ 根据流程图编写源程序。在编写程序时主要应注意指令的正确选用,如无符号数和带符号数的乘、除指令是不同的。条件转移指令相应的测试条件也是不同的。还有,哪些指令会影响标志位、哪些指令应在什么条件下使用,对操作数的寻址方式有什么规定,伪指令的使用等,都要十分清楚。

6.4.1 顺序程序

顺序程序是指源程序中的每一条指令都是按排列顺序逐条执行的,无分支,无循环。它是程序结构形式中最简单的一种,也是构成其他结构形式的重要成分。

因为在一般情况下各种结构形式的程序总是包含了一定的顺序程序,所以就不再对此进行专门介绍。

6.4.2 分支程序

当程序运行到某处时,根据给定的条件进行判别,如满足条件则进行一种操作;如不满

足条件则进行另一种操作。这种使程序具有不同流向功能称为分支,能实现分支的程序则为分支程序。有了分支,才使得程序具有了"思维"功能,才能按人们预定的要求完成较复杂的任务。

1. 分支程序的结构

分支程序的结构框图如图 6-6 所示。程序的分支由判别框来产生,判别框有一个入口、两个出口,根据判别条件(即测试条件),当满足条件时执行 Y 出口指示的操作;否则执行 N 出口指示的操作。(a)为单分支结构,程序中只有一个分支;(b)为复合分支结构,程序由多个分支复合而成,这是一种最常见的程序结构形式。

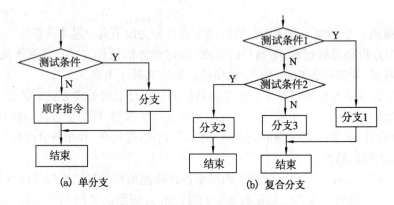

图 6-6 分支程序的基本结构

2. 分支程序的设计方法

分支可以通过对设定条件的判断来实现,在程序中分支是用条件转移指令来产生的,是否满足转移条件的主要依据是标志寄存器中的相关标志位,称为测试条件。因此,正确使用条件转移指令是编制分支程序的关键,要熟悉各种条件转移指令对应的测试条件是什么,还要注意哪些操作指令会影响标志位,影响哪几个标志位;哪些指令不影响标志位。

分支程序中的各个分支执行完后可以立即结束,还可以转到公共结点结束,还可以转到公共结点后再执行公用的程序段。

【例 6-5】 从 60H 号端口读入一个字节数据 X,根据该数据实现如下函数,最后将函数值送到 Y 变量中。

$$Y = \begin{cases} 1 & X > 0 \\ 0 & X = 0 \\ -1 & X < 0 \end{cases}$$

先分析题意,这是一种对带符号数的判别,数据的类型属性是字节。因为要分出三种结果,所以必须通过两次判别才能完成。

根据题意画出流程图,如图 6-7 所示。
根据流程图编制源程序如下:

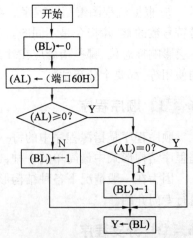

图 6-7 例 6-5 的流程图

```
        .MODEL    SMALL
        .DATA                                   ;定义数据段
Y       DB        ?                             ;定义变量Y
        .CODE                                   ;定义代码段
MAIN    PROC      FAR                           ;定义主过程
START:  PUSH      DS                            ;保存DS
        SUB       AX,AX                         ;AX清零
        PUSH      AX                            ;保存AX
        MOV       AX,@DATA
        MOV       DS,AX                         ;传送数据段段地址到DS
        MOV       BL,0                          ;存放结果用BL先清零
        IN        AL,60H                        ;读入端口数据
        SUB       AL,0                          ;AL减0以影响标志位
        JGE       GREA                          ;如X≥0,转到GREA
        MOV       BL,0FFH                       ;X<0,(BL)←-1
        JMP       SENT                          ;跳转到SENT
GREA:   JE        SENT                          ;如X=0,转到SENT
        MOV       BL,1                          ;X>0,(BL)←1
SENT:   MOV       Y,BL                          ;函数值送变量Y
        RET
MAIN    ENDP
        END       START
```

上面的程序中用到了两次判断。对于这种类型的分支，要正确安排判断条件，如程序中先判断，看X是否大于或等于0，如满足条件再进行第二次判断，看X是否等于0，这样就把X的三种不同取值情况分离开来了。先判断X是否大于0，若不满足条件再判断是否小于0也是可以的。但如果在满足大于0的条件下再判断是否小于0或者是否等于0就不合理了。另一方面，该程序使用的是带符号数的条件转移指令，指令用到的测试条件有ZF、OP、SF，那么在使用这些测试条件之前必须要执行能影响这几个标志位的指令，程序中的一条减法指令SUB AL,0就是为实现这一目的而安排的，该指令执行后不会改变AL的内容，但能影响标志位，为下面的条件转移指令提供了测试条件。

在分支程序中，要特别注意在程序执行了一个分支后，要么在该分支立即结束程序，要么应该安排一条JMP指令跳转到公共结点，不然会出现再去执行另一个分支的错误。例如，本例中在MOV BL,0FFH下面安排了指令JMP SENT进行跳转，否则会再去执行JE SENT开始的指令，使运行结果产生错误。

【例6-6】 设X、Y、Z是三个16位有符号数，寻找最大数，存到MAX单元。

```
        .MODEL    SMALL
        .DATA
X       DW        1200H
Y       DW        89H
```

```
Z           DW    0AB78H
MAX         DW    ?
.CODE
START:      MOV   AX, @DATA
            MOV   DS, AX
            MOV   AX, X           ;AX←(X)
            CMP   AX, Y           ;AX-(Y)
            JGE   L1              ;如果大于或等于,则转到L1
            MOV   AX, Y           ;否则,AX←(Y)
L1:         CMP   AX, Z           ;AX-(Z)
            JGE   L2              ;如果大于或等于,则转到L2
            MOV   AX, Z           ;否则,AX←(Z)
L2:         MOV   MAX, AX         ;最大的数存到MAX单元中
            MOV   AH, 4CH         ;返回DOS
            INT   21H
            END   START
```

【**例 6-7**】 利用跳转表实现多分支程序结构。从键盘输入一个 1~6 范围内的数,使程序根据该数的值分别转向对应的 6 个分支段,当分支段结束后即返回重新读键盘值;如果输入为 0,则程序结束;如果输入其他键,则为无效,返回重新输入。

这种多分支结构在程序设计中也是一种很典型的形式,它相当于多个 IF—THEN 语句结构,这种情况如果用一般的复合分支形式会使程序变得很繁琐,特别是当分支很多时尤其如此。跳转表法是将各分支处理程序的入口地址按选择项序号存于一个表中,然后根据所给的选择项序号在表中找到对应的入口地址,从而实现转向的功能。

假设 6 个分支段分别以标号 PROC1、PROC2、PROC3、PROC4、PROC5、PROC6 来指示对应的入口地址,这 6 个标号构成的跳转表就可以定义在数据段中,跳转表的首地址定义为 JPTABLE,如图 6-8 所示。

图 6-8 例 6-7 的跳转地址表

相应的源程序如下：

```
        JPDATA    SEGMENT
        JPTABLE   DW    PROC1           ;地址跳转表
                  DW    PROC2
                  DW    PROC3
                  DW    PROC4
                  DW    PROC5
                  DW    PROC6
        JPDATA    ENDS
        JPROC     SEGMENT
        MAIN      PROC FAR
                  ASSUME CS:JPROC, DS:JPDATA
        START:    PUSH  DS
                  SUB   BX,BX
                  PUSH  BX
                  MOV   BX, JPDATA
                  MOV   DS, BX
        NEXT:     MOV   AH, 01H
                  INT   21H             ;从键盘输入一个字符
                  SUB   AL, 30H
                  CMP   AL,0            ;是否为0
                  JE    EXIT            ;若(AL)=0,则退出
                  CMP   AL, 1
                  JB    NEXT            ;若(AL)<1,则重新输入
                  CMP   AL, 6
                  JA    NEXT            ;若(AL)>1,则重新输入
                  CBW                   ;(AL)=1~6,(AL)扩展到(AX)
                  DEC   AX              ;(AX)-1,使之为0~5
                  SHL   AX,1            ;(AX)乘2
                  LEA   BX,JPTABLE      ;跳转表首地址送BX
                  MOV   SI,AX           ;(AX)送SI,作偏移地址
                  JMP   WORD PTR[BX][SI] ;跳转到目的地址
                  ……
        PROC1:    ……
                  JMP   NEXT
        PROC2:    ……
                  JMP   NEXT
        PROC3:    ……
                  JMP   NEXT
```

```
PROC4：    ……
          JMP     NEXT
PROC5：    ……
          JMP     NEXT
PROC6：    ……
          JMP     NEXT
EXIT：     RET
MAIN      ENDP
JPROC     ENDS
          END     START
```

在上面的程序中，MOV AH，01H 和 INT 21H 是一种 DOS 系统功能调用，实现从键盘输入一个单字符并将该字符的 ASCII 码存放在 AL 寄存器中，关于这一点将在下一节中讨论。因为数字键 1~6 的 ASCII 码为 31H~36H，所以只要将(AL)减去 30H 即可得到数值 1~6，如果减下来结果是小于 1 或大于 6，说明输入的不是数字键 1~6，则重新输入；否则将 AL 中的值扩展为字，再减去 1 后乘 2，作为地址的偏移量送入变址寄存器 SI 中，跳转表的首地址送入基址寄存器 BX 中，跳转指令 JMP 便可用基址变址寻址方式取得分支程序段的首地址并实现跳转。跳转表法实现多分支程序是一种较为常见也是非常有用的程序设计方法。

6.4.3 循环程序

在上一章中已讨论了循环指令，并给出了一个循环程序的例子。下面主要讨论循环程序的基本结构和循环程序的设计方法。

1. 循环程序的基本结构

循环程序的基本结构如图 6-9 所示。循环程序由循环初始化部分、循环工作部分、循环参数调整部分和出口判定部分组成。

循环初始化部分主要是设定循环的初始状态，为循环做准备，如设置循环最大次数、循环过程中相关寄存器所需的初始值等。最大循环次数的值必须存入 CX 寄存器中。

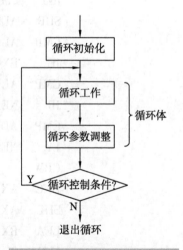

图 6-9 循环程序的基本结构

循环工作部分是循环程序的主体部分，它完成该循环体所要实现的主要功能，如数据的传送、运算等。根据实际问题的不同，这部分程序段可以比较简单，也可能比较复杂。

循环参数调整部分的主要功能是用于修改某些数据，以保证每次循环时参与运行的某些信息能发生有规律的变化，从而使所完成的操作不完全重复。例如，存储单元地址的修改，使每次循环访问的不是同一单元的内容。在有些书上也把这部分并入循环工作部分中。

循环控制部分是循环程序设计的关键，每个循环程序必须要有一个循环控制条件来控制循环的运行和结束，该控制功能由循环控制指令完成。第 4 章中已做过介绍，循环控制指令有 LOOP、LOOPE/LOOPZ、LOOPNE/LOOPNZ 三条，主要分别根据 CX 或者 CX 和标志位

ZF来决定程序是否继续循环。循环控制在流程图上用一个菱形框来表示,它有两个出口Y和N,当满足循环条件时走Y出口继续循环,否则走N出口结束循环。与条件转移指令不同的是,循环控制指令在进行出口判定前会自动修改CX的值。

【例6-8】 编写一个程序,把2000:1000H开始的100个字节数据传送至2000:1100H开始的存储区中。

```
        .MODEL  SMALL
        .CODE
START:  MOV     AX,2000H
        MOV     DS,AX
        MOV     SI,1000H
        MOV     DI,1100H
        MOV     CX,100
L1:     MOV     AL,[SI]
        MOV     [DI],AL
        INC     SI
        INC     DI
        LOOP    L1
        MOV     AH,4CH
        INT     21H
        END     START
```

【例6-9】 编写程序,统计BUFFER开始的缓冲区中负数的个数,结果存在NUM单元。

```
        .MODEL  SMALL
        .DATA
BUFFER  DB      -1,5,78,-66,0,72,34,-56,100,20
COUNT   EQU     $-BUFFER
NUM     DB      0
        .CODE
START:  MOV     AX,@DATA
        MOV     DS,AX
        MOV     CX,COUNT        ;数据个数送CX
        LEA     BX,BUFFER       ;初始化地址指针
        XOR     AL,AL           ;AL清零
GO:     CMP     [BX],AL         ;[BX]所指的存储单元内容与AL比较
        JGE     NEXT            ;大于或等于0,则转到NEXT
        INC     NUM             ;否则,(NUM)+1
NEXT:   INC     BX              ;修改指针
        LOOP    GO              ;(CX)-1,若不等于0,转到L1处循环执行程序
        MOV     AH,4CH
        INT     21H
```

END　　START

【例 6-10】 某班某门课程的考试成绩存放在内存中名为 MATH 的缓冲区中,数组的第一个字节存放参加考试的人数,从第二个字节开始存放成绩,每个成绩占一个字节。要求将这些成绩进行统计:60 分以下、60~69 分、70~79 分、80~89 分、90 分及 90 分以上各有多少人? 将这些人数分别存入数组后面的变量中,然后统计全班的平均成绩(只取整数)为多少。

这里的循环次数取决于考试人数,而人数可以从数组的第一个单元中取得,因此这是一个循环次数已知的循环程序。每个人的成绩是以字节存放的,在求平均成绩时先要进行累加,用于累加的寄存器必须是 16 位的,否则会溢出。这一点在设计时必须加以注意。

数组的第一个字节是参加考试的人数,该数表示建立循环的次数,应送入 CX 寄存器,但它必须先经 AL 进行符号扩展后才能送 CX。对成绩分类的方法可以将成绩除以 10 并取整数商,再将商根据统计要求处理成 0~4,以此作为地址偏移量来实现对不同分数档的统计。相应的程序流程图如图 6-10 所示。

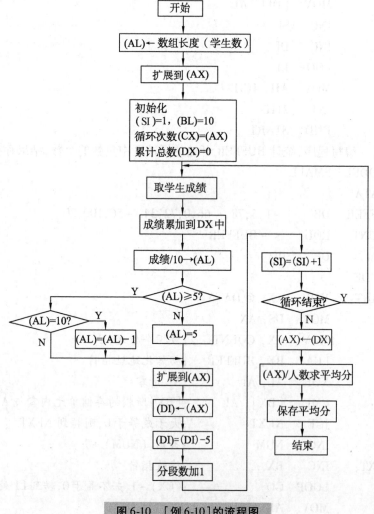

图 6-10　[例 6-10]的流程图

图 6-10 中前 4 个框为循环程序的初始化部分,主要是读取考试人数并经扩展后送入 CX 作为循环次数。将用于累加成绩的寄存器 DX 清零,将读取成绩的地址指针 SI 设为初值 1(指向存放人数的单元的下一个地址),将除数 10 送入 BL 寄存器。循环的主体部分完成以下工作:读取成绩并进行符号扩展,累加成绩,将 AX 中的内容除以除数取得整数商。对商要进行一次处理,如果成绩是 100 分,则商为 10,此时应将其减 1 使其计入 90 分及 90 分以上的人数中;如果成绩低于 50 分,则商小于 5,此时应让其等于 5 以使其计入低于 60 分的人数中。然后将处理后的商经符号扩展后送入 DI 寄存器,该值还要减去 5,使原来的 5、6、7、8、9 分别变为 0、1、2、3、4,作为指示存放统计结果的单元的偏移量。经过以上处理后,就可以用寄存器相对寻址的方式对相应单元加 1 来实现分类统计了。循环体的最后还要修改地址指针 SI。循环结束后还要由累加在 DX 中的数值计算平均值,要注意的是:被除数先要送入 AX 中才能进行除法运算。最后得到的商作为平均成绩送入 AVERA 单元。

本例的源程序如下所示:

```
        .MODEL   SMALL
        .DATA
        MATH     DB    100 DUP(?)        ;存放成绩的缓冲区
        STATI    DB    5   DUP(?)        ;定义 5 个单元以存放 5 个分数段人数
        AVERA    DB    ?                 ;存放平均成绩
        .CODE
        MAIN     PROC  FAR
        START:   PUSH  DS
                 SUB   AX,AX
                 PUSH  AX
                 MOV   AX,@DATA
                 MOV   DS,AX
                 MOV   AL,MATH           ;取总人数
                 CBW
                 MOV   CX,AX             ;总人数送 CX 作为循环次数
                 MOV   SI,1              ;指向第一个学生的成绩
                 MOV   DX,0              ;累计总分初值
                 MOV   BL,10
        AGAIN:   MOV   AL,MATH[SI]       ;取学生成绩
                 CBW
                 ADD   DX,AX             ;总分累加
                 IDIV  BL                ;成绩除以 10,商存于 AL 中
                 CMP   AL,5              ;(AL)与 5 比较
                 JGE   GE5               ;若(AL)≥5 则转至 GE5
                 MOV   AL,5              ;若(AL)<5 则令(AL)=5
                 JMP   CLASS             ;跳转到 CLASS 进行分数段统计
        GE5:     CMP   AL,10             ;(AL)与 10 比较
```

```
            JNE     CLASS                    ;若(AL)不等于10跳转到CLASS
            DEC     AL                       ;若(AL)=10则(AL)-1使其为9
    CLASS:  CBW
            MOV     DI,AX                    ;(DI)←(AX)
            SUB     DI,5                     ;(DI)-5,作指向统计单元的偏移量
            INC     BYTE PTR[STATI+DI]       ;相应分数段人数加1
            INC     SI                       ;修改地址以指向下一个学生成绩
            LOOP    AGAIN                    ;循环
            MOV     AX,DX                    ;总分送入(AX)
            IDIV    MATH                     ;总分除人数得平均成绩
            MOV     AVERA,AL                 ;保存平均成绩
            RET
    MAIN    ENDP
            END     START
```

程序中存放原始成绩的MATH数组用DUP预留100个字节的方式来定义,实际编程时可以用具体的数据代替。

2. 多重循环结构

相对于多重循环,前面讨论的为单循环。多重循环又称为循环嵌套,即循环体内再套循环。多重循环程序设计的基本方法和单循环是一样的,但是在设计多重循环时要分清内外循环的控制条件及其初始条件的设置,不能混淆,每次通过外循环再次进入内循环时,设置内循环初始条件的指令必须重新执行一遍。

要注意多重循环的内外循环不能交叉,如图6-11所示。

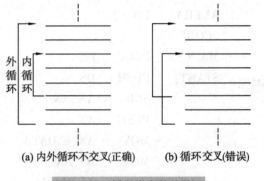

图6-11 循环嵌套的结构

【例6-11】 设有一个由N个16位数据组成的数组,存放在名为BUFF的缓冲区中,要求编一程序将这组数据按从大到小的顺序排列。

有关数据排序的方法在算法中有多种不同的方法,本例中是按降序排列。从数组的第一个数开始,依次将相邻的两个数进行比较。即第1个数与第2个数比较;第2个数与第3个数比较……第N-1个数与第N个数比较,每次比较都判断是否大的数在前、小的数在后,如果满足该排列顺序就保持不变,否则就将这两个数进行交换。这样,经过共N-1次比较后最小的数一定排到了最后。对剩下的N-1个数可以进行第二轮与上面一样的比较和交换,不过这一轮只需要比较N-2次就可以将N-1个数中的最小数排到最后面。再进行第三轮,比较N-3次……第N-1轮,比较1次。因此,N个数的排序总共需进行N-1轮,第一轮比较N-1次,以后每轮比较的次数都比前一轮少一次。这种方法称为气泡(冒泡)排序法,是较为常用的一种排序算法。

对这种排序方法可以用双重循环来设计程序,将比较的轮数用外循环来控制,共N-

1轮。每一轮比较的次数用内循环来控制，每一轮的比较次数不是固定的，它是按每轮减1的规律变化。该程序的流程图如图6-12所示。

外循环计数为CNT1，初始值为N-1，即循环N-1轮，每循环一轮后减1，当减为0时退出。内循环计数为CNT2，其初始值应等于当前外循环的计数值，即比较CNT1次，也是每循环一次后减1，当减为0时退出。

在内循环中进行相邻两个数据的比较，I相当于变量的下标，用于指示数据单元的偏移地址，实现X(I)与X(I+1)的比较，在每次进入内循环之前，应使I=0，在每一次比较后应将I加1，实现后面相邻两个数的比较。在实际编写程序时要注意，因为内、外循环的控制都要用到CX寄存器，所以在每次进入内循环之前都应将(CX)中的当前外循环控制值CNT1保存好，该值也是内循环控制值CNT2的初始值，当内循环结束时(CX)=0，此时应恢复CNT1到(CX)中，以进行下一轮外循环。

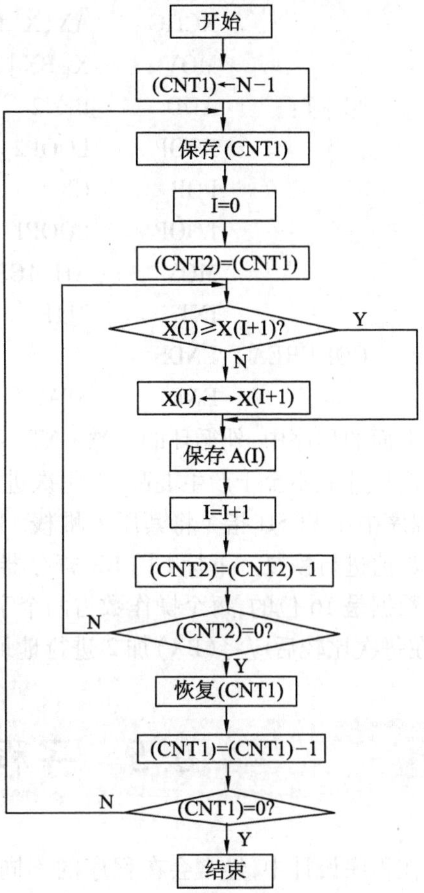

假设要对20个字的数组进行排序，相应的源程序如下：

图6-12 气泡法排序流程图

```
        TITLE    SORT—ORDER PROGRAM
        DATAREA  SEGMENT
        X   DW   20  DUP(?)        ;定义20个数
        DATAREA  ENDS
        CODEREA  SEGMENT
                 ASSUME   CS:CODEREA,DS:DATAREA
START:
                 MOV      AX,DATAREA
                 MOV      DS,AX
                 MOV      CX,20
                 DEC      CX                ;外循环CNT1初始值为19
LOOP1:           PUSH     CX                ;保存当前CNT1，并CNT2=CNT1
                 MOV      BX,0              ;I=0，偏移地址指向第一个字单元
LOOP2:           MOV      AX,X[BX]          ;X(I)送入AX
                 CMP      AX,X[BX+2]        ;X(I)与X(I+1)比较
                 JGE      NEXT              ;若X(I)≥X(I+1)则不交换
```

	XCHG	AX,X[BX+2]	;否则,X(I)与X(I+1)交换
	MOV	X[BX],AX	;保存X(I)
NEXT:	ADD	BX,2	;修改偏移地址,即令I=I+1
	LOOP	LOOP2	;CNT2-1,进行下一次比较
	POP	CX	;内循环结束,恢复CNT1至CX
	LOOP	LOOP1	;CNT1-1,进行下一轮外循环
	MOV	AH,4CH	
	INT	21H	
CODEREA	ENDS		
	END	START	

上面的程序中,外循环的计数 CNT1 和内循环的计数 CNT2 都必须用到 CX 寄存器。为保证循环计数不至于产生混乱,在每次进入内循环之前必须将当前外循环的计数值保存起来,程序中用 PUSH 指令将其压入堆栈。在每一轮内循环结束后,再用 POP 指令对外循环的计数值进行恢复。下标 I 用 BX 寄存器来指示,便于采用寄存器间接寻址来取得操作数。因为数据是 16 位的,每个操作数占两个字节,所以相邻的两个操作数应该是[BX]和[BX+2],在每次比较后应将(BX)加 2 进行地址的修改。

6.5 子程序的编程方法

在程序设计中,经常会在程序的不同地方反复用到某个程序段,以完成某种相同的功能,譬如完成某种函数运算,又如进行数制的转换,将二进制数转换成 BCD 码、将 BCD 码转换成 ASCII 码等。这种程序段结构形式相同,功能确定,只需改变输入参数便可得到不同的处理结果。我们可以把这部分编成一个独立的程序段,称之为子程序或者过程。它可以被主程序以一定的格式来调用,来完成特定的功能,子程序运行完后能返回主程序继续运行。这样就可以避免程序中多次重复地书写这些程序段,从而使程序结构变得简洁明了、便于调试,同时也节省了内存的占用量。

6.5.1 子程序的基本结构和设计方法

主程序对子程序的调用通过 CALL 指令来实现,子程序返回主程序用 RET 指令来实现,子程序调用和返回的指令格式在第 5 章中已讨论过。在 6.2 节中,我们也学习了过程定义伪指令,这些内容在此不再重复讨论。本节主要讨论子程序的结构和编程方法。

子程序的第一条和最后一条语句为过程定义伪指令:

〈过程名〉 PROC NEAR/FAR
　　……
〈过程名〉 ENDP

过程名是标识符,它又是子程序的入口地址,与语句标号类似,过程名具有段地址、偏移地址和类型三个属性。段地址属性和偏移地址属性是指子程序第一条正式指令语句的段地址和起始偏移地址。类型属性是指 NEAR 或 FAR,NEAR 属性只可供主程序进行段内调用,

FAR 属性既可供主程序在段内调用也可段间调用,当过程定义伪指令中省略了类型属性时,则默认其为 NEAR 属性。

子程序末尾应该安排有返回指令,不论子程序是 NEAR 还是 FAR 属性,其返回指令均为 RET。但要说明的是,可执行程序在用 DEBUG 进行调试时,用反汇编得到的汇编语言程序中,FAR 属性的子程序返回指令显示为 RETF,表示这是一种远程返回。

子程序的结构中还应该包含以下一些内容:

1. 现场的保护与恢复

因为子程序是一个相对独立的程序段,它在程序的编写上与主程序往往是分开进行的,因此在子程序中用到的寄存器可能在主程序中也会用到。如果主程序在调用子程序之前用到了某些寄存器,在进入子程序后又用到了与主程序中相同的寄存器,那么这些寄存器中的内容将会被子程序改变。当从子程序返回主程序时,若寄存器中原有的内容被破坏,就会造成程序运行发生错误。为了避免这种情况的发生,在子程序的设计上应该在一开始就把子程序中将要使用的寄存器中的当前内容压入堆栈保存起来,我们把这一操作称为保护现场;在子程序结束返回之前,将保存在堆栈中的内容再恢复到原寄存器中,这就是恢复现场,然后再执行返回指令。例如:

```
SUBSEG  PROC  FAR
        PUSH  AX  ⎫
        PUSH  BX  ⎬ 保护现场
        PUSH  SI  ⎪
        PUSH  DI  ⎭
        ……
        POP   DI  ⎫
        POP   SI  ⎬ 恢复现场
        POP   BX  ⎪
        POP   AX  ⎭
        RET
SUBSEG  ENDP
```

在以上指令的安排中要注意堆栈后入先出的特点,否则将不能正确地恢复现场。

2. 主程序与子程序之间的参数传递

在很多情况下,主程序在调用子程序时,需要把一些参数带给子程序,子程序运行完后也需将一些结果信息返回给主程序,这种主程序与子程序之间的信息传送称为参数传递。通常,我们把主程序传给子程序的原始数据等参数称为入口参数;而把子程序返回给主程序的结果信息称为出口参数。参数传递有以下几种方法:

(1) 利用寄存器传递参数

这种方式是指子程序的入口参数和出口参数都是通过寄存器传送的,这是一种最常用的方法。但因为寄存器数量有限,所以这种方法只适用于程序较小,使用参数不是很多的情况。

【例6-12】 将从键盘上接收到的十六进制数的 ASCII 码转换成二进制数并存放于内存中。

假设从键盘上接收到的字符是十六进制数的 ASCII 码,即 0~9、a~f 或 A~F,则将其转换成二进制数,如果不是,则不进行转换和保存;如果接收到的是字符"q",则结束程序。首先我们要确定主程序和子程序各自的功能是什么,假定主程序负责接收键盘输入的字符,只要接收到的不是"q"就交给子程序进行处理;子程序主要完成对主程序传过来的字符 ASCII 码进行判别,如果是十六进制数的 ASCII 码就将其转换成二进制数,如果不是就不转换,然后将处理结果回送给主程序。

这里还要用到一个转换标志,主程序在把 ASCII 码传给子程序的同时,还要传送一个复位后的转换标志,子程序如果对 ASCII 码进行了转换,就将该标志置位,在返回主程序时也把该标志回传给主程序,主程序根据该标志是否被置位来确定是否将转换后的二进制数存入内存。我们采用的传递内容如下:

入口参数:主程序接收到的字符 ASCII 码,通过 AL 寄存器传递;复位后的转换标志,通过 DX 寄存器传递。

出口参数:子程序对 ASCII 码处理后的结果;转换标志,通过 DX 寄存器传递。

主程序如下:

```
        TITLE     CONVERT   ASCII TO BINARY
        DATAM     SEGMENT
        BINDAT    DB 256 DUP(?)           ;存放转换结果的缓冲区
        DATAM     ENDS
        CODEM     SEGMENT
                  ASSUME    CS:CODEM,DS:DATAM
        START:    MOV       AX,DATAM
                  MOV       DS,AX
                  LEA       SI,BINDAT     ;缓冲区首地址送入 SI
        NEXT:     MOV       DX,0          ;转换标志清零
                  MOV       AH,01H
                  INT       21H           ;键盘输入并回显功能调用
                  CMP       AL,71H        ;(AL)与"q"比较
                  JE        QUIT          ;若输入"q",则退出
                  CALL      FAR PTR SUBP  ;调用转换子程序,ASCII 码在 AL 中
                  AND       DX,DX         ;检验转换标志
                  JZ        NEXT          ;未转换,转 NEXT 进行下一个输入
                  MOV       [SI],AL       ;已转换,保存转换值至内存
                  INC       SI            ;修改内存地址,以便存入下一个数
                  JMP       NEXT          ;进行下一个输入
        QUIT:     MOV       AH,4CH
                  INT       21H           ;返回操作系统
        CODEM     ENDS
```

完成转换功能的子程序如下:

```
        CODES     SEGMENT
```

```
            ASSUME    CS:CODES
    SUBP    PROC      FAR
            PUSH      BX              ;保护现场
            PUSH      CX
            PUSH      SI
            CMP       AL,30H          ;接收到的ASCII字符与30H比较
            JB        EXIT            ;若码值小于30H,则为无效码,退出
            CMP       AL,39H          ;若大于或等于30H,再与39H比较
            JBE       BCD             ;若小于或等于39H,则为BCD码,转到BCD
            CMP       AL,61H          ;大于39H,再与61H比较
            JB        BITC            ;若小于61H,则不是a~f,转到BITC
            CMP       AL,66H          ;不小于61H,再与66H比较
            JA        EXIT            ;若大于66H,则不是a~f或A~F,退出
            SUB       AL,27H          ;是字符a~f,码值减27H
            JMP       BCD             ;跳转到BCD
    BITC:   CMP       AL,46H          ;与46H比较
            JA        EXIT            ;若码值大于46H,则不是A~F,退出
            CMP       AL,41H          ;再与41H比较
            JB        EXIT            ;若码值小于41H,则不是A~F,退出
            SUB       AL,07H          ;将A~F的码值减07H
    BCD:    SUB       AL,30H          ;将AL值减去30H,转换成二进制数
            MOV       DX,1            ;转换标志置1
    EXIT:   POP       SI              ;恢复现场
            POP       CX
            POP       BX
            RET                       ;返回主程序
    SUBP    ENDP
    CODES   ENDS
            END       START
```

这是一个可供段间调用的子程序。子程序的开始和最后分别用了3条PUSH和3条POP指令,用于保护BX、CX和SI寄存器。实际上这3个寄存器在子程序中都没有用到,所以这6条指令不用也无妨,这里主要起到一个保护和恢复现场的示例作用。AL和DX要用于传递参数,所以就不能进行保护和恢复,否则就无法传递参数。

(2) 利用内存单元传递参数

在参数比较多的情况下,也可以通过内存单元来进行传递。在这种传递方式下,主程序在调用子程序前先将要传给子程序的入口参数存入指定的内存单元中,在调用结束后再从这些单元中取得出口参数。子程序运行时则从指定的单元中取出参数,并将结果存放到这些单元中。

仍以上例为例,将从键盘接收到的字符ASCII码通过变量名为RECEA的内存单元来传

递给子程序，以变量名为 RDOFST 的内存单元来传递存放转换结果的单元的首地址，转换结果直接由子程序来完成。修改后的主程序和子程序如下：

主程序：

```
        TITLE   CONVERT ASCII TO BINARY
        DATAM   SEGMENT
        BINDAT  DB      256 DUP(?)      ;存放转换结果的缓冲区
        RDOFST  DW      ?
        RECEA   DB      ?
        DATAM   ENDS
        CODEM   SEGMENT
                ASSUME  CS:CODEM,DS:DATAM
START:          MOV     AX,DATAM
                MOV     DS,AX
                LEA     SI,BINDAT
                MOV     RDOFST,SI       ;将缓冲区的首地址存入 RDOFST
NEXT:           MOV     AH,01H
                INT     21H             ;键盘输入并回显功能调用
                CMP     AL,71H          ;(AL)与"q"比较
                JE      QUIT            ;若输入"q"，则退出
                MOV     RECEA,AL        ;将从键盘接收到的字符送入 RECEA
                CALL    FAR PTR SUBP    ;调用转换子程序,ASCII 码在单元中
                JMP     NEXT            ;进行下一个输入
QUIT:           MOV     AH,4CH
                INT     21H             ;返回操作系统
        CODEM   ENDS
```

子程序：

```
        CODES   SEGMENT
        ASSUME  CS:CODES,DS:DATAM
        SUBP    PROC    FAR
                PUSH    BX              ;保护现场
                PUSH    CX
                PUSH    SI
                MOV     AL,RECEA        ;从单元取得字符 ASCII 码
                CMP     AL,30H
                JB      EXIT
                CMP     AL,39H
                JBE     BCD
                CMP     AL,61H
                JB      BITC
```

```
            CMP     AL,66H
            JA      EXIT
            SUB     AL,27H
            JMP     BCD
    BITC:   CMP     AL,46H
            JA      EXIT
            CMP     AL,41H
            JB      EXIT
            SUB     AL,07H
    BCD:    SUB     AL,30H
            MOV     DI,RDOFST       ;存放数据的缓冲区单元地址送 DI
            MOV     [DI],AL         ;转换结果存入缓冲区
            INC     RDOFST          ;修改地址以便存放下一个数
    EXIT:   POP     SI              ;恢复现场
            POP     CX
            POP     BX
            RET
    SUBP    ENDP
    CODES   ENDS
            END     START
```

本例中子程序使用的数据段和主程序的数据段是同一个段,主程序和子程序可以通过偏移地址指定的单元来直接传递数据。在实际使用中,也可以使用不同的段。

(3) 利用堆栈传递参数

这种方式就是将子程序的入口参数和出口参数通过堆栈来传递。子程序在调用子程序之前先将要传送给子程序的入口参数压入堆栈,进入子程序后,子程序从堆栈中取得参数,当子程序处理结束后将需要回送给主程序的出口参数也压入堆栈,主程序再从堆栈中取出出口参数,从而得到子程序回传给主程序的运算结果。

在使用堆栈传递参数时,必须要注意入栈和出栈的次序,并且子程序结束时的 RET 指令应使用带立即数的返回指令,以便在返回主程序后堆栈能恢复原始状态不变。

下面仍以前例来说明这种方式的使用方法。修改后的程序如下:

主程序:

```
    TITLE       CONVERT ASCII TO BINARY
    STAKSEG SEGMENT     STACK
            DW          80H DUP(?)
    TOP     LABEL       WORD
    STAKSEG ENDS
    DATAM   SEGMENT
    BINDAT  DB  256     DUP(?)
    DATAM   ENDS
```

```
          CODEM    SEGMENT
          MAIN     PROC       FAR
                   ASSUME     CS:CODEM,DS:DATAM,SS:STAKSEG
          START:   MOV        AX,DATAM              ;设定数据段地址
                   MOV        DS,AX
                   MOV        AX,STAKSEG            ;设定堆栈段地址
                   MOV        SS,AX
                   LEA        SP,TOP                ;初始栈顶地址送入 SP
                   MOV        SI,OFFSET BINDAT
                   PUSH       SI                    ;缓冲区首地址压入堆栈
          NEXT:    MOV        AH,01H
                   INT        21H                   ;键盘输入并回显功能调用
                   CMP        AL,71H                ;(AL)与"q"比较
                   JE         QUIT                  ;若输入"q",则退出
                   MOV        AH,0
                   PUSH       AX                    ;输入字符压入堆栈
                   CALL       FAR PTR SUBP          ;调用转换子程序,ASCII 码在堆栈中
                   JMP        NEXT                  ;进行下一个输入
          QUIT:    MOV        AH  4CH
                   INT        21H                   ;返回操作系统
          MAIN     ENDP
          CODEM    ENDS
子程序:
          CODES    SEGMENT
                   ASSUME     CS:CODES
          SUBP     PROC       FAR
                   PUSH       BP
                   MOV        BP,SP
                   PUSH       BX                    ;保护现场
                   PUSH       CX
                   MOV        AX,[BP+6]             ;从堆栈取输入字符 ASCII 码
                   CMP        AL,30H
                   JB         EXIT
                   CMP        AL,39H
                   JBE        BCD
                   CMP        AL,61H
                   JB         BITC
                   CMP        AL,66H
                   JA         EXIT
```

```
              SUB       AL,27H
              JMP       BCD
    BITC：    CMP       AL,46H
              JA        EXIT
              CMP       AL,41H
              JB        EXIT
              SUB       AL,07H
    BCD：     SUB       AL,30H
              MOV       DI,[BP+8]          ;从堆栈中取缓冲区单元偏移地址
              MOV       [DI],AL            ;转换结果存入该单元中
              INC       WORD PTR[BP+8]     ;修改存于堆栈中的缓冲区单元地址
    EXIT：    POP       CX                 ;恢复现场
              POP       BX
              POP       BP
              RET       2                  ;带立即数返回
    SUBP      ENDP
    CODES     ENDS
              END       START
```

程序中设立名为STAKSEG的堆栈段,并开辟80H个字的堆栈空间,TOP为初始栈顶的地址,其地址值应为100H。主程序程序首先将BINDAT缓冲区的首地址压入堆栈,在每次接收键盘字符后,如AL中的内容不是"q"的ASCII码,就把该字符压入堆栈作为传递给子程序的参数,要注意的是PUSH指令只能进行字操作,所以先将AH清零,然后将AX入栈。进入子程序后,为了能正确地从堆栈中取得参数,在先将原BP的内容入栈保存后,应将当前栈顶SP的内容保存于BP

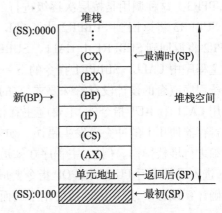

图6-13 用堆栈传递参数堆栈最满时的情况

中,作为堆栈基址指针,以便使用MOV指令访问堆栈,从而取得参数。接下来是两条对BX和CX的入栈指令,此时堆栈中的内容如图6-13所示。

子程序从堆栈中取入口参数可以用MOV指令访问堆栈,将该内容送入AX。该ASCII码转换处理完毕后应将结果存入BINDAT缓冲区,该缓冲区的首地址可使用MOV指令访问堆栈取得,并传送给DI寄存器,再用MOV指令将结果存入由(DI)间接寻址指定的缓冲区单元中。保存完毕,应修改缓冲区单元地址,以便存入下一个数。

子程序返回时应使用带立即数的返回指令,该指令的格式为:RET n。

执行该返回指令时,除了按一般RET的操作功能正常返回外,另外再将堆栈指针往回拨位移量n,即执行(SP)←(SP)+n。

在本例中因为主程序的循环程序段中在每次接收键盘输入的字符后,都用PUSH指令

将其压入堆栈,为保证子程序每次返回后都能恢复到字符压入堆栈前的状态,所以返回指令应使用:RET 2。

6.5.2 子程序的嵌套

我们知道,主程序运行过程中可以调用子程序,而子程序在运行过程中也可以调用另一个子程序,这种子程序再调用子程序的情况就称为子程序嵌套。嵌套的层次不限,其层数称为嵌套深度。如图6-14所示为子程序嵌套示意图。

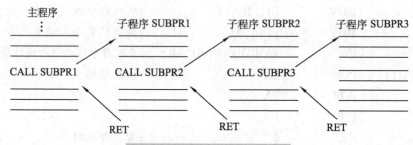

图6-14 子程序嵌套示意图

图中主程序调用子程序 SUBPR1,SUBPR1 又调用子程序 SUBPR2,SUBPR2 又调用子程序 SUBPR3。这种调用是按层次逐级进行的,在子程序返回时也必须是按层逐级返回,即子程序 SUBPR3 将返回到 SUBPR2 中 CALL SUBPR3 指令的下一条指令处;同样,子程序 SUBPR2 将返回到 SUBPR1 中 CALL SUBPR2 指令的下一条指令处;子程序 SUBPR1 将返回到主程序中 CALL SUBPR1 指令的下一条指令处。

子程序嵌套的设计没有特殊要求,它的逐层调用和逐层返回是由堆栈来保证的,除了正确使用 CALL 和 RET 指令外,主要应注意相关寄存器的保存和恢复,避免各层子程序之间发生寄存器使用上的冲突而发生错误。如果子程序调用过程中使用堆栈来传递参数,特别要仔细进行堆栈操作。例如,主程序在知道调用子程序指令之前用了哪些入栈指令来传递数据,进入子程序后 PUSH 和 POP 指令要成对使用,在返回时要使用带立即数的返回指令,并正确计算偏移量,避免因堆栈使用不当而造成不能正确返回的错误情况。

6.5.3 子程序递归

子程序调用子程序称为子程序的嵌套,如果所调用的子程序就是其本身时,就称为子程序的递归调用,这样的子程序称为递归子程序。递归调用是子程序嵌套的特例。

【例6-13】 编写一个程序,计算 N!。

根据阶乘的概念,有如下函数:$N! = N \times (N-1) \times (N-2) \times \cdots \times 1$

其递归定义为:$0! = 1$, $N! = N \times (N-1)!$ (N>0)

实现递归计算的源程序段如下:
```
BEGIN:  MOV     AX, N
        CALL    SUB1
        MOV     BX, DX
        HLT
```

```
        SUB1    PROC
                CMP     AL,0
                JNE     DON
                MOV     DL,1
                MOV     AL,1
                RET
        DON:    PUSH    AX
                DEC     AL
                CALL    SUB1
                POP     CX
                CALL    SUB2
                MOV     DX,AX
                RET
        SUB1    ENDP
        SUB2    PROC
                MUL     CL
                RET
        SUB2    ENDP
```

6.5.4 DOS 系统功能调用

用户在进行程序设计时,经常会涉及一些常用的功能,如要求程序能从键盘上接收输入的信息、向显示器或打印机输出结果、向磁盘机输出文件和从磁盘机读取文件等。如果要用户自己来编写实现这些功能的程序,要涉及许多硬件方面的细节,比较复杂,对于一般用户来说是很困难的。

8086/8088 微机为汇编用户提供了两个程序接口,一个是 BIOS 功能调用,另一个是 DOS 系统功能调用。存储器从地址 0FE000H 开始的 8k ROM 中装有 BIOS(Basic Input/Output System)的例行程序,这些例行程序提供了系统加电自检、引导装入、主要 I/O 设备的处理程序以及接口控制等功能模块来处理所有的系统中断。使用 BIOS 功能调用能给用户编程带来很多方便,用户不必了解硬件 I/O 接口的特性,可直接在设置相应的参数后用中断指令调用 BIOS 中的例行程序,BIOS 功能调用的方法是用一条软中断指令 INT n,n 为中断类型号,不同的中断类型号将转入不同的中断处理程序。用户可以查阅 BIOS 中断功能表来选择中断类型号实现相应功能的调用。

DOS(Disk Operating System)是早期 8086/8088 系列微机的磁盘操作系统,在目前 Windows 操作系统中也保留了 DOS 命令操作功能。DOS 中有两个主要的功能模块:IBMBIO.COM 和 IBMDOS.COM。其中 IBMBIO.COM 是一个输入/输出设备处理程序,它提供了 DOS 到 ROM BIOS 的低级接口,DOS 对外设的许多操作功能是通过 ROM BIOS 来完成的;而 IBMDOS.COM 则包括了一个内核初始化程序和几十个系统功能服务子程序,这些功能子程序可以完成 I/O 设备管理、存储管理、文件管理和作业管理等许多功能。对这些功能的调用称为 DOS 系统功能调用,简称系统功能调用。在一般情况下,用户使用系统功能调用比直接使用 BIOS 功能调用更简易、更方便。所以,下面主要介绍 DOS 系统功能调用。

为给用户编写汇编语言源程序提供方便,DOS 对系统功能服务子程序进行了编号。一个服务子程序对应一个编号,称为功能号。实现系统功能调用是采用软中断的方式来进行的,使用的是中断指令 INT 21H。由指令中给出的中断类型码 21H 乘以 4 可以得到中断向量的地址,从而取得中断向量。该中断向量是几十个功能子程序的总入口,为了能调用具体的功能子程序,需要选择不同的功能号并将其送入 AH 寄存器中。此外,对于有些功能调用,我们还应该在调用前设置好有关的调用参数(即入口参数),以便在功能调用时将调用参数传递给功能子程序;在系统功能调用返回后,有些功能调用可以在相关的寄存器中取得返回参数(出口参数),亦即功能子程序运行的结果。因此,进行系统功能调用可以分为以下几个操作步骤:

① 将功能调用所需的调用参数送入指定的寄存器中。
② 将调用功能号送入 AH 寄存器。
③ 使用中断指令 INT 21H 进行功能调用。
④ 调用结束可由相应寄存器取得返回参数。

第①和第④步并不是每个功能调用所必需的,有些功能调用不需要调用参数;有些功能调用无返回参数。附录 C 列出了常用的一些系统功能调用以及入口和出口参数。

下面列举几种基本输入和输出的系统功能调用方法。

1. 键盘输入单字符并回显

这是 1 号系统功能调用,其使用格式如下:

  MOV AH,1
  INT 21H

该功能调用无需入口参数,但可在 AL 寄存器中取得出口参数。其功能是等待键盘输入,当用户按下任何一个键时,系统先检查是否是 Ctrl + Break 键。如果是 Ctrl + Break 键则自动调用中断 23H 并结束程序;如果不是 Ctrl + Break 键就将键入字符的 ASCII 码置入 AL 寄存器中,并在屏幕上显示该字符。这是一个较常用的功能。例如,在交互式程序中,当程序运行到某一步时需要用户对某个提示做出应答,如输入一个键来对屏幕提示的选项进行选择,程序再根据用户的输入转入相应的程序段去运行。

【例 6-14】 在屏幕显示一串信息,要求用户回答"Y"或"N"。如果回答"Y"程序就转入标号为 YES 的程序段去运行,如果回答"N"就转到标号为 NO 的程序段去运行,如按下其他键程序就等待重新输入。实现此功能的程序段如下:

```
        ……
ANSW:   MOV     AH,1
        INT     21H
        CMP     AL,'Y'
        JE      YES
        CMP     AL,'y'
        JE      YES
        CMP     AL,'N'
        JE      NO
```

```
        CMP    AL,'n'
        JE     NO
        JMP    ANSW
        ……
```

2. 键盘输入字符串

这是0AH号功能调用,其功能是从键盘接收一串字符串,并将该字符串存入到数据段由用户定义的内存缓冲区中。该功能调用的调用参数由(DX)提供。

在某些应用程序中,要求用户输入姓名、地址或者其他字符串信息,就可以使用这一功能调用。在使用该功能调用之前,应先在内存中定义好存放输入字符串的缓冲区,缓冲区的第一个字节中存放允许输入的最大字符数,第二个字节留给系统填写实际键入的字符数,第三个字节开始存放键入的字符串,并将缓冲区的首地址送入DX寄存器作为调用参数。程序在运行到该功能调用指令INT 21H时,便开始等待用户逐个输入字符串,用户输完字符串后以回车键结束,系统会将键入的字符串存入(DS:DX)为首地址的缓冲区中第三个字节开始的连续单元中,实际字符串包括最后输入的回车键符号0DH,然后将不包括不回车键在内的字符串长度值存入缓冲区的第二个字节单元中。如果实际输入的字符串长度小于用户定义的缓冲区中可以存放的字符数,则缓冲区中多余的字节自动填0;如果键入的字符数超出了缓冲区的容量,则会发出"嘟嘟"声报警,而且光标不再移动,超出的字符将被丢失。

0AH号系统功能调用所需的缓冲区定义和功能调用指令序列如下:

```
        .MODEL  SMALL
        .DATA
                ……
        STRBUF  DB   20H
                DB   ?
                DB   20H  DUP(?)
                ……
        .CODE
                ……
                LEA  DX,STRBUF
                MOV  AH,0AH
                INT  21H
                ……
                END
```

如果输入字符串:display the next char,要注意空格也是字符,在键入以上字符串并按回车键后,STRBUF缓冲区各单元中存储的内容如图6-15所示。

3. 在屏幕上输出单字符

这是2号系统功能调用,可在屏幕的左下角显示一个指定的字符。在使用该功能调用前,应将要显示的字

图6-15 缓冲区接收的字符排列

符存入 DL 寄存器中作为调用参数。例如,要求在屏幕上显示字符"A",可用如下指令序列:

  MOV DL,'A'
  MOV AH,2
  INT 21H

4. 在屏幕上输出字符串

这是 9 号系统功能调用,其功能是将用户指定内存数据段某缓冲区中的字符串在屏幕上显示出来,该字符串必须以字符"$"作为结束符。该功能调用的参数由(DX)给出,程序在执行调用指令之前必须把要显示的字符串的首地址送入 DX 寄存器中。例如,要显示字符串"It is a function key",可用如下指令序列:

  ……
 OUTBUF DB 'It is a function key $'
  ……
  MOV DX,OFFSET OUTBUF
  MOV AH,9
  INT 21H
  ……

在系统执行以上功能调用时,便在屏幕上显示该字符串,光标则停留在最后一个字符的后面。

有些控制符(如回车、换行等)的 ASCII 码,不能出现在字符串中。假如在显示字符串时希望光标能自动换行,那么可在字符串结束之前加上回车和换行的 ASCII 码。例如,上例中要求屏幕显示字符串后光标换行,则可采用如下指令序列:

  ……
 OUTBUF DB 'It is a function key',13,10,'$'
  ……
  MOV DX,OFFSET OUTBUF
  MOV AH,9
  INT 21H
  ……

其中 13 和 10 分别是回车命令和换行命令的 ASCII 码。

5. 无回显键盘输入单字符

这是 8 号系统功能调用,其使用方式与 1 号系统功能调用一样,只是不将键入的字符在屏幕上显示出来。例如:

  MOV AH,8
  INT 21H

有时候,我们希望在程序提示输入字符时,用户键入的字符不在屏幕上留下痕迹,可采用该功能调用。

6. 返回操作系统

这是 4CH 号系统功能调用,其使用格式为:

```
        MOV     AH,4CH
        INT     21H
```
该功能调用无需调用参数,执行的结果是结束当前正在运行的程序,返回操作系统。屏幕显示 DOS 操作系统提示符。

7. 从串行口输入单字符

这是 3 号系统功能调用,其使用格式为:
```
        MOV     AH,3
        INT     21H
```
该功能调用无调用参数,(AL)为返回参数。其结果是将从异步串行通信接口输入的一个字符存入 AL 寄存器中。

8. 向串行口输出单字符

这是 4 号系统功能调用,(DL)为调用参数,在使用该功能调用前应将要输出的字符存入 DL 寄存器中,执行结果是将 DL 寄存器中的字符通过异步通信接口串行输出。例如,要传送字符"Y",可用如下指令序列:
```
        MOV     DL,'Y'
        MOV     AH,4
        INT     21H
```
以上列出了几种较为常用的 DOS 系统功能调用。DOS 3.0 以上版本的操作系统可提供 60 多种调用功能,这里不再一一列举,在本书附录 C 中给出了 DOS 功能调用(INT 21H)一览表以供参考。

【例 6-15】 将寄存器 DS 的内容以十六进制数形式显示在屏幕上。
```
        .MODEL  SMALL
        .CODE
START:  MOV     AX,DS
        MOV     CH,4
LOOP1:  MOV     CL,4
        ROL     AX,CL
        PUSH    AX
        AND     AX,000FH        ;低 4 位不变,高 12 位清零
        CMP     AL,9
        JA      L2
        ADD     AL,30H          ;将 0~9 之间的数转换成 ASCII 码
        JMP     L1
L2:     ADD     AL,37H          ;将 A~F 之间的数转换成 ASCII 码
L1:     MOV     DL,AL           ;2 号功能调用,显示一个字符
        MOV     AH,2
        INT     21H
        POP     AX
        DEC     CH
```

```
            JNZ     LOOP1
            MOV     AH,4CH              ;返回DOS
            INT     21H
            END     START
```

【例6-16】 从键盘输入一字符串,查找其中是否有字母"A"。若有,显示"YES!";否则,显示"NO!"。

```
            .MODEL  SMALL
            .DATA
    BUF     DB      80,?,80 DUP (?)
    MESS1   DB      0DH,0AH,'YES!','$'
    MESS2   DB      0DH,0AH,'NO!','$'
            .CODE
    START:  MOV     AX,@DATA
            MOV     DS,AX
            MOV     DX,OFFSET BUF       ;接受键盘输入的字符串
            MOV     AH,0AH
            INT     21H
            LEA     BX,BUF+2            ;使BX指向第一个字符
            MOV     CL,BUF+1            ;实际输入的字符个数送CX
            MOV     CH,0
    L2:     MOV     AL,[BX]             ;取一个字符,送到AL
            CMP     AL,'A'              ;判断是否是字母"A"
            JNZ     L1                  ;不是,转到L1
            MOV     DX,OFFSET MESS1     ;是,显示"YES!"
            MOV     AH,9
            INT     21H
            JMP     EXIT
    L1:     INC     BX                  ;修改指针,使BX指向下一个字符
            LOOP    L2                  ;(CX)-1,若不等于0,转到L2处
            MOV     DX,OFFSET MESS2     ;没找到字母"A",显示"NO!"
            MOV     AH,9
            INT     21H
    EXIT:   MOV     AH,4CH              ;返回DOS
            INT     21H
            END     START
```

目前部分DOS系统功能调用已经不能使用。在本书附录E中给出了EMU8086所支持的DOS系统功能调用汇总表。

6.6 典型应用程序设计

下面通过几个实例来说明程序设计的一些基本应用。

【例 6-17】 设有两个无符号数变量 DATAX 和 DATAY,定义如下:

```
DATAX   DW      0148H
        DW      2316H
DATAY   DW      0237H
        DW      4052H
```

现将 DATAX 和 DATAY 作为双字,编写程序计算(DATAX)×(DATAY),相乘后的结果存放于这两个变量之后的单元中。

这是一个双字相乘的问题,但是 8086/8088 CPU 的字长为 16 位,内部所有寄存器都是 16 位的,因而单条指令能处理的操作数最大长度为 16 位。要实现双字相乘,必须分步进行。根据十进制多位数相乘的原理,通过将低位字和高位字分别相乘,再将分部积相加的方法实现运算过程。

例如,两个 2 位十进制数 A 和 B 相乘,其中 A = $A_1 A_0$,B = $B_1 B_0$,乘积为 C,运算过程为:

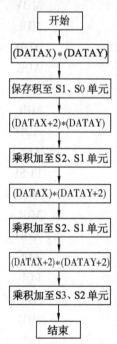

图 6-16 两个双字相乘的流程图

$$
\begin{array}{r}
A_1 \; A_0 \\
\times \; B_1 \; B_0 \\
\hline
C_{11} \; C_{10} \\
C_{21} \; C_{20} \\
C_{31} \; C_{30} \\
+ \; C_{41} \; C_{40} \\
\hline
C_3 \; C_2 \; C_1 \; C_0
\end{array}
$$

其中:

$A_0 \times B_0 = C_{11} C_{10}$

$A_1 \times B_0 = C_{21} C_{20}$

$A_0 \times B_1 = C_{31} C_{30}$

$A_1 \times B_1 = C_{41} C_{40}$

$C_3 C_2 C_1 C_0$ 为 4 位数的积。

从上面十进制相乘结果可知,两个 2 位数相乘,积可能是 4 位数,$C = C_3 C_2 C_1 C_0$。同理,在计算机内部,两个双字相乘,积应该是 4 字长的。

根据这一原理,我们将两个双字按它们存放的地址分别表示为 DATAX、DATAX + 2 和 DATAY、DATAY + 2,假如存放乘积的高位字至低位字依次为 S3、S2、S1、S0。流程图如图 6-16 所示。

根据乘法指令的使用规则,字操作的乘法运算时,其中一个操作数必须在 AX 寄存器中,乘积为双字,且积的高位字和低位字分别在 DX 和 AX 寄存器中。在分部积的相加过程中,还必须考虑低位向高位的进位问题。

根据流程图,编制完整的汇编语言源程序如下:

```
.MODEL   SMALL
.DATA                        ;定义数据段
```

```
        DATAX   DW      0148H           ;定义第1个数据
                DW      2316H
        DATAY   DW      0237H           ;定义第2个数据
                DW      4052H
        S0      DW      0               ;存放结果的字变量
        S1      DW      0
        S2      DW      0
        S3      DW      0
        .CODE                           ;定义代码段
        START:  MOV     AX,@DATA        ;设定数据段首地址
                MOV     DS,AX
                MOV     AX,DATAX        ;第1个操作数低位字送累加器AX
                MUL     DATAY           ;(AX)与第2个字的低位字相乘
                MOV     S0,AX           ;积的低位字保存至S0单元
                MOV     S1,DX           ;积的高位字保存至S1单元
                MOV     AX,DATAX+2      ;第1个操作数高位字送累加器AX
                MUL     DATAY           ;(AX)与第2个字的低位字相乘
                ADD     S1,AX           ;积的低位字加至S1单元
                ADC     S2,DX           ;积的高位字加至S2单元(带进位加)
                MOV     AX,DATAX        ;第1个操作数低位字送累加器AX
                MUL     DATAY+2         ;(AX)与第2个字的高位字相乘
                ADD     S1,AX           ;积的低位字加至S1单元
                ADC     S2,DX           ;积的高位字加至S2单元(带进位加)
                PUSH    F               ;保存进位位
                MOV     AX,DATAX+2      ;第1个操作数高位字送累加器AX
                MUL     DATAY+2         ;(AX)与第2个字的高位字相乘
                ADD     S2,AX           ;积的低位字加至S2单元
                ADC     S3,DX           ;积的高位字加至S3单元(带进位加)
                POP     F               ;弹出以前保存的进位位
                ADC     S3,0            ;再次加进位位
                MOV     AH,4CH
                INT     21H
                END     START
```

【例6-18】 设有一组以字为单位的无符号数存放在数据区的表格中,并且该表格中的数据已按大小顺序排好序,表格的首地址为DEXCEL,其第一个单元中存放的是表格的长度值。在内存的KEYDAT字单元中存放着一个特定的数,用对半查找法在表格(数组)中查找是否有该特定的数,如找到,则将表格中该数所在单元的偏移地址送入KEYDAT单元中;如未找到,则将 -1 送入该单元中。

有关查表的方法有很多种,如顺序查找,它是从表格的第一个单元开始逐个查找,直到

找到为止。这是一种最简单的方法,但缺点是查找速度较慢,如果表格的长度为 N,而要查找的数刚好在表格的末尾的话,就要查找 N 遍才能找到。对半查找的方法是先取数组的中间元素与查找值进行比较,如果相等则查找成功;假如查找值大于中间元素,就以该元素的地址为起点,再将高半部的中间元素与查找值进行比较;而如果查找值小于中间元素,则将该元素所在地址以前的低半部的中间元素与查找值进行比较;如果还未找到,就在该半部中再进行对半查找,以此方法重复进行,直到查找成功或者找不到为止。

采用这种查找方法的平均查找次数要比顺序查找法的平均查找次数少得多。例如,对于长度为 N = 256 的表格,用顺序查找法平均要查找 N/2 = 128 次才能完成,而用对半查找法平均则只需要查找 $\log_2 256 = 8$ 次便可完成,效率大大提高了。

设表格中的数据是按降序的方式排序的,那么对半查找法查找的具体顺序是:先将查找值分别与数组的第一个元素和最后一个元素进行比较,如果找到或者查找值小于第一个元素或大于最后一个元素则表示已找到或无法找到,立即结束查找,否则就求出中间位置后进行对半查找。另外要注意的是,类型为字的数据一般都是从偶地址单元开始存放的,所以在计算出折半地址的时候如果得到的是奇数,应该采用加 1 的方法使其定位在偶地址上,否则将会无法正常查找。

对半查找法的流程图如图 6-17 所示。相应的源程序清单如下:

```
         . MODEL    SMALL
         . DATA
         DEXCEL    DW        256 DUP(?)
         KEYDAT    DW        ?
         . CODE
         START:    MOV       AX,@DATA
                   MOV       DS,AX
                   MOV       AX,KEYDAT      ;取需要查找的数到 AX
                   LEA       DI,DEXCEL      ;取表格的首地址到 DI
                   CMP       AX,[DI+2]      ;比较首元素
                   JB        FAIL           ;数太小,查找失败,转至 FAIL
                   LEA       SI,[DI+2]      ;首元素地址送 SI
                   JE        EXIT           ;找到,则转至 EXIT
                   MOV       SI,[DI]        ;取表格的长度到 SI
                   SHL       SI,1           ;(SI)×2
                   ADD       SI,DI          ;计算得表格的末元素地址
                   CMP       AX,[SI]        ;比较末元素
                   JE        EXIT           ;找到,转到 EXIT
                   JA        FAIL           ;超出范围查找失败,转至 FAIL
                   MOV       SI,[DI]        ;取长度值作为首次折半的偏移量
         CHECKPE:  TEST      SI,1           ;测试奇偶性
                   JZ        HALFAD
                   INC       SI             ;使之为偶数
```

```
HALFAD:  ADD    DI,SI        ;计算得折半地址
COMPMD:  CMP    AX,[DI]      ;比较中间元素
         JE     SUCCE        ;如相等则查找成功
         JA     HIGHER       ;如大于该元素,转高半部查找
;在低半部中查找
         CMP    SI,2         ;SI 是否为 2
         JE     FAIL         ;查找失败
         SHR    SI,1         ;SI = SI/2
         TEST   SI,1         ;测试奇偶性
         JZ     SUBDDR
         INC    SI           ;使之为偶数
SUBDDR:  SUB    DI,SI        ;计算得低半部中的对半地址
         JMP    COMPMD       ;循环
;在高半部中查找
HIGHER:  CMP    SI,2         ;SI 是否为 2
         JE     FAIL         ;查找失败
         SHR    SI,1         ;SI = SI/2
         JMP    CHECKPE      ;转至前面测试奇偶性
SUCCE:   MOV    SI,DI        ;将查找到的元素地址送 SI
         JMP    EXIT
FAIL:    MOV    SI,0FFFFH    ;未找到,将 -1 送 SI
EXIT:    MOV    KEYDAT,SI    ;保存查找到的元素地址到单元中
         MOV    AH,4CH
         INT    21H
         END    START
```

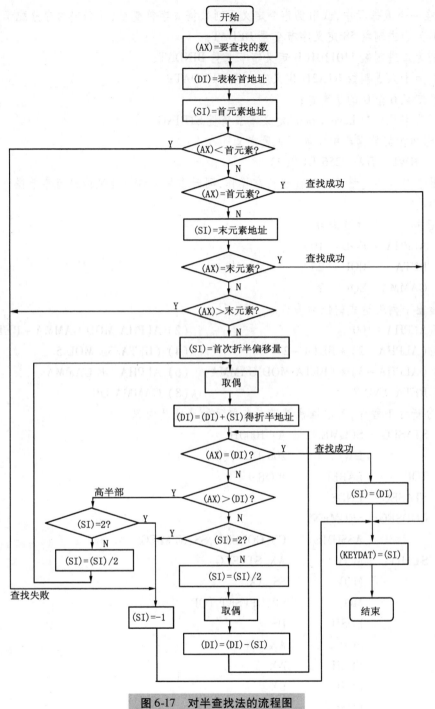

图 6-17 对半查找法的流程图

习 题 六

1. 变量与标号都有哪些属性？它们的主要区别是什么？

2. 在一个数据段中,试用伪指令定义下列数据或字符变量,并画出内存分配示意图。
   (1) 为十进制数 58 定义字节变量 DEDAT;
   (2) 为二进制数 11011010B 定义字节变量 BINDAT;
   (3) 为十六进制数 B7A2H 定义字变量 HEXDAT;
   (4) 定义 6 个 0 的字变量;
   (5) 为字符串"I have a pen"定义字节变量 STRING。

3. 已知在某数据段中有如下变量定义:
   VRWD   DW   256 DUP(?)
   现要求对这些变量单元既能进行字操作,同时在另一种场合又能进行字节操作,请问应该如何解决?

4. 已知有如下赋值语句:
   ALPHA   EQU   100
   BETA   EQU   25
   GAMMA   EQU   2
   试指出下列表达式的值为多少。
   (1) ALPHA * 100   (2) ALPHA MOD GAMMA + BETA
   (3) (ALPHA + 2) * BETA − 2   (4) (BETA/3) MOD 5
   (5) (ALPHA + 3) * (BETA MOD GAMMA) (6) ALPHA GE GAMMA
   (7) BETA AND 7   (8) GAMMA OR 3

5. 分析如下程序,画出堆栈最满时各单元的地址及内容。
   ```
   STASEG   SEGMENT   AT 1000H
            DW        200 DUP(?)
   TOP      LABEL     WORD
   STASEG   ENDS
   CODSEG   SEGMENT
            ASSUME    CS:CODSEG,SS:STASEG
   START:   MOV       AX,STASEG
            MOV       SS,AX
            MOV       SP,OFFSET TOP
            PUSH      DS
            SUB       AX,AX
            PUSH      AX
            PUSH      BX
            PUSHF
            ……
            ……
            POPF
            POP       BX
            POP       AX
   ```

……
　　CODSEG　ENDS
　　　　　　END　　　START

6. 编写一完整的汇编语言源程序,在数据段中定义一双字变量VARLD,再在附加段中也定义一双字变量VARLE,然后将这两个双字内容相加,结果存放于数据段的RESU变量中。

7. 循环程序一般由哪几部分构成?各部分的功能是什么?

8. 设有一汇编语言源程序如下:

```
        DATSEG   SEGMENT
        CONDAT   DB      3EH,0F7H,68H,9CH,7FH
        ORG      1000H
        SUM      DW      ?
        DATSEG   ENDS
        PROSEG   SEGMENT
                 ASSUME  CS:PROSEG,DS:DATSEG
        MAIN     PROC    FAR
        START:   PUSH    DS
                 SUB     AX,AX
                 PUSH    AX
                 MOV     AX,DATSEG
                 MOV     DS,AX
                 LEA     BX,CONDAT
                 MOV     CX,5
                 XOR     DX,DX
        NMP:     MOV     AL,[BX]
                 AND     AL,AL
                 JS      NEXT
                 ADD     DL,AL
                 JNZ     NEXT
                 INC     DH
        NEXT:    INC     BX
                 LOOP    NMP
                 LEA     BX,SUM
                 MOV     [BX],DX
                 RET
        MAIN     ENDP
        PROSEG   ENDS
                 END     START
```

简要说明此程序的功能,指出:程序运行后四个通用寄存器AX、BX、CX、DX中的内容各是什么？程序运行的结果是什么？保存在什么地方？

9. 设内存数据段中自 1000H 开始的存储区中存放有 20 个字的带符号数,试编写一程序段,找出其中最小的数,并将其存于数据区 2000H 字单元中。

10. 在内存的 BUFF 缓冲区中,存放有一个数据块,数据块的长度存放在 BUFF 和 BUFF+1 单元中,从 BUFF+2 开始存放的是以 ASCII 码表示的十进制数。编写程序段,将这些 ASCII 码转换成组合式 BCD 码(即把两个相邻字节单元的数码并成一个字节单元),高地址的放在高 4 位。转换后的压缩 BCD 码存放到 BUFF+2 开始的单元中。

11. 设有一由无符号数组成的数组,数组名为 ORDER,数组长度为 60。编写程序,求该数组中的最大值。

12. 编写子程序,将从键盘输入的小写字母用大写字母在屏幕上显示出来,如不是字母则结束。

13. 编写子程序,要求从键盘输入一个 4 位的十六进制数,然后将其转换成二进制数并在屏幕上显示出来。

14. 编写一个子程序,实现 8 位无符号数的除法运算,被除数、除数、商和余数存放在自 DATA 开始的存储单元中。

15. 设有一个由 30 个数据组成的数组 DGRP,编写一完整的汇编语言程序,将该数组分成正数组 PGRP 和负数组 NGRP,并且统计和显示这两个数组中数据的个数。

16. 设有一组考核数据以字节为单位存放在名为 TESTD 的内存缓冲区中,这些数据都是不超过 100 的正整数,其中第 1 个单元存放的是该数组中数据的个数。若将小于 60 的数划分为等第 C,60~80 划分为等第 B,大于 80 的数划分为等第 A,编程分别统计这三个等第中数据的个数,并在屏幕上显示出统计结果。

17. 从键盘输入某班学生某门课程的成绩,存入内存中,然后将成绩进行分析统计,分别求出九十分及九十分以上、八十至八十九分、七十至七十九分、六十至六十九分、六十分以下这五个分数段中各有多少人。五个分数段分别用 A、B、C、D、E 表示,全班的平均成绩是多少(只取整数)？将统计结果在屏幕上显示出来。

第 7 章　中断系统

中断是现代计算机所必须具备的一项重要的基本功能。可以说,有了中断,计算机才能从单纯的"计算"工具进化为功能强大、性能完善的信息处理与控制工具。中断系统的性能已经成为评价一个微处理器总体性能的重要指标。而充分与合理地使用中断功能已成为一个微型计算机应用系统设计的重要方面。

中断系统是指为实现中断而设置的各种硬件和软件,包括中断控制逻辑、中断的管理以及相应的有关中断的指令。本章将详细介绍中断在计算机系统中的作用、8086/8088 中断系统的组成、中断的管理、中断的实现以及中断控制器 8259A 的原理与应用。

7.1　中断系统的基本概念

中断是指 CPU 在正常运行程序时,由于内部或外部事件使 CPU 暂时中止执行现行程序,转去执行请求 CPU 为其服务的那个外设或事件的服务程序,待该服务程序执行完后又返回被中止的程序继续执行的一个过程。中断处理过程如图 7-1 所示。

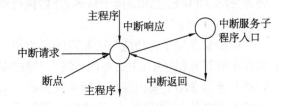

图 7-1　中断处理过程示意图

7.1.1　中断的功能

微型计算机的中断具有以下主要功能:

1. 实现并行及分时操作

并行操作是指 CPU 和多个外设并行工作。分时操作是指 CPU 可以分时执行多个用户程序和多道作业。

2. 实现实时处理

当需要计算机实时处理数据时,系统利用中断方式向 CPU 发出中断请求,CPU 可以立即响应,进行相应的处理。

3. 故障处理

在计算机运行过程中,如果出现如掉电、运算溢出、存储出错等故障,CPU 可以执行相应的故障处理服务程序。

4. 基本功能调用

在 PC 中,通过软件中断可实现 DOS 功能调用和基本 BIOS 调用,从而可以简化编程。

7.1.2 中断的工作过程

虽然不同的计算机的中断系统有所不同,但实现中断都有相似的处理过程,包括中断请求、中断优先级判别、中断响应、中断处理和中断返回等步骤。

1. 中断请求

当外部设备要求 CPU 服务时,会发送一个"中断请求"信号给 CPU,引起中断的原因或设备叫做中断源。CPU 在执行完每条指令后都会检查"中断请求"输入线,看是否有外部送来的"中断请求"信号。CPU 对外部的中断请求有权决定是否响应。

2. 中断优先级判别

由于中断产生的随机性,可能会出现两个或两个以上的中断源同时提出中断申请,这就要求中断系统能够根据中断源的轻重缓急,给每个中断源以一定的优先级别,即中断优先权。CPU 可以及时处理当前优先权最高的中断源的请求。

3. 中断响应

当 CPU 接收到中断请求信号,并且处于开中断的状态时,CPU 在执行完当前指令后会响应中断。CPU 通过内部硬件,进行断点及标志保存,即将当前被中断的指令的下一条指令的段地址(CS)和偏移地址(IP)以及当前标志寄存器的内容压入堆栈。然后,关闭中断,再将中断服务程序的入口地址,包括段地址和偏移地址,分别装入 CS 和 IP 寄存器中,一旦装入完毕,CPU 迅速清除指令队列,开始执行中断处理子程序。

4. 中断处理

中断服务程序的功能与中断源的期望相一致。如有的外部中断期望与 CPU 交换数据,则在中断服务程序中,主要是进行输入/输出操作。若有的外部中断期望 CPU 给以控制,则中断服务程序的主要内容是进行参数修改。从中断服务程序的形式来看,除了中断服务程序的主体之外,在程序开头,把中断服务程序中可能要使用的寄存器内容一一压入堆栈,这叫做保护现场。在程序的末尾则把已经入栈的寄存器的内容弹出,恢复相应寄存器,这叫做恢复现场。

5. 中断返回

中断服务程序的最后要安排中断返回指令,恢复断点信息,返回被中断的程序继续执行。

7.1.3 中断系统的作用

中断系统的作用就是要实现对中断过程的控制,它应具备以下功能:
① 实现中断请求的检测、中断响应、中断服务和中断返回。
② 能实现中断优先级排队。
③ 能实现中断嵌套,即低优先级的中断处理程序被高优先级的中断请求暂时中止,转去执行高优先级的中断服务程序,待该服务程序执行完后又返回低优先级的中断处理程序继续执行。

7.2　8086/8088 的中断系统

7.2.1　中断分类

8086/8088 CPU 一共可以处理 256 个不同的中断,每个中断都有对应的中断类型码(00H~FFH)。从产生中断的方法来分,中断可以分为软件中断和硬件中断两大类。

硬件中断是通过外部的硬件产生的,所以又称为外部中断。硬件中断又分为两类:不可屏蔽中断和可屏蔽中断。不可屏蔽中断是通过 CPU 的 NMI(Non-Maskable Interrupt)引脚进入的,它不受中断允许标志位 IF 的屏蔽。可屏蔽中断是通过 CPU 的 INTR(Interrupt)引脚进入的,并且只有当中断允许标志位 IF 为 1 时,可屏蔽中断才能进入,如果 IF 为 0,则可屏蔽中断受到禁止。在 8086 中断系统中,通过中断控制器(8259A)的配合工作,可屏蔽中断可以有几个、几十个甚至上百个。

软件中断是 CPU 根据软件中的某条指令或者软件对标志寄存器中某个标志的设置而产生的,从软件中断的产生过程来说,完全和硬件电路无关。典型的软件中断是除数为 0 引起的中断和中断指令"INT n"引起的中断。

7.2.2　中断优先级

在 8086/8088 系统中,各类中断的优先级别如表 7-1 所示,除单步中断外,软件中断优先级最高,其次是不可屏蔽中断,接着是可屏蔽中断,单步中断的优先级最低。

表 7-1　各种类型中断的优先级别

中断源类型	优先权级别
除法错、INT n、INTO	高
不可屏蔽中断	
可屏蔽中断	
单步中断	低

在当前一条指令的执行过程中,8086/8088 CPU 对各种中断源进行搜索和识别,如果有中断请求或软件中断指令,则在当前指令执行完毕后,CPU 给予响应。CPU 首先识别的是除法错中断、软件中断指令或 INTO,如果出现这类中断请求,则转移到相应的中断服务程序中去。如果没有上述类型的中断请求,再依次查询是否发生不可屏蔽中断请求和可屏蔽中断请求。如果无任何硬件中断,再检查单步中断标志 TF,如果 TF=1,则执行单步中断处理程序;否则,表示当前指令周期内无任何类型的中断请求,继续顺序执行下一条指令。

7.2.3　中断向量和中断向量表

所谓中断向量,是指中断处理程序的入口地址,由段地址和偏移地址两部分组成,一个中断向量占 4 个字节。

内存单元中地址为 0000:0000～0000:03FFH,这个区域指定用来存放中断向量,该存储区域称为中断向量表。8086/8088 系统中的中断向量表有如下特征:

① 一共可以存储 256 个中断向量,每个中断都有指定的中断类型号,中断向量在中断向量表中是按类型号的顺序存放的。中断类型号为 n 的中断向量存放 0 段偏移地址为 4n 开始的 4 个连续单元中,前两个单元的 16 位存放入口地址的偏移地址部分,后两个单元的 16 位存放入口地址的段地址部分。例如,中断类型号为 14H,对应的中断向量(假设是 1234:5678H)存放在偏移地址为 0050H、0051H、0052H、0053H 单元中,存放形式如图 7-2 所示。

地址	内容
0000:0050H	78H
0000:0051H	56H
0000:0052H	34H
0000:0053H	12H

图 7-2 中断向量表

② 256 个中断向量要占用 256×4=1024=1k 个字节,物理地址编号从 00000H～003FFH,5 个专用中断(类型 0～类型 4)有固定的定义和处理功能,用于存放除数为 0 的中断、单步中断、非屏蔽中断、断点中断和溢出中断 5 个中断向量。27 个保留中断(类型 5～类型 31),占用 0000:0014H～0000:007FH,共 108 个字节单元。这个区域供系统使用,不允许用户自行定义。224 个用户可定义的中断(类型 32～类型 255),占 0000:0080H～0000:03FFH 单元。使用时,要由用户自行编程填写相应的中断向量到中断向量表中。

7.2.4 中断向量的设置

中断向量的装入能够使 CPU 响应中断请求后转到中断服务子程序的入口地址。系统指定的中断所对应的中断向量由系统软件负责装入。用户定义的中断所对应的中断向量,由用户自己装入。常用的中断向量设置方法有两种:

1. 直接设置

用汇编指令将中断向量直接装入中断向量表中。例如,设中断类型号为 N,首先把中断服务程序入口地址的偏移地址部分送到 0000:4N 单元中,然后把中断服务程序入口地址的段地址部分送到 0000:4N+2 单元中。程序如下:

```
            CLI
            XOR AX, AX
            MOV DS, AX
            MOV DI, 4N
            MOV AX, OFFSET INTR1
            MOV [DI], AX
            MOV AX, SEG INTR1
            MOV [DI+2], AX
            STI
            ……
INTR1       PROC
            ……
            IRET
INTR1       ENDP
```

2. 用 DOS 系统功能调用实现装入中断向量

```
        MOV AL, N
        MOV DX, SEG INTR1
        MOV DS, DX
        MOV DX, OFFSET INTR1
        MOV AH, 25H
        INT 21H
        STI
        ……
INTR1   PROC
        ……
        IRET
INTR1   ENDP
```

7.2.5 8086/8088 CPU 的中断处理流程

8086/8088 CPU 的中断处理流程如图 7-3 所示。对于不同类别的中断,CPU 的响应顺序是不同的。CPU 首先处理内部中断(包括除法错中断、软件中断和溢出中断等),其次是 NMI 中断,然后是 INTR 中断,最后是单步中断。

和其他中断相比,可屏蔽中断(INTR)多了两个步骤。当遇到 INTR 中断请求时,先要判断标志位 IF 是否为 1。如果 IF = 1,则进入中断处理过程,CPU 开始读取中断类型码。接着,对所有中断来说,CPU 都按照顺序执行以下几个步骤:

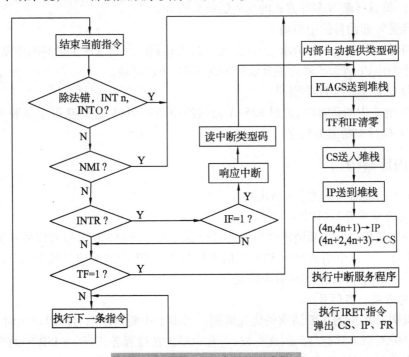

图 7-3 8086/8088 中断处理流程

① 把标志寄存器 FLAGS 的内容压入堆栈,以保存标志寄存器的值。

② 把标志寄存器中的中断允许标志 IF 和单步标志 TF 清零。把 IF 清零是为了能够在中断处理过程中暂时屏蔽其他外部中断,以避免还未完成对当前中断的处理过程却又被别的中断请求打断。把 TF 清零是为了防止 CPU 以单步方式执行中断处理子程序。

③ 把断点送堆栈保护。断点是指在中断响应时,当前执行的指令的下一条指令的地址,包括 CS 的值和 IP 的值,进栈的顺序是先压入 CS,后压入 IP。有了断点保护,就能够正确返回断点处继续执行程序。

④ 根据中断类型码,到中断向量表中取出中断向量,即中断服务程序的入口地址送到 IP 和 CS 中,转而执行中断服务子程序。

⑤ 当中断服务子程序执行完毕,CPU 根据断点保护的反向顺序弹出 IP 和 CS 的值,并恢复标志寄存器 FLAGS 的值,使得可以继续执行断点处的指令。

7.3 中断控制器 8259A

由于 8086/8088 微处理器只有一个可屏蔽中断请求,只能处理一个外部中断,为了能够处理多个中断,便引入了中断控制器。8259A 是一种可编程的中断控制器,单片 8259A 可以处理 8 个中断请求,使用 1 片主片和 8 片从片级联,可以扩展到 64 个中断。8259A 可以协助 CPU 进行中断处理,通过它可以完成以下几个任务:

(1) 中断优先级排队管理

根据任务的轻重缓急或设备的特殊需求,分配中断源的优先等级。8259A 具有全嵌套、优先级循环、特殊屏蔽等多种方式的优先级排队管理。

(2) 接受外部设备的中断请求

可以同时接受多个中断请求,经过优先权裁决找到中断请求级别最高的中断源,然后向 CPU 提出中断申请 INT,或者拒绝外设的中断请求,予以屏蔽。

(3) 为 CPU 提供中断类型码

当 CPU 响应中断请求时,通过 8259A 提供的中断类型码,进而获得中断服务程序的入口地址,转去执行中断服务程序。

7.3.1 内部结构

8259A 的内部结构如图 7-3 所示。

1. 中断请求寄存器(IRR)

它是与外部接口的中断请求线相连的寄存器。寄存器的 8 位分别对应外部请求输入信号($IR_0 \sim IR_7$)。当某个引脚接收到中断请求信号时,IRR 中的对应位被置"1"。当中断请求被响应并处理时,IRR 中的对应位被复位。

2. 优先级裁决器(PR)

用来识别 IRR 中的中断请求的优先级别。当多个中断请求信号同时产生时,由判优电路判定哪个中断请求具有最高的优先权,若有中断正在被服务,则须与 ISR 中的当前中断服务优先级相比较,以决定是否将 8259A 的中断请求线 INT 变成高电平,向 CPU 发送中断请求。

3. 中断服务寄存器(ISR)

它用来寄存当前正在被服务的中断请求。中断请求被响应后,ISR 中的相应位被置"1"。中断处理结束后,ISR 中的相应位通常要用软件进行复位。若 8259A 被设置成中断自动结束方式,则中断响应后,ISR 自动复位。

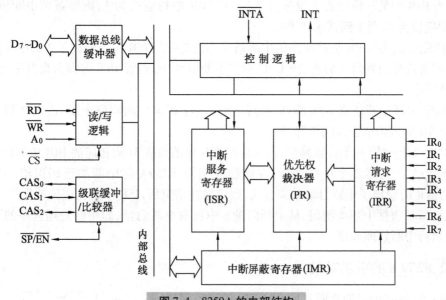

图 7-4　8259A 的内部结构

4. 中断屏蔽寄存器(IMR)

它是 8 位寄存器,对 IRR 起屏蔽作用。IMR 中的哪一位为"1",就会屏蔽相应的外部中断请求。

5. 数据总线缓冲器

它是 8 位双向三态缓冲器,是 8259A 与 CPU 之间的数据接口。当 CPU 对 8259A 进行读操作时,数据总线缓冲器用来传输从 8259A 内部读至 CPU 的数据/状态信息和中断类型码;进行写操作时,由 CPU 向 8259A 写入控制命令字。

6. 读/写逻辑

用于控制对 8259A 的读/写操作。它可以接收 CPU 的控制命令或者把 8259A 的状态信息传送到数据总线上。它由控制信号 $\overline{RD}$、$\overline{WR}$、$\overline{CS}$、A_0 共同控制,来完成规定的操作。

7. 级联缓冲器

多片 8259A 可级联使用,最多可以组成 64 级中断优先级控制,此时一片 8259A 作为主片,另外 8 片作为从片,主从片的 $CAS_0 \sim CAS_2$ 并接在一起。在中断响应过程中,主片的 $CAS_0 \sim CAS_2$ 为输出线,从片的 $CAS_0 \sim CAS_2$ 为输入线。在第一个 $\overline{INTA}$ 负脉冲结束时,主片把被响应的中断请求的从片编码送到 $CAS_0 \sim CAS_2$,从片接收后,将主片送来的编码与自己的编码比较,若相同,表明从片被选中,则在第二个 $\overline{INTA}$ 负脉冲周期把中断类型码送至数据总线 $D_7 \sim D_0$,供 CPU 读取。

7.3.2 中断处理过程

下面以单片 8259A 为例说明中断处理过程。

① 当中断请求线($IR_0 \sim IR_7$)上有一条或若干条变为高电平,则使寄存器 IRR 的相应位置 1。

② 当 IRR 的某一位或若干位被置 1 后,若 IMR 中相应位为 1,则屏蔽该中断请求;若 IMR 中相应位为 0,则中断请求送 PR。

③ 优先级裁决器 PR 把接收到的中断请求的优先级与 ISR 中当前在服务的中断优先级比较,若前者优先级别高于后者,或 CPU 不在中断服务中,则置 INT 引脚为高电平,向 CPU 产生中断请求。

④ CPU 采样中断请求引脚 INTR 为高电平后,若 IF = 1,则响应中断,进入中断响应周期,向 8259A 输出两个连续的负脉冲。

⑤ 8259A 接到第一个负脉冲后,将对应的 ISR 中的位置 1,而相应的 IRR 中的位置 0。

⑥ 8259A 接到第二个负脉冲后,在该脉冲期间,8259A 将中断类型码送给 CPU。若 8259A 初始化时设定了中断自动结束方式,则该脉冲结束后,ISR 中的相应位被复位。

然后,CPU 根据中断类型码,从中断向量表中获取中断向量,即中断处理程序的入口地址,转而执行中断处理程序。

7.3.3 8259A 的引脚功能

8259A 为 28 脚的双列直插芯片,其排列如图 7-5 所示。

1. 与 CPU 相连的引脚

$\overline{CS}$:片选信号,输入,低电平有效。

$\overline{RD}$:读控制信号,输入,低电平有效。

$\overline{WR}$:写控制信号,输入,低电平有效。

上述三个引脚信号共同作用的功能如表 7-2 所示。

表 7-2 三个引脚信号共同作用的功能表

$\overline{CS}$	$\overline{RD}$	$\overline{WR}$	功能
0	1	0	CPU 写命令字到 8259A
0	0	1	CPU 读 8259A 的状态字

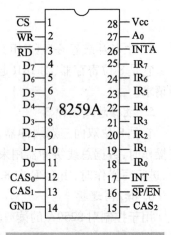

图 7-5 8259A 的外部引脚

$D_7 \sim D_0$:8 位双向三态数据线。

INT:中断请求输出线,高电平有效。

$\overline{INTA}$:CPU 发给 8259A 的中断响应信号,输入,低电平有效。

A_0:片内地址选择输入线,与 CPU 的某位地址线相连。8259A 有两个端口地址。当 $A_0 = 0$ 时为偶地址;当 $A_0 = 1$ 时为奇地址。

在 8086 系统中,由于数据总线是 16 位,因此,8259A 的 A_0 端连接方式就与 8088 系统中不同。8086 系统中,8259A 的 $D_7 \sim D_0$ 与系统数据总线的低 8 位相连,数据总线的高 8 位弃之不用。值得注意的是,此时分配给 8259A 芯片的两个端口地址在系统中不是相邻的一奇一偶两个地址,而是两个相邻的偶地址。此时8259A的A_0端与系统地址总线的A_1端相连,而地址总线的A_0端总是为0。

2. 与外设的接口引脚

$IR_0 \sim IR_7$: 8根外部中断请求输入线。高电平或上升沿有效,这取决于初始化编程时的设置。

3. 8259A级联时的接口引脚

$CAS_0 \sim CAS_2$: 级联线,8259A单片使用时无效。采用级联方式时,作为主片的8259A,它们是输出线;作为从片的8259A它们是输入线。两片8259A构成级联方式的接线图如图7-6所示。

$\overline{SP}/\overline{EN}$: 级联/允许缓冲信号,双向,低电平有效。在缓冲方式下时,该引脚为输出线,控制数据总线缓冲器的接收或发送。当8259A工作在非缓冲方式下时,该引脚为输入线$\overline{SP}$,$\overline{SP}=1$的是主片,$\overline{SP}=0$的是从片。

7.3.4 工作方式

8259A有多种工作方式可以选择,在其正常使用之前,必须用初始化命令字对其进行工作方式设置。8259A的主要工作方式有:

1. 设定优先级的方式

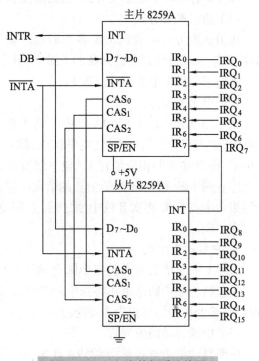

图7-6 8259A主从级联连线图

8259A设定优先级的方式有4种:一般全嵌套方式、特殊全嵌套方式、优先级自动循环方式和优先级特殊循环方式。前两种方式通过初始化命令字ICW_4设置,后两种方式通过操作命令字OCW_2设置。

(1) 一般全嵌套方式

这是8259A最常用的工作方式。在这种方式下,8个中断请求的优先级按从高到低的顺序排列,IR_0优先级最高,IR_7优先级最低,并且级别高的优先级能中断级别低的中断处理,即实现中断嵌套。外设的优先级取决于它所连接的IR线。

(2) 特殊全嵌套方式

在这种方式下,8个中断请求的优先级按从高到低的顺序排列,IR_0优先级最高,IR_7优先级最低。与一般全嵌套方式不同的是,它不但允许优先级更高中断嵌套,而且允许同级的中断嵌套。通常用在主从式的级联系统中,对主片8259A的设置。

(3) 优先级自动循环方式

在这种工作方式下,优先级是循环变化的。在开始时,优先级队列环IR_0最高,IR_1其次,IR_7最低。随后,当某个中断服务完成后,其优先级自动降为最低,而原来比它低一级的中断请求被赋予最高优先级。这种方式适用于中断源具有平等优先权的系统,如通信信道。

(4) 优先级特殊循环方式

这种方式与优先级自动循环方式只有一点不同,即可以编程设置一开始时的最低优先级。例如,设定 IR_4 优先级最低,那么 IR_5 就是最高优先级,其余各级按循环方法类推。这种方式适用于一些指定设备的中断优先级必须更换的情况。

2. 中断请求的触发方式

8259A 有两种中断触发方式:边沿触发和电平触发。

(1) 边沿触发方式

边沿触发方式是指 8259A 将中断请求输入端出现的脉冲上升沿作为中断请求信号。当在 IR 输入端检测到由低到高的上跳变,且电平保持到第一个 $\overline{INTA}$ 到来之后,8259A 认为有中断请求。IRR 中的相应位置 1。

(2) 电平触发方式

电平触发方式是指 8259A 将中断请求输入端出现的持续高电平作为中断请求信号。当在 IR 输入端检测高电平,且电平保持到第一个 $\overline{INTA}$ 到来之后,8259A 认为有外设提出中断请求,使 IRR 中的相应位置 1。电平触发方式提供了重复产生的中断,用于需要连续执行子程序直到中断请求 IR 变低为止的情况。应该注意,若只产生一次中断,则在 CPU 发出中断结束命令或 CPU 再次开放中断之前,必须使正在响应的中断请求置为低电平,以防出现第二次中断。

3. 中断结束方式

8259A 中断结束方式包括中断自动结束和中断非自动结束两种方式,中断非自动结束方式又包括一般中断结束和特殊中断结束方式。8259A 利用中断服务寄存器 ISR 的内容进行判断,若 ISR 中的某位为 1,表示正在进行中断服务;若某位为 0,则表示中断结束服务。

(1) 中断自动结束方式

中断自动结束方式是指 8259A 在第二个 $\overline{INTA}$ 的后沿使 ISR 中的相应位清零。在这种情况下,中断服务程序中,不需要写中断结束命令。需要注意的是,在这种方式下,是在中断响应后,而不是在中断处理结束后将 ISR 中相应位清零。这样,在中断处理过程中,8259A 就没有"正在处理"的标识。此时,若有中断请求出现,且 IF=1,则无论其优先级如何,CPU 都将响应。尤其是当某一中断请求信号被 CPU 响应后,如不及时撤销,就会再次被响应。所以,中断自动结束方式适合于中断请求信号的持续时间有一定限制以及不出现中断嵌套的场合,通常只用于单级中断的简单系统。

(2) 中断非自动结束方式

在这种方式下,当中断服务结束时,8259A 需要得到一个通知,以便将该中断在 ISR 中的对应位清零,让 ISR 只记录正在被服务而且未服务完的中断。中断非自动结束方式是通过写操作命令字 OCW_2 来实现的。

① 一般中断结束方式。在这种方式下,中断处理程序中要安排一般中断结束命令,当 CPU 执行一般中断结束命令时,8259A 就会把 ISR 中优先级最高的中断标识位清零。这种方式通常与一般全嵌套方式配合使用。

② 特殊中断结束方式。在这种方式下,中断处理程序中要安排特殊中断结束命令,命令中指出了要清除 ISR 中的哪一位。

4. 中断屏蔽方式

8259A 中断屏蔽方式包括普通屏蔽方式和特殊屏蔽方式两种。

（1）普通屏蔽方式

通过设置中断屏蔽寄存器 IMR，来实现对中断请求的屏蔽。将 IMR 的 D_i 位置 1，则对应的中断请求 IR_i 被屏蔽，该中断请求不能从 8259A 送到 CPU。如果 IMR 的 D_i 位置 0，则 IR_i 中断请求允许。8259A 的中断屏蔽寄存器可以屏蔽一个或者多个中断请求，它加强了对中断的控制能力。

（2）特殊屏蔽方式

这种方式允许在中断服务过程中动态地改变系统的中断优先级结构。具体方法是通过在中断服务程序中向 8259A 发出操作命令字 OCW_3 来实现的。在实际应用中，可能要求开放一个比现行服务程序优先权低的中断，然而在普通的全嵌套方式下，低于正在服务的中断优先级的中断请求都被禁止。为了能开放它们，8259A 控制器使用特定屏蔽方式。先用屏蔽命令将正在服务的中断屏蔽，然后发出特殊屏蔽方式命令，就可以开放那些除去正在服务中的中断之外的其他所有等级中断，从而实现了允许优先级较低的设备产生中断的要求。特殊屏蔽方式一旦设置，就一直有效，直到发出复位特殊屏蔽方式位的命令为止。特殊屏蔽方式可在任何一级的中断服务中随意开放优先级较低的中断，因此被称为动态屏蔽。

5. 与系统总线的连接方式

8259A 与系统总线的连接方式有两种：缓冲方式和非缓冲方式。

（1）缓冲方式

在多片 8259A 级联的系统中，8259A 的数据引脚通过总线驱动器和系统数据总线相连，这就是缓冲方式。在缓冲方式下，8259A 的 $\overline{SP}/\overline{EN}$ 作为输出（$\overline{EN}$ 有效）。此时，由 ICW_4 的 M/S 位来定义本 8259A 是主片还是从片。

（2）非缓冲方式

在单片 8259A 或级联不多的系统中，8259A 直接与数据总线相连，这就是非缓冲方式。在这种方式下，8259A 的 $\overline{SP}/\overline{EN}$ 作为输入（$\overline{SP}$ 有效），此时，由 $\overline{SP}/\overline{EN}$ 端来标识本 8259A 是主片还是从片。在非缓冲方式下，ICW_4 的 BUF = 0，M/S 位无意义。

7.3.5 控制字和初始化编程

在 8259A 开始正常使用之前，必须用初始化命令字建立起 8259A 操作的初始状态。8259A 的初始化是通过 CPU 向 8259A 送初始化命令字 ICW_1、ICW_2、ICW_3、ICW_4 来实现的。另外，8259A 还有三个操作命令字 OCW_1、OCW_2、OCW_3，这三个命令字可以根据需要在任何时候写入。

由于 8259A 只占用两个端口地址，但要写入 4 个初始化命令字和 3 个操作命令字，因而各命令字的读写是 I/O 地址、特征位和写入顺序配合完成，写入初始化命令字必须按照 $ICW_1 \sim ICW_4$ 的顺序进行。其中，ICW_1 写到 8259A 的偶地址端口，$ICW_2 \sim ICW_4$ 写到 8259A 的奇地址端口。

1. 初始化命令字

（1）ICW_1

ICW_1 的写入条件是 $A_0 = 0$，特征位 $D_4 = 1$。格式如下：

D_7	D_6	D_5	D_4	D_3	D_2	D_1	D_0
×	×	×	1	LTIM	×	SNGL	IC_4

ICW_1 各位的作用：

$D_7 \sim D_5$、D_2：对 8086/8088 系统无意义，可全写 0。

D_4：$D_4 = 1$，ICW_1 的特征位，表示当前设置的是 ICW_1 而不是操作命令字 OCW_2 或 OCW_3，因为这两个命令字也是写入偶地址端口。

D_3：LTIM 位。$D_3 = 1$，中断请求输入线 $IR_0 \sim IR_7$ 高电平有效；$D_3 = 0$，中断请求输入线 $IR_0 \sim IR_7$ 上升沿有效。

D_1：$D_1 = 1$，单片 8259A，不需要写 ICW_3；$D_1 = 0$，级联方式，要写 ICW_3。

D_0：$D_0 = 1$，要写 ICW_4；$D_0 = 0$，不需要写 ICW_4，对于 8086 CPU，要写 ICW_4。

(2) ICW_2

ICW_2 的写入条件是 $A_0 = 1$，紧跟在 ICW_1 之后写入。格式如下：

D_7	D_6	D_5	D_4	D_3	D_2	D_1	D_0
T_7	T_6	T_5	T_4	T_3	×	×	×

ICW_2 各位的作用：

$D_7 \sim D_3$：规定中断类型码的高 5 位（$T_7 \sim T_3$）。

$D_2 \sim D_0$：无意义，可全写 0。

注意：中断类型码的低 3 位由 $IR_0 \sim IR_7$ 的下标编码确定。例如，若 $T_7 \sim T_3 = 00001$，则 IR_0 的中断类型码为 08H，IR_1 的中断类型码为 09H，以此类推。

(3) ICW_3

ICW_3 的写入条件是 $A_0 = 1$，且 ICW_1 的 $D_1 = 0$，紧跟在 ICW_2 之后写入，使用在级联方式。

① 主片 8259A 的 ICW_3

主片 ICW_3 的格式如下：

D_7	D_6	D_5	D_4	D_3	D_2	D_1	D_0
S_7	S_6	S_5	S_4	S_3	S_2	S_1	S_0

若主片 8259A 的中断请求输入端 IR_i 接从片，则 $S_i = 1$；否则，$S_i = 0$。可见，ICW_3 中哪一位为 1，指明了主片哪个 IR_i 引脚接有从片。例如，若 $ICW_3 = 00010100$，表明主片 8259A 的 IR_4 和 IR_2 引脚连接了从片。

② 从片 8259A 的 ICW_3

如果该片 8259A 为从片，则 ICW_3 的格式如下：

D_7	D_6	D_5	D_4	D_3	D_2	D_1	D_0
×	×	×	×	×	M_2	M_1	M_0

此时，ICW_3 的高 5 位没有意义。ICW_3 的低三位指出该从片接在主片的哪个中断请求

引脚上。例如,某个从片的 INT 连接到主片的 IR_2 引脚上,则该从片 ICW_3 中的 $D_2D_1D_0 = 010$。

(4) ICW_4

ICW_4 的写入条件是 $A_0 = 1$ 且 ICW_1 的 $D_0 = 1$,跟在 ICW_3 后写入(若无 ICW_3,跟在 ICW_2 后写入)。ICW_4 的格式如下:

D_7	D_6	D_5	D_4	D_3	D_2	D_1	D_0
0	0	0	SFNM	BUF	M/S	AEOI	μPM

ICW_4 各位的作用如下:

$D_7 \sim D_5$:ICW_4 的特征位,全为 0。

D_4:$D_4 = 1$,特殊全嵌套方式,一般作为级联时主片的工作方式;$D_4 = 0$,一般全嵌套方式,一般作为级联时从片的工作方式,或单片使用时的方式。

D_3:$D_3 = 1$,缓冲方式,是指 8259A 和数据总线之间须加一缓冲器(提高数据总线的带负载能力);$D3 = 0$,非缓冲方式,是指 8259A 和数据总线直接相连。

D_2:$D_2 = 1$,表明该片是主片;$D_2 = 0$,表明该片是从片。在 $D_3 = 0$ 时,D_2 无意义。

D_1:$D_1 = 1$,8259A 设置为中断自动结束方式;$D_1 = 0$,8259A 设置为中断非自动结束方式,即普通中断结束方式(EOI:End of Interrupt)。

D_0:$D_0 = 1$,8259A 用于 80X86 CPU 系统中;$D_0 = 1$,8259A 用于非 80X86 CPU 系统。

2. 操作命令字

8259A 有 3 个操作命令字,分别是 OCW_1、OCW_2、OCW_3。其中 OCW_1 必须写入奇地址端口,OCW_2 和 OCW_3 必须写入偶地址端口。与初始化命令字不同,写入时并没有什么严格的顺序要求,可以在任何时候写入。

(1) OCW_1(IMR)

OCW_1 的写入条件是 $A_0 = 1$。用于实现中断屏蔽,也称为中断屏蔽字。OCW_1 的格式如下:

D_7	D_6	D_5	D_4	D_3	D_2	D_1	D_0
M_7	M_6	M_5	M_4	M_3	M_2	M_1	M_0

$D_7 \sim D_0$:某位为 1,屏蔽对应的中断请求;某位为 0,允许对应的中断请求。在中断特殊屏蔽的方式下,IMR 中的某位为 1,ISR 中的对应位清零,即中断结束。

(2) OCW_2

OCW_2 的写入条件是 $A_0 = 0$ 且特征位 $D_4D_3 = 00$。用于设置中断结束和中断优先级循环方式。OCW_2 的格式如下:

D_7	D_6	D_5	D_4	D_3	D_2	D_1	D_0
R	SL	EOI	0	0	L_2	L_1	L_0

D_7:$D_7 = 1$,设置中断优先级循环方式;$D_7 = 0$,中断优先级顺序是固定不变的。

D_6:$D_6 = 1$,$D_2 \sim D_0$ 指明一个中断级;$D_6 = 0$,$D_2 \sim D_0$ 无意义。

D_5:$D_5=1$,执行中断结束操作(在中断非自动结束方式下),用作中断结束命令,使 ISR 中的某一位清零;$D_5=0$,不执行中断结束操作。

D_4D_3:$D_4D_3=00$,OCW_2 的特征位。

$D_2D_1D_0$:指明结束哪一个中断或设置哪一个中断优先级最低。

OCW_2 有 8 种组合方式,各有不同的作用,如表 7-3 所示。

表 7-3 OCW_2 的组合功能表

R	SL	EOI	功　　能
0	0	0	中断自动结束时,使用固定优先级
0	0	1	中断非自动结束,使用固定优先级
0	1	0	无操作
0	1	1	特殊中断结束方式,使用 $L_2L_1L_0$ 指定要结束的中断
1	0	0	中断自动结束,优先级自动循环
1	0	1	中断非自动结束,优先级自动循环
1	1	0	优先级特殊循环方式,使用 $L_2L_1L_0$ 指定最低优先级
1	1	1	中断非自动结束,优先级特殊循环,$L_2L_1L_0$ 指定最低优先级

(3) OCW_3

OCW_3 的写入条件是 $A_0=0$ 且特征位 $D_4D_3=01$。它有三个功能:设置中断特殊屏蔽方式、设置中断查询方式和设置 ISR、IRR 的读出命令。OCW_3 的格式如下:

D_7	D_6	D_5	D_4	D_3	D_2	D_1	D_0
0	ESMM	SMM	0	1	P	RR	RIS

其中各位的作用如下:

D_7:设置中断特殊屏蔽方式时为 0;读出查询字时该位为 1,则表明 8259A 的 $IR_0 \sim IR_7$ 至少有一个引脚有中断请求,否则,无中断请求。

D_6:特殊屏蔽方式允许位。ESMM = 1,允许特殊屏蔽方式;ESMM = 0,禁止特殊屏蔽方式。

D_5:特殊屏蔽方式位。SMM = 1,特殊屏蔽方式;SMM = 0,一般屏蔽方式。

D_4D_3:$D_4D_3=01$,OCW_3 的特征位。

D_2:$D_2=1$,表示发查询命令;$D_2=0$,不发查询命令。

D_1D_0:$D_1D_0=10$,发 IRR 读命令,下一条读偶地址端口指令为读 IRR 内容;$D_1D_0=11$,读 ISR 命令。

对 8259A 的奇地址端口执行读操作,可读取 IMR 状态(随机可读)。对 8259A 的偶地址端口执行读操作,可读取 IRR 或 ISR 的状态(先写 OCW_3,后读)。8259A 为查询中断提供了查询命令(OCW_3 的 $D_2=1$ 时),下一条读偶地址端口命令为读查询字,查询字各位的含义如下:

D_7:$D_7=1$,表示 8259A 有中断请求;$D_7=0$,无中断请求。

$D_6 \sim D_3$：无意义。

$D_2D_1D_0$：请求中断服务的最高优先级的中断请求编码。

【例 7-1】 读出某 8088 系统中 8259A 的 IMR、IRR 和 ISR 的内容，并送到从 2000H 开始的内存单元中。假设 8259A 的端口地址为 20H、21H。

实现该功能的程序段如下：

```
        IN      AL, 21H           ;读 IMR
        MOV     [2000H], AL       ;存储到 2000H 单元
        MOV     AL, 0AH           ;写 OCW₃
        OUT     20H, AL
        IN      AL, 20H           ;读 IRR
        MOV     [2001H], AL
        MOV     AL, 0BH           ;写 OCW₃
        OUT     20H, AL
        IN      AL, 20H           ;读 ISR
        MOV     [2002H], AL
```

【例 7-2】 试编程实现在初始化之后，设置特殊屏蔽方式，屏蔽 IR_2。设 8259A 的端口地址为 60H、61H。

实现该功能的程序段如下：

```
        ……
        CLI                       ;关中断
        MOV     AL, 68H           ;写 OCW₃,设置特殊屏蔽方式
        OUT     60H, AL
        IN      AL, 61H           ;读原来的 OCW₁
        OR      AL, 04H           ;屏蔽 IR₂
        OUT     61H, AL           ;写 OCW₁
        STI
        ……                        ;处理低级中断
        CLI
        IN      AL, 61H           ;重新设置 OCW₁,清除对 IR₂ 的屏蔽
        AND     AL, 0FBH
        OUT     61H, AL
        STI                       ;开中断
```

综上所述，8259A 通过奇偶两个地址、配合写入顺序和特征位，可以写入 7 个控制字，通过 OCW_3 又可以发送读出一个查询字和两个寄存器状态字的命令。8259A 的控制命令多，格式复杂，不太容易理解和掌握，从而给用户编程应用造成一定的困难。

7.3.6　8259A 应用实例

1. 8259A 单片使用

在 IBM PC/XT 中使用单片 8259A，图 7-7 为 PC/XT 中以 8259A 为核心的中断控制逻辑

电路。在图7-7中,三个产生 NMI 请求的信号均有各自的控制门管理,只有当 CPU 开放有关的门时,相应的请求信号才可能向 8088 CPU 申请非屏蔽中断。

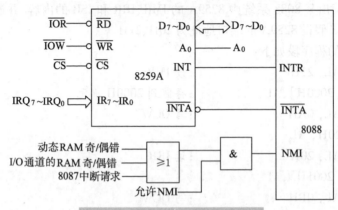

图 7-7　PC/XT 中 8259A 的应用

PC/XT 的可屏蔽中断由 8259A 管理,共有 8 个中断请求输入,即 $IRQ_0 \sim IRQ_7$,其中 IRQ_0 接计数/定时器 0 的 OUT_0 输出,作为 PC/XT 的系统计时时钟的请求输入端;IRQ_1 接受来自键盘接口电路送来的请求信号;$IRQ_2 \sim IRQ_7$ 连接到 I/O 扩展槽,用来接收扩展板上电路发出的中断请求。对这 6 个 IRQ 信号的用途,PC/XT 也做了明确的规定,如表7-4 所示。表中的这些中断分配方案也为后来的高档微机系统所兼容。

表 7-4　PC/XT 中 8259A 的 8 级中断分配

8259A 的中断请求端	占用的 8088 中断类型号	中　断　源
IRQ_0	08H	计时中断
IRQ_1	09H	键盘中断
IRQ_2	0AH	为用户保留
IRQ_3	0BH	COM2 中断
IRQ_4	0CH	COM1 中断
IRQ_5	0DH	硬盘中断
IRQ_6	0EH	软盘中断
IRQ_7	0FH	并行打印机中断

在工作过程中,8259A 按照软件设置的方式对 $IRQ_0 \sim IRQ_7$ 八个中断请求进行排队,并产生 INT 信号向 CPU 提出中断申请。得到 CPU 响应以后,8259A 将选取当前优先级最高的中断请求对应的中断类型号送给 CPU,从而实现向量中断。

8259A 的初始化是在 IBM PC/XT 系统初始化过程中进行的,由于此时系统的初始化尚未完成,因此需要屏蔽所有中断,故设 8259A 的操作命令字 OCW_1 为 11111111B,即 FFH。

【例 7-3】　设 8259A 应用于 8088 系统,中断类型号为 08H ~ 0FH,它的偶地址为 20H,奇地址为 21H。设置单片 8259A 按如下方式工作:电平触发,普通全嵌套,普通 EOI,非缓冲工作方式,试编写其初始化程序。

分析：根据 8259A 应用于 8088 系统，单片工作，电平触发，可得 $ICW_1 = 00011011B$；根据中断类型号为 08H~0FH，可得 $ICW_2 = 00001000B$；根据普通全嵌套，普通 EOI，非缓冲工作方式，可得 $ICW_4 = 00000001B$。写入此三字，即可完成初始化，相应的程序如下：

```
MOV   AL,1BH      ;00011011B,写入 ICW1
OUT   20H,AL
MOV   AL,08H      ;00001000B,写入 ICW2
OUT   21H,AL
MOV   AL,01H      ;00000001B,写入 ICW4
OUT   21H,AL
```

2. 8259A 多片级联

【例7-4】 设 8259A 应用于 8086 系统，采用主从两片级联工作。主片偶地址 20H，奇地址 22H（这里的偶地址和奇地址是相对于 8259A 的片内地址而言的），中断类型号为 08H~0FH；从片偶地址 0A0H，奇地址 0A2H，中断类型号为 70H~77H，主片 IR_3 和从片级联。要实现主从片全嵌套工作，试编写其初始化程序。

分析：根据 8259A 应用于 8086 系统，主从式级联工作，主片和从片都必须有初始化程序。要实现主从片全嵌套工作，必须主片采用特殊全嵌套，从片采用普通全嵌套。若其他要求与例 7-3 相同，主片和从片的初始化程序如下：

（1）主片初始化程序

```
MOV   AL,19H      ;00011001B,写入 ICW1
OUT   20H,AL
MOV   AL,08H      ;00001000B,写入 ICW2
OUT   22H,AL
MOV   AL,08H      ;00001000B,写入 ICW3,在 IR3 引脚上接有从片
OUT   22H,AL
MOV   AL,11H      ;00010001B,写入 ICW4
OUT   22H,AL
```

（2）从片初始化程序

```
MOV   AL,19H      ;00011001B,写入 ICW1
OUT   0A0H,AL
MOV   AL,70H      ;01110000B,写入 ICW2
OUT   0A2H,AL
MOV   AL,03H      ;00000011B,写入 ICW3,本从片的识别码为 03H
OUT   0A2H,AL
MOV   AL,01H      ;00000001B,写入 ICW4
OUT   0A2H,AL
```

习 题 七

1. 什么是中断？中断有什么作用？
2. 8086/8088 系统中，中断分为哪几类？
3. 8086/8088 CPU 上中断请求和中断响应信号是什么？
4. 中断标志 IF 的作用是什么？
5. 什么是中断向量？什么是中断向量表？
6. 中断类型码为 50H，则其对应的中断向量存放在哪几个存储单元？
7. 设 78H 号中断的中断向量为 1000:2340H，写出该中断向量在内存中的具体存放情况。
8. 简述 8259A 的工作原理。
9. 一片 8259A 可提供多少个中断类型码？
10. 8259A 中设定中断优先级方式有几种？各有什么特点？
11. 8259A 的中断结束方式有几种？各有什么特点？
12. 8259A 屏蔽中断源的方式有几种？各有什么特点？
13. 8259A 连接数据总线的方式有几种？各有什么特点？
14. 8259A 的中断请求触发方式有几种？各有什么特点？
15. 在 8259A 中，通过奇地址访问的寄存器有几个？通过偶地址访问的寄存器有几个？
16. 8259A 初始化时设置为中断非自动结束方式，编写中断服务程序时应注意什么？
17. 8259A 初始化的过程如何？
18. 外设向 CPU 提出中断申请，但没有得到响应，其原因有哪些？
19. 编程对 8259A 初始化。设系统中有一片 8259A，中断请求信号为边沿触发，中断类型码为 58H～5FH，一般全嵌套方式，不用缓冲方式，中断自动结束。8259A 的端口地址为 20H、21H。
20. 写操作命令字实现禁止 8259A 的 IR_0 和 IR_7 引脚的中断请求，然后撤销这一禁止命令。设 8259A 的端口地址为 200H、202H。

第8章 输入/输出接口技术

在微机系统中,各种外围输入/输出(I/O)设备(简称外设)是通过接口(Interface)与 CPU 相连接的。输入/输出接口是微型计算机的重要组成部分,CPU 通过它们与外界进行数据交换。接口部件起着数据缓冲、锁存、数据格式变换、寻址、同步联络和定时控制等作用。各种方式的数据传送都是在接口的支持下实现的。本章介绍 I/O 接口与系统主机之间的数据传送机制,I/O 接口的编址方法、译码方法,以及微机与外设之间的数据传送方法。

8.1 I/O 接口简介

8.1.1 外围设备的特点

微处理器解决问题是很有效的,但它必须与外界通信才具有实际应用价值。为了解决一个实际问题,微型计算机必须与一定的外部设备相联系。常用的外设有键盘、显示器、打印机等,它们都需要通过接口电路和主机相连接。

从时序上看,CPU 对外部设备的输入/输出操作和对存储器的读/写操作很类似。但是,存储器不需要接口电路,可以直接连在总线上,而输入/输出设备却一定要通过接口电路与总线相连。这是由它们不同的工作特点所决定的。

所有存储器都是用来保存信息的,功能单一,传送方式也单一。每一次必定是传送一个或几个字节。存储器的种类很有限,只有只读类型和可读可写类型之分。此外,存储器的存取速度基本上可以和 CPU 的工作速度匹配。这些特点决定了存储器可以直接挂在总线上。

而外部设备的功能却多种多样。有些外设作为输入设备,有些外设作为输出设备,有些外设既作为输入设备又作为输出设备,还有一些外设作为检测设备或控制设备。对于一个具体设备来说,它所使用的信息可能是数字式的,也可能是模拟式的,而非数字式信号必须经过转换,使其成为数字信号才能送到计算机总线。这种模拟信号转变成数字信号,或者反过来将数字信号转换成模拟信号的功能是由 A/D、D/A 接口来完成的。

就外部设备来说,有些外设的信息是并行的,有些外设的信息则是串行的。串行设备只能接收或发送串行的数字信息,而 CPU 却只能接收或发送并行的信息。这样,串行设备必须通过接口将串行信息转换成并行信息,才能送到 CPU。反过来,要将 CPU 送出的并行信息转变成串行信息,才能送给串行设备。这就要由接口完成串行数据和并行数据的转换。

即使微型计算机系统中连接的是并行设备,同样需要接口电路。因为,外设的工作速度通常比 CPU 的速度低很多,而且各种外设的速度互不相同,这就要求接口电路在输入/输出过程中能起到一个缓冲或锁存的作用。

总之，外围设备在信息格式、工作速度、驱动方式等方面彼此差异很大，所以不能与 CPU 直接相连，而必须通过接口电路才能连接。

I/O 接口是处于主机与外设之间，用来协助完成数据传送和传送控制任务的一部分电路。接口技术是用微型计算机组成一个实际应用系统的关键技术之一，任何一个微型计算机应用系统的研制和设计，都包含有接口的研制与设计。它不仅包括接口的硬件电路设计，还包括使这些电路按要求工作的驱动程序(接口软件)。

8.1.2 I/O 接口的发展

微型计算机接口的发展，基本上是与微处理器的发展同步进行的。伴随着微型计算机的发展，相应的接口技术也经历了四个发展阶段。

1. 简单接口

早期的微型计算机多采用 PMOS 工艺，集成度较低，系统结构和指令系统都较为简单，采用的是机器语言和汇编语言。受电子技术的限制，此时的接口芯片集成度不高，大都采用 TTL、MSI 工艺，接口的功能比较简单，工作方式单一。但由于其所涉及的接口技术原理具有普遍性，且价格低廉，使用方便，所以至今仍不乏应用。

2. 可编程接口

16 位微处理器的出现使微型计算机的发展进入第二代。这一代微型计算机采用 NMOS 工艺，集成度明显提高，系统结构和指令系统比较完善，不仅可以使用机器语言和因机而异的汇编语言，而且配有易编、易读，并具有兼容性的高级语言和操作系统。与此适应的接口芯片，如中断控制器、串行接口、并行接口、直接存储器存取控制芯片，都是采用 NMOS 工艺的 LSI 芯片，而且可以通过软件设置其功能和工作方式，增强了接口芯片的灵活性、通用性。这一阶段接口的典型产品有 Intel 公司的 8253、8255、8259、8237，Zilog 公司的 PIO、SIO 及 Motorola 公司的 6820/6821 等。

3. 智能接口和通用外围接口

1985 年，Intel 公司首次推出了 32 位结构的第三代微处理器 80386，1989 年生产出 80X86 系列的第四代微处理器 80486。这个时代的微型计算机，大多采用 NMOS 或 CMOS 工艺的超大规模集成电路，集成度从每片芯片两万个到几十万个晶体管，系统结构和指令系统进一步完善，性能全面提高，功能显著增强，速度大幅提升。与此同时，也开发出大批集成化程度更高的接口器件。这一时期显著的特点是应用专用单片机作通用接口，使接口达到智能化。例如，用于代替中央处理器管理 I/O 设备、处理 I/O 事务的 I/O 处理器 8089，采用分页、分段机制管理的存储器管理部件 Zilog8010、MC68851 以及在多 CPU 系统中进行总线管理的总线控制部件 8289、68452、68174 等都是具有控制、处理能力的智能化接口装置。

4. 功能接口板

微型计算机的广泛应用加大了对接口的需求，总线标准又从电气特性、机械特性及通信协议等方面功能为接口板的设计提供了保障。于是，为了缩短应用系统的开发研制过程，许多生产厂家、研究所、大专院校，为各类总线的微型计算机开发出越来越多功能接口板，给应用系统的开发人员带来日益增多的便利，省去很多有关接口的硬件设计、制造和编程工作。使用者可根据任务加以选用。

与微型计算机技术的发展一样，接口技术的发展也是日新月异。其主要目标是提高集成度、增强功能、加大灵活性、适应性、提高智能化程度，以适应更新一代微型计算机的功能与性能要求，给用户带来更大的方便。

8.2 I/O接口的编址方式

每个接口部件都包含一些寄存器，CPU和外设进行数据交换时，各类信息在接口中进入不同的寄存器，一般称这些寄存器为I/O端口，每个端口有一个端口地址。有些端口是用于对来自CPU的数据或送往CPU的数据起缓冲、锁存作用的，称为数据端口；有些端口用来存放外部设备或接口本身的状态信息，称为状态端口。还有些端口用来存放CPU发出的命令，以便控制接口或设备的操作，称为控制端口。可以说，计算机主机和外设之间都是通过接口部件的I/O端口沟通的。

应该指出，不管是输入还是输出，所用到的地址总是对端口而言的，而不是对接口部件而言的。如果一个接口内有两个端口，那么在设计接口部件时，就已经考虑了它能接收两个端口地址。一个双向工作的接口芯片通常有4个端口，即数据输入端口、数据输出端口、状态端口和控制端口，如图8-1所示。

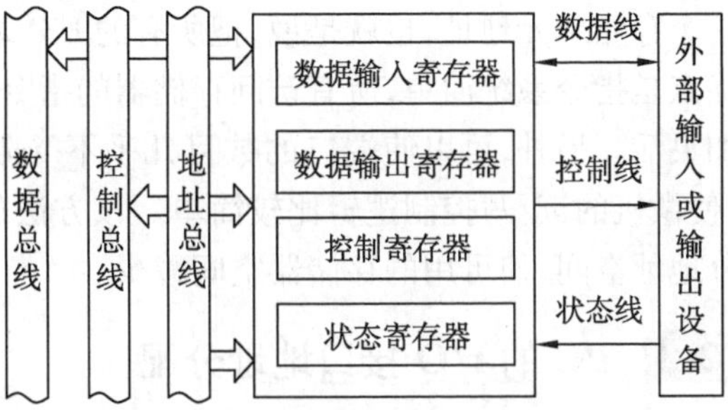

图8-1 典型的I/O接口电路组成与结构

因为数据输入端口和状态端口是只读的，而数据输出端口和控制端口是只写的，所以，系统为了节省地址空间，往往数据输入端口和数据输出端口对应同一个端口地址；同样，状态端口和控制端口用同一个端口地址。CPU访问端口时，利用读/写控制信号将它们区分开来。

I/O端口的编址方式有两种：独立编址和存储器映像编址。在独立编址I/O的方案里，IN和OUT指令负责完成微处理器的累加器与I/O端口之间的数据传送。在存储器映像编址I/O的方案里，任何涉及存储器的指令同样适用于I/O端口。在基于Intel微处理器的系统中，大多采用独立编址I/O方式。

8.2.1 独立编址

这种编址方式是指将I/O端口和存储器地址分开，相互隔离。由于端口是隔离的，所以用户可将存储器扩展到最大容量而不必为I/O设备留出存储空间。图8-2给出了独立编址与存储器映像编址的地址空间。独立编址的一个缺点是，在I/O与微处理器之间传送的数据必须由IN、OUT指令存取，使程序设计的灵活性差。从硬件上来讲，由于其控制线比较多，所以连接起来比较麻烦。

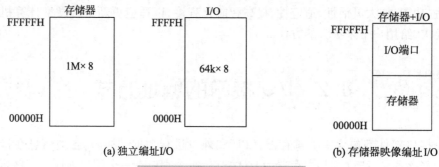

图 8-2　I/O 接口的编址方式

8.2.2　存储器映像编址

这种编址方式是将 I/O 接口与存储器同等看待,统一编址。相当于给每个 I/O 端口分配一个存储单元地址,也就是说,把所有的 I/O 端口都当作存储单元来访问。这种编址方式的优点是指令系统简单,所有访问存储器的指令都能应用于 I/O 端口的访问,因而程序设计更加灵活。另外,可以使端口的数目几乎不受限制,从而大大增加了系统的扩展能力。并且,使微机的读/写控制逻辑比较简单。该方法的不足之处是,I/O 端口占用了存储器的一部分地址空间,使可用的存储器空间减少。

8.2.3　PC 的 I/O 接口地址分配

在 PC/XT、PC/AT 机中,部分 I/O 端口地址作为专用。端口地址在 0000H~03FFH 之间的 I/O 空间通常留给计算机系统和 ISA 总线,位于 0400H~0FFFH 之间的 I/O 端口用于用户接口、主板功能及 PCI 总线。80287 数值运算协处理器,使用 I/O 地址 00F8H~00FFH 进行通信,因此 Intel 保留 I/O 端口 00F8H~00FFH。80386-PentiumⅡ使用端口 800000F8H~800000FFH 与协处理器通信。

I/O 端口的 0000H~00FFH 可通过固定端口 I/O 指令访问;00FFH 以上的端口须通过 DX 寄存器间接寻址 I/O 指令访问。

8.3　I/O 接口的地址译码方法

当执行 I/O 操作时,CPU 首先必须选中与其进行信息交换的端口,换言之,I/O 端口只有识别出微处理器输出的地址时,才能进行信息的传递。所以,一个接口电路,就必然有一个端口地址译码问题。常见的地址译码方法有四种:简单门电路译码法、译码芯片译码法、比较器译码法和 GAL 通用逻辑阵列译码法。

8.3.1　门电路译码法

这是最基本也是最简单的地址译码方法。通常采用各种门电路,如与门、或门、非门等电路的组合实现。为了使电路简单,可选用带有多个输入的与非门,如 8 输入与非门

74LS30、4输入与非门74LS20以及2输入与非门74LS00等。设计时首先分配好地址,然后写成二进制形式,再根据地址总线数分配各个与非门输入引脚地址。若采用与非门,则当该地址为"1"时,直接接入与非门输入端;若改为地址为"0",则先接一个反相器再接到与非门的输入端。例如,某接口需要译码地址为3F2H,可画出如图8-3所示的译码电路。

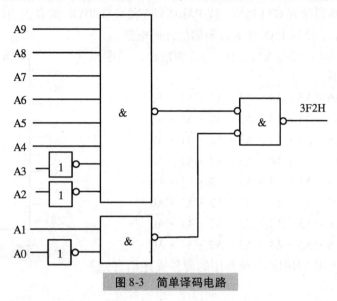

图8-3 简单译码电路

由电路图可以看出,门电路译码法需要的芯片种类比较多,而且译出的端口地址单一,故只适用于要求扩展地址比较少的情况。

8.3.2 译码器译码法

译码器是用于多地址译码的电路。目前使用较多的有74LS139(双2-4译码器)、74LS138(3-8译码器)、74LS154(4-16译码器)等。这些译码器通常由三个部分组成:译码控制线、选择输入端、译码输出端。译码控制端主要是使该译码电路能够被选中,通常由地址线、控制线及一些逻辑电路组成。选择输入端用作地址端口选择,它们与输出端一一对应。译码输出端作为端口选通信号。用译码器设计译码电路的方法是:根据地址分配要求,首先写出各条地址线所对应的二进制值;以满足接口电路内部地址译码为前提,根据地址范围决定选择输入端地址线。图8-4给出了用74LS138进行译码的电路。

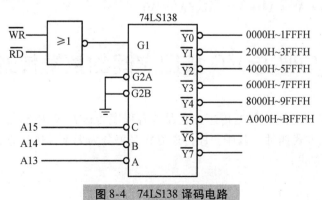

图8-4 74LS138译码电路

8.3.3 通用逻辑阵列译码法

在近年来的微型计算机测控系统中,有不少采用可编程逻辑阵列 GAL 进行译码。这种方法的优点是其逻辑关系通过编程控制,使用更加灵活,且可以加密使他人无法仿制。典型的可编程逻辑阵列器件有 GAL16V8(或 PAL16V8)和 GAL20V8,前者为 20 管脚,后者为 24 管脚。图 8-5 给出了使用 PAL 作为译码器的译码电路。

在图 8-5 中,A0～A7 为输入,F0～F7 为输出。其逻辑关系可以表示如下:

$F0 = A7 \cdot A6 \cdot A5 \cdot A4 \cdot A3 \cdot \overline{A2} \cdot \overline{A1} \cdot \overline{A0}$

$F1 = A7 \cdot A6 \cdot A5 \cdot A4 \cdot A3 \cdot \overline{A2} \cdot \overline{A1} \cdot A0$

$F2 = A7 \cdot A6 \cdot A5 \cdot A4 \cdot A3 \cdot \overline{A2} \cdot A1 \cdot \overline{A0}$

$F3 = A7 \cdot A6 \cdot A5 \cdot A4 \cdot A3 \cdot \overline{A2} \cdot A1 \cdot A0$

$F4 = A7 \cdot A6 \cdot A5 \cdot A4 \cdot A3 \cdot A2 \cdot \overline{A1} \cdot \overline{A0}$

$F5 = A7 \cdot A6 \cdot A5 \cdot A4 \cdot A3 \cdot A2 \cdot \overline{A1} \cdot A0$

$F6 = A7 \cdot A6 \cdot A5 \cdot A4 \cdot A3 \cdot A2 \cdot A1 \cdot \overline{A0}$

$F7 = A7 \cdot A6 \cdot A5 \cdot A4 \cdot A3 \cdot A2 \cdot A1 \cdot A0$

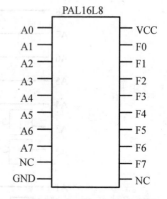

图 8-5　PAL16L8 译码电路

与此对应的采用 VHDL(一种专用的硬件描述语言)编写的 PAL 程序如下:

```
;pins  1   2   3   4   5   6   7   8   9   10
       A0  A1  A2  A3  A4  A5  A6  A7  NC  GND
;pins  11  12  13  14  15  16  17  18  19  20
       NC  F7  F6  F5  F4  F3  F2  F1  F0  VCC
/F0 = A7 * A6 * A5 * A4 * A3 * /A2 * /A1 * /A0
/F1 = A7 * A6 * A5 * A4 * A3 * /A2 * /A1 * A0
/F2 = A7 * A6 * A5 * A4 * A3 * /A2 * A1 * /A0
/F3 = A7 * A6 * A5 * A4 * A3 * /A2 * A1 * A0
/F4 = A7 * A6 * A5 * A4 * A3 * A2 * /A1 * /A0
/F5 = A7 * A6 * A5 * A4 * A3 * A2 * /A1 * A0
/F6 = A7 * A6 * A5 * A4 * A3 * A2 * A1 * /A0
/F7 = A7 * A6 * A5 * A4 * A3 * A2 * A1 * A0
```

8.4　CPU 与 I/O 接口之间的数据传送方式

CPU 与 I/O 接口之间的数据传送方式通常有程序传送方式、中断传送方式、DMA 传送方式和 I/O 处理机方式四种。其中程序传送方式又可分为无条件传送方式和查询传送方式(又称为条件传送方式)。

8.4.1 无条件传送方式

CPU 与外设进行数据交换时,若采用无条件传送方式,硬件上不需要设计与外设的握手信号,软件上不需要判别外设数据是否准备好,或外设是否处于忙状态。在确知外设的工作速度的情况下,插入一段定时程序,执行输入/输出指令即可。

对于输入设备,由于输入数据在数据总线上保持的时间很短,可直接利用三态缓冲器,不必加锁存器。在 CPU 执行输入指令时,首先将地址送入地址总线,经译码电路产生对三态缓冲器的地址选中信号,此地址选中信号与读信号$\overline{RD}$和存储器/外设选择信号 M/$\overline{IO}$ 相"与"后作为三态缓冲器的选通信号,使已准备好的输入数据进入数据总线,被 CPU 读取。

对于输出设备,一般需要锁存器,要求 CPU 送出的数据在接口电路的输出端保持一定的时间。当 CPU 执行输出指令时,首先将地址送到地址总线,经译码电路产生对该锁存器的地址选中信号,此地址选中信号与写信号$\overline{WR}$和锁存器/外设选择信号 M/$\overline{IO}$ 相"与"后作为锁存器的选通信号把数据总线上的数据锁存到输出锁存器中,并保持这个数据,直到被外设取走。下面举例说明无条件传送方式的软、硬件设计。

【例8-1】 把开关键的状态通过 74LS244 接口芯片采集进来,再将结果通过 74LS373 接口芯片驱动 8 个指示灯显示出来。

硬件电路设计如图 8-6 所示;相应的汇编程序如下:

```
MOV     DX,04A2H        ;74LS244 芯片选中地址
IN      AL,DX           ;采集开关状态
MOV     DX,04A0H        ;74LS373 芯片选中地址
OUT     DX,AL           ;输出数据使指示灯显示
```

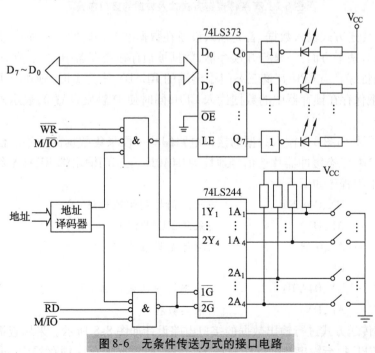

图 8-6 无条件传送方式的接口电路

在本书附录 F 中给出了一个用 PROTEUS 对本例题进行仿真的完整电路以及仿真的过

程和结果。

8.4.2 查询传送方式

对于查询传送方式,通过检测外设状态决定是否能在 CPU 与外设之间进行数据交换,因此又称其为条件传送方式。硬件电路设计需要考虑与外设的握手信号,软件上需要判别外设的状态。

对于输入设备,如果处于准备就绪状态,则 CPU 可以执行输入指令;否则 CPU 检测输入设备的准备好状态线,一直到输入设备准备就绪。对于输出设备,如果处于空闲状态,则 CPU 可以执行输出指令;否则 CPU 检测输出设备的忙状态线,一直到输出设备处于空闲状态。采用查询传送方式进行输入数据的接口电路设计如图 8-7 所示。

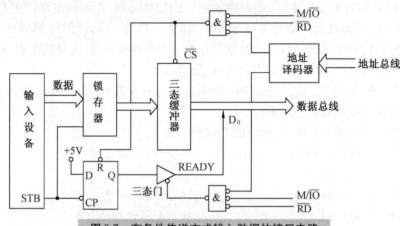

图 8-7 有条件传送方式输入数据的接口电路

利用查询传送方式输入数据,首先输入设备在数据准备好后发一选通信号 STB,STB 选通信号的作用有两个方面:一是打开锁存器,数据被锁存在锁存器中;二是使 D 触发器置 1,表示数据已准备好。当 CPU 查询三态门输出端的 READY 线为 1 时,则执行 IN 操作,打开三态缓冲器,把保存在锁存器中的数据读入 CPU,同时使 D 触发器置 0,表示外设未把下一个数据准备好。

【例 8-2】 利用图 8-7 输入数据的接口电路编写一段采集数据的程序。设三态门控制端地址为 04A2H,三态缓冲器片选信号地址为 04A0H,三态门输出端 READY 线连接到数据总线 D_0 端。汇编程序如下:

```
      MOV   DX,04A2H      ;三态门控制端地址送 DX
L1:   IN    AL,DX         ;采集 READY 状态
      TEST  AL,01H        ;测试是否准备好
      JZ    L1
      MOV   DX,04A0H      ;三态缓冲器地址送 DX
      IN    AL,DX         ;采集数据
```

采用查询传送方式进行输出数据的接口电路设计如图 8-8 所示。采用查询传送方式输出数据,首先 CPU 执行输出数据操作,打开锁存器,把数据保存在锁存器中,同时使 D 触发器置 1。D 触发器置 1 有两个作用,一是通知外设数据输出锁存器中已有数据可以取走,二

是使三态缓冲器的输入端置1,表示外设处于工作状态。当外设从输出锁存器取走数据后,发出一回答信号,使D触发器置0,三态门的输入端处于低电平状态。当CPU再次读取三态门的忙状态线时,若此线为不忙状态,CPU可向输出锁存器输出下一个数据。

【例8-3】 利用图8-8输出数据的接口电路编写一段输出数据的程序。设三态门控制端地址为04A4H,锁存器片选信号地址为04A6H,三态门输出端BUSY线连接到数据总线D_1端。相应的汇编程序如下:

```
        MOV     DX,04A4H        ;三态门控制端地址送DX
L2:     IN      AL,DX           ;采集BUSY端状态
        TEST    AL,02H          ;测试是否忙
        JNZ     L2
        MOV     DX,04A6H        ;输出锁存器地址送DX
        MOV     AL,**H          ;输出的数据(**H为任一数据)
        OUT     DX,AL           ;输出数据
```

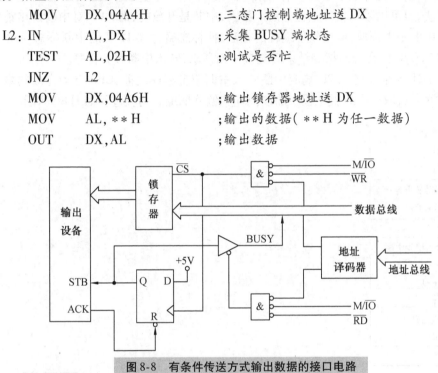

图8-8 有条件传送方式输出数据的接口电路

8.4.3 中断传送方式

为了提高CPU的利用率和对外设的实时性控制,可以采用中断传送方式。8088/8086 CPU有两个引脚NMI和INTR供外部设备请求中断使用,前者为不可屏蔽中断请求,后者为可屏蔽中断请求。

1. 不可屏蔽中断请求

当8088/8086 CPU的NMI引脚上出现从低电平到高电平的跳变时,将引起不可屏蔽中断请求,它不受中断允许标志位IF的影响,CPU在当前指令结束后立即响应NMI中断请求,转入中断服务程序。不可屏蔽中断请求多用来处理系统的重大事故,比如系统掉电处理、运算错误等。

2. 可屏蔽中断请求

可屏蔽中断申请线连接到8088/8086 CPU的INTR引脚。当外设数据未准备好或不空闲时,CPU不用去等待,而是处理CPU现行程序。当外设数据准备好或空闲,要求CPU输入或输出数据时,使INTR引脚由低电平跳到高电平。如果CPU中断是开放的,即中断允许标志位IF为1时,CPU在执行完当前指令后,停下当前的工作,响应中断,转去执行外设所

要求的输入或输出操作。执行完毕后，CPU 返回来继续执行被中断的现行程序。这种与外设进行交换数据的方式称为中断传送方式。转去执行外设所要求的输入或输出的程序，称为中断服务程序。

使用中断传送方式的条件是：第一，有外设申请中断。CPU 本身具备这样一种功能，即在每一条指令结束时，自动检测外部设备是否有中断请求。向 CPU 申请中断的外设，一般称为中断源。第二，允许该中断源申请中断，即对该中断源不屏蔽。对中断源的屏蔽可采用硬件电路方法，也可以采用软件编程方法。第三，中断是开放的，即 CPU 对中断源申请中断是响应的。中断是否开放，可用软件编程的方法，使标志寄存器 PSW 的中断标志位 IF 为 1 或为 0。第四，CPU 要在当前指令结束后响应中断请求，转入中断服务程序。

满足了上述条件后，在 CPU 响应中断转入中断服务程序之前，CPU 自动完成的事情是关中断、保护断点，取得中断服务程序的段地址和偏移地址。响应过程如图 8-9 所示。

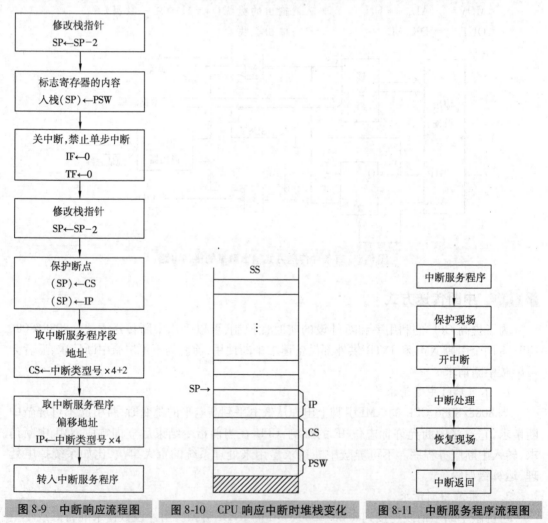

图 8-9　中断响应流程图　　图 8-10　CPU 响应中断时堆栈变化　　图 8-11　中断服务程序流程图

CPU 响应中断，将要转入中断服务程序前堆栈内的内容和栈指针的变化如图 8-10 所示。

转入中断服务程序后，中断服务程序流程图如图 8-11 所示。

保护现场是把 CPU 转入中断服务程序前所使用的有关各寄存器的内容和标志位的状态,用 PUSH 指令压入堆栈保存起来。中断处理结束后,再用 POP 指令弹出,恢复中断前各寄存器的内容。

在 CPU 转入中断服务程序前,自动执行了关中断的操作,使 IF 等于 0,CPU 不再响应其他设备申请的中断。但对于多个设备的系统,编程员要根据外设所要处理事情的轻重缓急,将中断分为高级中断和低级中断等不同等级,CPU 对于两个以上的中断源同时申请中断,要根据优先等级从高级到低级依次响应。但若此时响应的中断不是最高级,同时又处于关中断状态,那么 CPU 就不能响应比该级中断源更高级的中断源的中断申请。为了响应比该级中断源更高级的中断申请,必须在中断服务程序中用 STI 指令使 IF = 1,CPU 中断处于开放状态。

所谓中断处理,就是处理申请中断的中断源所要求的操作。如果一台输入设备需要 CPU 把数据取走,中断处理就是执行 IN 操作。如果一台输出设备需要 CPU 送出数据,中断处理就是执行 OUT 操作。利用中断传送方式进行数据输入时所用的接口电路如图 8-12 所示。当输入设备准备好数据,便发一选通信号 STB。STB 信号具有两方面的作用:一个是打开锁存器,把要输入的数据保存在锁存器中;另一个是使触发器输出 Q 为 1,作为向 CPU 申请中断的请求信号,该信号满足了中断传送方式的第一个条件。第二个条件是对该信号不屏蔽,此条件的实现是通过输出指令使中断屏蔽寄存器输出为 1。中断申请信号和不屏蔽信号相"与"后发出中断申请。因此,只有两个条件都满足的情况下才能使中断申请线 INTR 有效。若 CPU 中断是开放的,满足第三个条件,即发出中断响应信号 $\overline{INTA}$。$\overline{INTA}$ 信号有三个方面的作用:一个是选中 8259 芯片,取走中断类型号;另一个是使中断申请触发器输出为 0,避免重复响应本次申请;三是打开三态缓冲器,接收输入设备数据。

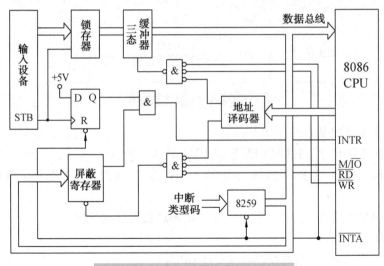

图 8-12 中断传送方式接口电路图

8.4.4 DMA 传送方式

中断传送方式虽然具有很多优点,但对于传送数据量很大的高速外设,如磁盘控制器或高速数据采集器,还是不能满足速度方面的要求。这是因为中断传送方式和查询方式一样,仍然是通过 CPU 执行程序来实现数据传送的。每进行一次传送，CPU 都必须执行一遍中断服务程序。而每进入一次中断服务程序，CPU 都要保护断点和标志，这要花费 CPU 大量的处理时间。此外，在服务程序中，通常还需要保护寄存器和恢复寄存器的指令，这些指令又需花费 CPU 的时间。还有，对 8086 系列的 CPU 来说，内部结构中包含了总线接口部件 BIU 和执行部件 EU，它们是并行工作的，即 EU 在执行指令时，BIU 要把后面将执行的指令取到指令队列中缓存起来。但是，一旦转去执行中断服务程序，指令队列要被废除，EU 须等待 BIU 将中断服务程序中的指令取到指令队列中才能开始执行程序。同样，返回断点时，指令队列也要被废除，EU 又要等待 BIU 重新装入从断点开始的指令后才开始执行，这些过程也要花费时间。因此，可以看出中断方式下这些附加的时间将影响传输速度的提高。另外，在查询方式和中断方式下，每进行一次传输只能完成一个字节或一个字的传送，这对于传送数据量大的高速外设是不适用的，必须要将字节或字的传输方式改为数据块的传输方式，这就需要 DMA 传送方式。

DMA 传送方式是直接存储器存取（Direct Memory Access）方式。在 DMA 方式下，数据的传送不是通过 CPU，而是通过一种专门接口电路——DMA 控制器（DMAC）进行的。当需要进行数据传送时，外设通过 DMAC 向 CPU 提出接管总线控制权的总线请求。CPU 在当前的总线周期结束后，响应 DMA 请求，把对总线的控制权交给 DMAC。于是在 DMAC 的管理下，外设和存储器直接进行数据交换，而不需 CPU 干预，这样可以大大提高数据传送速度。实现 DMA 的传送示意图如图 8-13 所示。

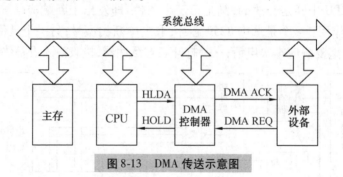

图 8-13　DMA 传送示意图

实现 DMA 传送的基本操作如下：
① 外设通过 DMA 控制器向 CPU 发出 DMA 请求（HOLD）。
② CPU 响应 DMA 请求，系统转变为 DMA 工作方式，并把总线控制权交给 DMA 控制器（HLDA）。
③ 由 DMA 控制器发送存储器地址，并决定传送数据块的长度。
④ 执行 DMA 传送。
⑤ DMA 操作结束，并把总线控制权交还 CPU。

DMA 之所以适用于大批量数据传送是因为：一方面，传送数据内地址的修改、计数等均由 DMA 控制器硬件完成（而不是 CPU 指令）；另一方面，CPU 交出总线控制权，其现场不受影响，无需进行保存和恢复。但这种方式要求设置 DMA 控制器，电路结构复杂，硬件开销较大。

以上四种数据传送的方式各有特点，应用场合也各有不同。无条件传送方式无论硬件结构和软件设计均很简单,但传送的可靠性差,常用于同步传送系统和开放式传送系统中;查询方式传送数据时可靠性很高,但计算机的使用效率很低,常用在任务比较单一的系统中;中断方式传送数据的可靠性高,效率也高,常用于外设的工作速度比 CPU 慢很多且传送数据量不大的系统中;DMA 方式传送数据的可靠性和效率都很高,但硬件电路复杂,开销较大,常用于传送速度高、数据量很大的系统中。

8.4.5 I/O 处理机方式

随着计算机系统的扩大、外设的增多和外设性能的提高,CPU 对外设的管理服务任务不断加重。为了提高整个系统的工作效率,CPU 需要摆脱对 I/O 设备的直接管理和频繁的业务。于是,专门用来处理输入/输出的 I/O 处理机(IOP)应运而生。如 Intel 8089 就是一种专门配合 8086/8088 使用的 I/O 处理器芯片。IOP 完成 I/O 传送时,有以下特点:

(1) 有自己的指令系统

有些指令专门为 I/O 操作而设计,可以完成外设监控、数据拆卸装配、码制转换、校验检索、出错处理等任务。换言之,它可以独立执行自己的程序。

(2) 支持 DMA 传送

8089 内有两个 DMA 通道。在系统中,IOP 与 CPU 的关系是:CPU 宏观上指导 IOP,IOP 在微观上负责输入输出及数据的有关处理。二者通过系统存储区(公共信箱)来交换各种信息,包括命令、数据、状态以及 CPU 要 IOP 执行的程序代码的首地址。图 8-14 给出了二者的联络情况:当 CPU 将

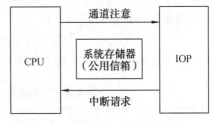

图 8-14 IOP 与 CPU 的信息交换

各种参数放入公共信箱后,用"通道注意"信号(Channel Attention,CA)通知 IOP。这时,IOP 从信箱中获取参数,并进行有关操作。一旦操作完成,IOP 可在公共信箱中设立状态标志,等待 CPU 来查询,也可以向 CPU 发中断请求信号,通知它采取下一步行动。

从上可知,IOP 和 CPU 基本上是并行工作的,但它们都要对系统存储器进行读写,因而其并行程度受到系统总线的限制。

8.5 总线与总线标准

8.5.1 总线分类和性能指标

在前面的章节中,我们已经了解了微型计算机中的地址总线、数据总线和控制总线的概念和作用。总线(BUS)就是一组传输公共信息的信号线的集合,是在计算机系统各部件之间传输地址、数据和控制信息的公共通用线路。它由一组连接线和相关的控制、驱动电路组成。处理器内部的各功能部件之间,处理器与高速缓冲存储器和主存之间,处理器系统与外围设备之间以及网络系统的各节点之间等,都是通过总线连接在一起的。因此,微型计算机的输入输出接口不可避免地要涉及各种总线。

总线有多种分类方法,按相对于 CPU 与其他芯片的位置可分为片内总线和片外总线。

按总线传送信息的类别,可把总线分为地址总线、数据总线和控制总线。按照总线传送信息的方向,可把总线分为单向总线和双向总线。按总线的层次结构可分为 CPU 总线、存储器/IO 总线、系统总线和外部总线。

本小节简要介绍常见的微型计算机的系统总线和外部总线。

评价一种总线的性能主要有以下几个方面:

① 总线时钟频率:即总线的工作频率,以 MHz 表示。它是影响总线传输速率的重要因素之一。

② 总线宽度:数据总线的位数,用位(bit)表示。例如,总线宽度为 8 位、16 位、32 位和 64 位。

③ 总线带宽:简单地说,带宽就是传输速率。它是指每秒传输的最大字节数(MB/s),高带宽则意味着系统的高处理能力。

总线带宽、总线宽度、总线时钟频率三者之间的关系就像高速公路上的车流量、车道数和车速的关系。车流量取决于车道数和车速,车道数越多、车速越快则车流量越大。同样,总线带宽取决于总线宽度和时钟频率,总线宽度越宽、时钟频率越高则总线带宽越大。

总线带宽的计算公式如下:

$$总线带宽 = 总线时钟频率 \times 总线宽度 / 8$$

一些常见微型计算机系统总线的带宽和传输速率如表 8-1 所示。

表 8-1 常见微型计算机系统总线的带宽和传输速率

总线类型	8-bit ISA	16-bit ISA	PCI	64-bit PCI 2.1	AGP	AGP (×2mode)	AGP (×4mode)
总线宽度/(bit)	8	16	32	64	32	32	32
总线频率/(MHz)	8.3	8.3	33	66	66	66×2	66×4
传输速率/(MB/s)	8.3	16.6	133	533	266	533	1066

8.5.2 微机系统总线标准

微机系统总线通常为 50~100 根信号线,这些信号线可分为五个主要类型:

① 数据线:决定数据宽度。
② 地址线:决定直接选址范围。
③ 控制线:包括控制、时序和中断线,决定总线功能和适应性的好坏。
④ 电源线和地线:决定电源的种类及地线的分布和用法。
⑤ 备用线:留给厂家或用户自己定义。

常见系统总线标准有:PC/XT、ISA(PC/AT)总线、MCA、EISA 总线、VESA、PCI 总线、AGP 总线等。

1. PC/XT、ISA(PC/AT)总线

PC/XT 总线是一种开放式结构的计算机底板总线,共有 62 个引脚,支持 8 位双向数据传输和 20 位寻址空间。其中有 8 个接地和电源引脚、25 个控制信号引脚、1 个保留引脚。总线底板上有 5 个系统插槽,用于 I/O 设备与 PC 连接。该总线的特点是把 CPU 视为总线的惟一主控设备,其余外围设备均为从属设备。

IBM 公司在 PC/XT 总线的基础上增加了 36 个引脚,形成了 AT 总线。从 1982 年以后,逐步确立的 IBM 公司工业标准体系结构,简称为 ISA(Industry Standard Architecture)总线,有时也称为 PC/AT 总线。

2. MCA、EISA 总线

MCA(Micro-Channel Architecture)总线:1987 年,IBM 公司为保护自身的利益,在宣布 PS/2 机器时,推出相对封闭的微通道结构,简称为 MCA 总线。

EISA(Extended Industry Standard Architecture)总线:1988 年 9 月,Compaq、AST、Epson、HP、Olivetti、NEC 等 9 家公司联合起来,推出了一种兼容性更优越的总线,即 EISA 总线。

3. VESA、PCI 总线

VESA(Video Electronics Standard Association)总线:1992 年 VESA(视频电子标准协会)联合 60 余家公司,对 PC 总线进行了第五次创新,推出了 VESA Local Bus(简称 VL 总线)局部总线标准 VESA V1.0。VESA 是 32 位总线,最高时钟频率为 66MHz,最高传输率为 266 MB/s,为 80486 微型计算机专用。

PCI(Peripheral Component Interconnect)总线:随着各种应用软件的发展,需要在微处理器与外部设备之间进行大量的高速的数据传输,以往的 ISA 总线及以后发展的 EISA 总线都未能解决总线的高效率传输问题。于是由 Intel 公司首先推出 PCI 总线,继而由多家公司联合建立、发展和推广了 PCI 总线。PCI 总线建立了微处理器与外围设备之间的高速通道,总线的频率为 33MHz,与 CPU 的时钟频率无关,总线宽度为 32 位,并可以扩展到 64 位,所以其带宽达到 132MB/s~264MB/s。PCI 总线与 ISA、EISA 总线完全兼容,尽管每台微型计算机系统的插槽数目有限,但 PCI 局部总线规格可以提供"共用插槽",以便容纳一个 PCI 及一个 ISA。PCI 总线采用了一种独特的中间缓冲器的设计,把处理器子系统与外围设备分开,这样使得 PCI 的结构不受处理器种类的限制。PCI 局部总线具有如下一些特点:

① 线性突发传输。PCI 能支持猝发数据传输模式,可确保总线不断满载数据。

② 存取延迟小。能够大幅度减少外围设备取得总线控制权所需要的时间,以保证数据传输的通畅。

③ 总线主控及同步操作。这有利于提高 PCI 总线性能。总线主控是大多数总线都具有的功能,目的是让任何一个具有处理能力的外围设备暂时接管总线,以加速执行高吞吐量、高优先级的任务。PCI 总线独特的同步操作功能可保证微处理器能够与这些总线主控器同时工作,而不必等待后者任务的完成。

④ 独立于 CPU 的结构。PCI 总线以其独特的中间缓冲方式,独立于处理器,并将中央处理器子系统与外围设备分开。这种缓冲器的设计方式,用户可随意增添外围设备,以扩充计算机系统而不必担心在不同时钟频率下会导致性能的下降,最多可支持 10 台外设,并具有自动识别外设的功能。

⑤ 低成本、高效益。PCI 的芯片采用超大规模集成电路,节省布线空间,为计算机的小型化和多功能化提供了良好的条件。

⑥ 兼容性强。PCI 总线与 ISA、EISA、VESA 以及 MCA 总线完全兼容,方便用户选用外围设备。

⑦ 预留发展空间。PCI 总线预留了充足的扩展空间。例如,它支持 64 位地址/数据多

路复用,能同时插 32 位和 64 位插卡,因此 32 位和 64 位外围设备是在用户不知不觉中工作的,因而它们之间的通信对用户来说是透明的,从而达到真正的兼容。

4. AGP 总线

AGP(Accelerated Graphics Port,图形加速端口)是 Intel 公司推出的新一代图形显示卡专用总线,它将显示卡同主板芯片组直接相连,进行点对点传输,大幅度提高了电脑对 3D 图形的显示能力,也将原先占用的大量 PCI 带宽资源留给了其他 PCI 插卡。在 AGP 插槽上的 AGP 显示卡,其视频信号的传送速率可以从 PCI 总线的 133MB/s 提高到 533MB/s。AGP 的工作频率为 66.6MHz,是现行 PCI 总线的一倍,最高可以提高到 133MHz 或更高,传送速率则会达到 1GB/s 以上。

AGP 的实现依赖两个方面,一是支持 AGP 的芯片组/主板,二是 AGP 显示卡。

AGP 1.0(AGP 1X、AGP 2X):1996 年 7 月 AGP 1.0 图形标准问世,分为 1X 和 2X 两种模式,数据传输带宽分别达到了 266MB/s 和 533MB/s。这种图形接口规范是在 66MHz PCI 2.1 规范基础上经过扩充和加强而形成的,其工作频率为 66MHz,工作电压为 3.3V,在一段时间内基本满足了显示设备与系统交换数据的需要。这种规范中的 AGP 带宽很小,现在已经被淘汰了,只有在前几年的老主板上还见得到。

AGP 2.0(AGP 4X):显示芯片的飞速发展,图形卡单位时间内所能处理的数据呈几何级数增长,AGP 1.0 图形标准越来越难以满足技术的进步了,由此 AGP 2.0 便应运而生了。1998 年 5 月,AGP 2.0 规范正式发布,工作频率依然是 66MHz,但工作电压降低到了 1.5V,并且增加了 4X 模式,这样它的数据传输带宽达到了 1066MB/s,数据传输能力大大地增强了。

AGP 8X 作为新一代 AGP 并行接口总线,在数据传输频宽上和 AGP 4X 一样都是 32 bit,但总线速度达到了史无前例的 533MHz,在数据传输带宽上也就达到了 2.1GB/s 的高度,这些都是前几代 AGP 并行接口无法企及的。它的推出顺应了现今 CPU 和 GPU(图形工作站)的飞速发展,也可以说是 CPU 和 GPU 的发展导致了这一新技术的应用和推广。随着 CPU 主频的逐步提升以及 GPU 的性能日新月异,系统单位时间内所要处理的 3D 图形和纹理越来越多,大量的数据要在极短的时间内频繁地在 CPU 和 GPU 之间进行交换,这使原来传输带宽为 1066MB/s 的 AGP 4X 接口已越来越跟不上它们交换的速度,正像当年 AGP 取代 PCI 总线一样,AGP 8X 终于走上了时代的舞台。

除了频宽加倍之外,AGP 8X 在其他方面也有诸多增强之处,像支持超大影像对映区(Large Aperture Size);超大 4MB 分页寻址(4MB Paging)与虚拟寻址能力,可以控制到 1 TB(2^{40}=1024GB)。AGP 8X 的影像内存容量上限,理论上是目前 AGP 4X 的 256 倍;同时内存管理以及读写的效率会达到最佳化。一直以来显卡和 CPU 之间的数据传输都是影响计算机整体性能的一个瓶颈,AGP 8X 时代的到来无疑开辟了显卡与 CPU 之间数据传输的又一个新纪元。

8.5.3 外部设备总线

外部设备总线是个人计算机与标准外设的接口总线,这些外设包括键盘、显示器、打印机、扫描仪、磁盘等。

1. SPP、EPP 和 ECP

最初的 IBM PC 中所使用的并行接口,称为标准并行接口(Standard Parallel Port, SPP)。

SPP 使用 Centronics 接口标准和协议,主要用于连接并行打印机。由于 SPP 接口采用软件握手,其传输速度比较慢,且只能单向传送数据,因此限制了其进一步的应用。为了改变这一状况,有关厂商对 SPP 接口进行了扩展,在与 SPP 兼容的前提下增加了新的功能,并提高了传输速率。

EPP(Enhenced Parallel Port,增强并行接口)协议最初是由 Intel、Xircom、Zenith 三家公司联合提出的,于 1994 年在 IEEE 1284 标准中发布。EPP 接口采用双向数据线,可以实现快速转向,因此可以进行双向数据传输。与传统并行口 Centronics 标准利用软件实现握手不同,EPP 接口协议通过硬件自动握手,能达到 500kB/s ~ 2MB/s 的通信速率。该标准使更多的设备可以使用并行端口,这样可以更大程度地发挥并行接口适配器的优点。几乎所有新的外围设备都可以在并行端口上使用。其中包括传统的打印机、扫描仪、CD-ROM、硬盘驱动器、端口共享和磁带,另外还包括一些非传统的用法。

SPP 与 EPP 接口引脚定义如表 8-2 所示。

表 8-2　SPP 与 EPP 接口引脚定义与功能说明

引脚号	SPP 信号	EPP 信号	方向	功能说明
1	$\overline{STROBE}$	$\overline{nWRITE}$	O	低电平有效,表示写操作,高电平则为读周期
9 ~ 2	$D_0 ~ D_7$	$AD_0 ~ AD_7$	I/O	数据位 0 ~ 数据位 7
14	C_1	$\overline{nDATASTB}$	O	低电平有效,表述数据读/写操作正在进行
16	C_2	$\overline{RESET}$	O	低电平复位外设,平时为高电平
17	C_3	$\overline{nADDSTB}$	O	低电平有效,表示地址读/写操作正在进行
11	S_7	$\overline{nWAIT}$	I	应答信号,低电平表示 I/O 周期(设置选通信号)开始;高电平表示 I/O 周期结束(撤销选通信号)
10	S_6	$\overline{INTR}$	I	外设向主机发出的中断请求信号
12	S_5	—	I	用户定义
13	S_4	—	I	用户定义
15	S_3	—	I	用户定义
18 ~ 25	GND	—	地	—

EPP 接口与标准并口 SPP 兼容,除了保留 SPP 的 3 个端口寄存器以外,还新增了 5 个端口寄存器,如表 8-3 所示(Base 为并口基地址,如 LPT1 为 378H)。

表 8-3　EPP 端口模式下的寄存器

端口寄存器	地址	功能说明
SPP 数据	基地址 +0	SPP 数据输出,不能自动选通
SPP 状态	基地址 +1	SPP 有 5 个状态($S_7 ~ S_3$)输入,EPP 模式下增加 S_0 位作为超时指示
SPP 控制	基地址 +2	SPP 有 4 个控制信号($C_0 ~ C_3$)输出,EPP 模式下增加 C_4 位作中断控制,C_4 置 1 允许并行端口中断,C_4 清零禁止并行口中断

续表

端口寄存器	地址	功能说明
EPP 地址	基地址 +3	地址数据的输出与输入,有握手联络,地址周期
EPP 数据	基地址 +4	数据本身的输出与输入,有握手联络,数据周期
EPP 备用	基地址 +5	可用于 16/32 位数据传输、接口配置或用户自定义
EPP 备用	基地址 +6	
EPP 备用	基地址 +7	

当对基地址端口进行 I/O 操作时,就如同使用标准并口一样,必须由软件程序检测当前状态以产生必要的控制信号。要同 EPP 外设通信,则从 EPP 地址端口 Base +3 读写地址,从 EPP 数据端口 Base +4 读写数据。由于计算机并口只有 8 位数据线,16 位或 32 位数据必须分成若干字节分别传送。如果设备端口有 16 位或 32 位数据线,可以利用 Base +5,Base +6 和 Base +7 三个端口直接完成 16 位或 32 位数据传输。

ECP(Extended Capabilities Port,扩展功能接口)协议由 HP 公司和 Microsoft 公司首先推出,它为在并行接口上快速的数据传输提供了另外一种途径。

与 EPP 一样,ECP 也是双向接口。ECP 传输可以在一个 ISA 总线周期内完成。ECP 具有一个 16 字节的缓冲器储存发送与接收的数据,可以使用 DMA 方式进行数据传送。ECP 协议中还包括一个 Fast Centronics 模式,它可以与 SPP 设备之间进行改进的快速通信。ECP 也可以进行 EPP 传输,但与 EPP 不同的是,ECP 的硬件握手不存在超时的问题,它可以自动降低传输速度以适应较低的外设。所以 ECP 不仅传输速度快,还具有更大的灵活性。

与 EPP 相比 ECP 最大的优势是它支持 DMA 操作,如果系统工作时有大批量的数据要传输,用 ECP 模式可以大大减轻计算机 CPU 的负担,提高系统的整体性能。但是获得 ECP 的高性能的代价是必须重新设计比 EPP 复杂得多的接口软件(指 CPLD 的控制软件),同时计算机软件方面还必须编写硬件驱动程序,这对于一般的计算机应用系统开发者而言有一定的难度。

2. RS-232C 串行接口

虽然现在有一些高速串行总线标准,但是 RS-232C 依然是现代微机的标准串行口,微机主板上一般提供两个插座,规定其设备名为 COM1、COM2,现在仍沿用这些名称。也有主板只提供一个插座的情况。

RS-232C 是美国电子工业协会 EIA(Electronic Industry Association)制定的一种串行物理接口标准。RS 是 Recommended Standard 的缩写,232 为标识号,C 表示修改次数。RS-232C 标准规定的数据传输速率为 50、75、100、150、300、600、1200、2400、4800、9600、19200b/s。

RS-232C 总线标准规定采用一个 25 引脚的连接器,对连接器每个引脚的信号加以规定。

(1) 接口的信号内容

实际上 RS-232C 的 25 条引线中有许多是很少使用的,在计算机与终端通信中一般只使用 3~9 条引线。

(2) 接口的电气特性

在 RS-232C 中任何一条信号线的电压均为负逻辑关系,即逻辑"1"为 -3~-15V;逻辑

"0"为 +3～+15V。噪声容限为2V。即要求接收器能识别低至 +3V 的信号作为逻辑"0"，高到 -3V 的信号作为逻辑"1"。RS-232C 与 TTL 电平定义不兼容，使用时必须加上适当的电平转换接口电路。如 MC1488 和 MC1489 就是专门用于计算机（或终端）与 RS-232C 标准进行电平转换的接口芯片。MC1488 输入 TTL 电平，输出与 RS-232C 兼容；MC1489 输入与 RS-232C 兼容，输出为 TTL 电平。除了 MC1488 和 MC1489 之外，许多公司还研制出一些适合 RS-232C 标准接口总线的芯片，这些芯片集成度高，把接收/发送功能集中在一个芯片上，如 MAX232。

（3）接口的物理结构

RS-232C 接口连接器一般使用型号为 DB-25 的 25 芯插头座，通常插头在 DCE 端，插座在 DTE 端。一些设备与 PC 连接的 RS-232C 接口，因为不使用对方的传送控制信号，只需三条接口线，即"发送数据 TxD"、"接收数据 RxD"和"信号地 GND"。也可采用 DB-9 的 9 芯插头座，传输线采用屏蔽双绞线。

（4）传输电缆长度

RS-232C 标准规定，驱动器允许有 2500pF 的电容负载，通信距离将受此电容限制。例如，采用 150pF/m 的通信电缆时，最大通信距离为 15m；若每米电缆的电容量减小，通信距离可以增加。传输距离短的另一原因是 RS-232C 属单端信号传送，存在共地噪声和不能抑制共模干扰等问题，因此一般用于 20m 以内的通信。

3．USB、IEEE 1394 总线

（1）USB 总线

USB（Universal Serial Bus）即通用串行总线，是由 Compaq、DEC、IBM、Intel、Microsoft、NEC 和 NT（北方电讯）七家公司推出的新一代接口标准总线。这几年，随着大量支持 USB 的个人电脑的普及，USB 逐步成为 PC 的标准接口已经是大势所趋。在主机（Host）端，最新推出的 PC 几乎 100% 支持 USB；而在外设（Device）端，使用 USB 接口的设备也与日俱增，如数码相机、扫描仪、游戏杆、磁带和软驱、图像设备、打印机、键盘、鼠标等。USB 设备之所以会被大量应用，主要是由于其具有以下优点：

① 可以热插拔：USB 接口设备的安装非常简单，在电脑正常工作时也可以进行安装，告别"连接并口和串口先关机，将电缆接上，再开机"的操作。

② 系统总线供电：低功率设备无需外接电源，采用低功耗设备，并可提供 5V/500mA 电源。

③ 支持设备众多：支持多种设备类，如鼠标，键盘，打印机等。

④ 扩展容易：可以连接多个设备，最多可扩展 127 个。

⑤ 高速数据传输：USB 1.1 接口支持的数据传输速率是 12Mb/s，USB 2.0 高达 480Mb/s。

⑥ 方便的设备互连：USB OTG 支持点对点通信，如数码相机和打印机直接互连，无需 PC。

当然，USB 设备也有其缺点，包括：

① 供电能力：当外设的供电电流大于 500mA 时，设备必须外接电源。

② 传输距离：USB 总线的连线长度最大为 5m，即便是用 HUB 来扩展，最远也不超过 30m。

(2) IEEE 1394 总线

IEEE 1394 总线接口是苹果公司开发的串行标准,中文译名为火线(Firewire),是一种连接外部设备的机外总线。同 USB 一样,IEEE 1394 也支持外设热插拔,可为外设提供电源,省去了外设自带的电源,能连接多个不同设备,支持同步数据传输。

IEEE 1394 接口的数据传输速率是目前数码相机所有接口形式中数据传输速率最高的。它支持的传输速率有 100Mb/s、200Mb/s、400Mb/s,将来会提升到 800Mb/s、1Gb/s、1.6Gb/s。不需要控制器,可以实现对等传输,连线最大长度 4.5m,大于 4.5m 可采用中继设备支持,同样支持即插即用。IEEE 1394 是目前惟一支持数字摄录机的总线。IEEE 1394 既可作为外部总线,又可作为内部总线使用,不过由于已经有了 PCI 这样历史悠久的总线存在,各厂商并不愿意作总线上的调整改动,所以市面上的 IEEE 1394 是作为外部总线连接外设使用的。现在支持 IEEE 1394 的设备也不太多,只有数码相机与 MP3 等一些使用高带宽的设备使用 IEEE 1394。其他的设备其实也用不了那么高的带宽。IEEE 1394 总线需要占用大量的资源,所以需要高速度的 CPU。

IEEE 1394 和 USB 都是新一代的多媒体 PC 的外设接口。当前 USB 用于连接中低速外设,而 IEEE 1394 则连接高速外设和信息家电设备。USB 的应用局限于 PC 领域,而 IEEE 1394 应用领域扩展到通信和信息家电。

4. EIDE、SCSI 总线

(1) EIDE 接口

作为主要的外部存储设备接口,包括硬件和软件两部分:接口设备是硬件,接口信号规范标准是软件。基本的硬盘接口标准有四种,即 ST506、IDE、ESDI、SCSI。

与 IDE 相比,EIDE 有以下几个方面的特点:

① 支持大容量硬盘,最大容量可达 8.4GB,通过 BIOS 中对 INT 13H 中断的处理,可支持超过 100GB 的容量。

② EIDE 标准支持除硬盘以外的其他外设。

③ 可连接更多的外设,最多可连接四台 EIDE 设备。

④ EIDE 具有更高的数据传输速率。

⑤ 为了支持大容量硬盘,EIDE 支持三种硬盘工作模式:NORMAL、LBA 和 LARGE 模式。

(2) SCSI 接口

SCSI(Small Computer System Interface)即小型计算机系统接口。SCSI 也是系统级接口,可与各种采用 SCSI 接口标准的外部设备相连,如硬盘驱动器、扫描仪、光盘、打印机和磁带驱动器等。SCSI 接口标准的主要特性如下:

① SCSI 是系统级接口,可与各种采用 SCSI 接口标准的外部设备相连,如硬盘驱动器、扫描仪、光盘、打印机、磁带驱动器、通信设备等。

② SCSI 是一个多任务接口,具有总线仲裁功能。

③ SCSI 可以按同步方式和异步方式传输数据。

④ SCSI 可分为单端传送方式和差分传送方式。

⑤ SCSI 总线上的设备没有主从之分,相互平等。

8.6 扩展I/O板卡与设备

工业生产中的自动化测量与控制是计算机的重要应用领域。针对各种各样的生产过程和生产设备,利用计算机实现对现场的各种信息进行采集、转换、分析、记录与传送,并且能够按照一定的要求输出控制信号,对设备的状态进行调节,使生产过程能够正常进行。

大多数工业生产过程中的状态信息都是模拟量,如温度、压力、位移、流量、速度、光的亮度等。现代计算机所处理的信息中也有相当大的部分是模拟信息。典型的多媒体系统、数码产品等所处理的声音和图像信息都是模拟量。一般将偏重于进行信息采集与分析的系统称为数据采集系统,也称为数据获取(Data Acquisition,DAQ),而将偏重于控制功能的系统称为计算机控制系统。也可以将两者统称为计算机测量与控制系统,或简称微机测控系统。典型的微机测控系统的组成结构如图 8-15 所示。

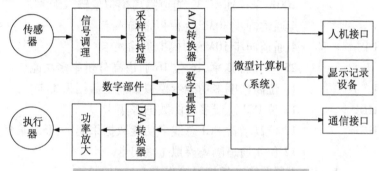

图 8-15 典型的微机测控系统的组成结构

图中的"A/D 转换器""D/A 转换器""数字量接口"可以通过 USB、PXI、PCI、PCI Express、火线(IEEE1394)、PCMCIA、ISA、Compact Flash、485、232、以太网、各种无线网络等总线接入个人计算机。但是经过长期的发展和优化,目前常用的仅有基于 PC 扩展槽的扩展 I/O 板卡和基于 USB 接口的扩展设备。

8.6.1 扩展 I/O 板卡

为了满足 IBM-PC 及其兼容机用于数据采集与控制的需要,国内外许多厂商生产了各种各样的扩展 I/O 板卡,以实现各种数据采集和控制的功能。这类板卡均参照 IBM-PC 的总线技术标准设计和生产,用户只要把这类板卡插入 IBM-PC 主板上相应的 I/O 扩展槽中,就可以迅速方便地构成一个数据采集与处理系统,从而大大节省了硬件的研制时间和费用,并使用户能够集中精力对数据采集与处理中的理论和方法进行研究。

基于 PC 总线的板卡种类很多,其分类方法也有很多种。按照板卡处理信号的不同可以分为模拟量输入板卡(A/D 卡)、模拟量输出板卡(D/A 卡)、开关量输入板卡、开关量输出板卡、脉冲量输入板卡、多功能板卡等。其中多功能板卡可以集成多个功能,如数字量输入/输出板卡将模拟量输入和数字量输入/输出集成在同一张卡上。根据总线的不同,可分为 PXI/CPCI 板卡和 PCI 板卡等。

研华公司(ADVANTECH)是生产与销售 DAQ 产品的知名企业,在国内的工业测量与控制领域中占有很大的市场份额。其基于 PCI 总线的数据采集卡、测控板卡、控制卡产品汇总如下:

型号	描述
PCI-1670	GPIB 接口 PCI 总线接口卡
PCI-1671	用于 PCI 总线计算机的高性能 IEEE-488.2 接口卡
PCI-1710	PCI 总线 16 通道 100kHz,12 位多功能卡(高增益)
PCI-1710L	100kS/s,12 位 16 通道多功能卡,无模拟量输出
PCI-1710HG	100kS/s,12 位高增益多功能数据采集卡
PCI-1710HGL	100kS/s,12 位高增益多功能数据采集卡,无模拟量输出
PCI-1711	100kS/s,12 位 16 路单端输入低成本多功能数据采集卡
PCI-1711L	100kS/s,12 位 16 路单端输入低成本多功能数据采集卡
PCI-1712	1M 采样速率、12 位高速采集卡
PCI-1712L	1MS/s,12 位高速多功能数据采集卡
PCI-1713	100K 采样速率、32 通道隔离模拟量输入卡
PCI-1714	4 通道同步 30MS/s 模拟量输入卡
PCI-1714UL	4 通道同步 10MS/s 模拟量输入卡
PCI-1716	250K 采样速率、16 位 16 通道高分辨率多功能卡
PCI-1716L	16 位高精度多功能带模拟量输出数据采集卡
PCI-1718HDU	12 位 PCI 总线多功能数据采集卡
PCI-1718HGU	12 位高增益 PCI 总线多功能数据采集卡(ISA 兼容)
PCI-1720	12 位 4 通道隔离模拟量输出卡
PCI-1720U	4 通路隔离模拟量输出卡
PCI-1721	12 位 4 通道高速(10M)模拟量输出卡
PCI-1723	16 位 8 通道模拟量输出卡
PCI-1724U	14 位,32 路隔离模拟量输出卡
PCI-1727U	12 路模拟量输出卡(ISA)
PCI-1730	32 通道数字量 I/O 卡
PCI-1733	32 通道数字量 I/O 卡
PCI-1734	32 通道数字量 I/O 卡
PCI-1741U	16 位 200kS/s,模拟量输出的低成本多功能数据采集卡
PCI-1747U	16 位 256kS/s,64 路模拟量输入卡
PCI-1736UP	32 路隔离数字量输入/输出卡
PCI-1747U	16 位 250K,64 路模拟量输入卡
PCI-1750	32 通道数字量输入/输出卡,具有 2500V DC 隔离保护
PCI-1751	总线 48 位数字量输入/输出卡
PCI-1751U	48 位通用数字量 I/O 和计数器卡
PCI-1752	64 通道隔离 I/O 卡
PCI-1753	96/192 位数字量 I/O 卡
PCI-1753E	192 路 TTL 数字量 I/O 卡

PCI-1754	64 路隔离数字量输入卡
PCI-1755	高速 32 通道数字量输入/输出卡
PCI-1756	64 路隔离数字量 I/O 卡
PCI-1757UP	24 路数字量输入/输出卡
PCI-1757U	128 路隔离数字量 I/O 卡
PCI-1758UDI	128 路隔离数字量输入卡
PCI-1758UDO	128 路隔离数字量输出卡
PCI-1761	8 通道继电器/8 通道隔离 I/O 卡
PCI-1762	16 通道隔离 DI/16 通道继电器卡
PCI-1760	继电器输出和隔离数字量输入卡
PCI-1760U	8 路继电器输出及 8 路隔离数字量输入卡
PCI-1780	8 通道计数器/定时器卡

(注：kS/s 表示千次采样每秒，MS/s 表示兆次采样每秒)

图 8-16 是该公司的一款数据采集卡(PCI-1710)的图片。

图 8-16　研华公司的 PCI 总线数据采集卡

8.6.2　USB 接口外部扩展设备

插卡式的 I/O 扩展板因其速度高、可靠性好而得到广泛的应用。但是其灵活性和便携性不如 USB 接口的扩展设备，如在笔记本电脑上就无法使用插卡式的扩展设备。目前大多数的 PC 和笔记本电脑上都配备了高速的 USB 接口，而取消了原来的并行接口和 RS-232 串行接口。因此，很多外挂设备都采用了 USB 接口，采用 USB 接口的数据采集系统也日益增加。另外，原有的采用 RS-232/RS-485 接口进行数据采集的模块，也都改为采用 USB 总线(或者采用 USB 转 RS-232 的转换器)。

USB 数据采集卡就是具有 USB 接口的数据采集卡，采集数据后输入计算机设备的接口是 USB 接口，即实现数据采集(DAQ)功能的计算机扩展卡通过 USB 接口或 USB 总线，将从传感器和其他待测设备等模拟和数字被测单元中自动采集非电学量或者电学量信号，传输到上位机中进行分析和处理。采集处理数据的原理与 PCI 的都差不多，只是与计算机通信的总线方式不同。这种方式适用于移动工作与现场采集,可以使用笔记本电脑进行数据采集工作。

以下是研华公司的 USB 接口数据采集模块 USB-4700 系列的产品:

USB-4761	8 通道继电器,8 通道隔离 DIUSB 优盘模块
USB-4751L	24 通道 TTL DIO USB 模块
USB-4751	48 通道隔离 DIO USB 模块
USB-4750	32 通道隔离保护的数字 I/O USB 模块
USB-4718	8 通道热电偶输入 USB 模块
USB-4716	200kS/s,16 位多功能 USB 模块
USB-4711A	150kS/s,12 位多功能 USB 模块
USB-4704	电路板,48kS/s,14 位多功能 USB 模块
USB-4702	10kS/s,12 位多功能 USB 模块

图 8-17 为研华公司的 USB 接口数据采集模块图片。图 8-18 为一款 RS-485 接口的数据采集模块,该模块能够实现远距离的数据采集和传输。而通过 USB 转 RS-485 接口转换器,即能够使用计算机上的 USB 接口连接该模块。

图 8-17 USB 接口数据采集模块

图 8-18 RS-485 接口数据采集模块

习 题 八

1. 什么是 I/O 端口?8086 CPU 最多可以访问多少个 I/O 端口?访问时用什么指令?
2. 解释 IN 指令和 OUT 指令的数据流动方向。
3. 直接寻址 I/O 指令的 I/O 端口号存储在何处?
4. 间接寻址 I/O 指令的 I/O 端口号存储在何处?
5. 16 位 IN 指令将数据输入到哪个寄存器?
6. 通常 I/O 接口内有哪三类寄存器?它们各自的作用是什么?
7. 为什么 I/O 设备必须通过接口才能与 CPU 相连?
8. 接口芯片具有哪些功能?
9. 接口芯片分为哪几类?
10. 比较存储器映像编址 I/O 与独立编址 I/O 的优缺点。

第8章 输入/输出接口技术

11. 8086 系统中采用哪种编址 I/O 方式？

12. 当 G1 输入为高电平，$\overline{G2A}$ 和 $\overline{G2B}$ 均为低电平时，74LS138 译码器的输出是什么？

13. 设计一个 I/O 端口译码器，使用一个 74LS138，产生 8 位端口地址：10H、12H、14H、16H、18H、1AH、1CH、1EH。

14. 简述 CPU 与外设之间数据传送的几种方式。

15. CPU 以并行通信方式从外设输入信息。设状态端口地址为 286H，数据端口地址为 287H，已将数据读走标志为 D0=1。请编写一个程序，利用查询方式实现 100 个字节数据的输入。输入的数据存放在数据段中以 BLOCK 开始的地址中（请在程序中加上相应的注释说明）。

16. CPU 以并行通信方式向外设输出信息。设状态端口地址为 216H，数据端口地址为 217H。外设准备好标志为 D7=1，D7=0 为外设未准备好（忙）。输出数据选通信号为 D0=1。请编写一个程序，利用查询方式实现 50 个字节数据的输出。输出的数据存放在数据段中以 BUFFER 开始的地址中（请在程序中加上相应的注释说明）。

17. 一个完整的中断过程包括哪几个阶段？其中哪些步骤由系统自动完成？哪些环节由用户完成？

18. 中断方式与 DMA 方式相比有何不足？各用在什么场合？

19. 某字符输出设备的数据端口地址是 100H，控制/状态端口地址是 101H，当状态端口 D7 位为 1 时表示设备准备好，用 D0 对输出设备选通。试编写查询方式输出数据的程序，将存储器中以 BUF 为首地址的一串字符（以 $ 为结束符）输出给该设备。

20. 简述 DMA 传送的过程。

21. 8089 IOP 在微型计算机系统中的作用是什么？

22. 一般从哪几个方面评价一种总线的性能？

23. 简述 SPP、EPP、ECP 接口的用途与特点。

24. 简述 RS-232C 的电气特性。

25. 用 RS-232 接口进行两台计算机之间的双向通信最少需要几根连线？

26. USB 总线有什么优点？

第 9 章　可编程接口芯片及其应用

第 8 章介绍了输入/输出接口的基本概念、分类和基本技术。其中的简单接口电路一般按照特定的功能要求进行设计,由中小规模集成电路构成。一旦制作完毕,它的功能就不能再改变。另外,用小规模集成电路构成的接口体积大,耗电多,可靠性也相对较差。随着各种应用技术的发展,出现了可编程的集成接口芯片。所谓"可编程",是指芯片的功能和一些参数是可由用户选择和改变的。通过向芯片内部写入特定的"工作方式控制字",就可以选择这个芯片的工作方式。例如,可以将某芯片的数据端口设定为"输入",也可以将它设定为"输出"。显然,芯片的可编程特性扩大了其使用范围,使用上也更方便。

按照可编程接口芯片的用途,可以将其分为"通用接口芯片"和"专用接口控制器"两类。本章首先简单介绍接口芯片的功能及其在系统中的连接,然后详细介绍一些通用的和典型的可编程并行接口芯片、串行接口芯片、专用的定时器/计数器以及 DMA 控制器。

9.1　接口的功能及其与系统的连接

从 I/O 接口和总线控制逻辑的关系上看,它和存储器有不少相似之处。例如,接口也要接收读信号和写信号,也要接收地址信号。为了使总线控制逻辑电路和接口之间互相沟通,在设计接口时,总是特别注意使它的输入/输出信号和总线控制逻辑以及总线时序相兼容。

9.1.1　I/O 接口的功能与类型

1. I/O 接口的基本功能

I/O 接口是微型计算机应用系统必备的组成部件,为保障 CPU 与外部设备能有效地进行数据传送,接口必须具有如下各种功能:

(1) 对输入/输出数据进行缓冲、隔离和锁存

由于外设的速度慢,而 CPU 和总线又很忙,所以,在输出接口中,一般都设计锁存环节,使较慢的输出设备有足够的时间进行处理,CPU 和总线则可以做其他事情。在输入接口中,安排缓冲隔离环节(如三态门),只有在 CPU 选通时,才使被访问的输入设备把数据送上系统总线。此时,其他设备与数据总线隔离。

(2) 信号转换

计算机能接受的信号是数字量、开关量及脉冲量,这一点常与外设的信号不同。因此,在进行数据传送时,必须转换成适合对方的形式,如信号形式、数据格式和信号范围的变换。

(3) 对 I/O 端口进行寻址

在一个微型计算机系统中,一般会有多个外部设备。在一个外设的接口芯片中,又可能

有几个不同的端口(Port),如数据口、状态口和控制口。所以,需要用不同的地址来识别它们,接口电路的作用之一即是对它们进行译码寻址。

(4) 与 CPU 和 I/O 设备进行联络

I/O 接口处于 CPU 和 I/O 设备之间。当它们进行数据传送时,I/O 接口承担这两者之间的联络工作。联络的具体信息包括:状态信号、控制信号及请求信号。

2. I/O 接口的基本类型

为了实现人机交互和各种形式的输入和输出,在不同的微型计算机系统中,人们使用了各种各样的 I/O 设备,它们需要选用不同类型的接口与之配合,才能完成数据传送和执行控制任务。

(1) 总线接口

总线接口电路的作用是缓冲、锁存、隔离和驱动。一些处理器的引脚受数量的限制,部分采用分时复用的做法(如 8086 的地址数据复用线 AD),利用锁存器(如 74LS273、8282 等)可将总线周期中 T_1 引脚上瞬间出现的信号(如地址信号)保留住,且在保留期间不再接受引脚上的其他信息。所以,在总线周期的后半部分,地址和数据同时出现在地址、数据线上,确保 CPU 对存储器及 I/O 端口的正常读/写操作。一般而言,处理器输出信号的负载能力是比较弱的,所以在微型计算机应用系统中,必须介入总线驱动器,以增强总线的功率,带动更多的负载。如 8086 系统中利用总线收发器 8286(8287),对数据线的信号进行驱动和控制,确保信息的有效传送。

在信息交换的过程中,高速运行的 CPU 与不同的慢速外设之间,存在着较大的差异,而缓冲器可以协助解决这样一对矛盾。例如,先将 CPU 输出的数据存于缓冲器中,可为慢速的外设提供充足的操作时间;而外设向 CPU 传送的数据,也可以先存入缓冲器,待 CPU 有空闲再来读取。

(2) 人机交互接口

人机交互接口是微型计算机与操作人员之间相互传递信息的窗口,它包括输入与输出两种类型。

常见的输入接口为键盘、鼠标、扫描仪等外设的接口。其作用是实现这些外部设备与系统总线间的衔接,将输入的各种类型的信息传递给处理器,使微型计算机可随时了解操作者的意图,从而按照其意志工作。

输出接口有 CRT 显示器(或 LCD 显示器)、打印机、绘图仪等接口。它们配合处理器工作,将 CPU 输出的数字量信息经变换、缓冲、驱动,对各输出设备实现控制,达到显示、打印、绘图等目的。

(3) 监测与控制接口

这一类接口主要用于自动控制和自动化仪器。工业控制是微型计算机应用领域中的重要分支,在国民经济的各个方面都起着极其重要的作用。

为了实现系统控制,首先需要对被控参数进行监测,而客观世界中的参数很多都是模拟量,要想被微型计算机接受,就要变为数字量。CPU 将读入的参数加以处理、比较、计算后,输出控制量,以控制执行机构动作,达到对系统控制的目的。但微型计算机输出的是数字量,且带负载的能力比较弱,控制信息的性质也与执行机构不一定相宜(如 CPU 输出的是电压信号,而执行机构需要电流信号等),需要接口电路从中协调,使 CPU 的控制作用能在系统中得以实现。

可见,在微型计算机自动控制系统中,接口的作用举足轻重。在监测、控制系统中常见的接口器件有模/数转换器(A/D)、数/模转换器(D/A)、多路开关、采样/保持器等。其中A/D、D/A转换器是模拟量输入、输出通道中的关键接口器件。

9.1.2 接口与系统的连接

一个典型的I/O接口与外部电路的连接如图9-1所示。虚线框代表接口器件,一般就是一片大规模集成电路。不同接口的内部结构和功能随所连的I/O设备的不同而相差很大。

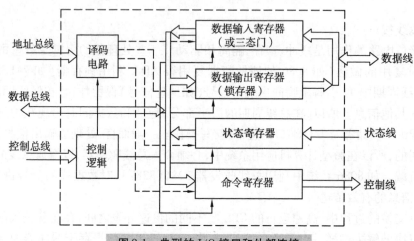

图9-1 典型的I/O接口和外部连接

从结构上看,可以把一个接口分为两个部分:一部分用来和I/O设备相连;另一部分用来和系统总线相连。和I/O设备相连的接口结构是与I/O设备的传输要求及数据格式有关的,所以各接口之间互不相同。比如,对于串行接口和并行接口来说,这部分差别就很大。但是,所有接口电路中,与总线相连的那部分结构非常相似。原因很简单,因为这些接口都要连在同一总线上。

为了支持接口逻辑,系统中通常有总线收发器和相应的控制逻辑电路。逻辑电路把相应的控制信号翻译成联络信号。对于比较小的系统来说,可以省去总线收发器,因为主要的接口电路内部都带有总线驱动电路,其驱动能力已足够。系统中还必须有地址译码器,以便将总线提供的地址翻译成对接口的片选信号。

在设计接口外部的逻辑电路时,要注意到联络信号随接口的不同而不同。典型的外部逻辑电路应能接收 CPU 送来的读/写信号,以便决定数据传输方向。具体来说,在最小模式系统中,逻辑电路应能接收 CPU 送来的$\overline{RD}$、$\overline{WR}$和$M/\overline{IO}$信号,将它们变成提供给接口的$\overline{IOR}$和$\overline{IOW}$信号;在最大模式系统中,逻辑电路要能接收$\overline{IOWC}$和$\overline{IORC}$以及$\overline{AIOWC}$和$\overline{AIORC}$信号,这两组信号可以直接作为接口的读/写信号。

地址译码器除了接收地址信号外,还应该把 CPU 提供的用来区分 I/O 地址空间和内存地址空间的信号用于译码过程。在最小模式系统中,这就是$M/\overline{IO}$信号;在最大模式系统中,可以用$\overline{IOWC}$和$\overline{IORC}$来直接指出 I/O 地址空间。如果译码器确定了某个接口芯片被访问,那么会使此接口得到一个有效的片选信号。一个接口通常有若干个寄存器可读/写,因此,还要指出访问哪个寄存器。实际使用时,可能用 1~2 位低位地址结合读/写信号来实现对接口内部寄存器的寻址。

比如,一个接口内部有 2 个只读寄存器,称为寄存器 A 和寄存器 B,另外还有 2 个只写寄存器,称为 C 和 D,那么,用读信号、写信号和地址 A_0 就可以将 4 个寄存器加以区分,具体的访问关系如表 9-1 所示。

表 9-1 对 4 个寄存器的寻址

写信号	读信号	A_0	被访问的寄存器
0	1	0	A
0	1	1	B
1	0	0	C
1	0	1	D

值得注意的是,由于本书所涉及的 I/O 接口芯片都是 8 位数据总线结构,因此上述的连接方法只适用于 8088CPU。在 8086 系统的数据总线接口中,偶数地址对应于低 8 位数据,奇数地址对应于高 8 位数据。这样当 $A_0=1$(奇数地址)时,数据将通过高 8 位数据总线进行传递。而 I/O 接口芯片的 8 根数据总线一般与 CPU 的低 8 位数据总线连接,这将使操作无法进行。为了解决这个问题,在 8086 应用系统中,需要将 I/O 接口芯片的地址全部设定为偶数地址。即将 CPU 的地址线 A_0 空接不用,而将 CPU 的地址线 A_1 与 I/O 接口芯片的 A_0 连接,CPU 的地址线 A_2 与 I/O 接口芯片的 A_1 连接,依此类推。为了做到软件上的兼容,有时对使用 8088CPU 的应用系统也这样处理,这样在编程时就不用考虑两者的区别了。在本书涉及 I/O 接口的章节中,有时采用连续的 I/O 接口地址,这肯定是针对 8088CPU 的应用系统。有时则采用连续的偶数地址,这一般情况下是针对 8086CPU 的应用系统,但也适用于 8088 应用系统。

9.2 可编程并行接口芯片 8255A 及其应用

8255A 是 Intel 公司生产的可编程外围接口电路(Programmable Peripheral Interface,PPI)。该 PPI 器件有 3 个 8 位的并行 I/O 口,以 3 种不同的操作方式工作,各口的工作方式可通过程序进行设置,因而具有较高的灵活性和通用性,是目前使用最多的并行接口芯片。8255A 在许多 PC 中被用作键盘和打印机端口的接口,它还用在一个接口芯片组里,这个芯片组同时还控制定时器,并从键盘接口中读取数据。

9.2.1 8255A 的内部结构和引脚信号

8255A 的内部结构和外部引脚如图 9-2 所示。从图中可以看出,8255A 包括四个部分:数据总线缓冲器,读/写控制逻辑,A 组控制器和 B 组控制器,端口 A、B、C。

1. 端口 A、端口 B 和端口 C

8255A 芯片内部有三个 8 位端口,分别为 A 口、B 口和 C 口。这三个端口可与外部设备相连接,可用来与外设进行数据信息、控制信息和状态信息的交换。

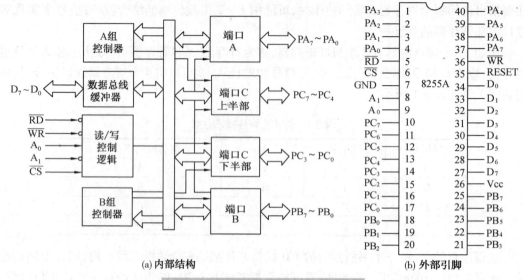

(a) 内部结构　　　　　　　　　(b) 外部引脚

图 9-2　8255A 内部结构和外部引脚

端口 A 包含一个 8 位数据输出锁存器/缓冲器和一个 8 位数据输入锁存器。所以用端口 A 作为输入端口或输出端口时,数据均受到锁存。

端口 B 包含一个 8 位的数据输入缓冲器和一个 8 位的数据输出锁存器/缓冲器。所以端口 B 作为输入端口时不能对数据进行锁存,作为输出端口时能对数据进行锁存。

端口 C 包含一个 8 位数据输入缓冲器和一个 8 位的数据输出锁存器/缓冲器。所以端口 C 作为输入端口时不能对数据进行锁存,作为输出端口时能对数据进行锁存。端口 C 可以分成两个 4 位端口,分别定义为输入端口或输出端口,还可定义为控制、状态端口,配合端口 A 和端口 B 工作。

$PA_7 \sim PA_0$:A 端口数据信号引脚。

$PB_7 \sim PB_0$:B 端口数据信号引脚。

$PC_7 \sim PC_0$:C 端口数据信号引脚。

2. A 组和 B 组

端口 A 和端口 C 的高 4 位($PC_7 \sim PC_4$)构成 A 组,由 A 组控制部件来对它进行控制;端口 B 和端口 C 的低 4 位($PC_3 \sim PC_0$)构成 B 组,由 B 组控制部件对它进行控制。这两个控制部件各有一个控制单元,接收来自数据总线送来的控制字,并根据控制字确定各端口的工作状态和工作方式。

3. 数据总线缓冲器

数据总线缓冲器是一个双向三态的 8 位缓冲器,它与 CPU 系统数据总线相连,是 8255A 与 CPU 之间传输数据的必经之路。输入数据、输出数据、控制命令字都是通过数据总线缓冲器进行传送的。

$D_7 \sim D_0$:8255A 的 8 位数据线,和系统数据总线相连。

4. 读/写控制逻辑

读/写控制逻辑接收来自 CPU 地址总线的信号和控制信号,并发出命令到两个控制组(A 组和 B 组),把 CPU 发出的控制命令字或输出的数据通过数据总线缓冲器送到相应的端口,或者把外设的状态或输入的数据从相应的端口通过数据总线缓冲器送到 CPU。

$\overline{CS}$：片选信号。$\overline{CS}$ 为低电平时,表示 8255A 被选中。通常该信号的控制是通过译码电路的输出端提供。

$\overline{RD}$：读信号,低电平有效,与 CPU 的 $\overline{RD}$ 控制线相连。当 CPU 执行 IN 输入指令时,该信号有效,将数据信息或状态信息从 8255A 读至 CPU。

$\overline{WR}$：写信号,低电平有效,与 CPU 的 $\overline{WR}$ 控制线相连。当 CPU 执行 OUT 输出指令时,该信号有效,将数据信息或控制字从 CPU 写入 8255A。

A_1、A_0：端口选择信号,用来指明哪一个端口被选中。8255A 有三个数据端口和一个控制端口。数据端口用来传送数据,控制端口用来接受 CPU 传送来的控制字。

数据和控制字都是通过 CPU 的数据总线传送给 8255A 的。8255A 则根据端口选择信号 A_1、A_0 的组合把数据总线传送来的信息传送到相应的端口。

当 $A_1A_0 = 00$ 时,选中端口 A；当 $A_1A_0 = 01$ 时,选中端口 B；当 $A_1A_0 = 10$ 时,选中端口 C；当 $A_1A_0 = 11$ 时,选中控制端口。

对于 8086 系统,将 8255A 的 A_0 引脚与地址总线的 A_1 线连接,A_1 引脚与地址总线的 A_2 线相连接,D0 ~ D7 则与数据总线的低 8 位相连接。对高位地址进行适当的译码后,CPU 使用连续的 4 个偶数地址对 8255A 进行寻址,就可以保证正确的读写操作。

假设地址值分别为 04A0H,04A2H,04A4H,04A6H,对 8255A 寻址电路的设计如图 9-3 所示。

RESET：复位信号,高电平有效。当 RESET 有效时,内部所有寄存器均被清零,同时 A 口、B 口和 C 口被自动设为输入数据工作方式。

9.2.2 8255A 的方式控制字

8255A 是可编程接口芯片。可编程就是用指令的方法先对芯片进行初

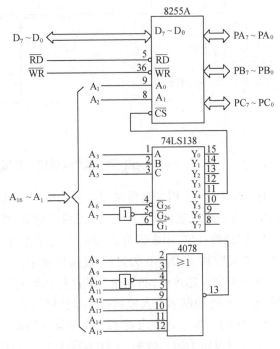

图 9-3　8255A 寻址电路设计

始化,决定芯片的端口是处于输入数据状态还是处于输出数据状态,以及每个端口的工作方式。工作方式和工作状态的建立是通过向 8255A 的控制口写入相应的控制字完成的。

8255A 共有两个控制字,即工作方式控制字和对 C 口置位/复位控制字。

1. 工作方式控制字

工作方式控制字用来设定 A 口、B 口和 C 口的数据传送方向和工作方式。工作方式分别是方式 0、方式 1 和方式 2。A 口可工作在三种方式中的任何一种方式下,B 口只能工作在前两种工作方式下,C 口只能工作在方式 0 下或者配合端口 A 和端口 B 工作。8255A 的工作方式控制字格式和各位的含义如图 9-4 所示。

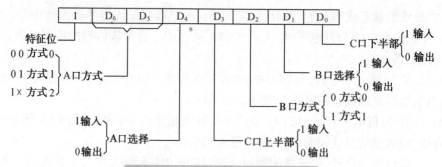

图 9-4 8255A 的工作方式控制字

2. 端口 C 的置位/复位控制字

端口 C 的置位/复位控制字可实现对端口 C 的每一位进行控制。置位是使该位为 1，复位是使该位为 0。控制字的格式如图 9-5 所示。

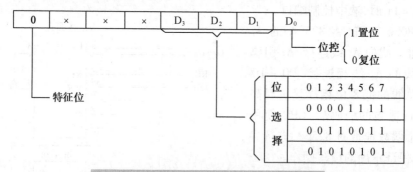

图 9-5 8255A 端口 C 的置位/复位控制字

D_3、D_2、D_1 三位用来选择对端口 C 的哪一位进行操作。D_0 位用来选择对所选定的端口 C 的位是置位还是复位。D_4、D_5、D_6 三位无意义，可以是任意值。

D_7 位是特征位，用来区分该控制字是工作方式控制字还是置位/复位控制字。$D_7 = 1$ 为工作方式控制字；$D_7 = 0$ 为置位/复位控制字。

使用 8255A 芯片前，必须先对其进行初始化。初始化的程序很简单，只要 CPU 执行一条输出指令，把控制字写入控制寄存器就可以了。

【**例 9-1**】 按下述要求对 8255A 进行初始化。要求 A 口设定为输出数据，工作方式为方式 0；B 口设定为输入数据，工作方式为方式 1；C 口设定为高四位输入，低四位输出。假设端口地址为 0100H ~ 0106H。

```
    MOV    DX,0106H        ;控制口地址送 DX
    MOV    AL,8EH          ;写工作方式控制字
    OUT    DX,AL           ;控制字送到控制口
    ……
```

【**例 9-2**】 要求通过 8255A 芯片 C 口的 PC_2 位产生一个方脉冲信号。设 8255A 的端口地址为 0230H ~ 0236H。

```
       MOV    DX,0236H        ;控制口地址送 DX
PLS:   MOV    AL,05H          ;对 PC_2 置位的控制字
```

```
        OUT     DX,AL
        CALL    DELAY           ;调用延时程序
        MOV     AL,04H          ;对PC₂复位的控制字
        OUT     DX,AL
        CALL    DELAY           ;调用延时程序
        JMP     PLS             ;重复以上过程
```

9.2.3 8255A 的工作方式

8255A 有三种工作方式:方式 0、方式 1 和方式 2。

1. 方式 0——基本输入/输出方式

在这种方式下,三个端口都可以由程序设置为输入或者输出,没有固定的应答联络信号。方式 0 的基本功能如下:

① 具有两个 8 位端口(端口 A 和端口 B)和两个 4 位端口(端口 C 的高 4 位和低 4 位)。任何一个端口都可以设定为输入或输出。

② 在这种方式下,端口 C 比较灵活,可作为 8 位端口,也可用作两个 4 位端口,还可以按位操作。

③ 数据输出时锁存,输入时不锁存。

④ 传送数据的方法可采用无条件传送方式或查询传送方式。

方式 0 的应用非常灵活,是 8255A 应用最多的一种工作方式。值得说明的是,一般情况下,8255A 的工作方式控制字都是在初始化时一次写入的,不再改变,也不用再写,它就可以按所设置的方式工作。但在某些应用场合,如果需要的端口比较多,可以在应用前先改变端口的工作方式,用完后再恢复原来的工作方式。

2. 方式 1——选通的输入/输出方式

在这种工作方式下,端口 A 和端口 B 为数据传输口,可通过工作方式控制字设定为数据输入或数据输出。端口 C 某些位作为控制位,配合 A 口和 B 口进行数据的输入和输出。方式 1 通常用于查询方式或中断方式传送数据。方式 1 的基本功能如下:

① 三个端口分为两组:A 组和 B 组。A 组包括 8 位数据端口 A 和 $PC_7 \sim PC_3$,5 位控制/状态端口;B 组包括 8 位数据端口 B 和 $PC_2 \sim PC_0$,3 位控制/状态端口。

② 每一个 8 位数据端口均可设置为输入或输出,且两种情况下均可锁存。

③ 控制/状态口除了指示两组数据口的状态及选通信号外,还可用作 I/O 口,以位控方式传送。

C 口某些位作为控制/状态位时,根据输入和输出工作状态不同,各位所代表的意义不同,下面分输入和输出两种情况进行介绍。

(1) 方式 1 输入

端口 C 配合端口 A 和端口 B 输入数据时,分别指定了 3 位用作外部设备和 CPU 之间的应答信号,电路如图 9-6 所示。

$\overline{STB}$:选通输入信号,低电平有效。当它有效时,数据从输入设备输入到 A 口或 B 口锁存器。$\overline{STB}$是由外设输入给 8255A 的控制信号。

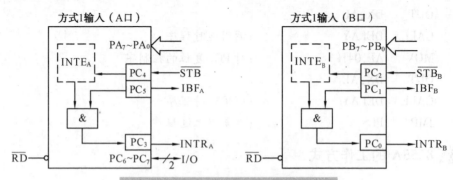

图 9-6　方式 1 输入时的联络信号定义

IBF：输入缓冲器满信号，高电平有效。它是对 $\overline{STB}$ 信号的响应信号。当 $\overline{STB}$ 有效时，把数据传送到输入锁存器，输入锁存器锁存数据后，发出输入缓冲器满 IBF 信号。IBF 信号是由 8255A 发出的状态信号，通常供 CPU 查询使用。当查询到 IBF 为高电平时，说明输入锁存器已有数据，执行输入指令，读信号有效，数据由 8255A 锁存器传送到 CPU，同时读信号 $\overline{RD}$ 的后沿使 IBF 置 0，等待下一个数据的输入。

INTR：中断请求信号，高电平有效。当外部设备把数据输入到输入锁存器锁存后，且对输入数据的端口（A 口或 B 口）是不屏蔽的，即 INTE 置 1 时，8255A 用 INTR 信号向 CPU 发出中断申请，请求 CPU 将输入锁存器中的数据取走。当 CPU 响应中断，执行输入指令，读信号 $\overline{RD}$ 的后沿将 INTR 降为低电平，等待下一个数据的输入。

INTE：中断屏蔽信号，高电平有效。此信号用于决定端口 A 和端口 B 是否允许申请中断。当 INTE 为 1 时，使端口处于中断允许状态；当 INTE 为 0 时，使端口处于禁止中断状态。INTE 的置位/复位是通过对 C 口置位/复位控制字实现的。具体来说，$INTE_A$ 的置位/复位是通过 PC_4 的置位/复位控制字来控制的，$INTE_B$ 的置位/复位是通过对 PC_2 的置位/复位控制字来控制的。

在方式 1 输入时，端口 C 的 PC_6 和 PC_7 是空闲的，它们具有置位/复位功能，也可用作输入或输出数据，由方式选择控制字的 D_3 位为 1 还是为 0 来决定。

（2）方式 1 输出

方式 1 输出数据时，端口 C 各位的含义如图 9-7 所示。此时对应的控制/状态信号定义如下：

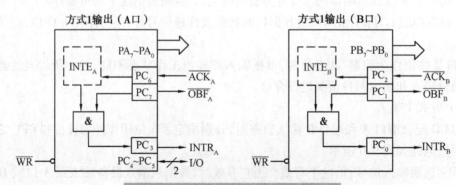

图 9-7　方式 1 输出时的联络信号定义

$\overline{OBF}$：输出缓冲器满信号,低电平有效。当 CPU 把数据输入到 8255A 的输出锁存器时,使 $\overline{OBF}$ 信号置 0,通知外部设备取走数据。$\overline{OBF}$ 可作为启动外部设备的控制信号。

$\overline{ACK}$：外设响应信号,低电平有效。当外部设备从 8255A 的输出锁存器取走数据时,向 8255A 发回通知信号,并使$\overline{OBF}$信号置为高电平。若为查询式输出数据方式,$\overline{OBF}$信号可作为查询外设忙否的检测信号。

INTR：中断请求信号,高电平有效。当 8255A 的输出锁存器空的时候,且对该端口的数据输出中断申请为允许时,向 CPU 发出中断申请信号,请求 CPU 输出下一个数据。

INTE：中断屏蔽信号,与方式 1 输入数据时 INTE 的含义一样。但使 INTE 置位/复位的控制信号是 PC_6 和 PC_2。PC_6 是端口 A 允许还是禁止中断申请的控制位,PC_2 是端口 B 允许还是禁止中断申请的控制位。

在方式 1 输出时,端口 C 的 PC_4 和 PC_5 未使用,如果利用这两位进行数据的输入或输出,可通过方式选择控制字的 D_3 位控制。它们也具有置位/复位功能。

3. 方式 2——双向选通输入/输出方式

仅 A 口可以采用这种工作方式。在这种方式下,可以使外部设备利用端口 A 的 8 位数据线与 CPU 之间分时进行双向数据传送,也就是既可以输出数据给外部设备,也可以从外部设备输入数据。输入或输出的数据都是锁存的。工作时既可采用查询方式,也可采用中断方式传输数据。

当端口 A 工作在方式 2 时,使用 $PC_3 \sim PC_7$ 作为输出控制信号和采集状态信号位,也就是把方式 1 输入数据和方式 1 输出数据的控制/状态信号组合起来。此时,端口 B 可工作在方式 0 或方式 1,如果工作在方式 1,可利用 $PC_0 \sim PC_2$ 作为控制和状态信号位。按方式 2 工作时,端口 C 各位的定义如图 9-8 所示。

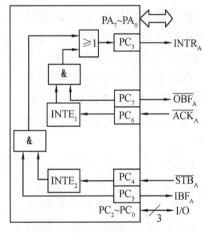

图 9-8　方式 2 时的联络信号定义

$PC_4 \sim PC_7$ 分别定义为输入缓冲器满 IBF_A、外设输入选通信号$\overline{STB_A}$、外设接收到数据后回答信号 $\overline{ACK_A}$ 和输出缓冲器满 $\overline{OBF_A}$。有效电平及含义同方式 1 输入数据和方式 1 输出数据时相同,只有 $INTR_A$ 有双重定义。在输入时,$INTR_A$ 为输入缓冲器满,且中断允许触发器 $INTE_1$ 为 1 时 $INTR_A$ 有效,向 CPU 发出中断申请;在输出时,$INTR_A$ 为输出缓冲器空,且中断允许触发器 $INTE_2$ 为 1 时,$INTR_A$ 有效,向 CPU 发出中断申请。中断允许触发器 $INTE_1$ 的置位/复位控制通过对端口 C 的 PC_6 写入置位/复位控制字来实现;中断允许触发器 $INTE_2$ 的置位/复位控制通过对端口 C 的 PC_4 写入置位/复位控制字来实现。

9.2.4　8255A 应用实例

【例 9-3】　设定 8255A 端口 A 工作在方式 0 下,通过 A 口输出数据控制 8 个指示灯轮流点亮。电路连接如图 9-9 所示(设 8255A 的端口地址为 0200H ~ 0206H)。

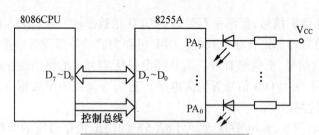

图9-9 例9-3的电路连接图

控制程序片段如下：

```
        MOV     DX,0206H        ;控制口地址送DX
        MOV     AL,80H          ;写工作方式控制字
        OUT     DX,AL
        MOV     DX,0200H        ;A端口地址送DX
        MOV     AL,0FEH         ;低电平灯亮
L1:     OUT     DX,AL           ;输出数据
        CALL    DELAY           ;延时
        ROL     AL,1            ;轮流点亮
        JMP     L1
```

执行此段程序时要注意延时子程序的延时时间，若延时时间不够，指示灯会全亮，但亮度较暗。

在本书附录F中给出了一个用PROTEUS对本例题进行仿真的完整电路以及仿真的过程和结果。

【例9-4】 设定8255A的端口A、B都工作在方式0下，端口A作为输入口，采集一组开关的状态，端口B作为输出口，把开关的

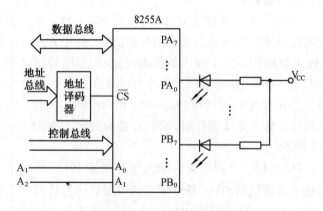

图9-10 例9-4的电路连接图

状态通过指示灯显示。相应的电路连接如图9-10所示（设8255A的端口地址为0200H～0206H）。

程序片段如下：

```
        MOV     DX,0206H        ;控制口地址送DX
        MOV     AL,90H          ;写工作方式控制字
        OUT     DX,AL
        MOV     DX,0200H        ;A端口地址送DX
        IN      AL,DX           ;采集开关值
        MOV     DX,0202H        ;B端口地址送DX
        OUT     DX,AL
```

【例9-5】 PC/XT机中有一片8255A，用作键盘输入的并行接口，同时提供扬声器发声

控制信号,具体接口电路如图 9-11 所示。

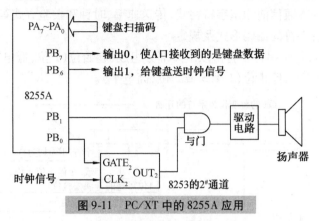

图 9-11 PC/XT 中的 8255A 应用

在 PC/XT 中,8255A 的端口地址是 60H ~ 63H。正常工作时 A、B、C 三个口都是方式 0,其中 A 口、C 口输入,B 口输出,故工作方式控制字为 99H。

D_7	D_6	D_5	D_4	D_3	D_2	D_1	D_0
1	0	0	1	1	0	0	1

应用程序片段如下:

```
    MOV     AL,99H              ;写控制字
    OUT     63H,AL
    MOV     AL,10100101B        ;输出到端口 B,PB₁=0,禁止扬声器发声
    OUT     61H,AL
    ……
```

9.3 可编程串行接口芯片 8251A 及其应用

80X86 系列微处理不含串行通信接口,为了实现串行通信,需要采用通用异步接收器/发送器(USART)来扩展串行口。常用的 USART 有 Intel 公司的 8251A、8250 以及 National Semiconductor 公司的 PC16550D 等。本节中仅介绍 8251A。

9.3.1 关于串行通信的基本概念

1. 并行通信和串行通信

并行通信——数据的各位同时进行传送。其特点是传输速度快;但当传输距离远、位数多时,通信线路复杂、成本高。

串行通信——数据的各位按规定的顺序一位一位进行传送。其特点是传输线路简单,可利用多种介质,适用于远距离通信,成本较低;但速度较慢。

2. 同步方式和异步方式

异步方式:发送和接收两地不用同一时钟同步的数据传输方式,一般以若干位表示一个

字符,收发以字符为独立的通信单位,每个字符出现的时间是任意的。为了保证异步通信的正确,必须在收发双方通信前约定字符格式、传送速率、时钟和校验方式等。

(1) 字符格式:字符的编码形式及规定

如图9-12所示,每个串行字符由以下4部分组成:起始位(1位,低电平);数据位(5~8位);奇偶校验位(1位);停止位(1、1.5或2位,高电平)。

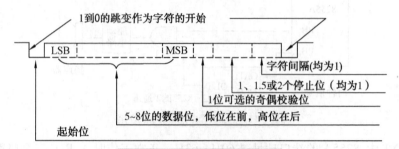

图9-12 异步串行通信格式

说明:

① 无信息传输(或间隔)时,输出必须为"1"状态(标识态)。

② 1到0的跳变作为字符的开始——起始位。

③ 起始位后为5~8位的数据位,低位在前,高位在后。

④ 数据位后为奇偶校验位,可设为奇或偶校验,也可不设。

⑤ 最后有1、1.5或2位停止位,均为"1"。

例如,设异步通信数据格式为7位数据、1位奇校验和1位停止位,则字符'A'的数据格式为:

'A': 41H=1000001B

字符'C'的数据格式为:

'C': 43H=1000011B

(2) 数据传送速率:每秒传输数据的位数(波特率)

例如,每秒传送120个字符,而每个字符由10位数据位组成,则传送的波特率为:

$$f_d = 10 \times 120 = 1200 \text{bit/s} = 1200 \text{ 波特}$$

或称为1200b/s。常用的波特率有:1200、2400、4800、9600、19200b/s 等。有时也用位周期(T_d)来表示传输速度,表示每一位的传送时间,是波特率的倒数。

(3) 发送时钟与接收时钟

异步通信中,发送端和接收端各用一个时钟来确定发送和接收的速率,分别称为发送时钟和接收时钟。

这两个时钟的频率 f_c 和数据传输速率 f_d 的关系为: $f_c = Kf_d$。其中 K 称为波特率系数,取值可为16、32或64。

(4) 校验方式

发送时在传送的字符后自动在奇偶校验位置上添加 1 或 0,使得字符 1 的个数(包括校验位)为偶数(偶校验)或奇数(奇校验);而接收时,要检查所接收的字符及其校验位是否符合规定,若不符合规定就置出错标志,供 CPU 查询处理。

同步方式:以一组字符组成一个数据块(或称信息帧),在每一个数据块前附加一个或两个同步字符或标识符,在传送过程中发送端和接收端使用同一时钟信号进行控制,使每一位数据均保持位同步。

同步传送速度高于异步传送,传送效率高;但同步传送要求发送端和接收端使用同一时钟,故硬件电路比较复杂。

3. 单工、半双工和全双工

单工方式:只收不发或只发不收。

半双工方式:接收和发送使用一条通信线,收/发分时进行。

全双工方式:接收(输入)和发送(输出)可以同时进行(收/发各使用一条通信线)。

4. 信号的调制与解调

为在模拟信道上传输数字信号,必须把数字信号转换成适于传输的模拟信号,而在接收端再将模拟信号转换成数字信号。前一种转换称为调制,后一种转换称为解调。完成调制、解调功能的设备叫做调制解调器(Modem)。

主要的调制方式有三种:幅移键控 ASK、频移键控 FSK、相移键控 PSK。

5. 串行总线接口标准

一个完整的串行通信系统除对通信规程、定时控制有规定外,在电气连接上也有接口标准。常用的有以下串行接口标准:RS-232C 接口标准,电流环接口标准,RS-422、RS-423 和 RS-485 接口标准。

9.3.2 串行接口芯片 8251A

1. 8251A 的基本性能

Intel 8251A 是高性能串行接口芯片,它既是一种通用的异步收发器,也是一种通用的同步收发器,能管理信号变化范围很大的串行数据通信,适应多种微型计算机。其基本性能有以下几点:

① 通过编程,8251A 可以工作在同步方式,波特率为 0~64kb/s,也可以工作在异步方式,波特率 0~19.2kb/s。

② 同步方式下可以用 5~8 位来表示字符,允许增加 1 位奇偶校验位,能自动检测同步字符,实现收发同步。

③ 异步方式下用 5~8 位来表示字符,1 位可选的奇偶校验位,1 位启动位,根据需要可设置 1、1.5 或 2 位停止位。

④ 全双工、双缓冲的发送器和接收器。

⑤ 具有奇偶、溢出和帧错误检测功能。

⑥ 与 Intel 8080、8085、8086、8088 CPU 兼容。

2. 8251A 的内部结构

8251A 的内部组成与结构如图 9-13 所示,由图中可看出 8251A 可分成以下 5 个部分。

① I/O 缓冲器。将 8251A 与系统数据总线相连,它包含 3 个 8 位缓冲寄存器:发送数

据/命令缓冲器接受 CPU 输出的数据或命令；接收数据缓冲器暂存接收器送来的数据；状态缓冲器寄存 8251A 的各种状态信息。

② 读/写控制电路：接收来自 CPU 的控制信号和控制字，译码后向 8251A 各功能部件发出有关的控制信号，因此它实际上是 8251A 的内部控制器。

③ Modem 控制电路：用以控制 8251A 与调制解调器之间的信息传送。

④ 接收器：接收来自 RxD 引脚上的串行数据，并按设定的格式将其转换为并行数据，存放在 I/O 缓冲器的接收数据缓冲器中。

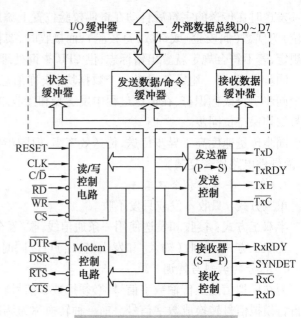

图 9-13 8251A 的内部结构

⑤ 发送器：锁存 CPU 输出的数据，把数据由并行变串行，从 TxD 引脚串行发送出去。

3. 8251A 的引脚功能

8251A 芯片一共有 28 个引脚，它与 CPU 的连接如图 9-14 所示。

① 数据线 $D_7 \sim D_0$：双向、三态，用于与 CPU 传送数据、命令、状态等信息。

② 片选 $\overline{CS}$：用于芯片寻址。

③ 读写控制 $\overline{RD}$、$\overline{WR}$。

④ $C/\overline{D}$：控制/数据选择信号（输入）。该引脚与 $\overline{RD}$、$\overline{WR}$ 配合对 8251A 的操作如表 9-2 所示。

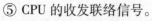

表 9-2 8251A 操作表

$C/\overline{D}$	$\overline{RD}$	$\overline{WR}$	功 能
0	0	1	CPU 从 8251A 输入数据
0	1	0	CPU 向 8251A 输出数据
1	0	1	CPU 读 8251A 的状态
1	1	0	CPU 向 8251A 写控制命令

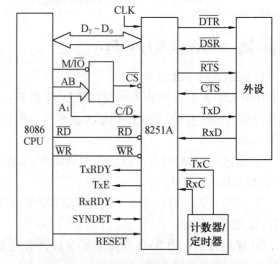

图 9-14 8251A 与 8086 CPU 的接口电路图

⑤ CPU 的收发联络信号。

TxRDY：发送准备好信号，为 1 时表示 8251A 做好发送准备，CPU 可以向其发送 1 个字符，发送结束后，TxRDY=0。

TxE：发送器空信号，为 1 时表示串行输出信号发送完毕，在同步方式下，若 CPU 未及时送出字符，则 8251A 自动填入空字符来补充间隙。

RxRDY：接收器准备好信号，为 1 时表示 8251A 从外设或调制解调器中接收到 1 个字符,通知 CPU 来取走,CPU 取走后 RxRDY = 0。

SYNDET:同步检测信号(仅用于同步方式),为 1 时,表示 8251A 检测到同步字符。

⑥ 8251A 与外设间的联络线和信号线。

$\overline{DTR}$:数据终端准备好信号输出端,当 $\overline{DTR} = 0$ 时,表示 8251A 已接收 CPU 发来的字符,准备向外设发送。

$\overline{DSR}$:数据设备准备好信号输入,当 $\overline{DSR} = 0$ 时,表示外设已准备好,CPU 可以经 8251A 向外设传送 1 个字符。

$\overline{RTS}$:请求发送信号输出,当 $\overline{RTS} = 0$ 时,表示 8251A 已准备好发送字符。

$\overline{CTS}$:清除请求发送信号,$\overline{CTS}$ 是 $\overline{RTS}$ 的响应信号,当 $\overline{CTS} = 0$ 时,8251A 才能执行发送操作。

TxD:发送器数据信号输出(串行输出)端。

RxD:接收器数据信号输入(串行输入)端。

⑦ 时钟信号。

CLK:系统时钟。

$\overline{TxC}$:发送器时钟。同步方式时,$\overline{TxC}$ 为发送时钟的波特率,$\overline{TxC}$ 应小于 CLK 的 1/30;异步方式下,$\overline{TxC}$ 应小于 CLK 的 2/9,而 $\overline{TxC}$ 可以为波特率的 1 倍、16 倍或 64 倍。

$\overline{RxC}$:接收器时钟。同步方式时,$\overline{RxC}$ 为接收时钟的波特率;异步方式时,$\overline{RxC}$ 可以为波特率的 1 倍、16 倍或 64 倍(波特因子)。实际使用时,$\overline{RxC}$ 与 $\overline{TxC}$ 并接。

4. 8251A 的控制字

8251A 为可编程接口芯片,其工作方式由程序员通过初始化编程进行设置。8251 内部可寻址的寄存器有:数据输入寄存器、数据输出寄存器、状态寄存器、命令控制寄存器、模式寄存器、同步字符寄存器(2 个)。

8251A 的工作方式需要两种控制字设置,即模式控制字和命令控制字。此外 8251A 还有一个可供 CPU 查询的状态寄存器。了解这些寄存器的具体含义是对 8251A 编程的基础。

(1) 方式选择寄存器

8251A 的工作方式是由方式寄存器各位的定义决定的,如图 9-15 所示。

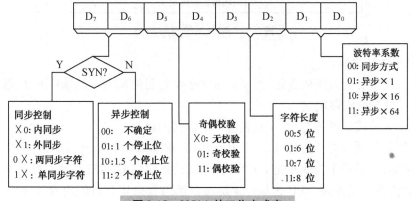

图 9-15　8251A 的工作方式字

(2) 命令寄存器

在写入方式控制字之后,CPU 还必须写入命令控制字,对 8251A 的工作进行规定。在异步方式下,命令字紧跟在方式控制字之后写入 8251A;在同步方式下,写完方式控制字后,先送 1~2 个同步字符,然后再送命令控制字。命令控制字的格式如图 9-16 所示。

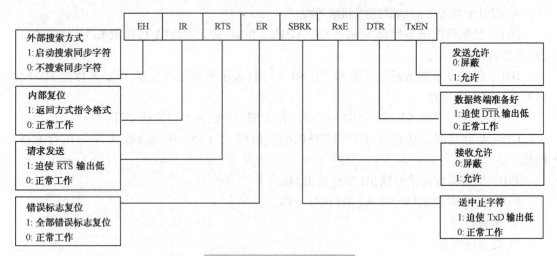

图 9-16 8251A 的命令字

(3) 状态寄存器各位含义

8251A 状态寄存器的内容反映数据传输过程中出现的错误情况和有关控制引脚的电平。当 CPU 需要检测 8251A 的工作状态时,可通过命令控制/状态口读取该状态字。状态字的格式如图 9-17 所示。

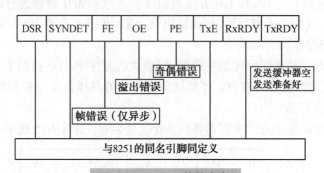

图 9-17 8251A 的状态字

5. 8251A 初始化

8251A 在使用之前需要初始化,而要初始化必须先明确 8251A 的端口地址,端口地址由 8251A 与总线的接口电路决定。

(1) 关于 8 位接口芯片与 16 位数据总线的连接问题

与大多数 8 位接口芯片类似,8251A 具有控制/状态端口和数据端口,占用 2 个端口地址,一个为奇地址,另一个为偶地址。CPU 通过奇地址端口向 8251A 写入模式字和命令控制字,规定当前的工作方式,CPU 也从奇地址端口读出状态寄存器的内容,以便了解 8251A 当前的状态,偶地址为数据端口,供 CPU 发送或接收数据。

原则上,8 位接口芯片与 16 位数据总线连接时,既可以与高 8 位数据相连,也可以与低 8 位数据相连。但对 8086 CPU 而言,其低 8 位数据总与偶地址相关,高 8 位数据总是与奇地址相关。如果将8251A的数据线与8086数据总线的低8位相连,而将8251A内部端口选择引脚C/$\overline{\text{D}}$接至地址线A_1,而非A_0。这样,对CPU而言,无论A_1等于1还是等于0,只要$A_0=0$,都可以得到两个偶地址,以便与数据线的低8位数据相关联。对8251A来讲,由于A_1与C/$\overline{\text{D}}$连接,所以,当A_1为1时,形成奇地址(控制/状态口);当A_1为0时,形成偶地址(数据口)。CPU通过$A_1A_0=10$的端口输出控制字或读入状态字,而从$A_1A_0=00$的端口输入/输出数据。也就是说,对软件设计而言,用两个连续的偶地址同样可以实现对8251A的访问,从而很好地解决了8位接口芯片与16位数据总线的连接问题。

(2) 8251A 的初始化

在对8251A进行初始化时,写"模式寄存器""控制寄存器""同步字符寄存器"所对应的操作完全一样,都是写到奇地址端口。一个端口地址对应接口芯片中多个寄存器,区分具体对哪一个寄存器进行操作的方法有三种:用读写信号区分,用控制字特征位区分,用读写顺序区分。8251A 的初始化过程如图9-18所示(利用写入顺序来区分不同的命令)。

6. 8251A 应用实例

【例 9-6】 编写一段程序,通过8251A采用查询方式接收数据的程序。要求8251A定义为异步传输方式,波特率系数为64,采用偶校验,1位停止位,7位数据位。设8251A的数据端口地址为04A0H,控制/状态寄存器端口地址为04A2H。

实际应用中,通常先向控制/状态端口写入3个00H,再送一个40H,使8251A复位。然后,再初始化。程序如下:

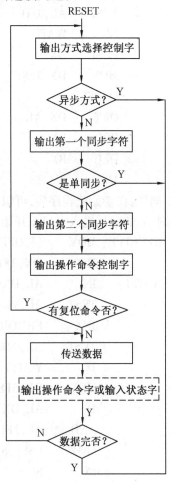

图 9-18 8251A 初始化流程图

```
        MOV    DX,04A2H        ;8251A 复位
        MOV    AL,00H
        OUT    DX,AL
        OUT    DX,AL
        OUT    DX,AL
        MOV    AL,40H
        OUT    DX,AL
        MOV    AL,7BH          ;写工作方式字
        OUT    DX,AL
        MOV    AL,15H          ;写操作命令字
        OUT    DX,AL
LP:     IN     AL,DX           ;读状态字
        TEST   AL,02H          ;检查 RxRDY 是否为 1
        JZ     LP
        MOV    DX,04A0H
```

```
              IN       AL,DX
```

【例9-7】 若采用查询方式发送数据,且假定要发送的字节数据放在 TABLE 开始的数据区中,要发送的字节个数放在 BX 中,端口地址为 3F8H、3FAH,则在初始化程序后,查询方式发送数据的程序段如下:

```
SEND:  MOV    DX,3FAH
       LEA    SI,TABLE
WAIT:  IN     AL,DX
       TEST   AL,01H           ;检查发送缓冲器是否空
       JZ     WAIT             ;若为空,则继续等待
       PUSH   DX
       MOV    DX,3F8H
       LODSB                   ;(DS:[SI])送 AL,SI+1
       OUT    DX,AL            ;否则发送一个字节
       POP    DX
       DEC    BX
       JNZ    WAIT
```

同样,在初始化程序后,可以用查询方式实现接收数据。下面是一段接收数据程序,假设接收后的数据送入 DATA 开始的数据存储区中。

```
RECEIVE: MOV    SI,OFFSET DATA
         MOV    DX,3FAH
WAIT1:   IN     AL,DX            ;读状态寄存器
         TEST   AL,38H           ;检查是否有任何错误产生
         JNZ    ERROR            ;有,转出错处理
         TEST   AL,02H           ;否则检查数据是否准备好
         JZ     WAIT1            ;未准备好,继续等待检测
         MOV    DX,3F8H
         IN     AL,DX            ;否则接收一个字节
         AND    AL,7FH           ;保留低7位
         MOV    [SI],AL          ;送数据缓冲区
         INC    SI
         MOV    DX,3FAH
         JMP    WAIT1
ERROR:   ……
```

9.4 定时器/计数器 8253

定时器/计数器在计算机控制系统中有着广泛的应用。例如,计算机实时控制系统中常需要定时对多个被控对象进行采样、处理,它可以在多任务的分时系统中提供精确的定时信号

以实现各个任务之间的切换,或者对某一工作过程进行计数处理等。另外,定时器/计数器还可为系统时钟日历、动态存储器的刷新以及扬声器的工作提供时钟信号。

9.4.1 定时器/计数器的基本概念

常用的定时方法有两种:一种是软件控制,一种是硬件控制。编一段具有循环功能的程序。在循环体内,执行每一条指令都有固定的时钟周期数,只要统计出循环体内所有指令一共花费的时钟周期数,再乘以一个时钟周期的时间,便得出执行一次循环所需的总时间。显然,设计不同的循环次数,便可得到不同的延迟时间。这种定时方法很准确,但要占用 CPU 的工作时间去延时等待,一般用在延时时间不长,且使用次数不多的场合。要统计外部事件发生的次数,用一个寄存器记录事件发生的个数就可以了。程序很简单,但也要用等待的方法,等待事件的发生。硬件控制是采用专用的定时器/计数器芯片。定时器和计数器在结构上和工作过程中并没有本质的区别。通过编写初始化控制字的方法,确定芯片的工作方式,这种芯片可为 CPU 或外部设备提供时间间隔标志,可对外部事件进行计数并将计数结果提供给 CPU。

9.4.2 可编程定时器/计数器 8253 的结构及引脚功能

8253 是 Intel 系列可编程定时器/计数器,它可以通过简单编程设定工作方式、定时时间或计数次数,使用方便灵活。8253 初始化后可单独工作,整个定时或计数过程不再占用 CPU 时间,因此得到广泛应用。8254 是 8253 的改进产品,最高计数频率可达 10MHz,两者功能与引脚完全兼容。这里只介绍 8253。

8253 内部有三个独立的 16 位计数器,具有相同的结构。每个计数器都可以通过编程选择六种工作方式之一,可按二进制或十进制(BCD 码)进行计数。

8253 芯片是具有 24 个引脚的双列直插式集成电路芯片,8253 内部结构和外部引脚如图9-19(a)、(b)所示。各部分功能如下:

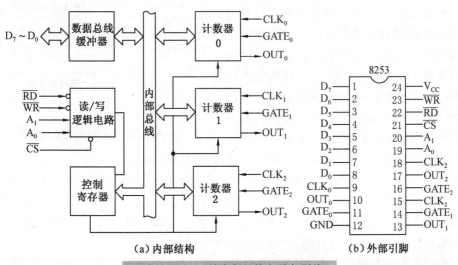

图 9-19 8253 的内部结构和外部引脚

(1) 数据总线缓冲器

数据总线缓冲器是 8 位、双向、三态的缓冲器,通过 8 根数据线 $D_0 \sim D_7$ 接收 CPU 向控制寄存器写入的控制字,向计数器写入的计数初值,也可把计数器的当前计数值读入 CPU。

(2) 读/写逻辑电路

读/写控制逻辑电路从系统总线接收输入信号,经过译码,产生对 8253 各部分的控制。

$\overline{CS}$:片选信号,输入,低电平有效。它与译码器输出信号相连接,当 $\overline{CS}$ 为低电平时,8253 芯片被 CPU 选中。

A_1、A_0:输入信号,用来对 3 个计数器和控制寄存器进行寻址,与 CPU 系统地址线相连。当 A_1、A_0 为 00、01、10、11 时分别表示对计数器 0、计数器 1、计数器 2 和控制寄存器的访问。

8253 的 A_1、A_0 与系统总线的哪根地址线相连,要考虑 CPU 是 8 位数据总线,还是 16 位数据总线。当 CPU 为 8 位数据总线时,8253 的 A_1、A_0 可与地址总线的 A_1、A_0 相连;当 CPU 为 16 位数据总线时,8253 的 A_1、A_0 引脚分别与数据总线的 A_2、A_1 相连,CPU 对 8253 的访问,地址数为连续的偶地址。

$\overline{WR}$:写引脚,输入,低电平有效。用于控制 CPU 对 8253 的写操作,此引脚与 CPU 系统控制总线的 $\overline{IOW}$ 相连。

$\overline{RD}$:读引脚,输入,低电平有效,用于控制 CPU 对 8253 的读操作,此引脚与 CPU 系统控制总线的 $\overline{IOR}$ 相连。

(3) 控制寄存器

在 8253 的初始化编程时,由 CPU 写入控制字,以决定通道的工作方式,此寄存器只能写入,不能读出。

(4) 计数通道

8253 有 3 个相互独立的同样的计数电路,分别称为计数器 0、计数器 1 和计数器 2。每个计数器包含一个 16 位的初值寄存器 CR,8253 工作之前要对它设置初值;一个 16 位计数执行单元 CE(减 1 计数单元),它接收计数初值寄存器 CR 送来的内容,并对该内容执行减 1 操作;一个 16 位输出锁存器 OL,它锁存 CE 的内容,使 CPU 能从输出锁存器内读出一个稳定的计数值。8253 还有一个 8 位的控制寄存器,它存放计数器的工作模式控制字。计数器的结构如图 9-20 所示。

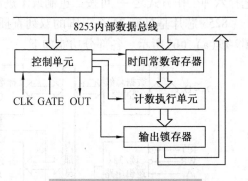

图 9-20 计数器内部结构

在 8253 初始化时,CPU 将计数初值写入计数初值寄存器,再将该值送入减 1 计数单元,每当计数器的时钟输入端 CLK 输入一个时钟脉冲,减 1 计数单元减 1,直至减到 0 时,由 OUT 端输出信号。在计数过程中,输出锁存器的值随着减 1 计数单元的值变化,CPU 随时可用控制命令锁定当前的计数值,并通过输入指令读取该值。

CLK:计数时钟,输入。用于输入定时脉冲或计数脉冲信号。CLK 可以是系统时钟脉冲,可以由系统时钟分频或者是其他脉冲源提供,输入的最高时钟频率为 2.6MHz。

GATE:门控信号,输入,由外部信号通过 GATE 端控制计数器的启动计数和停止计数的操作。

OUT：时间到或计数结束输出引脚。当计数器计数到 0 时，在 OUT 引脚有输出。在不同模式下，可输出不同电平的信号。

9.4.3 8253 的工作方式

8253 有两个基本功能，即定时和计数。除此之外还可以作为频率发生器、分频器、实时钟、单脉冲发生器等。这些功能是通过对 8253 编程，写入方式控制字来完成的。

8253 的工作方式有 6 种，不论哪种工作方式，都遵守下面几条基本原则：

① 控制字写入计数器时，所有的控制逻辑电路立即复位，输出端 OUT 进入初始状态。该初始状态与工作方式有关，设置为方式 0 时，OUT 的初始状态为低电平，设置成其他工作方式，OUT 的初始状态为高电平。

② 初始值写入初值计数器 CR 以后，要经过一个时钟脉冲的上升沿和下降沿，将初值送入计数执行单元，计数执行单元从下一个时钟开始进行计数。

③ 通常，在时钟脉冲 CLK 的上升沿对门控信号 GATE 进行采样，各计数器的门控信号的触发方式与工作方式有关。在方式 0、方式 4 中，门控信号为电平触发；在方式 1、方式 5 中，门控信号为上升沿触发；在方式 2、方式 3 中，既可用电平触发，也可用上升沿触发。

④ 在时钟脉冲的下降沿计数器进行计数。0 是计数器所能容纳的最大初值，因为用二进制计数时，16 位计数器，0 相当于 2^{16}；用 BCD 码计数时，0 相当于 10^4。

1. 方式 0——计数结束产生中断

在该方式下，门控信号决定计数的停止或继续，装入初值决定计数过程重新开始，计数过程波形图如图 9-21 所示。

（1）计数过程

控制字写入控制寄存器后，经一个时钟周期，在下一个时钟上升沿，输出端 OUT 变为低电平，并且计数过程中一直维持低电平。计数初值写入初值寄存器后，经过一个时钟周期，在下一个时钟的下降沿，初值寄存器 CR 的值被送到计数执行单元 CE 中。

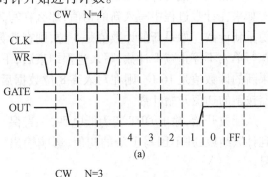

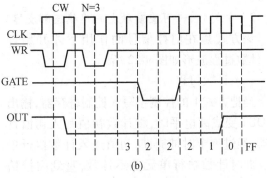

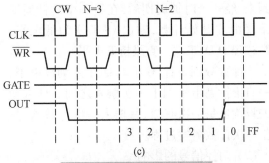

图 9-21 方式 0 输出时序

随后每个时钟的下降沿都使计数执行单元的内容减 1,减到 0 时,输出端 OUT 变成高电平,并一直维持高电平,直到写入新的计数值,开始下一轮的计数。计数初值一次有效,经过一次计数过程后,必须重新写入计数初值。当输出端 OUT 变成高电平时,可利用 OUT 的上升沿作为中断请求信号。

(2) 门控信号的影响

在计数过程中,若门控信号 GATE=0,计数执行单元停止计数,保持当前值,直到 GATE 信号恢复到高电平,经一个时钟周期,计数执行单元从当前值开始继续执行减 1 操作。门控信号只影响计数执行单元是否暂停减 1 操作,对输出信号 OUT 无影响,OUT 信号从计数开始变为低电平,一直保持到计数结束,才变为高电平。

如果在门控信号 GATE 处于低电平时写入计数初值,则在下一个时钟周期也将初值从初值寄存器移入计数执行单元,但不进行计数操作,当 GATE 变为高电平时才开始计数。利用 GATE 信号可作为启动定时的同步信号。

(3) 新的初值对计数过程的影响

如果在计数过程中写入新的初值,那么在写入后的下一个时钟下降沿计数器将按新的初值重新计数。如果新的计数值是 8 位,则在计数值写入到初值寄存器的写入过程中,计数器执行单元不停止减 1 计数,写入过程结束后,下一个时钟下降沿才按新的初值重新计数。如果新的计数值是 16 位,则在写入高 8 位数据后,计数器停止计数,写入低 8 位数据后,计数器按新的初值开始计数。

从计数开始,输出 OUT 变为低电平,一直保持到计数结束,并不因写了新的初值,影响输出信号。

2. 方式 1——可重复触发的单稳态触发器

该方式是在门控信号的作用下才开始计数,计数过程波形如图 9-22 所示。

(1) 计数过程

当把方式 1 的控制字写入控制寄存器,输出端 OUT 变成高电平时,将计数初值写入初值寄存器,经过一个时钟周期,初值送入计数执行单元。此时计数执行单元并不计数,直到门控信号到来,经一个时钟周期后,在下一个时钟周期的下降沿才开始计数,输出 OUT 变为低电平。计数过程中 OUT 端一直维持低电平。

当计数减到 0 时,输出端 OUT 变为高电平,并一直维持高电平到下一次触发之前。计数初值的设置也是一次有效,每输入一次计数值,只产生一次计数触发过程。

(2) 门控信号的影响

方式 1 中,门控信号的影响有两个方面。一方面是计数结束后,若再来一个门控信号上升

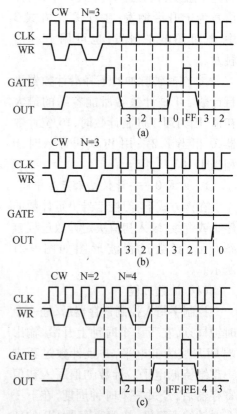

图 9-22 方式 1 输出时序

沿,则在下一个时钟周期的下降沿又从初值开始计数,而且不需要重新写入计数初值,即门控脉冲可重新触发计数,同时 OUT 端从高电平降为低电平,直到计数结束,再恢复到高电平。可以看出,调整门控信号的触发时刻,可调整 OUT 端的高电平持续时间,即输出单次脉冲的宽度由计数初值 N 决定。

另一方面是在计数进行中,若来一个门控信号的上升沿,也要在下一个时钟同期的下降沿终止原来的计数过程,从初值起重新计数。在这个过程中,OUT 端保持低电平不变,直到计数执行单元内容减为 0 时,OUT 端才恢复为高电平。这样,使 OUT 端低电平持续时间加长,即输出单次脉冲的宽度加宽。

(3) 新的初值对计数过程的影响

在计数过程中如果写入新的初值,不会影响计数过程,只有在下一个门控信号到来后的第一个时钟周期下降沿,才终止原来的计数过程,而按新的初值开始计数。OUT 端的变化是高电平持续到开始计数前,低电平持续到计数过程结束。

3. 方式 2——分频器

该方式下,用门控信号达到同步计数的目的,波形如图 9-23 所示。

(1) 计数过程

写入控制字后,在时钟上升沿输出端 OUT 变为高电平。当计数初值被写入初值寄存器后,在下一个时钟脉冲下降沿计数初值被移入计数执行单元,开始减 1 计数。减到 1 时,输出端 OUT 变为低电平。减到 0 时,输出端 OUT 又变成高电平,同时按计数初值重新开始计数过程。由图 9-23 可看出,采用方式 2 时,输出端不断输出负脉冲,其宽度等于一个时钟周期,两负脉冲间的宽度等于 N−1 个时钟周期。整个计数过程不用重新写入计数值,OUT 输出一固定频率的脉冲。因此,又称此方式下的计数器为分频器或频率发生器。

(2) 门控信号的影响

门控信号为低电平时终止计数,而由低电平恢复为高电平后的第一个时钟下降沿从初始值重新开始计数。由此可见,GATE 一直维持高电平时,计数器为一个 N 分频器。GATE 端每加一次从低电平到高电平的门控触发信号,都将引起一次重新从计数初值寄存器向计数执行单元写入计

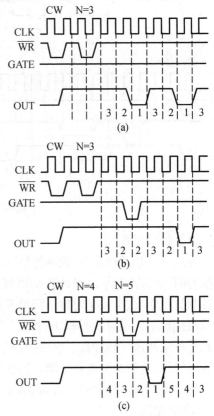

图 9-23 方式 2 输出时序

数值的操作,输出端 OUT 重新得到一个不断输出负脉冲的脉冲信号,其宽度等于一个时钟周期,两负脉冲间的宽度等于 N−1 个时钟周期。用门控信号实现对输出端 OUT 信号的同步作用。

(3) 新的初值对计数过程的影响

如果在计数过程中改变初值,有两种情况:一种是当 GATE 门控信号一直维持高电平

时，新的初值不影响当前的计数过程。但在计数结束后，下一个计数周期按新的初值计数。另一种是若写入新的初值后，遇到门控信号的上升沿，则结束现行计数过程，从下一个时钟下降沿开始按新的初始值进行计数。第二种情况是计数值未减到0，又重新按新的初值进行计数，在此期间输出端OUT一直维持高电平。这样就可以随时通过重新送计数值来改变输出脉冲的频率。

4．方式3——方波发生器

方式3的工作过程同方式2，只是输出的脉宽不同，波形如图9-24所示。

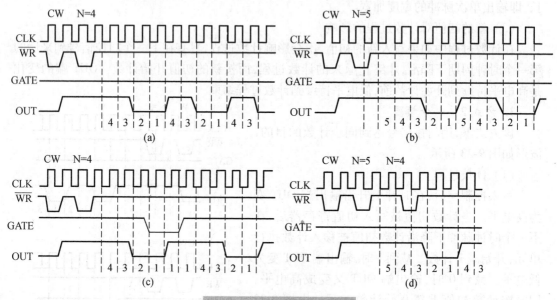

图9-24 方式3输出时序

（1）计数过程

方式3计数过程分奇、偶两种情况。初始值为偶数时，写入控制字后，在时钟上升沿，输出端OUT变为高电平。当计数初值写入初值寄存器后，经过一个时钟周期，计数初值被移入计数执行单元，下一个时钟下降沿开始减1计数。减到N/2时，输出端OUT变为低电平，计数器执行单元继续执行减1计数。当减到0时，输出端OUT又变成高电平，计数器执行单元重新从初值开始计数。只要门控信号GATE为1，此工作过程一直重复下去，输出端得一方波信号，故称为方波发生器。当初始值为奇数时，在门控信号一直为高电平的情况下，OUT输出波形为连续的近似方波，高电平持续时间为(N+1)/2个脉冲，低电平持续时间为(N-1)/2个脉冲。

（2）门控信号的影响

GATE=1允许计数，GATE=0禁止计数。在计数执行过程中，当GATE变为低电平时，若此时输出端OUT为低电平，则从低电平变为高电平，若已是高电平则保持不变，且计数器停止计数。当GATE恢复高电平，计数器从初值开始重新计数。

（3）新的初值对计数过程的影响

新的初值写入也分两种情况讨论：一种是GATE=1，在计数执行过程中，新值写入并不影响现行计数过程，只是在下一个计数过程中，按新值进行计数；另一种是在计数执行过程中加入一个 GATE 脉冲信号,停止现行计数过程,在门控信号上升后的第一个时钟周期的下降沿,计数器从初值开始重新计数。

5. 方式 4——软件触发选通方式

用方式 4 工作时,GATE 门控信号只是用来允许或不允许定时操作,定时的执行过程由装入的初值决定。波形如图 9-25 所示。

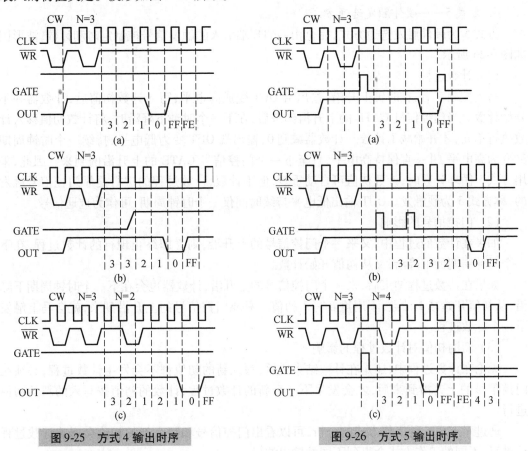

图 9-25　方式 4 输出时序　　　　图 9-26　方式 5 输出时序

(1) 计数过程

写入控制字后,在时钟上升沿输出端 OUT 变成高电平,将计数初值写入初值寄存器中。经过一个时钟周期,计数初值被移入计数执行单元,下一个时钟下降沿开始减 1 计数,减到 0 时,输出端变低一个时钟周期,然后自动恢复成高电平。下一次启动计数时,必须重新写入计数值。由于每进行一次计数过程必须重装初值一次,不能自动循环,所以称方式 4 为软件触发。又由于输出端 OUT 低电平持续时间为一个脉冲周期,常用此负脉冲作为选通信号,所以又被称为软件触发选通方式。

(2) 门控信号的影响

GATE = 1 时,允许计数;GATE = 0 时,禁止计数。需要注意的是当 GATE = 0 时停止计数,GATE = 1 时并不是恢复计数,而是重新从初值开始计数。还应注意 GATE 的电平不会影响输出端 OUT 的电平,只有计数器减为 0 时,才使输出端 OUT 产生电平的变化。

(3) 新的初值对计数过程的影响

在计数过程中,如果写入新的计数初值,则立刻终止现行的计数过程,并在下一个时钟下降沿按新的初值开始计数。方式0和方式4都可用于定时和计数,定时的时间为 $N \times T$。只是方式0在OUT端输出正脉冲信号为定时时间到,方式4在OUT端输出负脉冲信号为定时时间到。

6. 方式5——硬件触发选通方式

方式5为硬件触发选通方式,完全由GATE端引入的触发信号控制定时和计数,波形图如图9-26所示。

(1) 计数过程

写入控制字后,在时钟上升沿,输出端OUT变成高电平,写入计数初值后,计数器并不开始计数。当门控信号GATE的上升沿到来后,在下一个时钟下降沿时,将计数初值移入计数执行单元,才开始减1计数。计数器减到0,输出端OUT变为低电平,持续一个时钟周期又变为高电平,并一直保持高电平,直至下一个门控信号GATE的上升沿的到来。因此,采用方式5循环计数时,计数初值可自动重装,但不计数,计数过程的进行是靠门控信号触发的,称方式5为硬触发。OUT输出低电平持续时间仅一个时钟周期,可作为选通信号。

(2) 门控信号的影响

如果在计数的过程中,又来一个门控信号的上升沿,则立即终止现行的计数过程,在下一个时钟周期的下降沿,又从初值开始计数。

如果在计数过程结束后,来一个门控信号的上升沿,计数器也会在下一个时钟周期下降沿,从初值开始减1计数,不用重新写入初值。只要门控信号的上升沿到来,就会马上触发下一个计数过程。

(3) 新的初值对计数过程的影响

无论在计数过程中,还是在计数结束之后,写入新的初值都不会发生计数过程,必须在门控信号的上升沿到来后,才会发生下一个新的计数过程,计数的初值按写入的新的初值进行。

通过对上面6种工作方式的分析,可以看出门控信号和写入新的初值会影响计数过程的进行,不同的工作方式会得到不同的输出波形。

在8253的应用中,必须正确使用门控信号和写入新的初值这两种触发方式,才能保证各计数器的正常操作;必须了解输出波形的形态,才能正确应用到各种控制场合。

9.4.4 8253的控制字和编程

8253是可编程定时器/计数器,使用时应先对其进行初始化编程,即设定方式控制字和计数初值。

1. 设定方式控制字

8253内的3个计数器无论哪一个被使用,都必须由CPU向其控制字端口写入方式控制字,以确定其工作方式。控制字的具体格式如图9-27所示。

BCD:该位用来设置装入初值寄存器的数据格式,是BCD码还是二进制数。

M_2、M_1、M_0:用来选择工作方式。

RW_1、RW_0:指明对计数初值寄存器CR的写和对输出锁存器OL的读的规则。

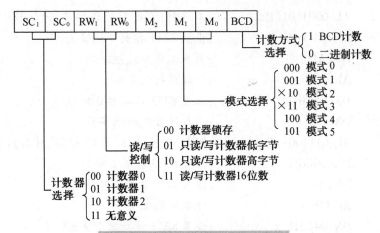

图 9-27 8253 的工作方式控制字

SC_1、SC_0：8253 中有三个计数器,每个计数器有一个控制器,对三个控制器的访问共用一个 I/O 端口地址,即 $A_1A_0 = 11$ 时,访问控制寄存器,但没有指明是访问哪一个计数器中的控制寄存器,为了进一步指明要写入的控制字是哪一个计数器的控制寄存器,由控制字中的 SC_1、SC_0 两位决定。

2. 设定计数初值

计数初值的设定应按照方式控制字中最低位(BCD)规定的计数格式写入,不同的计数格式下,计数值的范围为：

① 二进制计数:0000H ~ FFFFH。其中 0000H 最大,代表 65536。

② BCD 码计数:0000 ~ 9999。其中 0000 最大,代表 10000。

计数初值(T_c)与输入时钟频率(f_{CLK})及输出波形频率(f_{OUT})之间的关系为：

$$T_c = f_{CLK}/f_{OUT}$$

【例 9-8】 选择计数器 2,工作在方式 3,计数初值为 533H(2 个字节),采用二进制计数。设端口地址为 304H ~ 307H。8253 的初始化程序段为：

```
MOV    DX,307H          ;控制口
MOV    AL,10110110B     ;计数器2的初始化方式控制字
OUT    DX,AL            ;写入控制寄存器
MOV    DX,306H          ;计数器2数据口
MOV    AX,533H          ;计数初值
OUT    DX,AL            ;先送低字节到计数器2
MOV    AL,AH            ;取高字节送 AL
OUT    DX,AL            ;后送高字节到计数器2
```

9.4.5 8253 应用实例

【例 9-9】 假设 8253 的计数器 0 工作在方式 5,按二进制计数,计数初值为 46H;计数器 1 工作在方式 1,按 BCD 码计数,计数初值为 4000H;计数器 2 工作在方式 2,按二进制计数,计数初值为 0304H。请将以上三种情况的初始化程序写出。8253 芯片占用地址 04C0H、04C2H、04C4H、04C6H。

```
        MOV     AL,00011010B        ;二进制,方式5,写低字节,计数器0
        MOV     DX,04C6H            ;设置8253控制口地址
        OUT     DX,AL               ;写入工作方式控制字
        MOV     AL,46H              ;计数值的低字节
        MOV     DX,04C0H            ;设置8253计数器0地址
        OUT     DX,AL               ;写入计数值的低字节
        MOV     AL,01110011B        ;BCD码,方式1,写16位数,计数器1
        MOV     DX,04C6H            ;设置8253控制口地址
        OUT     DX,AL               ;写入工作方式控制字
        MOV     AL,00H              ;计数值的低字节
        MOV     DX,04C2H            ;设置8253计数器1地址
        OUT     DX,AL               ;写入计数值的低字节
        MOV     AL,40H              ;计数值的高字节
        OUT     DX,AL               ;写入计数值的高字节
        MOV     AL,10110100B        ;二进制,方式2,写入16位数,计数器2
        MOV     DX,04C6H            ;控制口地址
        OUT     DX,AL               ;写工作方式控制字
        MOV     AL,04H              ;计数值的低字节
        MOV     DX,04C4H            ;设置8253计数器2地址
        OUT     DX,AL               ;写入计数值的低字节
        MOV     AL,03H              ;计数值的高字节
        OUT     DX,AL               ;写入计数值的高字节
```

【例9-10】 利用8086 CPU,使用8253计数器0,工作方式3,产生1kHz的方波脉冲信号;通过计数器1,采用工作方式4,用OUT_1作计数脉冲,计满100次向CPU发一次中断申请,CPU响应这一中断后继续写入计数值100,重新开始计数;通过计数器2,采用工作方式0,每隔1s向CPU发一次中断请求,使8个指示灯闪动。硬件连接如图9-28所示。试编写实现功能的程序。设8253芯片地址为04C0H、04C2H、04C4H、04C6H,8259A芯片地址为04B0H、04B2H,74LS373芯片地址为04A0H。

分析:由于$CLK_0=2.5MHz$,$T=0.4\mu s$,由计数器0产生的1kHz的单拍负脉冲信号,T=1ms,所以初值为2500,即09C4H。因为计数器1和计数器2分别工作在方式4和方式0,当GATE=1时,依靠计数初值启动定时或计数,因而初始化时要先对中断控制器8259A初始化,再对计数器1和计数器2初始化,装入时间常数后立即执行。CLK_2与OUT_0连接在一起,输入时钟为1kHz,T=1ms。计数器2每隔1s向CPU发一次中断请求,工作时间常数等于1000。

程序清单如下:
```
CODE    SEGMENT
        ASSUME  CS:CODE
START:  MOV     DX,04C6H            ;8253控制端口地址
        MOV     AL,00110110B        ;二进制,方式3,写16位,计数器0
```

第 9 章 可编程接口芯片及其应用

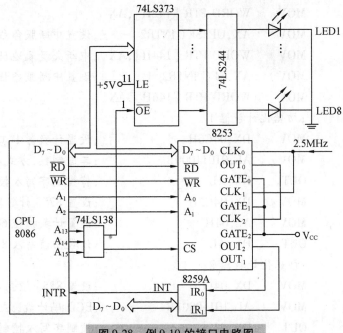

图 9-28 例 9-10 的接口电路图

OUT	DX,AL	;写控制字,设置计数器 0 工作方式
MOV	DX,04C0H	;设置 8253 计数器 0 地址
MOV	AX,09C4H	;计数初值,先写低 8 位,再写高 8 位
OUT	DX,AL	
MOV	AL,AH	
OUT	DX,AL	
MOV	BL,00H	;灯亮或灭的标志

;初始化 8259

MOV	DX,04B0H	;8259A 的偶地址
MOV	AL,00010011B	;设置 8259A 初始化控制字 ICW_1
OUT	DX,AL	
MOV	DX,04B2H	;8259A 的奇地址
MOV	AL,50H	;设置 ICW_2
OUT	DX,AL	
MOV	AL,0000001B	;设置 ICW_4,非自动结束方式
OUT	DX,AL	
MOV	AL,0FCH	;设置 8259A 操作控制字 OCW_1
OUT	DX,AL	

;设置中断向量

MOV	AX,OFFSET INTR1	;设置中断服务程序 INTR1 的偏移地址
MOV	WORD PTR [140H],AX	;中断矢量表地址为 50H×4
MOV	AX,SEG INTR1	;设置中断服务程序 INTR1 所在段地址

```
               MOV     WORD PTR [142H],AX
               MOV     AX,OFFSET INTR2      ;设置中断服务程序 INTR2 偏移地址
               MOV     WORD PTR [144H],AX   ;中断矢量表地址为 51H×4
               MOV     AX,SEG INTR2         ;设置中断服务程序 INTR2 所在段地址
               MOV     WORD PTR [146H],AX
        ;初始化计数器 1
               MOV     DX,04C6H             ;设置计数器 1 工作方式
               MOV     AL,01011000B         ;二进制数,方式 4,写低字节
               OUT     DX,AL                ;将控制字写入控制寄存器
               MOV     DX,04C2H             ;设置 8253 计数器 1 地址
               MOV     AL,64H               ;设置计数初值 64H=100
               OUT     DX,AL                ;计数初值写入 8253 计数器 1
        ;初始化计数器 2
               MOV     DX,04C6H             ;设置 8253 控制口地址
               MOV     AL,10110001B         ;BCD 码计数,方式 0,写 16 位数
               OUT     DX,AL                ;控制字写入控制寄存器
               MOV     DX,04C4H             ;设置 8253 计数器 2 地址
               MOV     AL,00H               ;写低字节
               OUT     DX,AL                ;计数值低字节写入计数器 2
               MOV     AL,10H               ;写高字节
               OUT     DX,AL                ;计数值高字节写入计数器 2
               STI                          ;开中断
        AA:    NOP                          ;等待中断
               JMP     AA
        INTR1  PROC FAR                     ;IR0 的中断处理程序
               CLI                          ;禁止中断
               MOV     DX,04C2H             ;设置 8253 计数器 1 地址
               MOV     AL,64H               ;设置计数器 1 初值
               OUT     DX,AL                ;计数值写入计数器 1
               MOV     DX,04B0H             ;输出中断结束命令
               MOV     AL,20H
               OUT     DX,AL
               STI                          ;开中断
               IRET
        INTR1  ENDP
        INTR2  PROC FAR                     ;对 IR1 的中断处理程序
               CLI                          ;禁止中断
               MOV     DX,04A0H             ;74LS373 的地址
               CMP     BL,00H               ;灯闪烁判断
```

```
                JZ      AA2                     ;BL=00 灯亮
                MOV     AL,00H                  ;BL=01 灯灭
                OUT     DX,AL
                MOV     BL,00H                  ;重新设标志
                JMP     AA3
        AA2:    MOV     AL,0FFH                 ;灯亮
                OUT     DX,AL
                MOV     BL,01H                  ;重新设标志
        AA3:    MOV     DX,04B0H                ;输出中断结束命令
                MOV     AL,20H
                OUT     DX,AL
                STI                             ;开中断
                IRET
        INTR2   ENDP
        CODE    ENDS
                END     START
```

9.5 DMA 控制器 8237A

高速外部设备和存储器进行的数据交换,一般是在 CPU 的控制下进行的,即 CPU 首先执行一条输入指令,发出访问源数据所在地的地址和读信号,并将传送的数据通过数据总线读入 CPU 的累加器中暂存,然后再执行一条输出指令,发出访问目的数据所在地的地址和写信号,将暂存的这些数据送入外部设备或送入存储器。用这种方法传送数据块,每个字节平均要 20~100μs,速度太慢,对于大量的数据传送很费时。

为此,产生了直接存储器存取技术。它是采用一个 DMA 控制器,在存取时,CPU 让出总线控制权,不再采用输入、输出指令的方法进行数据存取,而用硬件方法由 DMA 控制器控制地址总线、控制总线和数据总线,存储器和外设直接交换数据,减少了中间环节,提高了传送速度。

9.5.1 DMA 技术的基本概念

1. DMA 数据传送过程

DMA 控制的原理如图 9-29 所示。数据传送过程如下:

① 外部设备向 DMA 控制器发出 DMA 请求。

② 如果 DMA 控制器未被屏蔽,则在接到 DMA 请求后,向 CPU 发出总线请求,希望 CPU 让出数据总线、地址总线和控制总线的控制权,由 DMA 控制器控制。

③ CPU 执行完现行的总线周期,如果 CPU 同意让出总线控制权,则向 DMA 控制器发出响应请求的回答信号。

④ DMA 控制器接管系统总线,向外部设备发出 DMA 请求响应的应答信号。

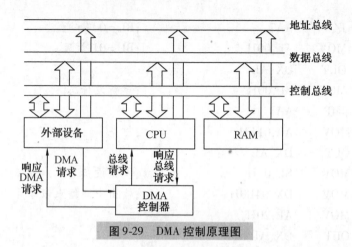

图 9-29　DMA 控制原理图

⑤ 进行 DMA 传送。DMA 控制器给出传送数据的内存地址,传送的字节数并发出读/写信号;在 DMA 控制下,每传送一个字节,地址寄存器加 1,字节计数器减 1,如此循环,直至计数器之值为 0。

DMA 读操作:读存储器写外设。

DMA 写操作:读外设写存储器。

⑥ 传送结束,DMA 控制器撤除要求 CPU 让出总线控制权的申请,CPU 重新控制总线,恢复 CPU 的工作。

DMA 传送不仅用于高速外部设备与存储器之间的数据传送,还可用于存储器与存储器之间、外部设备与外部设备之间的数据传送。通常在微型计算机系统中,图像显示、磁盘存取、磁盘间的数据传送和高速的数据采集系统均可采用 DMA 数据交换技术。

2. DMA 控制器的功能

为完成上述的控制过程,DMA 控制器应具备如下功能:

① 能接收从外设发出的 DMA 请求,并向 CPU 发出总线请求信号(HRQ)。

② 当 CPU 响应请求,发出应答信号(HLDA)后,DMA 控制器能接管对总线的控制,进入 DMA 操作方式。

③ 能发出存储器地址,确定数据传送的地址单元,并能自动修改地址指针。

④ 能识别数据传送的方向,发出读或写控制信号。

⑤ 能确定传送数据的字或字节数,判断传送是否结束。

⑥ 发出 DMA 操作结束信号。

3. DMA 操作过程

一个完整的 DMA 操作过程大致可分三个阶段:准备阶段(初始化)、数据传送阶段和传送结束阶段。准备阶段主要是 DMA 控制器接受 CPU 对其进行初始化,初始化内容包括设置存储器的地址、传送的字节数、工作模式控制字等,以及相关电路初始化设置。数据传送阶段因传送方向的不同,步骤有所不同。传送结束阶段主要是 DMA 控制器在传送完成之后向 CPU 发出结束信号,以便 CPU 撤销总线允许收回总线控制权。

9.5.2　8237A 芯片的基本结构及引脚功能

8237A DMA 控制器有四个通道,每个通道都可用于 DMA 数据传送,也就是说一片

8237A 可以带四台外部设备。PC 系统占用了 8237A 通道 0、通道 2、通道 3,分别用于刷新动态存储器、软盘控制器与存储器间交换数据、硬盘控制器与存储器交换数据,只有通道 1 未使用,提供给用户。

1. 8237A 的内部结构、引脚功能

8237A 的内部结构和引脚图如图 9-30 所示。为简单起见,图中通道部分只画了一个通道的情况。8237A 的内部结构由四个基本部分组成,即控制逻辑单元、优先级编码单元、缓冲器和内部寄存器。

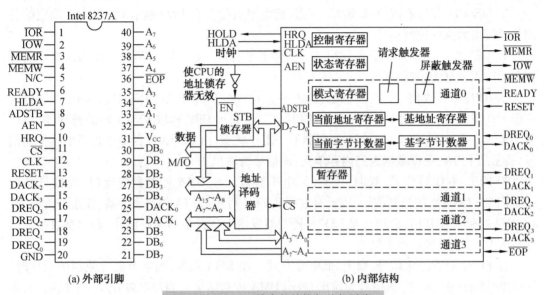

图 9-30 8237A 的内部结构与外部引脚

(1) 控制逻辑单元

控制逻辑单元的主要功能是根据 CPU 传送来的有关 DMA 控制器的工作方式控制字和操作方式控制字,在定时控制下,产生 DMA 请求信号、DMA 传送以及发出 DMA 结束的信号。

① CLK:时钟信号,输入,用于控制芯片内部定时和数据传送速率。

② $\overline{CS}$:片选信号,输入,低电平有效。当 8237A 不进行控制,即空闲时,仅作为一个 I/O 设备时,为 8237A 的片选信号。当该信号有效时,CPU 向其输出工作方式控制字、操作方式控制字,或读入状态寄存器中的内容。

③ RESET:复位信号,输入,高电平有效。当芯片被复位时,屏蔽寄存器被置 1,其余寄存器置 0,8237A 处于空闲状态,即不作为 DMA 控制器,仅作为一般 I/O 设备。

④ READY:准备好信号,输入,高电平有效。当进行 DMA 操作,存储器或外部设备的速度较慢,来不及接收或发送数据时,DMA 控制器在总线传送周期,自动插入等待周期,直到 READY 变成高电平,恢复正常节拍。

⑤ AEN:地址允许信号,输出,高电平有效。此信号有效时,将由片外锁存器锁存的高 8 位地址送入地址总线,与 8237A 芯片输出的低 8 位地址组成 16 位地址。

访问外设和 DMA 操作时,地址总线上都有地址信息的流动,该地址信息访问的对象通过 AEN 信号区别。访问 DMA 时 AEN=1,访问外设时 AEN=0。

⑥ ADSTB：地址选通信号，输出，高电平有效。此信号有效时，将保存在 8237A 缓冲器的高 8 位地址信号传送到片外地址锁存器。

8237A 芯片的地址线仅 8 位，可外设和存储器或存储器和存储器交换数据时，访问存储器地址需 16 位，如何用 8 位地址线产生 16 位地址呢？8237A 芯片预先通过 ADSTB 信号把高 8 位地址通过数据线先送到外界地址锁存器进行锁存，再由 AEN 信号启动地址锁存器，把由地址锁存器锁存的地址信息送到高 8 位地址总线，和由 8237A 的 $A_7 \sim A_0$ 输出的低 8 位地址信息共同组成 16 位地址信息。

⑦ $\overline{MEMR}$：存储器读信号，输出，三态，低电平有效。在 DMA 操作时，作为从选定的存储单元读出数据的控制信号。

⑧ $\overline{MEMW}$：存储器写信号，输出，三态，低电平有效。在 DMA 操作时，作为向选定的存储单元写入数据的控制信号。

⑨ $\overline{IOR}$：I/O 读信号，双向，三态，低电平有效。在 DMA 控制器空闲时，DMA 控制器为一般 I/O 设备，由 CPU 向 8237A 发来的控制信号，表示 CPU 读取 8237A 内部寄存器，该信号为输入。在 DMA 传送时，DMA 控制器处于工作状态，由 8237A 发给 I/O 设备的读控制信号，表示从 I/O 设备读数据送到内存单元，该信号为输出。

⑩ $\overline{IOW}$：I/O 写信号，双向，三态，低电平有效。在 DMA 控制器空闲时，此信号是由 CPU 向 8237A 发来的控制信号，表示有数据从 CPU 写入 8237A 内部寄存器，该信号为输入。在 DMA 控制器工作时，此信号是 8237A 控制器发给 I/O 设备的控制信号，表示有数据从内存写入 I/O 设备，该信号为输出。

⑪ $\overline{EOP}$：过程结束信号，双向，低电平有效。在 DMA 周期，当字节数计数器减至 0 时，使 $\overline{EOP}$ 引脚变为低电平，该信号为输出，表示 DMA 传送结束。当 $\overline{EOP}$ 端引入一个低电平，强迫 DMA 操作停止，并使内部寄存器复位，信号为输入。为使 DMA 操作可靠进行，不因 $\overline{EOP}$ 端误引入了低电平信号使 DMA 结束，一般 $\overline{EOP}$ 引脚通过上拉电阻外接一高电平。

（2）优先级编码单元

优先级编码单元能对同时提出 DMA 请求的多个通道进行优先级排队判优。判优可以是固定的也可以是循环的。固定是指四个通道的优先级别是不变的，即通道 0 优先级最高，其次是通道 1，通道 3 的优先级最低。循环四个通道的优先级不断变化，即本次循环执行 DMA 操作的通道，到下一次循环为优先级最低。不论优先级别高还是低，只要某个通道正在进行 DMA 操作，其他通道无论级别高低，均不能打断当前的操作。当前操作结束后，再根据级别的高低，响应下一个通道的 DMA 操作申请。

① $DREQ_3 \sim DREQ_0$：DMA 请求信号，输入，有效电平可由工作方式控制字确定。它们分别是连接到四个通道的外设，向 DMA 控制器请求 DMA 操作的请求信号。该信号要保持有效电平一直到 8237A 控制器作出 DMA 应答信号 DACK。当 8237A 被复位时，它们被初始化为高电平有效。

② HRQ：请求占用总线信号，输出，高电平有效。该信号是 DMA 控制器接到某个通道的 DMA 请求信号后，且该通道请求未被屏蔽的情况下，DMA 控制器向 CPU 发出请求占用总线的信号。

③ HLDA：同意占用总线信号，输入，高电平有效。此信号是 CPU 发给 DMA 控制器，同意 DMA 控制器占用总线控制权请求的应答信号。8237A 接收到 HLDA 后，即可进行 DMA

操作。

④ $DACK_3 \sim DACK_0$：DMA 响应信号，输出，它的有效电平可由工作方式控制字确定。该信号是由 8237A 控制器发给四个通道中申请 DMA 操作的通道的应答信号。

（3）缓冲器组

缓冲器组包括两个 I/O 缓冲器和一个输出缓冲器，通过这三个缓冲器把 8237A 的数据线、地址线和 CPU 的系统总线相连。连接情况如下：

① $A_3 \sim A_0$：低 8 位地址线的低 4 位，双向，三态。$A_3 \sim A_0$ 有两个不同的使用情况，第一种是在 8237A 空闲状态，作为一般 I/O 口，$A_3 \sim A_0$ 为输入，作为选中 8237A 内部寄存器的地址选择线。地址值与所对应的 8237A 内部寄存器关系如表 9-3（见 9.5.4 小节）所示；第二种是 8237A 进行 DMA 操作时，$A_3 \sim A_0$ 为输出，作为选中存储器的低 4 位地址。

② $A_7 \sim A_4$：低 8 位地址线的高 4 位，三态，输出。$A_7 \sim A_4$ 仅用在 8237A 进行 DMA 操作时，提供访问存储器低字节的高 4 位地址。

③ $DB_7 \sim DB_0$：8 位双向数据线。

$DB_7 \sim DB_0$ 的作用有三种：第一种是在 8237A 空闲时，提供 CPU 访问 8237A 寄存器的数据通道；第二种是在 8237A 接到 CPU 让出总线控制权的应答信号后，首先把访问存储器的高 8 位地址通过 $DB_7 \sim DB_0$ 送到外部缓冲器锁存；第三种是在进行 DMA 操作时，读周期经 $DB_7 \sim DB_0$ 线把源存储器的数据送入数据缓冲器保存，在写周期再把数据缓冲器保存的数据经 $DB_7 \sim DB_0$ 传送到目的存储器。

（4）内部寄存器

8237A 内部寄存器共有 12 个，分为两大类：一类是控制寄存器或状态寄存器及与 8237A 控制有关的寄存器；另一类是地址寄存器和字节计数器。CPU 对 8237A 内部寄存器的访问是在 8237A 作为一般的 I/O 设备时，通过 $A_3 \sim A_0$ 的地址译码选择相应的寄存器。具体操作是：用 A_3 区分上述两类寄存器，$A_3 = 1$ 选择第一类寄存器，$A_3 = 0$ 选择第二类寄存器。

由表 9-3（见 9.5.4 小节）可以看出，$A_3 = 1$ 选择第一类寄存器，$A_3 = 0$ 选择第二类寄存器。对于第一类寄存器用 $A_2 \sim A_0$ 来指明选择哪一个寄存器，若有两个寄存器共用一个端口，用读/写信号区分。对于第二类寄存器用 A_2、A_1 来区分选择哪一个通道，用 A_0 来区别是选择地址寄存器还是字节计数器。

现只对基地址寄存器、当前地址寄存器、基字节计数器和当前字节计数器的作用进行阐述，其他寄存器的作用将在控制字设置中讲解。

① 基地址寄存器、当前地址寄存器：都用来存放 DMA 操作时将要访问的存储器的地址，是 16 位的寄存器。

基地址寄存器的内容是在初始化编程时，由 CPU 写入的，整个 DMA 操作期间不再变化。若在工作方式控制字中设置 D_4 位等于 1，采用自动预置方式，那么 DMA 操作结束，自动将基地址寄存器的内容写入当前地址寄存器。该寄存器的内容只能写入，不能读出。

当前地址寄存器的作用是在 DMA 操作期间，通过加 1 或减 1 的方法不断修改访问存储器的地址指针，指出当前正访问的存储器地址。当前地址寄存器地址值的输入方法，可在初始化时写入，也可在 DMA 操作结束时，由基地址寄存器写入。该寄存器的内容可通过执行两次输入指令读入 CPU 中。

② 基字节计数器、当前字节计数器：都用来存放进行 DMA 操作时传送的字节数，是 16 位寄存器。

基字节计数器的数据是在初始化时写入的，整个 DMA 操作中不变，若将工作方式控制字中的 D_4 位置 1，采用自动预置方式，那么 DMA 操作结束，自动将基字节计数器的内容写入当前字节计数器。该寄存器的内容只能写入不能读出。

当前字节计数器的作用是在 DMA 操作期间，每传送一个字节，字节计数器减 1，当由 0 减到 FFFFH 时，产生 DMA 操作结束信号。当前字节计数器的内容可在初始化时写入，也可在 DMA 操作结束时，由基字节计数器写入。该寄存器的内容既能写入也能通过执行两次输入指令读入 CPU。

2. 8237A 工作时各信号的配合

（1）作为从模块工作时

当 CPU 访问 8237A 内部寄存器时，8237A 就像 I/O 接口一样作为总线的从模块工作。这时，CPU 输出 16 位地址给 8237A，其中较高的 12 位地址产生片选信号，低 4 位地址用来选择 8237A 内部寄存器。CPU 输出 $\overline{IOR}$ 或 $\overline{IOW}$ 控制信号，当 $\overline{IOR}$ 为低电平时，CPU 可以读取 8237A 内部寄存器的值，当 $\overline{IOW}$ 为低电平时，CPU 可以将数据写到 8237A 的内部寄存器中。

（2）作为主模块工作时

当 8237A 作为主模块工作时，它会往地址总线上输出地址，地址的低字节放在 $A_7 \sim A_0$，而地址的高字节放在 $DB_7 \sim DB_0$，经过锁存器送到地址总线 $A_{15} \sim A_8$。最高 4 位地址 $A_{19} \sim A_{16}$ 不是 8237A 发出的，而是在 DMA 传送之前，锁存在外部的 I/O 端口中。8237A 还会输出必要的控制信号 $\overline{MEMR}$、$\overline{MEMW}$、$\overline{IOR}$、$\overline{IOW}$ 给存储器和 I/O 接口，数据在存储器和 I/O 接口之间传送。

9.5.3 8237A 的控制字及编程

8237A 工作前应先由 CPU 对其进行初始化编程，即设定内部寄存器的值。8237A 初始化编程包括两个方面：一是设定通道计数初值，即设置基地址寄存器与当前地址寄存器、设置基字节计数器与当前字节计数器；二是设置通道功能，即设置工作模式寄存器、设置屏蔽寄存器、设置命令寄存器等。

1. 工作模式控制字

工作模式控制字为 8 位，通过编程的方法写入模式寄存器。工作模式控制字的各位定义如图 9-31 所示。

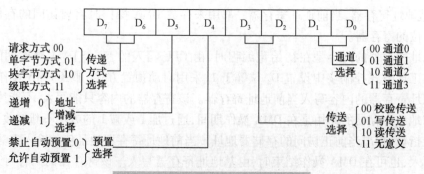

图 9-31 8237A 的工作模式控制字

D_1、D_0这两位用来选择通道。8237A的每个通道有4种传送方式,即单字节传送方式、块传送方式、请求传送方式和级联传送方式。工作方式由工作方式字中的D_7、D_6位决定。

① 单字节传送方式

8237A控制器每响应一次DMA申请,只传输一个字节的数据。过程是每传送一个字节的数据后,当前地址寄存器的数加1(或减1),当前字节计数器的值减1,8237A释放系统总线,总线控制权交给CPU。8237A释放控制权后,马上对DMA请求DREQ进行测试,若DREQ有效,再次发总线请求信号,进入下一个字节的传送,如此循环下去,直至计数值为0,结束DMA操作。由此可看出单字节传送方式,每传送一个字节8237A要让出一次总线控制权,因而传送两个字节之间至少要经过一个总线周期。

② 块传送方式

在这种传送方式下,8237A每响应一次DMA请求,按照当前字节计数器的设定值完成数据传送,直到计数器由0减到FFFFH,结束DMA传送,让出总线控制权。

③ 请求传送方式

这种方式与块字节传送方式相同,按照字节计数器的设定值进行传送,只是在这种传送方式下,要求DREQ在整个传送期间一直保持有效,每传送一个字节对DREQ进行测试,如果检测到DREQ端变为无效电平,暂停传送,让出总线控制权,但仍对DREQ端进行检测。当DREQ恢复有效电平,又重新申请CPU让出总线,CPU让出总线后,就在原来的基础上继续进行传输。当计数值变为0,或由外界输入$\overline{EOP}$有效信号,将结束DMA传送。

④ 级联传送方式

这种传送方式不应定为一种传送方式,因为此种方式实际上是扩充通道数,几片8237A构成主从式DMA系统,连接方式如图9-32所示。级联方式最多由5块8237A组成,可以扩充成具有16个通道的主从DMA系统。主8237A只作为优先级判断、DMA请求和响应的传递,不再输出其他信号。DMA传送由从8237A完成。

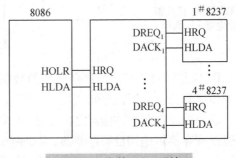

图9-32 主从DMA系统

8237A有三种传送类型,分别是读传送、写传送和校验传送。三种传送类型是根据数据传送的方向定义的,由D_3、D_2两位决定。

① 读传送

读传送是指数据从存储器传送到I/O接口,这时8237A要发出对存储器的读信号$\overline{MEMR}$和对I/O接口的写信号$\overline{IOW}$。

② 写传送

写传送是指数据从I/O接口传送到存储器,这时8237A要发出对I/O接口的读信号$\overline{IOR}$和对存储器的写信号$\overline{MEMW}$。

③ 校验传送

这种传送方式实际上不传送数据,主要用来对读传送或写传送功能进行校验。在校验传送时8237A保留对系统总线的控制权,但不产生对I/O接口和存储器的读写信号,只产生地址信号,计数器进行减1计数,响应$\overline{EOP}$信号。

D_4 位为预置选择位。有关预置选择在前面基地址寄存器和基字节计数器的作用中已提到。当 $D_4=1$ 时,允许自动预置,每当 DMA 传送结束,基地址寄存器自动将保存的存储器数据区首地址传送给当前地址寄存器,基字节计数器自动将保存的传送数据字节数传送给当前字节寄存器,可以进入下一轮数据传输过程。需要注意的一点是,如果一个通道被设置为自动预置方式,那么这个通道的对应屏蔽位应置 0。

D_5 位为地址增减选择位。地址增减选择是指选择当前地址寄存器的变化方式。$D_5=1$,每传送一个字节数据,地址寄存器的内容减 1,$D_5=0$,每传送一个字节数据,地址寄存器的内容加 1。

2. 操作方式控制字

操作方式控制字在初始化时写入 8 位的命令寄存器,为 4 个通道共用。各位定义如图 9-33 所示。

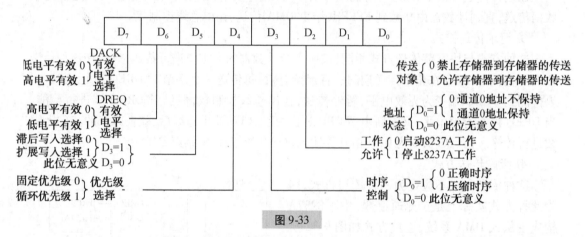

图 9-33

D_0 位是针对从存储器到存储器的数据传送而言。8237A 控制数据在 I/O 与存储器之间的传送和控制数据在存储区之间的传送不一样。

若数据是在两个存储器之间的传送,数据从源存储器存入 8237A 暂存寄存器,然后再从暂存寄存器传送到目的存储器,需要两个总线周期,并且源地址存入通道 0,目的地址和传送的字节数存入通道 1。$D_0=1$ 表示允许存储器到存储器的数据传送,因 D_1 位的设置只针对存储器之间的数据传送,所以在 $D_0=1$ 的情况下,D_1 位才有意义。数据在存储器之间传送时,有两种情况:一种是每传送一个字节,源地址加 1 或减 1,目的地址也加 1 或减 1,字节计数器减 1;另一种是为了把源存储器某一个字节数据传送到整个目标存储器,源地址保持不变,目的地址加 1 或减 1,字节计数器减 1。通过设置 D_1 位等于 1 或 0 满足这两种情况。

D_2 位类似一个开关位。当 $D_2=0$ 时,启动 8237A 工作,当 $D_2=1$ 时,停止 8237A 工作。

D_3 位用于控制数据在 I/O 和存储器之间的传送速度,即 DMA 操作时经过几个时钟周期,根据时钟周期的状态数不同,分为正常定时和压缩定时。当 $D_3=0$ 时,为正常定时,DMA 操作周期包括 $S_1 \sim S_4$ 四个时钟周期;当 $D_3=1$ 时,为压缩定时,每个 DMA 操作周期包含三个时钟周期。

为了进一步说明正常定时和压缩定时是如何定义的,下面通过 DMA 操作时 8237A 的操作时序(图 9-34)加以说明。

8237A 在未进入允许 DMA 传送状态，或虽已进入 DMA 状态但没有 DMA 请求时，8237A 便处于空闲状态，称为 S_I 状态。

在 S_I 状态，8237A 对 DREQ 端进行测试。判断是否有通道发出 DMA 请求，还对 $\overline{CS}$ 端进行测试。如果 $\overline{CS}=0$，8237A 作为一般 I/O 设备被选中，且此时 4 个通道的 DREQ 端均无效，CPU 可以对 8237A 设置控制字或读取状态寄存器的内容。

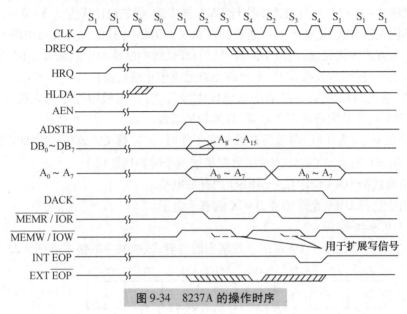

图 9-34　8237A 的操作时序

如果某一通道的 DREQ 端为有效电平，表示该通道有 DMA 请求，于是 8237A 向 CPU 发出总线请求，这时 8237A 进入 S_0 状态。在 S_0 状态，一般要重复几个时钟周期直到 CPU 响应总线请求，让出总线控制权，使 8237A 进入 S_1 状态。

从 S_1 状态开始，8237A 进入 DMA 操作，称为 DMA 操作周期。这期间，8237A 将高 8 位地址 $A_{15} \sim A_8$ 送到数据总线 $DB_7 \sim DB_0$，发出 ADSTB 地址选通信号，将高 8 位地址锁存到地址锁存器，再由 AEN 信号把高 8 位地址送到地址总线 $A_8 \sim A_{15}$，低 8 位地址 $A_0 \sim A_7$ 由 8237A 直接或经驱动器输出到地址总线 $A_0 \sim A_7$ 上。

在 S_2 状态，8237A 控制器向通道发出 DMA 响应信号 $\overline{DACK}$，并且根据数据传送方向向存储器发出 $\overline{MEMR}$ 读信号或是向 I/O 外设发 $\overline{IOR}$ 读信号，把要传送的数据送到数据总线。

在 S_3 状态，8237A 发出写命令 $\overline{MEMW}$ 或 $\overline{IOW}$ 信号，把数据线上的数据写入存储器或入 I/O 外设。

在 S_3 状态后沿，8237A 测试 READY 信号，若 READY 为低电平，则插入 S_W 等待状态，若 READY 为高电平，则进入 S_4 状态。

在 S_4 状态，8237A 已完成数据传送，读/写信号变成无效。S_4 状态结束后，如果 8237A 还处于 DMA 操作中，则开始另一个 DMA 操作周期，如果 8237A 结束 DMA 操作，则 8237A 进入空闲状态 S_I。

通过对操作时序的论述，可以看出，每进行一次 DMA 传输，一般用 4 个时钟周期，对应的状态为 S_1、S_2、S_3 和 S_4，称为普通时序。在很多情况下可用三个状态 S_1、S_2 和 S_4 完成一次 DMA 操作，称为压缩时序。

需要注意两点：一是 D_3 位仅对在存储器和 I/O 外设之间传送数据时有效；二是当传送数据在 256 个字节内时，只更新低 8 位地址 $A_7 \sim A_0$，而不修改地址 $A_{15} \sim A_8$。

D_4 位用于 8237A 四个通道得到 DMA 操作的优先级方式判别，分为固定优先级方式和循环优先级方式。固定优先级方式，其优先级次序是通道 0 优先级最高，通道 1 和通道 2 的优先级依次降低，通道 3 的优先级最低。循环优先级方式，通道的优先级依次循环，假如最初优先级次序 0-1-2-3，当通道 2 执行 DMA 操作后，优先级次序变为 3-0-1-2。由于采用了循环优先级方式，避免了某一通道独占总线。DMA 方式的优先级与中断的优先级是不同的。中断方式的优先级，高级中断源可以打断低级中断源的中断服务。DMA 方式的优先级当低级通道进行 DMA 操作时，不允许高级通道中止现行操作。

对于 PC 系统的 8237A，不能采用循环优先级方式，必须采用固定优先级方式。因 PC 通道 0 的 DMA 操作是刷新动态存储器，必须为最高级。

D_5 位是在 D_3 位为 0 时，即采用普通时序工作时，才有意义。该位表示 $\overline{IOW}$ 或 $\overline{MEMW}$ 信号的长度。$D_5 = 1$ 表示 $\overline{IOW}$ 或 $\overline{MEMW}$ 信号要扩展两个时钟周期以上。

D_6 位用来选择 DMA 请求信号 DREQ 的有效电平。

D_7 位用于选择 DMA 允许信号 DACK 的有效电平。

3. DMA 请求控制字

请求标志寄存器记录了 DMA 请求控制字的内容，该控制字的格式如图 9-35 所示。

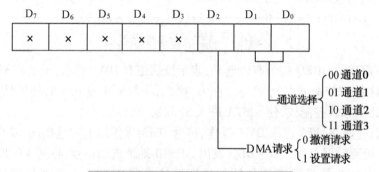

图 9-35　8237A 的 DMA 请求控制字

请求标志寄存器的内容由硬件和软件两种方法来改变。硬件方法是通过 DREQ 引脚引入 DMA 请求。在 8237A 控制器的每个通道内有一个 DMA 请求触发器，4 个通道共有 4 个 DMA 请求触发器，它们构成一个 DMA 请求标志寄存器。当 8237A DMA 请求引脚 DREQ 端有 DMA 请求时，请求标志寄存器 D_2 位置 1。软件方法是通过 CPU 设置请求控制字的方法，来设置或撤销 DMA 请求。请求标志的设置是通过 D_1、D_0 来指明通道号，D_2 位用来表示是否对相应通道设置 DMA 请求。如果当前字节计数器从 0000H 减到 FFFFH 时，EOP 有效，则 DMA 操作结束；或者$\overline{EOP}$引脚有外加低电平信号，则请求标志寄存器 D_2 位清零，结束 DMA 传送。

4. 屏蔽控制字

屏蔽控制字是记录各个通道的 DMA 请求是否允许的控制字。该控制字保存在屏蔽寄存器内。屏蔽寄存器的内容也是有硬件和软件两种方法来设定的。硬件方法是 8237A 的每个通道内有一个屏蔽触发器，4 个通道共有 4 个屏蔽触发器，他们构成一个 4 位的屏蔽寄存器。如果某个通道设置为以非自动预置方式传送数据(方式控制字 $D_4=0$),当 DMA 结束或由 EOP 引脚外加一低电平信号,都将使与该通道对应的屏蔽触发器相应位置 1,从而屏蔽了 DMA 请求。

复位信号 RESET 有效,使屏蔽寄存器各位都置 1。软件方法是通过屏蔽控制字来设置或撤销某通道的屏蔽位。

屏蔽控制字各位的定义如图 9-36 所示,共有两种格式,分别用(a)、(b)加以标注。第一种屏蔽控制字是对指定的通道通过 D_2 位置 1 或是置 0,其他位不变。第二种屏蔽控制字可以同时完成对 4 个通道的屏蔽设置。第二种屏蔽控制字称为综合屏蔽控制字。

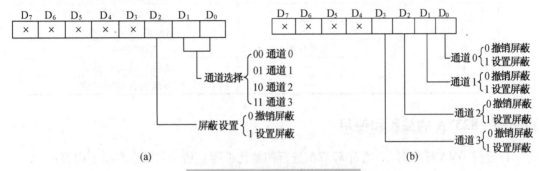

图 9-36 8237A 的屏蔽控制字

5. 状态字

状态字反映了 8237A 当前四个通道 DMA 操作是否结束,是否有 DMA 请求。该字保存在状态寄存器中。状态字的格式如图 9-37 所示。

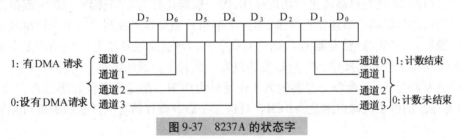

图 9-37 8237A 的状态字

9.5.4 CPU 对 8237A 的寻址设计

8237A 编程时对内部寄存器进行读/写操作,此时片选信号 $\overline{CS}$、读写信号 $\overline{IOR}$、$\overline{IOW}$ 和地址信号 $A_3 \sim A_0$ 配合工作,其对应关系如表 9-3 所示。

表 9-3 8237A 操作命令与各信号之间的对应关系

$A_3\ A_2\ A_1\ A_0$	通道号	读操作($\overline{IOR}$)	写操作($\overline{IOW}$)
0 0 0 0 0 0 0 1	0	读当前地址寄存器 读当前字节计数器	写基(当前)地址寄存器 写基(当前)字节计数器
0 0 1 0 0 0 1 1	1	读当前地址寄存器 读当前字节计数器	写基(当前)地址寄存器 写基(当前)字节计数器

续表

$A_3\ A_2\ A_1\ A_0$	通道号	读操作($\overline{IOR}$)	写操作($\overline{IOW}$)
0 1 0 0	2	读当前地址寄存器	写基(当前)地址寄存器
0 1 0 1		读当前字节计数器	写基(当前)字节计数器
0 1 1 0	3	读当前地址寄存器	写基(当前)地址寄存器
0 1 1 1		读当前字节计数器	写基(当前)字节计数器
1 0 0 0	公共	读状态寄存器	写命令寄存器
1 0 0 1		—	写请求寄存器
1 0 1 0		—	写屏蔽寄存器的某一位
1 0 1 1		—	写模式寄存器
1 1 0 0		—	清除高/低触发器
1 1 0 1		读暂存器	总清命令
1 1 1 0		—	清除屏蔽寄存器
1 1 1 1		—	写屏蔽寄存器所有位

9.5.5 8237A 的编程和使用

在进行 DMA 操作时,必须对 8237A 进行初始化编程。初始化编程有以下内容:

① 关闭 8237A,以保证对 8237A 初始化编程结束后才响应 DMA 操作请求。

② 发送清除命令,清除命令有三个,第一个是总清命令,即用软件方法进行复位,通过它可清除 8237A DMA 控制器中所有寄存器的内容。该命令用在重新对 8237A 初始化前,此命令寄存器的低 4 位地址为 0DH。第二个是使先/后触发器清零命令。8237A 的数据位只有 8 位,访问 16 位寄存器需进行两次操作,每一次操作称为字节操作。16 位数据分高字节和低字节,是访问高字节还是低字节,通过字节指针触发器来控制。字节指针触发器又称为先/后触发器,若先/后触发器为 1,则访问高字节,若先/后触发器为 0,则访问低字节。每对 16 位寄存器进行一次操作,先/后触发器改变一次状态。因而在读写寄存器低 8 位时,应使先/后触发器置 0。此命令寄存器的低 4 位地址为 0CH。第三个是清除屏蔽寄存器命令,此命令寄存器的低 4 位端口地址为 0EH。对这三个命令寄存器写入任意数据便可完成各自的功能。

③ 输出 16 位地址值给相应通道的地址寄存器。

④ 设置传送的字节数给基字节计数器和当前字节计数器。

⑤ 输出工作方式控制字,以确定 8237A 的工作方式和传递类型。

⑥ 将屏蔽控制字写入屏蔽寄存器,去除屏蔽。

⑦ 启动 8237A,并将操作方式控制字写入控制寄存器,控制 8237A 工作。

⑧ 启动 DMA 操作,可用软件方法将请求 DMA 操作控制字写入请求寄存器,或用硬件方法,等待 DREQ 引线端发出 DMA 操作申请。

【例 9-11】 从某外设通过通道 1 传送 100 个字节的数,到起始地址为 8000H 的内存区域,8237A 芯片的片选地址是 0200H,CPU 为 8086。编写初始化程序。

程序段如下:

```
MOV     AL,04H      ;关闭 8237A,令操作方式控制字 D₂ = 1
MOV     DX,0210H    ;控制寄存器的端口地址送 DX
```

	OUT	DX,AL	
	MOV	DX,021AH	;发复位命令
	OUT	DX,AL	;只要地址正确,与传送数据无关
	MOV	DX,0204H	;通道1的地址寄存器端口地址送DX
	MOV	AL,00H	;写入存储区首地址低8位
	OUT	DX,AL	
	MOV	AL,80H	;写入存储区首地址高8位
	OUT	DX,AL	
	MOV	DX,0206H	;设置通道1字节计数器的端口地址
	MOV	AL,64H	;传送字节数的低8位
	OUT	DX,AL	
	MOV	AL,00H	;设置传送字节数的高8位
	OUT	DX,AL	
	MOV	DX,0216H	;设置工作方式寄存器端口地址
	MOV	AL,55H	;设置通道1工作方式控制字,单字节传送,地址加1
	OUT	DX,AL	;自动预置
	MOV	DX,021EH	;设置屏蔽控制字的地址
	MOV	AL,02H	;只允许通道1进行DMA传送
	OUT	DX,AL	
	MOV	DX,0210H	;设置控制寄存器端口地址
	MOV	AL,00H	;设置DACK低电平有效,DREQ高电平有效
	OUT	DX,AL	;固定优先级,启动8237A工作

习 题 九

1. I/O接口的基本功能是什么?
2. I/O接口有几种基本类型?
3. 8255A有几个端口?
4. 8255A有多少个可编程的I/O引脚?
5. 8255A有哪三种工作方式?各有什么特点?
6. 当8255A工作在方式1时,端口C被分为两个部分,分别作为端口A和端口B的控制/状态信息。这两个部分是如何划分的?
7. 8255A的方式选择控制字和按位置位/复位控制字都是写入控制端口的,那么,它们是由什么来区分的?
8. 8255A的端口A的工作方式是由方式选择控制字的哪一位决定的?
9. 8255A的端口B的工作方式是由方式选择控制字的哪一位决定的?
10. 8255A接口芯片地址为60H~63H,请指出下列程序段功能:
(1) MOV AL,80H 　　　　　(2) MOV AL,08H
　　 OUT 63H,AL 　　　　　　　　OUT 63H,AL

11. 设 8255A 的地址范围是 100H～103H,试编写分别完成下列功能的初始化程序。

(1) A 口工作于方式 0、输入;B 口工作于方式 0、输出;PC_7 输入、PC_0 输出。

(2) A 口工作于方式 1、输入,PC_7、PC_6 输入;B 口工作于方式 0、输入;PC_2 输入。

12. 8255A 的地址由哪两部分构成?试利用 74LS138 译码器设计一个地址为 260H～263H 的 8255A 接口电路。

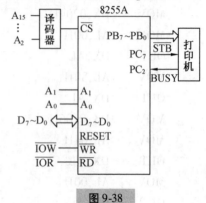

13. 8255A 的 3 个数据端口在使用上有什么不同?

14. 当数据从 8255A 的端口 C 读到 CPU 时,8255A 的控制信号 $\overline{CS}$、$\overline{RD}$、$\overline{WR}$、A_1、A_0 分别是什么电平?

15. 使用 8255A 与打印机接口的示意图如图 9-38 所示。当 $A_{15}\sim A_2 = 1010001101 0101$ 时,译码器输出为 0。编写程序将存储单元 BUF 的内容送打印机打印。(BUSY 为 1 表示打印机忙,PC_7 输出一个负脉冲启动打印)

图 9-38

16. 设某压力报警控制系统电路如图 9-39 所示。压力正常时,开关 K 断开,绿灯亮,红灯灭。压力降低时,开关 K 闭合,红灯亮,绿灯灭。试写出 8255A 的 4 个端口地址并编写初始化程序和控制程序。

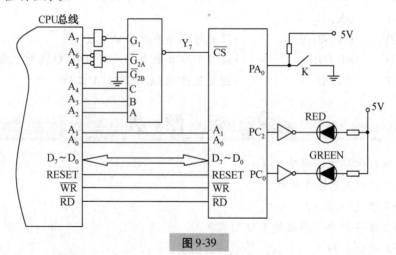

图 9-39

17. 根据传输线路不同,串行通信可分为哪些方式?每种方式有什么特点?

18. 什么叫同步通信?什么叫异步通信?它们各有什么优缺点?

19. 8086 系统中,8251A 的 C/$\overline{D}$ 端应当和哪个信号相连,以便实现对状态端口、数据端口、控制端口的读/写?

20. 对 8251A 进行编程时,必须遵守哪些约定?

21. 什么是波特率?若要产生一个波特率为 2400b/s 的串行信号,且波特率因子编程为 16,那么串口发送/接收时钟的频率是多少?

22. 设计一个采用异步通信方式输出字符的程序段,规定波特率因子为 64,7 个数据位,1 个停止位,偶校验,端口地址为 40H、42H,待输出字符存放在 2000H:4000H 单元。

23. 设 8251A 为异步工作方式，波特率因子为 16，7 个数据位，奇校验，2 个停止位。8251A 端口地址为 2A1H、2A2H。编写程序从串口输出 100 个字符，设字符存放在 BUF 开始的缓冲区中。

24. 8251A 工作于异步方式，波特率为 1200b/s，收/发时钟（RxC/TxC）频率为 76.8kHz，异步字符格式为：7 个数据位、偶校验、2 个停止位。CPU 从 8251A 读入 80 个字符，存入 BUFFER 开始的缓冲区，8251A 的端口地址为 80H、82H。试编写初始化和数据输入程序段。

25. 8253 的 CLK、GATE、OUT 信号的功能是什么？

26. 8253 可编程的寄存器有哪几个？

27. 8253 的计数初值如何计算？计数范围是多少？

28. 8253 有哪几种工作方式？有什么区别？

29. 试按以下要求分别编写 8253 的初始化程序，已知 8253 的地址为 400H~403H。

（1）使计数器 1 工作于方式 0，用二进制计数，计数初值为 128。

（2）使计数器 0 工作于方式 4，按 BCD 码计数，计数初值为 3000。

（3）使计数器 2 工作于方式 5，计数初值为 03E8H。

30. 为了计数 300 个事件，编程到 8253 中的计数初值是多少？

31. 编程 8253 的计数器 1，使其产生一系列脉冲，高电平时间为 $100\mu s$，低电平时间为 $1\mu s$，计算本任务需要的 CLK 频率。

32. 连接 8253，使其工作在端口地址 10H、12H、14H 和 16H。写一段程序，使计数器 2 在 CLK_2 输入为 2MHz 时产生一个 80kHz 的方波。

33. DMA 的中英文全称分别是什么？

34. 8237A 作为主、从模块工作时各有什么特点？

35. 8237A 作为从模块工作时占用多少个端口地址？

36. 简述 8237A 单字节 DMA 传送的全过程。

37. 简述 CPU 对 8237 的初始化过程。

第10章　高性能微处理器的先进技术与典型结构

自从 1971 年第一个微处理器芯片 Intel 4004 诞生至今以来，飞速发展的微电子技术与计算机技术已经使微处理器的性能有了成千上万倍的提高，由最初的 4 位、8 位、16 位微处理器发展到后来的 32 位和 64 位微处理器，进而也使微型计算机的整体性能大幅度地提高。根据微型计算机的性能指标，可以将其大致归纳为如下几个发展阶段：

(1) 第一代微机

第一代 PC 以 IBM 公司的 IBM PC/XT 为代表，CPU 是 8088，诞生于 1981 年。后来出现了许多兼容机。第一代 PC 的操作系统为 DOS。

(2) 第二代微机

IBM 公司于 1985 年推出的 IBM PC/AT 标志着第二代 PC 的诞生。它采用 80286 为 CPU，其数据处理和存储管理能力都大大提高。操作系统主要是 DOS 的升级版。

(3) 第三代微机

1987 年，Intel 公司推出了 80386 微处理器。386 又进一步分为低档的 386SX 和高档的 386DX。用各档 CPU 组装的机器，称为该档次的微机，如 386DX。在 386 的 PC 上已经可以运行多任务的 Windows 操作系统，但 DOS 还是主导的操作系统。

Intel 公司同时公布了基于 80386 的标准 32 位微处理器结构 IA-32（Intel Architecture-32）。

(4) 第四代微机

1989 年，Intel 公司推出了 80486 微处理器。486 也分为 SX 和 DX，即 486SX、486DX。486 的微机在市场上持续了大约 5 年，可以运行 Windows 3.2 和 Windows 95。

(5) 第五代微机

1993 年 Intel 公司推出了第五代微处理器 Pentium（即奔腾）。Pentium 实际上应该称为 80586，但 Intel 公司出于宣传竞争方面的考虑，改变了"X86"的传统命名方法。

其他公司也推出了第五代 CPU，如 AMD 公司的 K5、Cyrix 公司的 6X86。1997 年 Intel 公司推出了多功能 Pentium MMX。奔腾微机可以运行 Windows 95 和 Windows 98。

(6) 第六代微机

1998 年 Intel 公司推出了 Pentium Ⅱ、Celeron，后来推出了 Pentium Ⅲ、Pentium 4。其他公司也推出了相同档次的 CPU，如 K6、Athlon XP、VIA C3 等，第六代 CPU 是目前广泛流行的机型。与此相应的操作系统也上升到 Windows 2000 和 Windows XP。

(7) 第七代微机

2003 年 9 月，AMD 公司发布了面向台式机的 64 位处理器：Athlon 64 和 Athlon 64 FX，

标志着 64 位微机时代的到来。

现代微处理器和微型计算机采用了许多新结构与新技术。这些技术的前身大多曾经用于大中型计算机的体系结构中,现在又应用于微处理器和微型计算机系统中,并在很多方面进行了改进和提高。本章仅对有关的新技术进行简单的介绍。

10.1 存储器管理与多任务管理

早期的 PC 主要是针对单用户和单任务的应用。自从 80286 以后,微型计算机开始逐步引入了许多大中型计算机上采用的功能和技术,并进行了改进和完善。其中最重要的就是虚拟存储器技术与多任务、多用户的管理。

10.1.1 虚拟存储技术

现代微型计算机已经普遍采用多任务的操作系统。让计算机同时运行多个任务,可以提高微处理器的利用率,提高计算机的性能,但同时也增加了对主存容量的需求。同时,由于多媒体技术的广泛应用,系统程序和应用程序使用的内存数量越来越大。然而,由于成本的原因,主存容量配置难以满足上述要求。为了解决这一矛盾,现代微型计算机普遍采用了虚拟存储技术。

另一方面,每个任务的运行,都会向操作系统申请使用内存。任务撤销时,将内存释放。由于每个任务需要的内存数量各不相同,系统运行一段时间之后,主存空间将出现许多"碎片"。清理这些"碎片"需要移动正在使用的"内存片",这会带来许多复杂的问题。使用虚拟存储技术可以有效地解决"碎片"问题,这也是虚拟存储技术被广泛使用的原因之一。虚拟存储管理同时也有效地解决了多个任务之间、用户任务与操作系统之间存储空间的隔离和保护问题。

所谓虚拟存储技术,是指将主存储器和辅助存储器的一部分统一编址,看作一个完整的"虚拟存储空间"。正在使用的部分"虚存"被置入主存储器(实存),暂时未使用的则保存在辅助存储器中。从 80386 开始的微处理器都内置了"存储管理部件(MMU)",完成"虚存"和"实存"之间的调度。

大多数的虚拟存储管理使用三级地址空间:逻辑地址、线性地址、物理地址。

1. 段存储管理

段存储管理完成逻辑地址向线性地址的转换。

在程序员使用的地址空间里,每个存储单元可以表示为"段名:段内偏移地址"的形式。这样的地址称为"逻辑地址"。

8086/8088 微处理器不支持虚拟存储管理,段寄存器直接记录了该段的起始地址信息。将段起始地址与偏移地址相加,就得到了该存储单元的物理地址。

80386 开始的 32 位微处理器中,"段"的信息被记录在"段描述符"中,包含 32 位段起始地址、20 位段界限值(段长度)、4 位段类型、2 位段描述符优先级,以及其他信息共 64 位。操作系统所使用段的"段描述符"顺序存放,组成"全局段描述符表(Global Descriptor Table, GDT)"。每个用户所使用段的"段描述符"组成"局部段描述符表(Local Descriptor Table,

LDT)"。GDT 的首地址记录在"全局段描述符表寄存器(GDTR)"中,LDT 本身构成一个段,它的段信息存放在"局部段描述符表寄存器(LDTR)"中。

16 位段寄存器中不再直接含有段起始地址的信息,其中的 1 位"段描述符表指示符(Table Indicator, TI)"指示该段是记录在 GDT(=0)中还是记录在 LDT(=1)中,13 位"段描述符索引(Index)"指示该"段描述符"在表中的顺序编号,另外 2 位指示该任务的"请求优先级(Requested Privilege Level, RPL)"。这 16 位信息称为"段选择子"。

使用"段选择子"和两张"段描述符表"可以把"逻辑地址"转换成"线性地址",如图 10-1 所示。

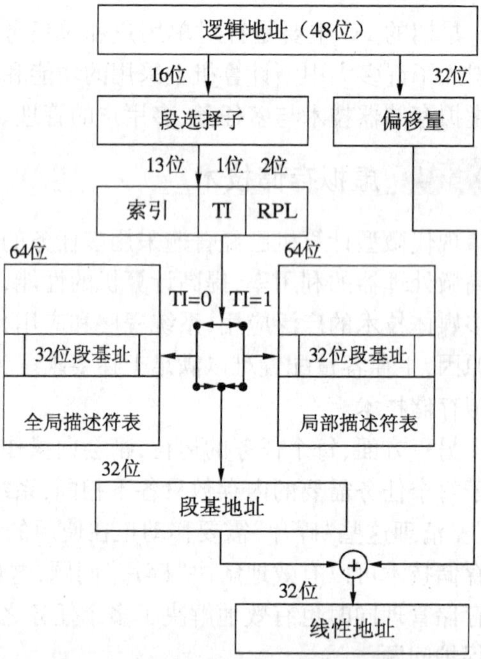

GDT 和 LDT 两张表格存储在主存储器中。在保护模式下,每条指令的执行都伴随着逻辑地址向线性地址的转换过程。为了提高指令执行速度,在 32 位处理器内部除了在段寄存器中存有"段选择子"之外,还增设了与段寄存器对应的"段描述符寄存器"。在装载段选择子的同时,主存中对应的 64 位段描述符信息同时进入该寄存器。图 10-1 所示的由"段选择子"向"段基地址"的转换过程仅仅是原理性的说明,段基地址可以从"段描述符寄存器"中直接获得,并不需要实际的查表过程。

从理论上来说,16 位段选择子可以选择两张表中共 $2^{13} \times 2 = 2^{14}$ 个不同的段。每个段最大可达 2^{32} B。因此,通过段存储管理最多可管理 $2^{32} \times 2^{14} = 2^{46} = 64$ TB 的虚拟地址空间。

图 10-1 逻辑地址到线性地址的转换

2. 页存储管理

线性地址空间是一个虚拟的地址空间,物理地址空间是实际的存储空间,它们都划分成若干个大小相等的"页"。页存储管理部件负责完成线性地址向物理地址的转换。

线性地址空间一般远大于实际的物理地址空间,页存储管理部件需要决定"虚存"的哪些页调入"实存",其余的则保存在辅助存储器中。

以 80386 为例,页面大小固定为 4kB。每个线性地址页面的信息记录在一个 32 位的"页表项"中,包括 32 位物理地址的高 20 位(低 12 位与线性地址的低 12 位相同),目前是否在"实存"中,以及该页的使用情况等相关信息。每 1024 个页面组成一个"页组",它们对应的页表项构成一张"页表",4kB 大小的"页表"本身构成了一个特殊的"页"。

系统用一张"页组表"记录所有页组的信息。"页组表"由 1024 个"页组目录项"组成,32 位的"页组目录项"具有与"页表项"类似的格式,只不过它记录的是 1024 个特殊的"页"——"页组表"的相关信息。

于是,32 位线性地址可以划分为:

① 10 位页组目录项索引——记录该线性地址单元所在的页组;

② 10 位页表项索引——记录该线性地址单元在该页组的哪一个页中；

③ 12 位页内偏移地址——记录该线性地址单元在该页内的相对位置。

线性地址向物理地址的转换通过查两次表实现。首先用高 10 位查"页组目录项表"，得到该页组的"页组表"的首地址；再用次 10 位在刚得到的"页组表"中查到该页的起始物理地址；最后由该页的起始物理地址加上低 12 位的"页内偏移地址"，即可得到完整的 32 位物理地址。这个过程可以用图 10-2 来描述。

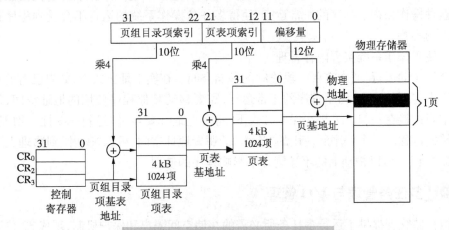

图 10-2　线性地址到物理地址的转换

"页组目录项表"的首地址存放在 CPU 的 CR_3 寄存器中。由于页表和页组目录项表每一项占用 4 个字节，所以两个 10 位的索引值都要乘以 4 与表的基地址相加，以找到该目录项。CR_0 包含保护模式的配置和状态信息，CR_1 保留未用，故未画出。

系统中有一张页组目录项表，最多可存放 1024 张页表，这些表存放在主存储器中。实际使用时，把目前经常使用的表项转储在处理器内部称为"转换检测缓冲器（TLB）"的小型高速缓存中，以提高查表速度。

在 Pentium Ⅱ 开始的第六代微处理器中，可以使用"页目录指针表（PDPT）"。如果仍然以 4kB 为一页，32 位线性地址被划分为 4 部分：

① 两位 PDPT 项号，用来查 PDPT 表，得到页目录表的首地址；

② 9 位页目录项号，用来查页目录表；

③ 9 位页面号，用来查页表，获得 24 位的"页基地址"；

④ 12 位页内偏移地址，与 20 位"页基地址"组合，得到 32 位物理地址。

可以看出，它的基本方法与上面所述是一样的。

3．虚拟存储管理

32 位 80X86 微处理器用 CR_0 寄存器的 PE 位控制它的工作方式。

PE＝0，处理器工作在实地址方式下，处理器仍然使用 16 位 80X86 处理器的地址生成方式，用 20 位地址访问 1MB 的地址空间。

PE＝1，处理器工作在保护方式下，自动启用段存储管理机制。如果 CR_0 寄存器的 PG 位为 1，同时启动页存储管理机制，实现段/页二级虚拟存储管理。如果 PG＝0，则禁止使用页存储管理机制，由段存储管理产生的"线性地址"就是访问存储器要求的"物理地址"。

使用虚拟存储管理的优点如下：

（1）扩大了程序可访问的存储空间

虚拟地址空间一般大于物理地址空间，更大于实际安装的存储器容量，这使得大程序、多任务的运行不受实际存储器容量的限制。

（2）便于实施多任务的保护和隔离

在进行两次地址转换的同时，存储管理机构还对任务的访问权限、偏移量的大小进行检查，一旦发现越权访问或者偏移量大于段长度的错误，立刻产生"保护中断"，交由操作系统处理。这种操作保护了程序的正常运行，使得多任务操作系统的运行不会受到程序错误或恶意攻击的影响。

（3）便于操作系统实现内存管理

一个程序的运行，通常需要一段连续的存储空间。在实地址方式下，如果已有的存储空间是若干不连续的片段，为了程序的正常运行，需要移动其他程序使用的地址空间，使空闲的存储空间连接在一起。可是在保护方式下，每个地址都要经过"逻辑—线性—物理"两次地址的转换过程。一个程序所使用的"连续"的逻辑地址空间，可以"映射"到物理上不连续的存储器"页"。所以物理上的不连续并不影响程序的使用。

10.1.2　多任务管理与 I/O 管理

虚拟存储管理提供了运行多任务所必需的存储空间隔离和保护机制，现代 32 位微处理器的内部还集成了其他面向多任务运行所需要的管理逻辑，本小节简要介绍多任务管理和 I/O 管理功能。

1. 多任务管理的保护机制

在保护模式下，处理器实施对任务和资源的保护机制。它设定了 4 个（0~3）不同的"特权级"，用两位二进制表示。其中 0 级最高，可以访问系统的一切资源，供操作系统内核使用。有些特殊的指令只能在 0 级执行，称为"特权指令"。1 级次之，大多数的操作系统任务运行在这一层。3 级最低，供一般用户程序使用，它不能使用具有 0~2 级特权的资源。

特权级出现在以下三个地方：

（1）段描述符

每个段描述符内包括两位的描述符特权级 DPL，表示这个段（资源）的级别。

（2）选择子

每个选择子最低两位是它的请求特权级 RPL。

（3）当前执行程序

每个当前执行程序有一个当前特权级 CPL，存放在段寄存器 CS 和 SS 的最低两位。CPL 表示该任务所拥有的特权级。

访问一个段时，要求 CPL 和 RPL 同时具有高于或等于 DPL 的特权级，否则将出现保护异常。

为了使一般用户程序能够得到具有较高特权级的操作系统的服务，处理器特别提供了一种称为"调用门"的机制。调用门设在较低的特权级上，通过它可以得到较高特权级的操作系统的服务。类似的还有任务门、中断门和陷阱门。

2. 多任务管理的任务结构

一个任务由两部分组成：一个任务的执行空间和一个任务状态段 TSS（Task Status

Segment)。任务执行空间由该任务的代码段、堆栈段和若干个数据段组成。任务状态段 TSS 是存储器内一个特殊的"段",它存储了该任务的运行状态(包括各寄存器内容)、使用的存储空间、允许使用的 I/O 端口等信息,如图 10-3 所示。当前任务的 TSS 段的选择子装载在处理器的任务寄存器 TR 中。

3. 任务的转换和连接

作为一个"段",任务状态段也有它的段描述符,存放在"全局段描述符表(GDT)"中。该描述符的"类型"字段包含了一个"忙"标志位 B,B = 1 表示该任务正在执行。

处理器内 16 位的任务寄存器 TR 存放了当前正在执行任务的 TSS 的选择子。TR 还包括一个不可见的 64 位描述符寄存器,那里存放了 TSS 段描述符,它是 GDT 中对应描述符的拷贝,它使寻找该段的操作更加快速和简便。

指令 LTR 和 STR 用于装载和保存任务寄存器 TR 的 16 位可见部分,其中 LTR 是一条特权指令,只能由 0 级特权的程序执行。

当一个任务用 JMP 或 CALL 指令启动一个新的任务时,形式为"段选择子:偏移地址"的目标地址中,"段选择子"应该指向 GDT 中新任务的 TSS 段。处理器执行这条 JMP 或 CALL 指令时,会进行一系列的正确性检查。确认检查无误后,将当前任务的所有通用寄存器、所有段寄存器中的选择子、EFLAGS、EIP 存入该任务自身的 TSS,然后将新任务的选择子、描述符装入 TR 寄存器(可见的和不可见的),并且将对应 TSS 段中所保存的通用寄存器、段寄存器(段选择子)、EFLAGS、EIP 副本装入处理器对应的寄存器中。在 CS:EIP 的控制下,一个新的任务开始执行。

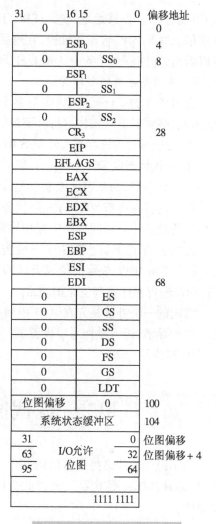

图 10-3 任务状态段 TSS

除了上述 JMP 和 CALL 指令,IRET 指令、INT n 指令、中断和异常也会导致任务的转换。

可以看出,32 位处理器的任务转移比起 16 位处理器的程序转移要复杂得多,它对任务的保护功能也强得多。由于这一系列的过程由处理器硬件完成,所以仍然能够实现快速的任务转换。

用 CALL 指令调用一个新任务时,处理器还将当前任务的 TSS 的选择子复制到新任务 TSS 中的"先前连接域"中,并将 EFLAGS 寄存器的 NT(Nesting Task,嵌套任务)位置 1。新任务执行返回指令时,从 TSS 中找到保存的原 TSS 选择子并返回。

用 JMP、CALL 指令调用同一个任务中其他程序段时,形式为"段:偏移地址"的目标地址中,"段选择子"是目标段的选择子,在进行权限检查之后,该"段选择子"及其描述符被存入 CS 寄存器,"偏移地址"进入 EIP,于是,目标程序被执行。对于 CALL 指令,原来程序的返回信息"CS:EIP"被压入堆栈,在返回时恢复到 CS 和 EIP 中,以便顺序执行后续的指令。可以看出,在同一个任务中,CALL 和 JMP 指令的执行与 16 位微处理器十分相似。

4. 多任务系统的 I/O 管理

在多任务的运行环境中,如果多个任务都要对同一个 I/O 端口进行访问,势必造成混乱,为此,必须对 I/O 操作进行必要的管理。有两项措施来避免混乱的发生:

① 处理器标志寄存器 EFLAGS 中 IOPL(两位)规定了执行 I/O 操作所需要的特权级;

② 任务状态段 TSS 中有一个最多 64kB 组成的"I/O 允许位图(IOM)",它的每一位对应一个 I/O 端口,为 0 表示该端口允许这个用户进行 I/O 操作。

对于运行在虚拟 8086 方式的任务,用 IOM 来控制对 I/O 端口进行的访问,对位图对应位为 1 的端口进行访问将产生保护异常。

在保护方式下,处理器首先检查当前任务的 CPL,如果 CPL 的特权级高于或等于 EFLAGS 中由 IOPL 规定的特权级,I/O 操作不会受限制;否则将进一步检查 IOM,对 IOM 为 1 的端口进行操作将产生保护异常。

常用的一种办法是先在 IOM 中封锁对端口的访问,当前任务一旦执行 I/O 指令,立即产生保护异常,进入操作系统设置的"异常处理程序"。然后在操作系统的控制下进行间接的"I/O 操作"。

10.2 现代微处理器的典型结构

为了说明现代微处理器的内部组成结构,我们给出了一个适当简化的 Pentium 处理器的内部结构框图(图 10-4),并以此为例对现代微处理器的主要组成部件及其实现技术做概要说明。

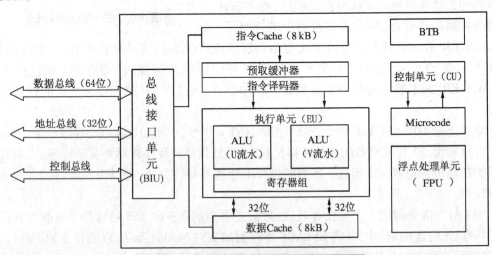

图 10-4　Pentium 处理器的内部结构框图

10.2.1 总线接口单元 BIU

总线接口单元 BIU(Bus Interface Unit)是微处理器与微机中其他部件(如存储器、I/O 接口等)进行连接与通信的物理界面。通过这个界面,实现微处理器与其他部件之间的数据信息、地址信息以及控制命令信号的传送。由图 10-4 可见,Pentium 处理器的外部数据总线宽度为 64 位,它与存储器之间的数据传输率可达 528MB/s。但需要说明的是,Pentium 处理器内部的算术逻辑单元 ALU(Arithmetic Logic Unit)和寄存器的宽度仍是 32 位的,所以它仍属于 32 位的微处理器。

从图 10-4 还可以看到,Pentium 处理器的地址总线位数为 32 位,即它的直接寻址物理地址空间为 2^{32} = 4GB。另外,BIU 还有地址总线驱动、数据总线驱动、总线周期性控制及总线仲裁等多项功能。

10.2.2 指令 Cache 与数据 Cache

Cache(高速缓存)技术是现代微处理器及微型计算机设计中普遍采用的一项重要技术,它可以使 CPU 在较低速的存储器条件下获得较高速的存储器访问时间,并提高系统的性能价格比。在 Pentium 之前的 80386 设计中,曾在处理器外部设置一个容量较小但速度较快的"片外 Cache";而在 80486 中,则是在处理器内部设置了一个 8kB 的"片内 Cache",统一作为指令和数据共用的高速缓存。

Pentium 处理器中的 Cache 设计与 80386 和 80486 有很大的不同,它采用哈佛结构,即把 Cache 分为"指令 Cache"和"数据 Cache"分别设置,从而避免仅仅设置统一 Cache 时发生存储器访问冲突的现象。Pentium 包括两个 8kB 的 Cache——一个为 8kB 的数据 Cache,一个为 8kB 的指令 Cache。指令 Cache 只存储指令,而数据 Cache 只存储指令所需的数据。

在只有统一的高速缓存的微处理器(如 80486)中,一个数据密集的程序很快就会占满高速缓存,几乎没有空间用于指令缓存,这就降低了微处理器的执行速度。而在 Pentium 中就不会发生这种情况,因为它有单独的指令 Cache。经过 BIU,指令被保存在 8kB 的"指令 Cache"中,而指令所需要的数据则保存在 8kB 的"数据 Cache"中。这两个 Cache 可以并行工作,并被称为"1 级 Cache"或"片内 Cache",以区别于设置在微处理器外部的"2 级 Cache"或"片外 Cache"。

10.2.3 指令预取和预取缓冲器

指令预取器总是按给定的指令地址,从指令 Cache 中顺序地取出指令放入预取缓冲器中,直到在指令译码阶段遇到一条转移指令并预测它在指令执行阶段将发生转移时为止。为了解决由于分支转移指令所带来的问题,Pentium 处理器设置了一个称为"转移目标缓冲器 BTB(Branch Target Buffer)"的部件来动态预测程序的转移操作。这是一种依据一条转移指令过去的行为来预测其将来行为的方法。在程序执行时,若某条指令导致转移,便记录下这条转移指令的地址及转移目标的地址。这些信息将被用来预测这条指令再次发生转移时的路径,预先从记录的转移目标地址处预取指令,以保证流水线的指令预取不会空置。

BTB 的工作是一个不断学习的过程。由于程序结构中有很多重复或循环执行的处理指令,所以在预测算法选得较好的情况下,动态转移预测就能够达到较高的正确率。

10.2.4 指令译码器

指令译码器的基本功能是将预取来的指令进行译码,以确定该指令的操作。

Pentium 处理器中,指令译码器的工作过程可分为两个阶段。在第一个阶段,对指令的操作码进行译码,并检查是否为转移指令。若是转移指令,则将此指令的地址送往 BTB。再进一步检查 BTB 中该指令的历史记录,并决定是否实施相应的转移预测操作。在第二个阶段,指令译码器需生成存储器操作数的地址。在保护方式下,还需按保护模式的规定检查是否有违规地址,若有,则产生"异常(Exception)",并进行相应的处理。

10.2.5 执行单元 EU

指令的执行以两个 ALU 为中心,完成 U、V 流水线中两条指令的算术及逻辑运算。执行单元的主要功能如下:

① 按地址生成阶段(即指令译码的第二阶段)提供的存储器操作数地址,首先在 1 级数据 Cache 中获取操作数,若 1 级数据 Cache"未命中"(操作数未在 Cache 中),则在 2 级 Cache(片外 Cache)或主存中查找。总之,在指令执行阶段的前半部,指令所需的存储器操作数、寄存器操作数要全部就绪,接着在指令执行阶段的后半部完成指令所要求的算术及逻辑操作。

② 确认在指令译码阶段对转移矢量的转移预测是否与实际情况相符,即确认预测是否正确。若预测正确,则除了适当修改 BTB 中的"历史位"信息外,其他什么事情也不发生;若预测错误,则除了修改"历史位"外,还要清除该指令之后已在 U、V 流水线中的全部指令("排空"流水线),并指挥"指令预取器"重新取指令装入流水线。

10.2.6 浮点处理单元 FPU

浮点处理单元 FPU(Floating Point Unit)专门用来处理浮点数或进行浮点运算,因此也称为浮点运算器。在 8086、80286 及 80386 年代,曾设置单独的 FPU 芯片(8087、80287 和 80387),并称为算术协处理器(Mathematical Coprocessor),简称协处理器。那时的主板上配有专门的协处理器插座。自从 80486 DX 开始,将 FPU 移至微处理器内部,成为微处理器芯片的一个重要组成部分。

Pentium 处理器的 FPU 性能已做了很大改进。FPU 内有 8 个 80 位的浮点寄存器 FR0 ~ FR7,内部数据总线宽度为 80 位,并有分立的浮点加法器、浮点乘法器和浮点除法器,可同时进行三种不同的运算。

FPU 的浮点指令流水线也是双流水线结构。每条流水线分为 8 个流水级:预取指令、指令译码、地址生成、取操作数、执行 1、执行 2、写回结果和错误报告。

10.2.7 控制单元 CU

控制单元 CU(Control Unit)的基本功能是控制整个微处理器按照一定的时序过程一步一步地完成指令的操作。Pentium 的大多数简单指令都是以所谓"硬连线(Hard Wired)"逻辑来实现的,即指令通过"指令译码器"译码后直接产生相应的控制信号来控制指令的执行,从而获得较快的指令执行速度;而对于那些复杂指令的执行则是以"微程序"

(Microprogram)方式实现的(详见第 2 章)。按照微程序实现方式,是将指令的操作变成相应的一组微指令序列(即微程序)并预先存放在一个只读存储器(Microcode ROM)中,当指令执行时,按安排好的顺序从只读存储器中一条一条读出这些微指令,从而产生相应的操作控制信号去控制指令的执行。

"微程序"方式与"硬连线"方式是 CPU 控制指令执行的两种不同的实现方式。它们各有不同的特点。一般来说,"微程序"方式较方便灵活,但指令执行速度较慢,在传统的微处理器设计如 CISC(Complex Instruction Set Computer)结构中常被采用;"硬连线"方式灵活性较差,但它的突出优点是指令执行速度很快,常用于 RISC(Reduced Instruction Set Computer)结构的机器中。

另外,控制单元还负责流水线的时序控制,以及处理与"异常"和"中断"有关的操作和控制。

10.3 高性能微处理器所采用的先进技术

10.3.1 高速缓存技术

在第 4 章中已经简单介绍过微型计算机中存储器的分层(分级)结构。到目前为止,虽然 CPU 的处理速度已经大大地提高,但主存储器的存取时间却要比 CPU 慢一个数量级,这一现象严重地影响微型计算机的运算速度。

在半导体 RAM 中,只有价格极为昂贵的双极型 RAM 线路的读写时间可与 CPU 的处理速度处于同一数量级。因此就产生一种分级处理的方法,在主存储器和 CPU 之间加一个容量相对较小的高速缓冲存储器(Cache,简称高速缓存器)。有了高速缓存器以后,不论指令或数据要从主存储器中存入或取出,都先把它及后面连续的一组传递到 Cache 中。CPU 在取下一条指令或向操作数发出一个地址时,首先看看所需的指令或数据是否就在 Cache 里。如果在高速缓存器内,就立即传送给 CPU;如果不在 Cache 中,就要进行一次常规的存储器访问。

由于程序中相关的数据块一般都顺序存放,并且大都存在相邻的存储单元内,因此 CPU 对存储器的存取也大都是在相邻的单元中进行的。一般情况,CPU 在 Cache 中存取的命中率可以高达 90% 以上。

Cache 及其控制线路均由计算机的硬件实现,因而用户或程序员就无需访问或控制操作 Cache。采用 Cache 技术能大大提高 CPU 对存储器的存取速度,而花费的代价是较低的。

10.3.2 超标量流水线技术

流水线(Pipeline)方式是把一个重复的过程分解为若干子过程,每个子过程可以与其他子过程并行进行的工作方式。由于这种工作方式与工厂中生产流水线十分相似,因此称为流水线技术。采用流水线技术设计的微处理器,把每条指令分为若干个顺序的操作(如取指、译码、执行等),每个操作分别由不同的处理部件(如取指部件、译码部件、执行部件等)来完成。这样构成的微处理器,可以同时处理多条指令。而对于每个处理部件来说,每条指令的同类操作(如取指)就像流水一样连续被加工处理。这种指令重叠、处理部件连续工作的计算机(或处理器)称为流水线计算机(或处理器)。

采用流水线技术,可以加快计算机执行程序的速度并提高处理部件的使用效率。因此早在 8086/8088 CPU 的设计中就已经采用了这项技术,但在 Pentium 处理器中又得到进一步的加强和完善。图 10-5 表示了把指令划分为五个操作步骤并由处理器中五个处理部件分别处理时流水线的工作情形。

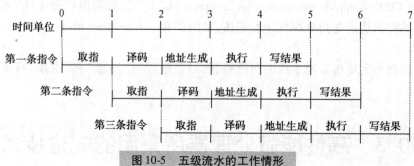

图 10-5 五级流水的工作情形

如图 10-5 所示,流水线中的各个处理部件可并行工作,从而可使整个程序的执行时间缩短。在图中所示的 7 个时间单位内,已全部执行完 3 条指令。如果以完全串行的方式执行,则 3 条指令需 $3 \times 5 = 15$ 个时间单位才能完成。显然,采用流水线方式可以显著提高计算机的处理速度。

"超标量流水线"结构是 Pentium 处理器设计技术的核心。Pentium 处理器的流水线由分别称为"U 流水"和"V 流水"的两条指令流水线构成(双流水线结构),其中每条流水线都拥有自己的地址生成逻辑、ALU 及数据 Cache 接口。因此,Pentium 处理器可以在一个时钟周期内同时发送两条指令进入流水线。比相同频率的单条流水线结构(如 80486)性能提高了一倍。通常称这种具有两条以上能够并行工作的流水线结构为超标量(Superscalar)结构。

与图 10-5 所示的情形相同,Pentium 的每一条流水线也是分为五个阶段(五级流水),即"指令预取"、"指令译码"、"地址生成"、"指令执行"和"回写"。当一条指令完成预取步骤时,流水线就可以开始对另一条指令操作和处理。这就是说,Pentium 处理器实现的是两条流水线的并行操作,而每条流水线由五个流水级构成。

另外,还可以将流水线的若干流水级进一步细分为更多的阶段(流水小级),并通过一定的流水线调度和控制,使每个细分后的"流水小级"可以与其他指令不同的"流水小级"并行执行,从而进一步提高微处理器的性能。这被称为"超级流水线"技术(Super Pipelining)。

"超级流水线"与上面介绍的"超标量"结构有所不同,超标量结构是通过重复设置多个"取指"、"译码"、"地址生成"、"执行"和"写结果"部件,并让这些功能部件同时工作来加快程序的执行,实际上是以增加硬件资源为代价来换取处理器性能的。而超级流水线处理器则不同,它只需增加少量硬件,通过各部分硬件的充分重叠工作来提高处理器性能。从流水线的时空角度上看,超标量处理器采用的是空间并行性,而超级流水线处理器采用的是时间并行性。

从超大规模集成电路(VLSI)的实现工艺来看,超标量处理器能够更好地适应 VLSI 工艺的要求。通常,超标量处理器要使用更多的电路元件,而超级流水线处理器则需要更快的电路元件及更精确的电路设计。

为了进一步提高处理器执行指令的并行度,可以把超标量技术与超级流水线技术结合在一起,这就是"超标量超流水线"处理器。例如,Intel 的 P6 结构(Pentium Ⅱ/Ⅲ处理器)就是采用这种技术的更高性能微处理器,其超标度为3(即有 3 条流水线并行操作),流水线的级数为 12 级。

10.3.3 超长指令字技术

超长指令字 VLIW(Very Long Instruction Word)技术是 1983 年由美国耶鲁大学的 Josh Fisher 在研制 ELI-512 计算机时首先实现的。

采用 VLIW 技术的计算机在开发指令级并行上与上面介绍的超标量计算机有所不同,它是由编译程序在编译时找出指令间潜在的并行性,进行适当调整安排,把多个能并行执行的操作组合在一起,构成一条具有多个操作段的超长指令。由这条超长指令控制 VLIW 机器中多个互相独立工作的功能部件,每个操作段控制一个功能部件,相当于同时执行多条指令。VLIW 指令的长度和机器结构的硬件资源情况有关,往往长达上百位。

传统的计算机设计过程是先考虑并确定系统结构,然后才去设计编译程序。而对于 VLIW 计算机来说,编译程序同系统结构两者必须同时进行设计,它们之间的关系十分紧密。据统计,通常的科学计算程序存在着大量的并行性。如果编译程序能把这些并行性充分挖掘出来,就可以使 VLIW 机器的各功能部件保持繁忙并达到较高的机器效率。

VLIW 技术的主要特点可概括如下:

① 只有一个控制器(单一控制流),每个时钟周期启动一条长指令;
② 超长指令字被分成多个控制字段,每个字段直接地、独立地控制特定的功能部件;
③ 含有大量的数据通路及功能部件,由于编译程序在编译时已考虑到可能出现的"相关"问题,所以控制硬件较简单;
④ 在编译阶段完成超长指令中多个可并行执行操作的调度。

10.3.4 RISC 技术

1. RISC 结构——对传统计算机结构的挑战

在计算机技术的发展过程中,为了保证同一系列内各机种的向前兼容和向后兼容,后来推出机种的指令系统往往只能增加新的指令和寻址方式,而不能取消老的指令和寻址方式。于是新设计计算机的指令系统变得越来越庞大,寻址方式和指令种类越来越多,CPU 的控制硬件也变得越来越复杂。

然而这些不断添加进去的复杂指令,其使用频率却往往很低。对大量的统计资料进行研究后人们发现:复杂指令系统中仅占 20% 的简单指令,竟覆盖了程序全部执行时间的 80%。这一重要发现启发人们产生了这样一种设想:能否设计一种指令系统简单的计算机,它只用少数简单指令,使 CPU 的控制硬件变得很简单;能够比较方便地使处理器在执行简单的常用指令时实现最优化;把 CPU 的时钟频率提得更高,并且设法使每个时钟周期能完成一条指令,从而可以使整个系统的性能达到最高,甚至超过传统的指令系统庞大复杂的计算机。用这种想法设计的计算机就是精简指令集计算机,简称 RISC(Reduced Instruction Set

Computer)。它的对立面——传统的指令系统复杂的计算机被称为复杂指令集计算机,简称 CISC(Complex Instruction Set Computer)。

1980 年,Patterson 和 Ditzel 首先提出了精简指令集计算机 RISC 的概念,并由 Patterson 和 Sequin 领导的一个小组于 1981 年在美国加州大学伯克莱分校首先推出第一台这种类型的计算机——RISC 机。在此之前,1975 年 IBM 公司在其小型机 IBM 801 的设计中就已提出许多可用于 RISC 系统结构的概念。但他们的研究成果 1982 年才公开发表。

自 1950 年世界上第一台存储程序式计算机诞生以来,RISC 结构或许是计算机技术发展中的最重要的变革,对传统的计算机结构的技术和概念提出了挑战。RISC 不仅代表着一类计算机,它的特性、所涉及的关键技术还代表着一种设计理念和哲学。因此有人称,RISC 和存储程序的概念是计算机发展史上同样重要的两块里程碑。

概括而言,RISC 计算机的主要特点有:指令种类少;寻址方式少;指令格式少,而且长度一致;除存数(Store)和取数(Load)指令外,所有指令都能在不多于一个 CPU 时钟周期的时间内执行完毕;只有存数(Store)和取数(Load)指令能够访问存储器;RISC 处理器中有较大的通用寄存器组,绝大多数指令是面向寄存器操作的,通常支持较大的片载高速缓冲存储器(Cache);完全的硬连线控制,或仅使用少量的微程序;采用流水线技术,并能很好地发挥指令流水线的功效;计算机设计过程中,对指令系统仔细选择,采用优化的编译程序,以弥补指令种类减少后带来的程序膨胀的弊病;将一些功能的完成从执行时间转移到编译时间,以提高处理器性能。

RISC 机并没有公认的严格定义,以上只是大多数 RISC 机具有的特点。有的计算机虽然有其中的几条不符合,但仍称为 RISC 机。

2. RISC 与 CISC 的竞争

虽然 RISC 技术得到了迅猛发展,并对计算机系统结构产生了深刻影响,但要在 RISC 结构和 CISC 结构之间作出决然的是非裁决还为时尚早。事实上,RISC 结构和 CISC 结构只是改善计算机系统性能的两种不同的风格和方式。CISC 技术的复杂性在于硬件,在于 CPU 芯片中控制部分的设计与实现。而 RISC 技术的复杂性在于软件,在于编译程序的设计与优化。

今后,RISC 技术还会进一步发展,但 CISC 技术也不会停滞不前。在不断挖掘和完善自身技术优势的同时,双方都看到了对方的长处,都从对方学到了好的技术来改进自己的系统结构。竞争的结果有一点是明确的,即 RISC 设计包括某些 CISC 特色会有好处;CISC 设计包括某些 RISC 特色也会是有益的。结果是,最近的 RISC 设计,如 Power PC 处理器,已不再是纯 RISC 结构;而最近的 CISC 设计,如 Pentium 系列处理器,也融进了不少 RISC 特征。

纯 RISC 机(如 Intel 80860、Sun SPARC)和纯 CISC 机(如 Intel 80286、Motorola MC68000)都已成为过去。RISC 机的指令数已从最初的 30 多种增加到 100 多种,增加了一些必要的复杂功能指令。CISC 机也汲取了很多 RISC 技术,发展成了 CISC/RISC 系统结构。Pentium Pro 处理器就是 CISC/RISC 系统结构的一个例子。

10.4 多媒体应用支持与功能扩展

10.4.1 多媒体计算机的产生背景

在利用计算机进行信息处理的初期,主要的信息处理对象是数据和文字。自从采用了下拉菜单、图标和窗口等图形用户界面之后,处理的数字信息扩展到了二维图形。后来,要处理的信息又增加了各种各样的媒体,包括视频、音频、三维图形及动画等。于是对计算机的信息处理也要求具有快速处理多种媒体信息的能力。

在早期的计算机中,往往是针对每一种媒体形式单独地用一种专用的器件或大规模集成电路芯片来解决。对于音频、视频等都需要单独配置各种专用板卡(如声卡、视频卡等),各种板卡上都有自身所需的专用处理芯片和存储器,配置的数字信号处理器(DSP)也是多种多样的。后来,随着音频、视频和图像处理等应用需求的增加,设计者开始把各种媒体处理需求的存储器和处理器结合在一起,组成一个统一的媒体处理部件,于是就出现了多媒体协处理器,这样做可以使媒体处理资源降低成本和减小体积。多媒体协处理器需要与通用处理器配在一起使用,依靠通用处理器进行存储管理及访问保护等系统操作功能。

像以前 80486 DX 将 FPU 与 CPU 集成在一个芯片中一样,现在的解决途径就是在一个通用处理器上添加多媒体处理性能。具体做法就是在现有 CPU 芯片上做少量修改,针对那些在处理多媒体信息时耗时较多的操作(如 MPEG 编码和解码、声音合成及图像处理等)增加一些指令和硬件功能,使目前的通用 PC 在处理多媒体应用程序时,性能得到很大提高。这些新增加的指令,构成了支持多媒体应用的多媒体扩展指令集(MMX)。

10.4.2 多媒体扩展指令集(MMX)

多媒体扩展(Multi Media Extension,MMX)是为多媒体应用而设计的。实际上,MMX 的数据类型和指令系统,不仅适合于多媒体操作,而且也适合于通信及信号处理等更广泛的应用领域。

MMX 技术是 Intel 公司于 1996 年正式公布的,它是自 1985 年 Intel 公布 32 位微处理器 80386 以来最重大的改进。32 位 80X86 系列微处理器的结构被称为 IA-32(Intel Architecture-32)。MMX 技术并没有改变 IA-32 的结构,而是将其融入 Pentium Pro 的结构中,形成了 MMX Pentium/Pentium II 的体系结构,因此具有良好的软硬件兼容性和扩展性。

下面将简要介绍 MMX 的技术特点、MMX 对 80X86 编程环境的扩展以及 MMX 指令集的概况,最后简述 MMX 的编程应用。

1. MMX 技术的主要特点

MMX 技术的核心是针对多媒体信息处理的特点新增加了 57 条指令。MMX 主要用于增强 CPU 对多媒体信息的处理能力,即提高 CPU 处理三维图形、视频和音频信息的能力。采用 MMX 技术一次能处理多个数据。计算机的多媒体处理,通常是指动画再生、图像加工及声音合成等处理。在多媒体处理中,对于连续的数据必须进行多次反复的相同处理。利用传统的指令集,无论多小的数据,一次也只能处理一个数据,因此耗费时间较长。为了解决这一问题,在 MMX 中采用了单指令多数据 SIMD 技术(后面我们将具体介绍),可对一条指令多个数据同时进行处理,它可以一次处理 64 位按不同形式分割的数据,即所谓能对子字(Subword)按 SIMD 方式进行并行处理。所谓子字,就是在一个 64 位的寄存器中同时存放的 2 个 32 位数,或 4 个 16 位数,或 8 个 8 位数。为此,在 CPU 中要把 64 位的算术逻辑部件(ALU)中的进位链设计成能根据需要在中间相应的位置断开,使之能够对存放在 64 位寄存器中的各个子字互相独立地并行执行相同的运算。也就是说,要使 ALU 能并行执行相同的 2 个 32 位操作,或者 4 个 16 位操作,或者 8 个 8 位操作。

  MMX 的另外一个特征是具有饱和运算(Saturation Arithmetic)的功能。由于算术逻辑部件分成几段之后,在中间断开处没有设置进位位,因此在对子字运算时,如果发生上溢(或下溢),若按传统的 80X86 指令,就要丢掉子字的最高有效位,使数值反而变小。为此,在 MMX 指令集中增加了一种饱和的无符号加法指令。例如,对 2 个 16 位无符号数相加产生的和数可能有 17 位,用饱和加法后,在产生 17 位结果时,能把得到的结果限定为 16 位寄存器中所能表示的最大无符号数 FFFFH。这种特性在处理视频数据的算法中特别重要。同时,饱和运算还可以免除在计算机中检查是否有上溢(或下溢)。因为如果在程序的内层循环中不断检查溢出,会使运算速度大大降低。

  MMX 还有其他一些特点,如支持乘加指令以及数据元素压缩和解压缩指令等。MMX 所支持的 SIMD 执行方式可以直接满足多媒体、通信以及图形应用的需要,这些应用经常使用复杂算法对大量小数据类型(字节、字和双字)数据实现相同操作。例如,大多数音频数据都用 16 位(字)来量化,一条 MMX 指令可以对 4 个这样的字同时进行操作。视频与图形信息一般用 8 位(字节)来表示,那么,一条 MMX 指令可以对 8 个这样的字节数据同时进行操作。

  还需要说明的是,MMX 技术同 80X86/Pentium 系统结构完全兼容。MMX 指令并不是特权指令,它可以在应用程序、程序库和驱动程序中使用。

  2. MMX 对 80X86/Pentium 编程环境的扩展

  MMX 对 80X86/Pentium 编程环境的扩展为:8 个 MMX 寄存器(MM0~MM7)、4 种 MMX 数据类型(压缩字节、压缩字、压缩双字及四倍字)、MMX 指令集。

  (1) MMX 寄存器

  MMX 寄存器集由 8 个 64 位寄存器组成(MM0~MM7)。MMX 指令使用寄存器名 MM0~MM7 直接访问 MMX 寄存器。这些寄存器只能用来对 MMX 数据类型进行数据运算,不能用来寻址存储器。MMX 指令中存储器操作数的寻址仍使用标准的 80X86/Pentium 寻址方式和通用寄存器(EAX、EBX、ECX、EDX、EBP、ESI、EDI 和 ESP)来进行。

  另外,尽管 MMX 寄存器在 80X86/Pentium 结构中是作为独立寄存器来定义的,但是它们是通过对 CPU 中的浮点处理单元 FPU 的数据寄存器栈(R0~R7)的别名来实现的。也就是说,使用 64 位的 MMX 寄存器时,这些寄存器实际上就是浮点处理单元 FPU 中的寄存器,但在 MMX 指令中对这些寄存器可以直接用 MM0~MM7 的名称来编程。

  (2) MMX 的数据类型

  MMX 定义了以下四种新的 64 位数据类型,分别是:

  压缩字节:8 个字节组合成一个 64 位;

  压缩字:4 个字组合成一个 64 位;

压缩双字:2 个双字组合成一个 64 位;

四倍字:一个 64 位。

图 10-6 表示了 MMX 的这四种数据类型。

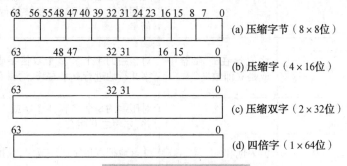

图 10-6　MMX 数据类型

压缩字节数据类型中字节的编号为 0~7,第 0 字节在该数据类型的低有效位(位 0~7),第 7 字节在高有效位(位 56~63);压缩字数据类型中的字编号为 0~3,第 0 字在该数据类型的位 0~15,第 3 字在位 48~63;压缩双字数据类型中的双字编号为 0~1,第 0 个双字在位 0~31,第 1 个双字在位 32~63。

在对压缩数据类型的字节、字和双字进行操作时,这些数据可以是带符号的整型数据,也可以是无符号的整型数据。

(3) 数据存放格式

在向存储器存储字节、字和双字时,总是以压缩数据类型存储到连续的地址上,低有效数存储在低地址区域,高有效数存储在高地址区域。存储器中的字节、字和双字在排序时,具有较低地址的字节总是较低的有效数,具有较高地址的字节总是较高的有效数。当考虑压缩数据边界存储时,应当按 4 字节或 8 字节的边界对齐。

MMX 寄存器中数的格式与存储器中 64 位数的格式相同。MMX 寄存器有两种数据访问模式:64 位访问模式与 32 位访问模式。64 位访问模式用于 64 位存储器访问、MMX 寄存器间的 64 位传送、逻辑与算术运算以及压缩/解压缩指令。32 位访问模式仅用于 32 位存储器访问、32 位传送以及某些解压缩指令。

3. MMX 指令集概况

MMX 技术在 80X86/Pentium 指令系统中增加了 57 条新指令。表 10-1 归纳了这些指令的基本格式及功能说明。

表 10-1　MMX 指令格式及功能说明

MMX 指令	可选内容	说　明
PADD(b,w,d) PSUB(b,w,d)	截断或饱和	对压缩的 8 个字节、4 个字或 2 个双倍字进行并行加或减
PCMPEQ(b,w,d) PCMPGT(b,w,d)	等于或大于	对压缩的 8 个字节、4 个字或 2 个双倍字进行并行比较,若为真,结果为全 1;否则结果为全 0
PMULLW PMULLHW	结果的高 16 位或低 16 位	对 4 个压缩的带符号的 16 位字进行并行乘,在得到的 32 位结果中选择高 16 位或低 16 位

续表

MMX 指令	可选内容	说　　明
PMADDWD	—	对 4 个压缩的带符号的 16 位字进行并行乘,并把相邻的一对 32 位结果并行相加,结果是双倍字
PSRA(w,d,q) PSRL(w,d,q) PSLL(w,d,q)	移位量在寄存器中或是立即数	对压缩的 4 个字、2 个双倍字或 1 个 64 位四倍字并行地进行算术右移、逻辑右移或逻辑左移
PUNPCKL(bw,wd,dq) PUNPCKH(bw,wd,dq)	—	对压缩的 8 个字节、4 个字或 2 个双倍字进行合并,并使之互相交叉
PACKSS(wb,dw) PACKUS(wb,dw)	恒为饱和	并行地把双倍字压缩成字,或把字压缩成字节
PAND、PANDN、POR、PXOR	—	进行 64 位按位逻辑运算
MOV(d,q)	—	在存储器和 MMX 寄存器间进行 32 位或 64 位的传送;对于 32 位数,还能在 MMX 寄存器和整型寄存器间进行传送
EMMS	—	清除浮点部件中各标志位及各浮点寄存器

注:括号内是指示数据类型的符号;其中,b:字节;w:字;d:双倍字;q:四倍字;bw:从字节到字;wd:从字到双倍字;dq:从双倍字到四倍字;wb:从字到字节;dw:从双倍字到字。

表 10-1 中有的指令在同一类中可以有几条,分别针对不同的数据类型进行操作。例如,PADD 指令有对压缩的字节进行加法的,也有对压缩的字或双倍字进行加法的。同时,还可以选用带截断的(不采用饱和运算)、不带符号饱和带符号饱和运算和运算的不同方式进行运算。现对表中部分指令的功能及操作解释如下:

(1) 加法和减法指令(PADD、PSUB)

这类指令可以对三种压缩数据类型进行运算,指令后面的三个字母 b、w、d 就是用来选择操作类型的。

例如,PADDb 选择字节,PADDw 选择字,PADDd 选择双倍字。另外,运算方式也可以有三种不同的选择:带截断的加、减法(PADD、PSUB);带符号的饱和加、减法(PADDS、PSUBS);不带符号的饱和加、减法(PADDUS、PSUBUS)。当选用饱和运算时,寄存其中最大、最小的饱和限度量是:对于不带符号字节是 FFH 和 00H,对于带符号字节是 7FH 和 80H。对于字和双倍字运算,其限度也与字节的情形相仿,在不带符号和带符号时都是相应数据类型所能表示的最大值和最小值。

(2) 乘加指令(PMADDwd)

该指令先并行地进行四个 16 位的乘法,产生四个 32 位的乘积,然后再把左右两侧相邻的两个 32 位乘积分别相加,产生两个累加和。用这一条指令即可完成四个 16 位的乘法和两个 32 位的加法。然后可以再通过一条 PADDd 指令,把所得到的两个累加和加到另一个作为累加器的寄存器中去,就可完成整个乘加操作。示例如下:

```
PMADDwd    MM0,MM1    ;乘加,结果存于 MM0 中
PADDd      MM7,MM0    ;MM0 中的内容累加至 MM7 中
```

(3) 比较指令

有两条压缩比较指令：PCMPEQ(压缩的等于比较)和 PCMPGT(压缩的大于比较)。与 PADD 和 PSUB 指令类似，每条比较指令也有三种形式，如 PCMPEQb(比较字节)、PCMPEQw(比较字)、PCMPEQd(比较双字)。这些指令并不改变微处理器的标志位。若比较的条件为真时，置结果为全 1；比较的条件为假时，置结果为全 0。

又如，执行"PCMPEQb MM2,MM3"指令，而 MM2 和 MM3 的最低有效字节分别为 10H 和 11H，则位于 MM2 中结果的最低有效字节为 00H，表明两个最低有效字节不相等；如果结果的最低有效字节为 FFH，则表明两个字节相等。

(4) 转换指令

由两条基本的转换指令：压缩(PACK)和解压缩(PUNPCK)。PACK 又分为 PACKSS(带符号的饱和)和 PACKUS(不带符号的饱和)；PUNPCK 又分为 PUNPCKH(解压缩高位数据)和 PUNPCKL(解压缩低位数据)。与前面的指令类似，它们可以附加字母 B、W 或 D 分别表示字节、字或双字的压缩或解压缩；也能够以 wb(字到字节)或 dw(双字到字)的组合形式来使用。例如，"PACKUSwb MM3,MM6"指令将 MM6 中的无符号字压缩为字节存入 MM3 中。如果无符号的字不能用一个字节来表示(因为太大)，则目标字节将变为 FFH(最大饱和限度值)。对于带符号的饱和运算，也有相应的饱和限度值。我们在前面介绍加法和减法指令时已给出过。

(5) 逻辑运算指令

逻辑运算指令有 PAND(与)、PANDN(与非)、POR(或)和 PXOR(异或)。这些指令没有长度选择，它们对数据的所有 64 位进行按位运算。例如，指令"POR MM2,MM3"将 MM3 中的全部 64 位与 MM2 中的全部 64 位按位相或，并把运算结果存入 MM2 中。

(6) 移位指令

移位指令包括逻辑左移(PSLL)、逻辑右移(PSRL)和算术右移(PSRA)。被移位数据的长度可以是字(w)、双字(d)和四字(q)，移位的位数(移位量)由指令中的立即数或寄存器来指明。例如，指令"PSLLq MM3,2"将 MM3 中的所有 64 位左移 2 位；指令"PSLLd MM3,2"，它将 MM3 中的 2 个 32 位双字各左移 2 位。

算术右移指令(PSRA)与逻辑移位的工作方式相仿，但它需保留符号位不变。

(7) 数据传送指令

有两个数据传送指令：MOVd 和 MOVq。它们允许在寄存器之间或寄存器与内存之间传送数据。MOVd 指令在一个整型寄存器或存储单元与一个 MMX 寄存器之间传送 32 位数据。例如，指令"MOVd ECX,MM2"将 MM2 中的最右边 32 位数复制到 ECX 中。没有用于传送 MMX 寄存器的最左边 32 位数的指令，但可以在 MOVd 指令进行传送之前将数据右移。

MOVq 指令将 MMX 寄存器中的 64 位数据全部复制到内存单元或另一个 MMX 寄存器中。例如，指令"MOVq MM2,MM3"将 MM3 中的 64 位数据全部传送到 MM2 中。

(8) EMMS 指令

EMMS(置空 MMX 状态)指令清除浮点部件中的所有标志位，并使所有浮点寄存器表现为空。必须在任何 MMX 过程的末尾执行返回指令之前执行 EMMS 指令，否则后来的浮点运算将产生一个浮点中断错误，从而导致 Windows 或任何其他应用软件崩溃。如果想要在

MMX 过程内部使用浮点指令,则必须在执行浮点指令之前使用 EMMS 指令。

4. MMX 程序设计

利用微软提供的免费补丁程序,使 MASM 6.11 升级后就可以支持 MMX 指令的汇编。为了使用 MMX 指令,首先必须确定处理器支持 MMX 指令。在 EAX=1 时,执行 CPUID 指令,如果状态位 $D_{23}=1$ 就表示支持 MMX 指令。在源程序的开始还应该指定汇编 Pentium 和 MMX 指令,采用伪指令.586 和.MMX 即可实现。

MMX 指令可以用于各种应用设计中,但多数还是用于多媒体应用设计中。另外,由于 MMX 执行一些基本指令的速度比微处理器中的整数部件要快,所以其中一些指令可用于以非常高的速度完成一些通常的运算和操作。

下面给出的是一个计算向量点积的例子。向量点积是数据处理(如图像、音频、视频数据处理)中使用的基本算法之一,计算过程需要大量的乘加运算,重复率高。采用 MMX 的压缩乘加指令能有效地加速该类运算。程序首先检测 CPU 是否支持 MMX 指令,若支持则使用 MMX 指令完成计算,否则使用常规指令完成计算。两种方法在程序长度和执行速度上都有很大差别。

【例 10-1】 使用 MMX 指令计算向量点积:$X = \sum_{i=1}^{n} a(i) \times b(i)$,源程序清单如下:

```
            .MODEL   SMALL
            .586
            .MMX                                ;汇编 MMX 指令
            .STACK
            .DATA                               ;数据段定义向量 A、B 及结果
    VCT_A   DQ       0102030405060708H,090A0B0C0D0E0F00H
    VCT_B   DQ       1020304050607080H,90A0B0C0D0E0F000H
    RESULT  DD       ?                          ;存放计算结果
    MSG1    DB       'MMX not found!',13,10,'$'
    MSG2    DB       'MMX found!',13,10,'$'
            .CODE
            .STARTUP
            MOV      EAX,1
            CPUID                               ;判断 MMX 处理器是否存在
            TEST     EDX,00800000H              ;D₂₃=1,表示 MMX 处理器存在
            JNZ      M_PROC
            MOV      AH,9                       ;显示'MMX not found!'
            MOV      DX,OFFSET MSG1
            INT      21H                        ;DOS 功能调用
                                                ;采用常规指令完成计算
            MOV      SI,OFFSET VCT_A
            MOV      DI,OFFSET VCT_B
            MOV      CX,8                       ;8 次乘法
```

```
LOP1:       MOV         AX,[SI]
            IMUL        WORD PTR[DI]
            PUSH        DX                      ;乘积暂存堆栈
            PUSH        AX
            ADD         SI,2
            ADD         DI,2
            LOOP        LOP1
            MOV         CX,7                    ;7 次加法
            POP         EAX
LOP2:       POP         EBX
            ADD         EAX,EBX
            LOOP        LOP2
            MOV         RESULT,EAX              ;保存结果
            JMP         E_PROC
M_PROC:                                         ;用 MMX 指令完成计算
            MOV         AH,9                    ;显示'MMX found!'
            MOV         DX,OFFSET MSG2
            INT         21H
            MOVq        MM0,VCT_A               ;取 a 向量的前 4 个数据
            PMADDwd     MM0,VCT_B               ;与 b 乘加
            MOVq        MM1,VCT_A+8             ;取 a 向量的后 4 个数据
            PMADDwd     MM0,VCT_B+8             ;与 b 乘加
            PADDd       MM0,MM1
            MOVq        MM1,MM0
            PSRLq       MM1,32                  ;结果右移 32 位
            PADDd       MM0,MM1
            MOVd        RESULT,MM0              ;保存结果
            EMMS
E_PROC:                                         ;程序结束退出
            .EXIT 0
            END
```

由于 PMADDWD 指令可以同时处理 4 个 16 位紧缩字的乘法和 4 个 32 位乘积的两两加法,所以采用 MMX 的乘加指令不仅可以减少指令条数,还可以极大地提高运算速度。

10.4.3 流处理指令集(SSE、SSE2)

1. SSE 技术

采用 MMX 指令的 Pentium/Pentium Ⅱ 微处理器取得了极大的成功,推动了多媒体应用软件的发展,同时也对微处理器的能力提出了更高的要求。1999 年 Intel 在 MMX 的基础上又增加了 70 条用于提高多媒体性能和浮点运算能力的新指令,称为 SSE(Streaming SIMD

Extention，流式单指令多数据扩展)指令集。这70条指令中有50条是SIMD浮点运算指令，为此，在硬件中增加了8个128位的浮点寄存器来与这些指令配合工作。有12条是新增加的多媒体指令，它们采用改进的算法来进一步提高视频处理和图像处理的质量。还有8条是主存连续数据流优化处理指令，通过采用新的数据预取技术，减少CPU处理连续数据流的中间环节，以提高CPU处理连续数据流的效率。1999年2月Intel推出了具有SSE指令集的Pentium Ⅲ微处理器。

SSE对下述几个领域的影响特别明显：3D几何运算及动画处理；图形处理(如Photoshop)；视频编辑/压缩/解压(如MPEG和DVD)；语音识别以及声音压缩和合成等。

SSE技术对于80X86/Pentium编程结构方面，提供了如下的新扩展：

① 8个128位的SIMD浮点寄存器(XMM0~XMM7)；

② SIMD浮点数据类型(128位压缩浮点数)；

③ 具有70条指令的SSE指令系统。

2. SSE2技术

Intel在Pentium 4处理器中采用了SSE2指令集。和先前的Pentium Ⅲ处理器采用的SSE指令集相比，Pentium 4的整个SSE2指令集共有144条指令，其中包括原有70条SSE指令和新增加的74条SSE2的指令。全新的SSE2指令除了将传统的整数MMX寄存器也扩展成128位(128 bit MMX)外，还提供了128位SIMD整数运算操作和128位双精度浮点运算操作。SSE2指令集的引入在一定程度上提高了Pentium 4处理器的运算速度。

10.5 多处理器结构

10.5.1 计算机的系统结构

在计算机系统结构的发展中，由于存在着各种结构不同、性能各异的计算机系统，所以人们对它们的分类方法也不尽相同。目前常用的是1966年弗林(Flynn)根据指令流和数据流对计算机系统结构进行分类的方法。这个方法首先引入了下列定义：

指令流——计算机执行的指令序列。

数据流——由指令流调用的数据序列(包括输入数据和中间结果)。

多重性(Multiplicity)——在系统中最受限制的元件上，同时处于同一执行阶段的指令或数据的最大可能个数。

依据指令流和数据流的多重性，可将计算机系统结构分为以下四类：单指令流单数据流(SISD)、单指令流多数据流(SIMD)、多指令流单数据流(MISD)、多指令流多数据流(MIMD)。

SISD计算机系统通常由一个处理器和一个存储器组成，它通过执行单一的指令流对单一的数据流进行处理。指令是按顺序读取的，数据在每一时刻也只能读取一个。为提高计算机性能，在较新式的SISD计算机系统中一般都设置了对指令和数据进行重叠处理的流水线，采用了并行主存和多个功能部件，但仍可归入SISD类型。

SIMD计算机系统由一个控制部件、多个执行部件、多个存储模块和一个连接各执行部件及存储器模块的互联网络组成,所有活动的执行部件在同一时刻执行同一条指令,这就是单指令流;但在每个活动的执行部件执行这条指令时所用的数据是从它本身的存储模块中读取的,即各执行部件所处理的数据是各不相同的,这就是多数据流。

在 MISD 计算机系统中各处理器在同一时刻执行不同的指令,但处理同一数据。究竟哪些计算机可归入这一类,并无统一观点。很多人认为这类计算机实际上并不存在。

MIMD 计算机系统就是通常所说的多处理机系统。典型的 MIMD 计算机由多个处理器、多个存储模块和一个连接各处理器和存储模块的互联网络组成,每个处理器执行自己的指令(多指令流),操作数据也是各取各的(多数据流)。

在此之前所讨论的计算机结构及有关的各项技术(如流水线方案,超标量结构及超长指令字等)均属于 SISD 计算机结构及其技术范畴。下面将专门介绍有关 SIMD 及 MIMD 的结构和技术。

10.5.2 并行计算机系统结构

早期的计算机是一种顺序执行的机器,运行时由处理器串行地读取和执行指令。后来,随着 VLSI 电路集成度的提高、硬件价格的下降,以及对高性能计算机应用需求的不断增长,使并行处理技术得到了迅速发展。人们已清楚地看到,有效地采用并行处理技术,开发高度并行的计算机系统,是当今提高计算机性能的主要手段和基本途径。

前面介绍的采用不同并行处理技术的 SISD 计算机,它们处理程序的速度虽然比顺序执行指令的计算机要快得多,但是在 SISD 计算机上,采用并行处理的方法其并行度不会达到很高。比如,一个有 n 级流水的处理器,虽然在流水线满负荷运行的情况下,其处理程序的速度可以提高 n 倍。但实际上由于不可能将一个操作在逻辑上分成太多的简单操作,加上还应考虑指令之间的"相关"等情况,经常要使流水线停顿,又因处理器速度的提高比 n 要小得多。超标量和超长指令字长计算机虽然对运算的并行性有了改进,但它们受到硬件复杂性的限制,能够利用的指令级并行度也不会太高。

目前常见的集中高度并行的计算机系统结构及技术有:

① SIMD 并行处理机,也称阵列式处理机(Array Processor)。前面已经提到,这种计算机系统中有多个执行部件(处理单元),但只有一个控制部件。所有的执行部件在同一时刻执行同一条指令,对不同的数据进行加工处理。

② MIMD 多处理机。它是由多个处理机经互联网络连接而成的一个系统,各个处理机可以执行不同的指令流,操作数也是从各个处理机连接的存储模块取出,处理机之间通过互联网络进行通信联络。

MIMD 系统根据处理机之间互联网络的结构和通信机制的不同,又可分为紧耦合多处理机和松耦合多处理机两种类型。所谓紧耦合和松耦合,是指处理机之间联结的紧密程度。在紧耦合多处理机中,各台处理机共享一个公用的存储器,各台处理机间通过共享存储起来交换信息。在这样的系统中,连接各处理机的互联网络实际上就是高速的系统总线,其通信带宽较宽,传输距离较近,传输介质即为普通的信号连线,而非双绞线、同轴电缆那样的专用连线。而在松耦合的多处理机中,每台处理机都有自己的局部存储器,处理机之间以报文(Message)的形式来交换信息,其互联网络的通信带宽较窄,传输距离较远,传输介质可以是双绞线、同轴电缆或公共数据网、公共电话网等公共传输介质。

松耦合多处理机也称为多计算机(Multicomputer),与之相对应,紧耦合多处理机则称为多处理机(Multiprocessor)。多计算机系统和多处理机系统经常笼统地称为多处理机系统,或简称多机系统。

并行计算机的一个典型实例就是数据流计算机。传统的冯·诺依曼计算机在执行程序时必须按程序指定的地址逐条从存储器中取出指令,然后进行译码和执行。这种工作方法称为控制流计算方法,这种类型的计算机称为控制流计算机。在控制流计算机中,即使执行的程序指令之间没有相关性存在,也只能按程序顺序执行,而不能变动这个顺序,因而不能充分利用程序中固有的并行性。

数据流计算机打破了必须按预先规定的序列执行程序的限制。一个操作能否进行,由输入数据的相关性和资源的可用性来确定。也就是说,只要该操作所需要的操作数都已达到,所用的功能部件也有空,就可以执行,不管它在程序中次序的先后。这样,就可能最大限度地挖掘计算的并行性。超级标量计算机中的不按序执行(Out-of-Order Completion)就是在控制流计算机中部分地采用了数据流的技术。

下面将具体介绍 SIMD 并行处理机及 MIMD 多处理机的结构特点。

1. SIMD 并行处理机

在 SIMD 并行处理机中只有一个控制部件,但有多个执行部件。这些执行部件在同一个控制部件的统一指挥下在同一时刻执行同一条指令,它们对各自分配的不同数据并行地完成同一操作。所以它属于单指令流多数据流计算机。SIMD 的并行度比普通流水线式计算机高很多,主要是由于在这种系统中能并行工作的执行部件的数量要比流水线中的流水级数多得多。

这种机器的专用性很强,对于适合它的任务,运算速度较高;但对于不适合它的任务,运算速度会急剧下降,所以其装机的数量有限。较早推出的典型的 SIMD 并行处理机是 Illiac Ⅳ。近年来 SIMD 机型的商业化产品较少。

图 10-7 给出了一个典型的 SIMD 并行处理机的系统结构框图。SIMD 有多个同样的执行部件,执行部件也叫处理单元 PE。图中的 PU 由一个处理单元 PE 和它的局部存储器组成。要执行的指令在控制部件中译码后,由控制部件向全部 PE 发出控制信号,所有 PE 在同一个总的时钟信号下同步工作。一个 PE 的运算结果可能要为另一个 PE 所使用,所以 PE 之间有一个互联网络 IN,数据可以通过 IN 在各 PE 间传送。

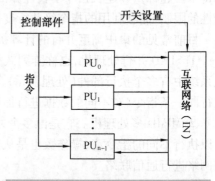

图 10-7 SIMD 并行处理机结构框图

2. MIMD 多处理机

SIMD 并行处理机由于具有较强的专用性,所以装机数量有限。但 MIMD 多处理机应用广泛,并且它通常可采用市场上现成的通用微型计算机来构成,所以其数量和品种增加很快。如上所述,MIMD 多处理机按处理机间的耦合程度又可分为松耦合多处理机系统和紧耦合多处理机系统两种类型。

(1) 松耦合多处理机系统(多计算机系统)

松耦合多处理机系统是由多台功能独立的计算机所组成,所以也称这样的系统为多计算机系统,其中每台计算机都带有自己的存储器和连接到互联网络的接口。这里的互联网络可以是普通的局域网或广域网,如以太网、ATM 网等。松耦合多处理机系统中的每台计算机叫做一个计算机模块或一个节点(Node)。在有的多计算机系统中,每个节点上都有输入/输出设备,也有的多计算机系统中只有一部分计算机上接有输入/输出设备。松耦合多处理机系统中的每台计算机不能直接访问其他节点中计算机的存储器,节点间的数据交换只能通过互联网络以报文传递的通信方式来实现。如果各节点上执行的任务之间联系较少,则这种系统的工作效率较高;相反,如果各节点间相互联系较多,则其性能就会受到很大的影响。因为在这样的多机系统中,各节点间通过互联网进行通信所花费的时间较长,所以一般不适合于节点间通信量很大的应用。

松耦合的多计算机系统的互联网络的成本要比紧耦合多处理机系统的低很多,所以同紧耦合处理机系统相比,它的优点是可以组成计算机数很多的大规模并行处理系统,可以方便地用价格便宜的现有微型计算机构成具有成百上千计算机的多计算机系统。

目前,多计算机系统有的已发展成为规模较大的计算机网络系统。另外,人们已注意到,以数据通信和计算机网络为基础的分布式计算已经成为现代计算机系统的一个重要发展方向。这种系统由地理上分散且功能独立的计算机组成,相互协同工作,从而完成某些高性能的科学计算或数据处理任务,称为分布式计算机系统或简称分布式系统(Distributed System)。注意,分布式系统并不是一般的多机系统,它有其专门的工作机制和技术特征。这里不再作专门介绍。

(2) 紧耦合多处理机系统(多处理机系统)

通常所说的多处理机系统常常是指紧耦合多处理机系统。在这种系统中多台处理机共享一个主存储器,主存储器对所有的处理机有统一的地址编址。处理机之间的通信无需常规的通信接口和通信介质(如双绞线、同轴电缆等)。系统中的各台处理机既可以共同执行一个任务,也可以同时执行几个程序。这种共享主存储器的多处理机系统的主要特征是:

① 有两台或两台以上功能相当、品种相似的处理机。

② 所有的处理机共享一个公用的存储器,但也可能有一些处理机有自己单独使用的局部存储器。

③ 所有的处理机共享系统中的 I/O 设备。

④ 整个系统由一个统一的操作系统来管理。

目前市场上商品化的多处理机大多数都属于紧耦合系统。小型的多处理机系统一般只有几台处理机,通过高速总线共享主存储器。规模较大的多处理机系统可有上百台处理机,通过传输率很高的互联网络连接。

10.6 现代 PC 主板与系统

主板(Mainboard)是 PC 系统的核心组成部件,它包括了构成现代 PC 的一系列关键部件和设备,如 CPU(或 CPU 插槽)、主存、高速缓存、芯片组(Chipset)及连接各种适配卡的扩展插槽。采用先进的主板结构及设计技术,是提高现代 PC 整体性能的重要环节之一。本节简要介绍现代 PC 主板的典型结构及具体实例。

10.6.1 芯片组、桥芯片及标准接口

在微型计算机系统中,芯片组实际上就是除 CPU 外所必需的系统控制逻辑电路。在微型计算机发展的初期,虽然没有单独提出芯片组的概念和技术,但已具雏形,如 IBM PC/XT 系统中的各种接口芯片(并行接口芯片 8255A、串行接口芯片 8251、定时器/计数器 8253、中断控制器 8259 及 DMA 控制器 8237 等)。现代微型计算机中的芯片组就是在这些芯片的基础上,不断完善与扩充功能、提高集成度与可靠性、降低功耗而发展起来的。用少量几片 VLSI 芯片即可完成主板上主要的接口及支持功能,这几片 VLSI 芯片的组合就称为芯片组。例如,多功能接口电路 82380,就包括了一个 8 通道的 32 位 DMA 控制器、一个 20 级可编程中断控制器及四个 16 位的可编程定时器电路。它是在 80386/80486 微机系统中使用的典型的芯片组电路。采用芯片组技术,可以简化主板的设计,降低系统的成本,提高系统的可靠性,同时对今后的测试、维护和维修都提供了极大的方便。依据微处理器的类型与结构的不同,目前已形成了一套较为完整的芯片组系列,如适应第五代微处理器的 430 系列,已开发了 LX、NX、FX、HX、VX 及 TX 六个版本;适应第六代微处理器的 440 系列,也已经有 FX、LX、BX、GX、EX、ZX 六个版本;此外,还有更为新式的 800 系列(810/820/840/860)等。这些芯片组有的由一块大规模集成电路芯片组成,有的由两块芯片组成,有的由三块或更多芯片组成。它们在完成微型计算机所需要的逻辑控制的功能上是基本相同的,只是在芯片的集成形式上有所区别。在现代微型计算机中,芯片组多数是由两块称为"北桥"及"南桥"的桥芯片组成的。

北桥芯片也称为系统控制器,负责管理微处理器、高速缓存、主存和 PCI 总线之间的信息传送。该芯片具有对高速缓存和主存的控制功能,如 Cache 的一致性、控制主存的动态刷新以及信号的缓冲、电平转换和 CPU 总线到 PCI 总线的控制协议的转换等功能。

南桥芯片的主要作用是将 PCI 总线标准(协议)转换成外设的其他接口标准,如 IDE 接口标准、ISA 接口标准、USB 接口标准以及定时器/计数器 8253 的基本功能。

另外,早期通常是将微处理器直接焊在主板上,而现代微处理器则往往是通过一个焊接在主板上的符合一定标准的接口插槽与主板相连,这样便于在不更换主板的前提下就可以升级微处理器,以提高整机的性能价格比。

常见的微处理器接口插槽的主要类型有 Socket5、Socket7、Socket8、Socket370 等。这些接口插槽主要是为 Pentium 系列的不同型号而设计的。Socket5 主要为 80486 微处理器和早期的 Pentium 微处理器而设计,Socket7 主要为时钟频率高于 75MHz 的 Pentium 微处理器(包括支持和不支持 MMX 技术的两种类型)而设计,Socket8 主要为 Pentium Pro 微处理器而设计。Pentium Ⅱ/Ⅲ 微处理器则采用了与过去微处理器不同的封装形式,在主板上采用了 Slot1 接口标准,该接口标准一改过去将微处理器贴在主板上的方法,而是通过 SEC 封装形式将微处理器模块插接到主板的 Slot1 插槽内,该插槽在外形上类似 PCI 总线插槽,但引脚定义、内部连接则完全不同。

10.6.2 典型主板结构

图 10-8 给出的是使用 Pentium Ⅲ-1GHz 处理器的典型主板布局图。从中可以直观地看到现代 PC 主板及微型计算机系统的组成结构情况。

第 10 章 高性能微处理器的先进技术与典型结构

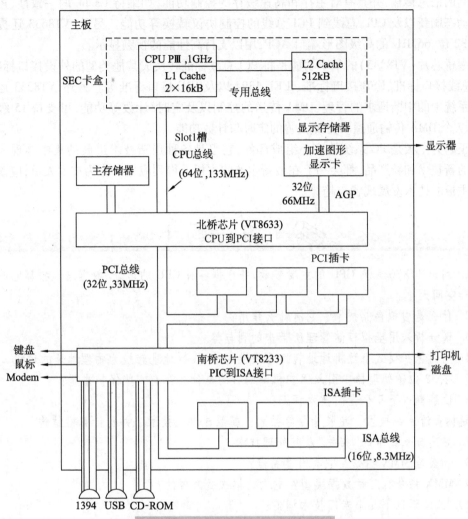

图 10-8 典型主板的结构布局框图

Pentium Ⅲ-1GHz 处理器主板采用 VIA Apollo Pro266 芯片组,包括 VT8633(北桥)和 VT8233(南桥),提供了性能优越、功能强大、性价比优良的 PC 硬件操作平台。该系列主板支持 66MHz/100MHz/133MHz 系统总线、Ultra DMA33/66/100、AGP4X 模式和 DDR(Double Data Rate)内存。同时,该系列主板还采用了 ITE IT8712F I/O 芯片,提供了一个智能卡读写器(SCR)接口。该系列主板还提供其他先进的功能,如网络唤醒功能、调制解调器唤醒功能、ACPI 电源管理模式及 AGP Pro 插槽等。

本系列主板提供了灵活多样的性能组合方式,可选配置包括:AC'97 软件音效 Codec(编码解码器)、高级音效(Creative CT 5880)和板载网络接口。可以根据需要来选择最合适的主板组合形式,以减少用户经费开销。另外,该系列主板还提供了防止电脑病毒(如 CIH 病毒)保护 BIOS 免遭破坏的功能、加快电脑启动速度的 Boot Easy 等新型技术,以提高整个 PC 的工作效率。

该系列的主板中的北桥芯片(VT8633)负责管理 CPU、高速缓存(Cache)、主存和 PCI 总线之间的信息传输,并具有对主存和高速缓存的控制功能,如维持 Cache 的一致性、控制主存的动态刷新以及 CPU 总线到 PCI 总线的控制协议转换等功能。另外,VT8633 还提供了一个 32 位、66MHz 的高级图形端口 AGP,用以支持高性能的视频显示。

南桥芯片(VT8233)的基本功能是将 PCI 总线标准转换成其他类型的外设接口标准,如 ISA 总线接口标准、USB 接口标准、IEEE 1394 以及 IDE 接口标准等。另外,VT8233 还负责完成系统中的中断请求的管理、DMA 传送的控制以及定时/计数等功能,可支持 15 级中断请求、7 个 DMA 传输通道和更加完善的定时与计数功能。

正因为主板是 PC 系统的核心组成部件,它也是各种最新技术进展的集中体现。任何有关的新技术和新产品,都会马上在最新生产的主板上得到应用。作为技术人员,应该密切关注主板的技术发展现状与趋势。

习 题 十

1. 列出 80X86 系列 CPU 的主要参数,并根据各种 CPU 的地址/数据总线推算它的存储器寻址空间大小。
2. 什么是虚拟存储技术?它有什么作用?
3. 请分析采用虚拟存储管理所带来的利与弊。
4. 简述保护模式下逻辑地址转换为线性地址、线性地址转换为物理地址的过程。
5. 在 32 位微处理器中引入保护机制的目的是什么?有哪些保护措施?
6. 试解释以下几个专门技术词汇:
超标量流水线技术　超长指令字技术　超级流水线技术　并行计算机结构
7. 简述流水线中的"相关"及其处理技术。
8. 什么是 MMX 指令?它有哪些特点?
9. MMX 指令有几种数据类型?它们的格式是怎样的?
10. 试解释以下几个专门技术词汇:
SSE　SSE2　SISD　SIMD　MIMD
11. 什么是芯片组?采用芯片组技术有什么优点?
12. 跟踪了解目前最新的微处理器技术发展情况,预测未来几年的发展方向。

附　录

附录A　8086/8088 指令系统（含80X86扩展指令）

A1　符号说明

= ——赋值
/ ——或者
DST ——目的操作数
SRC ——源操作数
OPRN ——第N个操作数，如OPR1，OPR2等
REG8 ——8位通用寄存器
REG16 ——16位通用寄存器
REG32 ——32位通用寄存器
REG ——寄存器操作数
SEG ——段寄存器

MEM8 ——8位内存操作数
MEM16 ——16位内存操作数
MEM32 ——32位内存操作数
MEM ——MEM8/MEM16/MEM32
IMM8 ——8位立即数
IMM16 ——16位立即数
IMM32 ——32位立即数
LABEL ——标号
PROG ——过程名

A2　8086/8088 基本指令分类表

指令分类	指令格式	功　能	说　明	标志位影响

数据传送	MOV DST,SRC	DST = SRC	非法搭配：
			(1) MOV MEM,MEM
			　　MOV SEG,SEG
			　　MOV SEG,IMM
			(2) DST 不能是 CS
				无影响

交换	XCHG REG/MEM,REG/MEM	交换 OPR1 与 OPR2 的值	非法搭配： XCHG MEM,MEM	无影响
堆栈操作	PUSH REG/MEM/SEG	进栈	(1) 操作数不能是 8 位 (2) 不能使用 POP CS	无影响
	POP REG/MEM/SEG	出栈		
	PUSHF	FLAGS 进栈		
	POPF	栈顶字出栈到 FLAGS		
标志传送	LAHF	AH = FLAGS 的低 8 位		无影响
	SAHF	FLAGS 的低 8 位 = AH		由装入值确定

续表

指令分类	指令格式	功　能	说　明	标志位影响
符号扩展	CBW	AL 符号扩展为 AX		无影响
	CWD	AX 符号扩展为 DX:AX		
换码	XLAT	AL = DS:[BX + AL]		无影响
加法	ADD REG/MEM, REG/MEM/IMM	DST = DST + SRC	两个操作数不能同时是 MEM	按加法规则影响。但 INC 不影响 CF
	ADC REG/MEM, REG/MEM/IMM	DST = DST + SRC + CF		
	INC REG/MEM	DST = DST + 1		
减法	SUB REG/MEM, REG/MEM/IMM	DST = DST − SRC	两个操作数不能同时是 MEM	按减法规则影响，但 DEC 不影响 CF
	SBB REG/MEM, REG/MEM/IMM	DST = DST − SRC − CF		
	CMP REG/MEM, REG/MEM/IMM	DST − SRC		
	NEG REG/MEM	DST = 0 − DST		
	DEC REG/MEM	DST = DST − 1		
乘法	MUL REG8/MEM8	AX = AL ∗ SRC	无符号乘	若 8 位、16 位或 32 位数相乘的结果分别能由 8、16 或 32 位容纳，则 CF = OF = 0，否则，CF = OF = 1；其余标志无意义
	MUL REG16/MEM16	DX:AX = AX ∗ SRC		
	MUL REG32/MEM32	EDX:EAX = EAX ∗ SRC		
	IMUL REG8/MEM8	AX = AL ∗ SRC	带符号乘	
	IMUL REG16/MEM16	DX:AX = AX ∗ SRC		
	IMUL REG32/MEM32	EDX:EAX = EAX ∗ SRC		
除法	DIV REG/MEM	SRC 是 8 位：AX ÷ SRC，结果商在 AL 中,余数在 AH；SRC 是 16 位：DX:AX ÷ SRC，结果商在 AX 中,余数在 DX；SRC 是 32 位：EDX:EAX ÷ SRC，结果商在 EAX 中,余数在 EDX	无符号除	无定义
	IDIV REG/MEM	同 DIV	带符号除,余数与被除数符号相同	
十进制调整	DAA	调整 AL 中的和为压缩 BCD 码	用在 ADD/ADC 之后	CF 反映压缩 BCD 码加/减的进位/借位；按一般规则影响 SF 和 ZF；OF 不确定
	DAS	调整 AL 中的差为压缩 BCD 码	用在 SUB/SBB 之后	
	AAA	调整 AL 中的为非压缩 BCD 码(AL 高 4 位 =0)；AH = AH + 产生的 CF	用在 ADD/ADC 之后	CF 反映非压缩 BCD 码加/减的进位/借位；OF、SF 和 ZF 不确定
	AAS	调整 AL 中的和为非压缩 BCD 码(AL 高 4 位 =0)；AH = AH − 产生的 CF	用在 SUB/SBB 之后	

续表

指令分类	指令格式	功能	说明	标志位影响
十进制调整	AAM	AH = AX DIV 10 AL = AX MOD 10	用在 MUL/IMUL 之后	根据 AL 的结果设置 ZF 和 SF；CF 和 OF 不确定
	AAD	AL = AH * 10 + AL AH = 0		
逻辑运算	AND REG/MEM, REG/MEM/IMM	DST = DST AND SRC	两个操作数不能同时是 MEM	CF = OF = 0；按一般规则影响 SF 和 ZF
	OR REG/MEM, REG/MEM/IMM	DST = DST OR SRC		
	XOR REG/MEM, REG/MEM/IMM	DST = DST XOR SRC		
	TEST REG/MEM, REG/MEM/IMM	DST AND SRC		
	NOT REG/MEM	DST = NOT DST		无影响
移位	SHL REG/MEM, 1/CL SAL REG/MEM, 1/CL	左移 1/CL 指定的位数	SAL 与 SHL 完全相同	若移位后符号位发生了变化，则 OF 为 1，否则为 0；CF 为最后移入位。按一般规则影响 ZF 与 SF。若移位次数为 0，则不影响。若移位次数 >1，则 OF 无定义
	SHR REG/MEM, 1/CL	逻辑右移 1/CL 指定的位数		
	SAR REG/MEM, 1/CL	算术右移 1/CL 指定的位数		
循环移位	ROL REG/MEM, 1/CL	循环左移 1/CL 位		若移位后符号位发生了变化，则 OF 为 1，否则 OF = 0；CF 为最后移入位；不影响 ZF 与 SF。若移位次数为 0，则不影响。若移位次数 >1，则 OF 无定义
	ROR REG/MEM, 1/CL	循环右移 1/CL 位		
	RCL REG/MEM, 1/CL	带 CF 循环左移 1/CL 位		
	RCR REG/MEM, 1/CL	带 CF 循环右移 1/CL 位		
无条件转移	JMP LABEL JMP REG16/MEM16 JMP MEM32	转移到由操作数指定的目标地址		无影响
条件转移	JZ/JE LABEL	为零(相等)时转移	LABEL 必须是段内标号。只能是段内直接短转移	无影响
	JNZ/JNE LABEL	非零(不等)时转移		
	JS LABEL	为负时转移		
	JNS LABEL	为正时转移		
	JO LABEL	溢出时转移		
	JNO LABEL	不溢出时转移		
	JP/JPE LABEL	"1"的个数为偶数时转移		
	JNP/JPO LABEL	"1"的个数为奇数时转移		

续表

指令分类	指令格式	功能	说明	标志位影响
条件转移	JC/JB/JNAE LABEL	低于(不高于或等于)时转移	无影响	
	JNC/JNB/JAE LABEL	不低于(高于或等于)时转移		
	JA/JNBE LABEL	高于(不低于或等于)时转移		
	JNA/JBE LABEL	不高于(低于或等于)时转移		
	JG/JNLE LABEL	大于(不小于或等于)时转移		
	JGE/JNL LABEL	大于或等于(不小于)时转移		
	JL/JNGE LABEL	小于(不大于或等于)时转移		
	JLE/JNG LABEL	小于或等于(不大于)时转移		
	JCXZ LABEL	若 CX = 0，则转移到 LABEL		
循环	LOOP LABEL	CX = CX − 1，若 CX≠0，则转移到 LABEL	只能短转移	无影响
	LOOPZ/LOOPE LABEL	CX = CX − 1，若 CX≠0 且 ZF = 1，则转移到 LABEL		
	LOOPNZ/LOOPNE LABEL	CX = CX − 1，若 CX≠0 且 ZF = 0，则转移到 LABEL		
过程调用与返回	CALL PROG CALL REG16/MEM16 CALL MEM32	返回地址进栈；转到过程的第1条指令	过程调用	无影响
	RET RET IMM16	返回地址出栈，从而实现转移到返回地址处	RET 由所在过程的类型决定是近折返或远折返，RETN 为近返回，RETF 为远返回	
	RETN RETN IMM16			
	RETF RETF IMM16			
中断与返回	INT n	调用中断 n 的中断服务程序。n 为中断号(0 ~ 255)		无影响
	INTO	若 OF = 1，则调用 INT 4		
	IRET	中断返回		由弹出值确定

续表

指令分类	指令格式	功　能	说　明	标志位影响
串操作	MOVSB MOVSW	串传送： ES:[DI] = DS:[SI] SI = SI ± SIZE DI = DI ± SIZE	DS:SI 指向源串。ES:DI 指向目的串。SI 和 DI 自动增加或减少，依赖于 DF 以及操作类型。若 DF=0，则增加，否则减少。其中，SIZE =1(B)/2(W)	
	LODSB LODSW	串装入： AL/AX/EAX = DS:[SI] SI = SI ± SIZE		
	STOSB STOSW	串存储： ES:[DI] = AL/AX/EAX DI = DI ± SIZE		
	CMPSB CMPSW	串比较： DS:[SI] − ES:[DI] SI = SI ± SIZE DI = DI ± SIZE		
	SCASB SCASW	串扫描： AL/AX/EAX − ES:[DI] DI = DI ± SIZE		
	REP	当 CX<>0 时重复执行后面的串指令（每执行一次，CX = CX−1）	重复前缀为先判断、后执行。若 CX 初值为 0，则不执行任何操作。REP 只能用在 MOVS、LODS 或 STOS 之前 REPZ/REPE 与 REPNZ/REPNE 只能用在 CMPS 或 SCAS 之前	
	REPZ/REPE	当 CX<>0 且 ZF=1 时重复执行后面的串指令（每执行一次，CX = CX−1）		
	REPNZ/REPNE	当 CX<>0 且 ZF=0 时重复执行后面的串指令（每执行一次，CX = CX−1）		
输入输出	IN AL/AX/EAX, PORT/DX	将端口 PORT/DX 的一个字节/字/双字读入 AL/AX/EAX	PORT 的值为 0~255。若端口号为 0~255，则可直接在指令中使用；否则，由 DX 的值确定	无影响
	OUT PORT/DX, AL/AX/EAX	将 AL/AX/EAX 的一个字节/字/双字写到端口 PORT/DX		
	INSB INSW	串输入： ES:[DI] = PORT(DX) DI = DI ± SIZE	PORT(DX) 表示 DX 指定的 I/O 端口。B、W、D 和 SIZE 的含义同串指令。可带重复前缀 REP	
	OUTSB OUTSW	串输出： PORT(DX) = DS:[SI] SI = SI ± SIZE		

指令分类	指令格式	功能	说明	标志位影响
标志操作	CLC	CF = 0		只影响指定标志
	STC	CF = 1		
	CMC	CF = NOT CF		
	CLD	DF = 0		
	STD	DF = 1		
	CLI	IF = 0		
	STI	IF = 1		
处理器控制	NOP	无操作	机器码占一个字节	无影响
	HLT	暂停		
	LOCK	封锁前缀	保证指令作为原子操作执行	

A3　80386/80486 新增指令

数据传送指令：

BSWAP　CBW　CDQ　CMPXCHG　CWD　CWDE　IN　INS　LAHF　LDS　LEA　LES　LGS　LSS　MOV　MOVSX　MOVZX　OUT　OUTS　POP　POPA　POPAD　POPF　POPFD　PUSH　PUSHA　PUSHAD　PUSH　PUSHFD　SEG　SLATB　XADD　XCHG　XLAT

算术逻辑运算和移位指令：

AAA　AAD　AAM　AAS　ADC　ADD　DAA　DAS　DEC　DIV　IDIV　IMUL　INC　MUL　NEG　NOT　OR　RCL　RCR　ROL　ROR　SAL　SAR　SBB　SHL　SHLD　SHR　SHRD　SUB　XADD　XOR

控制传送指令：

BOUND　BSF　BSR　BT　BTC　BTR　BTS　CALL　CMP　CMPS　CMPXCHG　ENTER　INT　INTO　IRET　IRETD　JCXZ　JECXZ　JMP　LEAVE　LOOP　LOOPE　LOOPNE　LOOPNZ　LOOPZ　NOP　RET　RETF　RETN　SET$_{cc}$　TEST　XLAT　XLATB

串操作指令：

INS　LODS　MOVS　OUTS　REP　REPC　REPE　REPNC　REPNE　REPNZ　REPZ　SCAS　STOS

标志操作和处理器控制指令：

CLC　CLD　CLI　CLTS　CMC　ESC　HLT　INVD　INVLPG　LAHF　LOADALL　LOCK　POPF　POPFD　PUSHF　PUSHFD　SAHF　SET$_{cc}$　STC　STD　STI　WAIT　WBINCD

特权保护和任务切换指令：

ARPL　CLTS　CTS　LAR　LGDT　LIDT　LMSW　LSL　LTR　MOV　SGDT　SIDT　SLDT　SMSW　STR　VERR　VERW

附录 B MASM 汇编程序伪指令和操作符

B1 伪指令

伪指令类型	伪 指 令
变量定义	DB/BYTE/SBYTE、DW/WORD/SWORD、DD/DWORD/SDWORD/REAL4、FWORD/DF、QWORD/DQ/REAL8、TBYTE/DT/REAL10
定位	EVEN、ALIGN、ORG
符号定义	RADIX、=、EQU、TEXTEQU、LABEL
简化段定义	.MODEL、.STARTUP、.EXIT、.CODE、.STACK、.DATA?、.CONST .FARDATA、.FARDATA?
完整段定义	SEGMENT/ENDS、GROUP、ASSUME、END、.DOSSEG/.ALPHA/.SEQ
复杂数据类型	STRUCT/STRUC、UNION、RECORD、TYPEDEF、ENDS
流程控制	.IF、.ELSE、.ELSEIF、.ENDIF、.WHILE、.ENDW、.REPEAT、.UNTIL [CXZ]、.BREAK、.CONTINUE
过程定义	PROC、ENDP、PROTO、INVOKE
宏汇编	MACRO、ENDM、PURGE、LOCAL、PUSHCONTEXT、POPCONTEXT、EXITM、GOTO
重复汇编	REPEAT、REPT、WHILE、FOR、IRP、FORC、IRPC
条件汇编	IF、IFE、IFB、IFNB、IFDEF、IFNDEF、IFDIF、IFIDN、ELSE、ELSEIF、ENDIF
模块化	PUBLIC、EXTEN、EXTERN[DEF]、COMM、INCLUDE、INCLUDELIB
条件错误	.ERR、.ERRE、.ERRB、.ERRNB、.ERRDEF、.ERRNDEF、.ERRDIF、.ERRIDN
列表控制	TITLE、SUBTITLE、PAGE、.LIST、.LISTALL、.LISTMACRO、.LISTMACROALL、.LISTIF .NOLIST、.TFCOND、.CREF、.NOCREF、COMMENT、ECHO
处理器选择	.8086、.186、.286、.286P、.386、.386P、.486、.486P、.8087、.287、.387、.NO87
字符串处理	CATSTR、INSTR、SIZESTR、SUBSTR

B2 操作符

操作符类型	操 作 符
算术运算符	+、−、*、/、MOD
逻辑运算符	AND、OR、XOR、NOT
移位运算符	SHL、SHR
关系运算符	EQ、NE、GT、LT、GE、LE
高低分离符	HIGH、LOW、HIGHWORD、LOWWORD
地址操作符	[ ]、$、:、OFFSET、SEG
类型操作符	PTR、THIS、SHORT、TYPE、SIZEOF/SIZE、LENGTHOF/LENGTH
复杂数据操作符	( )、<>、.、MASK、WIDTH、?、DUP
宏操作符	&、<>、!、%、;;
流程条件操作符	==、!=、>、>=、<、<=、&&、‖、!、& CARRY?、OVERFLOW?、PARITY?、SIGN?、ZERO?
预定义符号	@CatStr、@code、@CodeSize、@Cpu、@CurSeg、@data、@DataSize、@Data? @Environ、@fardata、@fardata?、@FileCur、@FileName、@InStr、@Interface @Line、@Model、@SizeStr、@SubStr、@Stack、@Time、@Version、@WordSize

附录C DOS 功能调用(INT 21H)一览表

DOS 功能的调用方法如下：
（设置入口参数）
MOV　　AH,[功能号]
INT　　21H

功能号	功　　能	调用参数	返回参数
00H	程序终止	CS＝程序段前缀 PSP	
01H	键盘输入并回显		AL＝输入字符
02H	显示输出	DL＝输出字符	
03H	串行通信输入		AL＝输入字符
04H	串行通信输出	DL＝输出字符	
05H	打印机输出	DL＝输出字符	
06H	控制台 I/O	DL＝FF(输入) DL＝字符(输出)	AL＝输入字符
07H	无回显键盘输入		AL＝输入字符
08H	无回显键盘输入 检测 Ctrl+Break 或 Ctrl+C		AL＝输入字符
09H	显示字符串	DS:DX＝串地址(字符串以"$"结尾)	
0AH	键盘输入到缓冲区	DS:DX＝缓冲区首址 (DS:DX)＝缓冲区最大字符串	(DS:DX+1)＝实际输入的字符数
0BH	检查键盘状态		AL＝00 有输入 AL＝FF 无输入
0CH	清除缓冲区并请求制定的输入功能	AL＝输入功能号(1,6,7,8)	AL＝输入字符
0DH	磁盘复位		清除文件缓冲区
0EH	选择磁盘驱动器	DL＝驱动器号(0＝A,1＝B,…)	AL＝系统中驱动器数
0FH	打开文件	DS:DX＝FCB 首地址	AL＝00 文件找到 AL＝FF 文件未找到
10H	关闭文件	DS:DX＝FCB 首地址	AL＝00 目录修改成功 AL＝FF 目录中未找到文件
11H	查找第一个目录项	DS:DX＝FCB 首地址	AL＝00 找到匹配的目录项 AL＝FF 未找到匹配的目录项
12H	查找下一个目录项	DS:DX＝FCB 首地址 使用通配符进行目录项查找	AL＝00 找到匹配的目录项 AL＝FF 未找到匹配的目录项
13H	删除文件	DS:DX＝FCB 首地址	AL＝00 删除成功 AL＝FF 文件未删除

续表

功能号	功　能	调用参数	返回参数
14H	顺序读文件	DS:DX = FCB 首地址	AL = 00 读成功 AL = 01 文件结束,未读到数据 AL = 02 DTA 边界错误 AL = 03 文件结束,记录不完整
15H	顺序写文件	DS:DX = FCB 首地址	AL = 00 写成功 AL = 01 磁盘满或是只读文件 AL = 02 DTA 边界错误
16H	创建文件	DS:DX = FCB 首地址	AL = 00 建文件成功 AL = FF 磁盘操作有错
17H	文件改名	DS:DX = FCB 首地址	AL = 00 文件被改名 AL = FF 文件未改名
19H	取当前磁盘		AL = 默认的驱动器号 0 = A,1 = B,2 = C,…
1AH	设置 DTA 地址	DS:DX = DTA 地址	
1BH	取缺省驱动器 FAT 信息		AL = 每簇的扇区数 DS:BX = 指向介质说明的指针 CX = 物理扇区的字节数 DX = 每磁盘簇数
1CH	取指定驱动器 FAT 信息	DL = 驱动器号	同上
1FH	取缺省磁盘参数块		AL = 00 无错 AL = FF 出错 DS:BX = 磁盘参数块地址
21H	随机读	DS:DX = FCB 首地址	AL = 00 读成功 AL = 01 文件结束 AL = 02 DTA 边界错误 AL = 03 读部分记录
22H	随机写	DS:DX = FCB 首地址	AL = 00 写成功 AL = 01 磁盘满或是只读文件 AL = 02 DTA 边界错误
23H	文件长度	DS:DX = FCB 首地址	AL = 00 成功,记录数填入 FCB AL = FF 未找到匹配的文件
24H	设置随机记录号	DS:DX = FCB 首地址	
25H	设置中断向量	DS:DX = 中断向量 AL = 中断类型号	
26H	建立程序段前缀 PSP	DX = 新 PSP 段地址	
27H	随机分块读	DS:DX = FCB 首地址 CX = 记录数	AL = 00 读成功 AL = 01 文件结束 AL = 02 DTA 边界错误 AL = 03 读部分记录 CX = 读取的记录数

续表

功能号	功 能	调用参数	返回参数
28H	随机分块写	DS:DX = FCB 首地址 CX = 记录数	AL = 00 写成功 AL = 01 磁盘满或是只读文件 AL = 02 DTA 边界错误
29H	分析文件名字符串	ES:DI = FCB 首址 DS:SI = ASCII 字符串 AL = 分析控制标志	AL = 00 标准文件 AL = 01 多义文件 AL = FF 驱动器说明无效
2AH	取系统日期		CX = 年(1980 ~ 2099) DH = 月(1 ~ 12) DL = 日(1 ~ 31) AL = 星期(0 ~ 6)
2BH	设置系统日期	CX = 年(1980 ~ 2099) DH = 月(1 ~ 12) DL = 日(1 ~ 31)	AL = 00 成功 AL = FF 无效
2CH	取系统时间		CH:CL = 时:分 DH:DL = 秒:1/100 秒
2DH	设置系统时间	CH:CL = 时:分 DH:DL = 秒:1/100 秒	AL = 00 成功 AL = FF 无效
2EH	设置磁盘检验标志	AL = 00 关闭检验 AL = FF 打开检验	
2FH	取 DTA 地址		ES:BX = DTA 首地址
30H	取 DOS 版本号		AL = 版本号 AH = 发行号 BH = DOS 版本标志 BL:CX = 序号(24 位)
31H	程序终止并驻留	AL = 返回码 DX = 驻留区大小	
32H	取驱动器参数块	DL = 驱动器号	AL = FF 驱动器无效 DS:BX = 驱动器参数块地址
33H	Ctrl + Break 检测	AL = 00 取标志状态	DL = 00 关闭 Ctrl + Break 检测 DL = 01 打开 Ctrl + Break 检测
35H	取中断向量	AL = 中断类型	ES:BX = 中断向量
36H	取空闲磁盘空间	DL = 驱动器号 0 = 默认,1 = A,2 = B,…	成功: AX = 每簇扇区数 BX = 可用扇区数 CX = 每扇区字节数 DX = 磁盘总簇数
38H	置/取国别信息	AL = 00 取当前国别信息 AL = FF 国别代码放在 BX 中 DS:DX = 信息区首地址 DX = FFFF 设置国别代码	BX = 国别代码(国际电话前缀码) DS:DX = 返回的信息区首地址 AX = 错误码
39H	建立子目录	DS:DX = ASCII 字符串地址	AX = 错误码
3AH	删除子目录	DS:DX = ASCII 字符串地址	AX = 错误码
3BH	设置当前目录	DS:DX = ASCII 字符串地址	AX = 错误码

续表

功能号	功 能	调用参数	返回参数
3CH	建立文件	DS:DX = ASCII 字符串地址 CX = 文件属性	成功:AX = 文件代号(CF = 0) 失败:AX = 错误码(CF = 1)
3DH	打开文件	DS:DX = ASCII 字符串地址 AL = 访问和文件共享方式 0 = 读,1 = 写,2 = 读写	成功:AX = 文件代号(CF = 0) 失败:AX = 错误码(CF = 1)
3EH	关闭文件	BX = 文件代号	失败:AX = 错误码(CF = 1)

3FH	读文件或设备	DS:DX = 数据缓冲区首地址
		BX = 文件代号
		CX = 读取的字节数
			成功:AX = 实际读入的字节数
			   (CF = 0)
			   AX = 0 已到文件尾
			失败:AX = 错误码(CF = 1)

40H	写文件或设备	DS:DX = 数据缓冲区首地址 BX = 文件代号 CX = 写入的字节数	成功:AX = 实际写入的字节数 失败:AX = 错误码(CF = 1)
41H	删除文件	DS:DX = ASCII 字符串地址	成功:AX = 00 失败:AX = 错误码(CF = 1)
42H	移动文件指针	BX = 文件代号 CX:DX = 位移量 AL = 移动方式	成功:DX:AX = 新指针位置 失败:AX = 错误码(CF = 1)
43H	置/取文件属性	DS:DX = ASCII 字符串地址 AL = 00 取文件属性 AL = 01 置文件属性 CX = 文件属性	成功:CX = 文件属性 失败:AX = 错误码(CF = 1)
44H	设备驱动程序控制	BX = 文件代号 AL = 设备子功能代码(0~11H) 0 = 取设备信息 1 = 置设备信息 2 = 读字符设备 3 = 写字符设备 4 = 读块设备 5 = 写块设备 6 = 取输入状态 7 = 取输出状态 BL = 驱动器代码 CX = 读写的字节数	成功:DX = 设备信息 AX = 传送的字节数 失败:AX = 错误码(CF = 1)
45H	复制文件代号	BX = 文件代号 1	成功:AX = 文件代号 2 失败:AX = 错误码(CF = 1)
46H	强行复制文件代号	BX = 文件代号 1 CX = 文件代号 2	失败:AX = 错误码(CF = 1)
47H	取当前目录路径名	DL = 驱动器号 DS:SI = ASCII 字符串地址 (从根目录开始的路径名)	成功:DS:SI = 当前 ASCIIZ 串 地址 失败:AX = 错误码(CF = 1)
48H	分配内存空间	BX = 申请内存容量	成功:AX = 分配内存的初始地址 失败:AX = 错误码(CF = 1) BX = 最大可用空间
49H	释放已分配内存	ES = 内存起始段地址	失败:AX = 错误码(CF = 1)
4AH	修改内存分配	ES = 原内存起始段地址 BX = 新申请内存字节数	失败:AX = 错误码(CF = 1) BX = 最大可用空间

续表

功能号	功 能	调用参数	返回参数
4BH	装入/执行程序	DS:DX = ASCII 字符串地址 ES:BX = 参数区首地址 AL = 00 装入并执行程序 AL = 03 装入程序,但不执行	失败:AX = 错误码
4CH	带返回码终止	AL = 返回码	
4DH	取返回代码		AL = 子出口代码 AH = 返回代码 00 = 正常终止 01 = 用 Ctrl + C 终止 02 = 严重设备错误终止 03 = 用功能调用 31H 终止
4EH	查找第一个匹配文件	DS:DX = ASCII 字符串地址 CX = 属性	失败:AX = 错误码(CF = 1)
4FH	查找下一个匹配文件	DTA 保留 4EH 的原始信息	失败:AX = 错误码(CF = 1)
50H	置 PSP 段地址	BX = 新 PSP 段地址	
51H	取 PSP 段地址		BX = 当前运行进程的 PSP
52H	取磁盘参数块	ES:BX = 参数块链表指针	
53H	把 BIOS 参数块(BPB)转换为 DOS 的驱动器参数块(DPB)	DS:SI = BPB 的指针 ES:BP = DPB 的指针	
54H	取写盘后读盘的检验标志	AL = 00 检验关闭 AL = 01 检验打开	
55H	建立 PSP	DX = 建立 PSP 的段地址	
56H	文件改名	DS:DX = 当前 ASCII 字符串地址 ES:DI = 新 ASCII 字符串地址	失败:AX = 错误码(CF = 1)
57H	置/取文件日期和时间	BX = 文件代号 AL = 00 读取日期和时间 AL = 01 设置日期和时间 (DX:CX) = 日期,时间	失败:AX = 错误码(CF = 1)
58H	取/置内存分配策略	AL = 00 取策略代码 AL = 01 置策略代码 BX = 策略代码	成功:AX = 策略码 失败:AX = 错误码(CF = 1)
59H	取扩充错误码	BX = 00	AX = 扩充错误码 BH = 错误类型 BL = 建议的操作 CH = 出错设备代码
5AH	建立临时文件	CX = 文件属性 DS:DX = ASCII 字符串地址	成功:AX = 文件代号 DS:DX = ASCIIZ 串地址 失败:AX = 错误代码(CF = 1)
5BH	建立新文件	CX = 文件属性 DS:DX = ASCII 字符串地址	成功:AX = 文件代号 失败:AX = 错误代码(CF = 1)

续表

功能号	功能	调用参数	返回参数
5CH	锁定文件存取	AL=00 锁定文件制定的区域 AL=01 开锁 BX=文件代号 CX:DX=文件区域偏移值 SI:DI=文件区域的长度	失败：AX=错误代码(CF=1)
5DH	取/置严重错误标志的地址	AL=06 取严重错误标志地址 AL=0A 置 ERROR 结构指针	DS:SI=严重错误标志的地址
60H	扩展为全路径名	DS:SI=ASCII 字符串地址 ES:DI=工作缓冲区地址	失败：AX=错误代码(CF=1)
62H	取程序段前缀地址		BX=PSP 地址
68H	刷新缓冲区数据到磁盘	AL=文件代号	失败：AX=错误代码(CF=1)
6CH	扩充的文件打开/建立	AL=访问权限 BX=打开方式 CX=文件属性 DS:SI=ASCII 字符串地址	成功：AX=文件代号 　　　CX=采取的动作 失败：AX=错误代码(CF=1)

附录D　BIOS 中断调用一览表

BIOS 功能的调用方法如下：
（设置入口参数）
MOV　　　AH,[功能号]
INT　　　XXH　　　　　　;XX=10H~1AH,33H

INT	AH	功能	调用参数	返回参数
10	0	设置显示方式	AL=00 40×25 黑白文本,16 级灰度 　=01 40×25 16 色文本 　=02 80×25　黑白文本,16 级灰度 　=03 80×25 16 色文本 　=04 320×200 4 色文本 　=05 320×200　黑白图形,4 级灰度 　=06 640×200　黑白图形 　=07 80×25　黑白文本 　=08 160×200 16 色图形(MCGA) 　=09 320×200 16 色图形(MCGA) 　=0A 640×200 4 色图形(MCGA) 　=0D 320×200,16 色图形(EGA/VGA) 　=0E 640×200,16 色图形(EGA/VGA) 　=0F 640×350,单色图形(EGA/VGA) 　=10 640×350,16 色图形(EGA/VGA) 　=11 640×480,黑白图形(VGA) 　=12 640×480,16 色图形(VGA) 　=13 320×200,256 色图形(VGA)	

续表

INT	AH	功　能	调 用 参 数	返 回 参 数
10	1	置光标类型	$(CH)_{0\sim3}$ = 光标起始行 $(CL)_{0\sim3}$ = 光标结束行	
10	2	置光标位置	BH = 页号 DH/DL = 行/列	
10	3	读光标位置	BH = 页号	CH = 光标起始行 CL = 光标结束行 DH/DL = 行/列
10	4	读光笔位置		AX = 0 光笔未触发 AX = 1 光笔触发 CH/BX = 像素行/列 DH/DL = 字符行/列
10	5	置当前显示页	AL = 页号	
10	6	屏幕初始化或上卷	AL = 0 初始化窗口 AL = 上卷行数 BH = 卷入行属性 CH/CL = 左上角行/列号 DH/DL = 右下角行/列号	
10	7	屏幕初始化或下卷	AL = 0 初始化窗口 AL = 下卷行数 BH = 卷入行属性 CH/CL = 左上角行/列号 DH/DL = 右下角行/列号	
10	8	读光标位置的字符和属性	BH = 显示页	AH/AL = 属性/字符
10	9	在光标位置显示字符和属性	BH = 显示页 AL/BL = 字符/属性 CX = 字符重复次数	
10	A	在光标位置显示字符	BH = 显示页 AL = 字符 CX = 字符重复次数	
10	B	置彩色调色板	BH = 彩色调色板 ID BL = 和 ID 配套使用的颜色	
10	C	写像素	AL = 颜色值 BH = 页号 DX/CX = 像素行/列	
10	D	读像素	BH = 页号 DX/CX = 像素行/列	AL = 像素的颜色值
10	E	显示字符（光标前移）	AL = 字符 BH = 页号 BL = 前景色	
10	F	取当前显示方式		BH = 页号 AH = 字符列数 AL = 显示方式

续表

INT	AH	功　能	调　用　参　数	返　回　参　数
10	10	置调色板寄存器（EGA/VGA）	AL=0，BL=调色板号，BH=颜色值	
10	11	装入字符发生器（EGA/VGA）	AL=0~4 全部或部分装入字符点阵集 AL=20~24 置图形方式显示字符集 AL=30 读当前字符集信息	ES:BP=字符集位置
10	12	返回当前适配器设置的信息（EGA/VGA）	BL=10H(子功能)	BH=0 单色方式 BH=1 彩色方式 BL=VRAM 容量 (0=64k,1=128k,…) CH=特征位设置 CL=EGA 的开关设置
10	13	显示字符串	ES:BP=字符串地址 AL=写方式(0~3) CX=字符串长度 DH/DL=起始行/列 BH/BL=页号/属性	
11		取系统设备信息		AX=返回值(位映像) 0：对应设备未安装 1：对应设备已安装
12		取内存容量		AX=内存容量(kB)
13	0	磁盘复位	DL=驱动器号 (00,01 为软盘,80H,81H,…为硬盘)	失败：AH=错误码
13	1	读磁盘驱动器状态		AH=状态字节
13	2	读磁盘扇区	AL=扇区数 CH=磁道号 CL=扇区号 DH/DL=磁头号/驱动器号 ES:BX=数据缓冲区地址	读成功：AH=0 　　　　AL=读取的扇区数 读失败：AH=错误码
13	3	写磁盘扇区	同上	写成功：AH=0 　　　　AL=写入的扇区数 写失败：AH=错误码
13	4	检验磁盘扇区	AL=扇区数 CH=磁道号 CL=扇区号 DH/DL=磁头号/驱动器号	成功：AH=0 　　　AL=检验的扇区数 失败：AH=错误码
13	5	格式化磁盘磁道	DH/DL=磁头号/驱动器号 ES:BX=格式化参数表指针	成功：AH=0 失败：AH=错误码
14	0	初始化串行口	AL=初始化参数 DX=串行口号	AH=通信口状态 AL=调制解调器状态
14	1	向通信口写字符	AL=字符 DX=通信口号	写成功：$(AH)_7=0$ 写失败：$(AH)_7=1$ $(AH)_{0\sim6}$=通信口状态

续表

INT	AH	功　　能	调用参数	返回参数
14	2	从通信口读字符	DX = 通信口号	读成功:(AH)$_7$ = 0 读失败:(AH)$_7$ = 1 AL = 字符
14	3	取通信口状态	DX = 通信口号	AH = 通信口状态 AL = 调制解调器状态
14	4	初始化扩展 COM		
14	5	扩展 COM 控制		
15	0	启动盒式磁带机		
15	1	停止盒式磁带机		
15	2	磁带分块读	ES:BX = 数据传输区地址 CX = 字节数	AH = 状态字节 AH = 00　读成功 AH = 01　冗余检验错 AH = 02　无数据传输 AH = 04　无引导 AH = 80　非法命令
15	3	磁带分块写	DS:BX = 数据传输区地址 CX = 字节数	AH = 状态字节 (同上)
16	0	从键盘读字符		AL = 字符码 AH = 扫描码
16	1	取键盘缓冲区状态		ZF = 0　AL = 字符码 AH = 扫描码 ZF = 1　缓冲区无按键,等待
16	2	取键盘标志字节		AL = 键盘标志字节
17	0	打印字符,回送状态字节	AL = 字符 DX = 打印机号	AH = 打印机状态字节
17	1	初始化打印机,回送状态字节	DX = 打印机号	AH = 打印机状态字节
17	2	取打印机状态	DX = 打印机号	AH = 打印机状态字节
18		ROM BASIC 语言		
19		引导装入程序		
1A	0	读时钟		CH:CL = 时:分 DH:DL = 秒:1/100 秒
1A	1	置时钟	CH:CL = 时:分 DH:DL = 秒:1/100 秒	
1A	6	置报警时间	CH:CL = 时:分(BCD) DH:DL = 秒:1/100 秒(BCD)	
1A	7	清除报警		
33	00	鼠标复位	AL = 00	BX = 鼠标的键数
33	00	显示鼠标光标	AL = 01	显示鼠标光标

续表

INT	AH	功能	调用参数	返回参数
33	00	隐藏鼠标光标	AL = 02	隐藏鼠标光标
33	00	读鼠标状态	AL = 03	BX = 键状态 CX/DX = 鼠标水平/垂直位置
33	00	设置鼠标位置	AL = 04 CX/DX = 鼠标水平/垂直位置	
33	00	设置图形光标	AL = 09 BX/CX = 鼠标水平/垂直中心 ES:DX = 16×16 光标映像地址	安装了新的图形光标
33	00	设置文本光标	AL = 0A BX = 光标类型 CX = 像素位掩码或起始的扫描线 DX = 光标掩码或结束的扫描线	设置的文本光标
33	00	读移动计数器	AL = 0B	CX/DX = 鼠标水平/垂直距离
33	00	设置中断子程序	AL = 0C CX = 中断掩码 ES:DX = 中断服务程序的地址	

附录E 汇编语言仿真调试软件 EMU8086 及其使用方法

早期所使用的汇编语言程序调试工具如 CodeView、TASM、DEBUG 等是在真实环境下运行的,即程序是在真实的 8086 或者兼容的微处理器中实际运行的。这在早期的 DOS 操作系统中没有什么问题,但是在 Windows 环境下就显得很不合适,越是在高级版本的 Windows 环境下其兼容性与实用性越差。

仿真技术在过去的几十年里得到了快速的发展,很多工程问题可以用仿真技术来进行研究。与其他系统相比,微处理器的仿真更容易实现。EMU8086 就是一款简单实用的针对 8086CPU 的汇编语言程序设计与仿真调试软件。所谓仿真,就不是真实的运行。例如,我们可以用通用的个人计算机来仿真 8051 单片机的软件运行。由于两者的 CPU 是不同的,所以 8051 单片机的软件在 8051CPU 上是实际运行的,而在 PC 上就只能用软件来模拟 8051CPU 的仿真运行了。

相对于实际运行,仿真运行有它的优点。首先,它可以在任何操作系统下模拟得十分逼真,又可以不占用系统其他的软件和硬件资源。而实际运行的程序肯定是要占用系统的资源的,特别是程序所涉及的那些硬件资源。因为在 Windows 操作系统中,所有的硬件资源都是统一管理的,有时会不可避免地发生冲突。其次,有些程序的运行机制会与 Windows 操作系统发生冲突,如中断的管理。这使得很多原来在 DOS 操作系统下的操作在现在的 Windows 操作系统下已经无法执行。当然 EMU8086 也不可避免地有所不足,如程序的运行时间不能确定,硬件操作无法实现,等等。作为弥补,EMU8086提供了一些虚拟设备,可以模拟若干简单的硬件操作。

与常用的汇编语言软件相比,EMU8086自身的语法简化了很多。在确定了运行代码类型后,用户不用再进行段的设置以及初始化,而是可以直接编写核心程序。EMU8086也与常用的汇编语言开发工具在语法上兼容,就是说用MASM及TASM编写的程序在EMU8086中也能直接使用。EMU8086还能够生成在8086CPU上实际运行的机器语言代码,因此它是一个很实用的8086汇编语言学习工具。

为了与其他汇编语言程序设计工具相区别,EMU8086自身的系统指令都是用#号括起来的。以下是EMU8086常用的一些系统指令及其功能说明:

```
#start = LED_Display.exe#    ;打开LED显示屏虚拟设备(打开其他设备与此类似)
#MAKE_COM#                   ;编译输出文件类型为.COM
#MAKE_BIN#                   ;编译输出文件类型为.BIN
#MAKE_BOOT#                  ;编译输出文件类型为.BOOT(软盘启动扇区)
#MAKE_EXE#                   ;编译输出文件类型为.EXE
#DS=1000H#                   ;段寄存器DS初始化为1000H(其他寄存器初始化与
                             ;此类似)
```

E1　EMU8086的安装与基本界面

EMU8086有一个安装软件包,安装完成后所有的软件都集中在一个文件夹下面,在桌面上也会有一个图标。双击该图标,或者直接运行EMU8086.EXE,即可进入EMU8086的应用界面。

进入EMU8086后会出现一个欢迎(welcome)小窗口,如图E-1所示。可以先选择实例程序"code examples",然后随便选择一个程序(如hello、world)。此时实例程序便会出现在主界面中,主界面同时也是源程序编辑界面。如果选择"new",则会出现一个运行代码类型选择窗口,如图E-2所示。这个窗口有4个选项,一般选择第一个(.COM)或者第二个(.EXE)。然后会出现空白的源程序编辑窗口,此时就可以输入和编辑用户自己的源程序了。也可以通过"open"按钮打开已经存在的源程序或者实例程序,如图E-3所示。

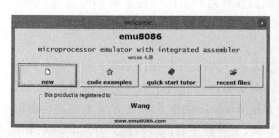

图E-1　EMU8086的欢迎小窗口

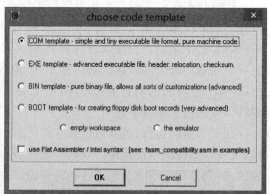

图E-2　运行代码类型选择窗口

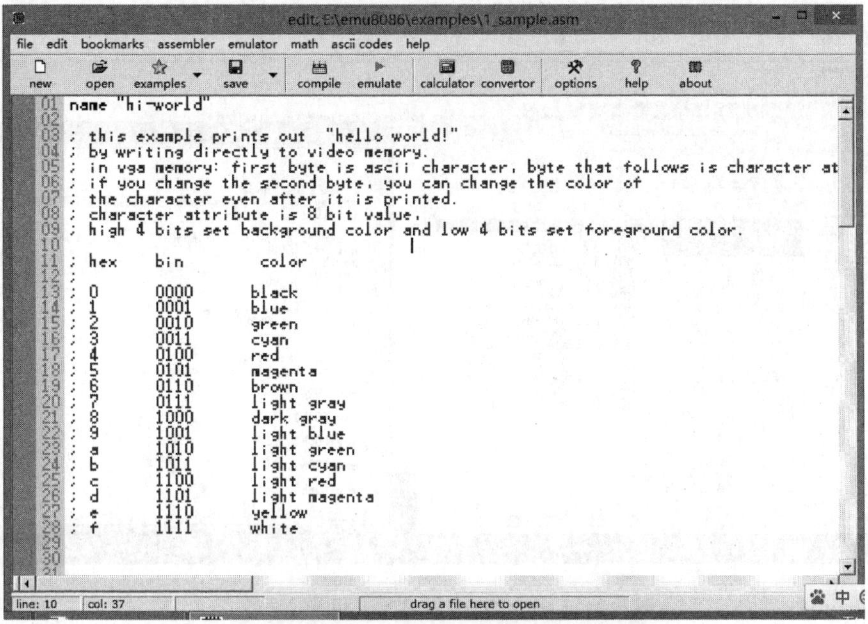

图 E-3　EMU8086 的源程序编辑窗口

在主界面的快捷菜单中单击"emulate"按钮，EMU8086 会首先对用户的源程序进行汇编处理。如果有语法错误，就会弹出错误窗口，报告汇编器所发现的语法错误。用鼠标单击错误报告行，相应的源程序行就会变色以指示错误的位置，如图 E-4 所示。若没有语法错误，就会出现另外两个窗口，即调试窗口与源程序窗口，如图 E-5 所示。

EMU8086 的调试窗口（左侧窗口）又分为三个小窗口，分别是寄存器窗口、存储器窗口和反汇编窗口。源程序窗口（右侧窗口）中所显示的内容与主界面的源程序是一样的，只是不能修改。要修改程序，只能在主界面的窗口中进行操作。这个窗口的作用是在调试程序运行时显示程序执行到何处（用黄色表示）。

图 E-4　EMU8086 编译时的错误窗口

此时就可以进行程序调试的各种操作了，如单步运行、连续运行、设置断点等。

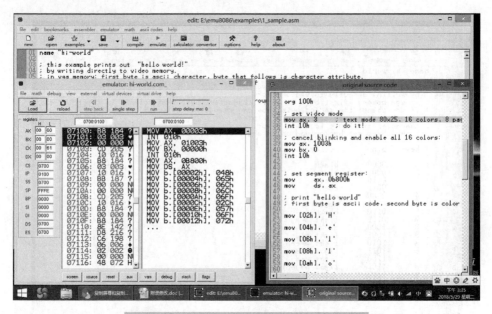

图 E-5　EMU8086 的调试窗口和源程序窗口

E2　EMU8086 的基本操作

EMU8086 的主界面有 8 个主菜单和 11 个快捷按钮。常用的操作使用快捷按钮即可实现，常用快捷按钮的功能如下：

new：新建文件（源程序）。

open：打开文件（源程序）。

examples：打开实例程序（EMU8086 提供了很多的实例程序供学习参考之用）。

save：存储文件（源程序）。

compile：编译程序（生成可以实际运行的可执行机器语言代码）。

emulate：仿真运行（进入仿真运行界面，打开调试窗口和源程序窗口）。

calculator：打开一个实用的各种数制的小计算器。

convertor：打开一个可以进行各种数制转换的转换器。

options：源程序编辑器的编辑功能选项。

EMU8086 的"file"主菜单提供了对于文件的基本操作。除了在快捷按钮中已经有的之外，另存为（save as）的操作也是经常会用到的。EMU8086 的"edit"主菜单提供了常用的编辑功能，这些功能与常用编辑工具的内容与操作大致相同。EMU8086 的"help"菜单提供了对于该软件的基本操作过程指导与功能介绍。

EMU8086 的调试窗口中有 8 个主菜单和 5 个快捷按钮。各个主菜单的功能如下：

file：调试文件操作。

math：数学计算器与数制转换器。

debug：程序调试工具，如设置断点等。

view：观察器，可以查看变量、堆栈、存储器等。

external：外部调试工具。

virtual devices：打开虚拟设备，将在下面详细介绍。
virtual drive：虚拟磁盘驱动器，将在下面详细介绍。
help：帮助工具。
常用快捷按钮的功能如下：
load：装入调试程序（需要输入调试程序的名称）。
reload：重新装入调试程序。
step back：向后退一步。
single step：单步运行（向前走一步）。
run：连续运行程序。

在进行调试的过程中，双击任何一个寄存器，就会弹出该寄存器的修改窗口，可以对该寄存器的内容进行任意修改。与其他软件相比，这个功能使用起来很方便。另外，在存储器窗口、反汇编窗口和源程序窗口中单击任何有效的位置，相应的彩色（黄色）条指示都会出现在相关窗口中与之相对应的位置。这个功能也很实用，能够帮助程序调试者看清相关元素的对应关系。

E3　EMU8086 的虚拟设备和虚拟磁盘

为了实现对 I/O 操作和 DOS 中断操作的仿真，EMU8086 提供了若干虚拟设备和虚拟磁盘来显示操作结果。这些虚拟设备是用可执行代码（.exe）的形式提供的，只要在用户的程序前用"#start=虚拟设备文件名#"就可以打开相应的设备，也可以直接在仿真窗口的主菜单中打开。各个虚拟设备的功能简介如下：

LED_Display.exe：LED 数码管显示设备（图 E-6）。该设备的端口地址为 199，只要使用 OUT 199,AX 指令就可以在该设备上显示 5 位十进制数字（-32768～32767）。

printer.exe：打印机输出设备（图 E-7）。该设备的端口地址为 130，只要使用 OUT 130,AL 就可以实现单个字符的打印输出（在打印机小窗口中显示）。由于连续输出时要查询打印机的就绪状态（从 130 端口读入数据检测最高位），因此字符串的打印输出应该使用 DOS 中断来完成，否则容易丢失字符。

图 E-6　LED 数码管显示设备

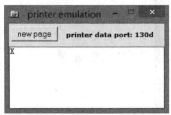

图 E-7　打印机输出设备

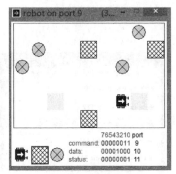

图 E-8　机器人设备

robot.exe：机器人设备（图 E-8）。这是一个由可以平面移动的机器人（robot）、障碍物（wall）和灯（lamp）组成的虚拟环境，机器人上安装有能够探测前方物体的传感器。该设备有三个端口地址 9、10、11，分别是命令端口（Command）、数据端口（Data）和状态端口（Status)。向命令端口中写入1、2、3,分别使机器人前进、左转和右转;写入4,使机器人探测前方物体;写入5、6,分别使机器人点亮和关闭前方的灯(其他数据无效)。由数据端口读入的数据为255时表示前方是障碍物;数据为0时表示前方为空白;数据为7、8时表示前方分别为点亮的灯和关闭的灯(其他数据无效)。由状态端口读入的数据只有低3位有效,第0位表示数据端口中是否有新数据;第1位表示机器人是否处于忙状态(只有空闲状态才能接收命令);第2位表示机器人在执行命令时是否发生错误。利用这些寄存器,就可以控制机器人的运动,绕过场景中的障碍物并打开或者关闭灯光。在Examples文件夹中有一个名为Robot.asm的实例程序,全面演示了机器人外设的使用方法。

simple.exe:简单I/O接口设备(图E-9)。该设备是一个能够显示四个端口内容的对话框,两个字节端口的地址为110(输入与输出共用一个地址),两个字端口的地址为112。上面的两个端口用于输入(注意标题显示是write to port),其内容可以更改,用户程序可以使用IN指令读入该端口的内容。下面两个端口用于输出(注意标题显示是read from port),用户程序使用OUT指令输出数据时,该端口显示输出结果。

stepper_motor.exe:步进电机设备(图E-10)。该设备是一个三相线圈的步进电机,三个线圈按照一定的顺序通电就可以使电机按照整步或者半步方式运行。电机的状态与控制端口地址为7,读取该地址时最高位数据表示电机是否就绪。写入该地址时,第0,1,2位数据可以控制三相线圈的通电,通电的线圈显示为红色,而未通电的线圈显示为蓝色。需要注意的是,使三相线圈轮流通电并不能使电机转动,因为线圈0通电时转子的位置与线圈2通电时是一样的。因此,实际上这个电机是不能实现整步运行的,只能实现半步运行(或者混合运行)。在半步时的通电顺序代码是001、011、010、110(数字1代表该相通电)。100与001所对应的转子位置是一样的,所以只有四种有效状态。详见实例程序stepper_motor.asm。

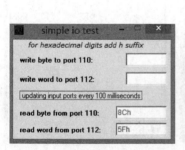

图 E-9　简单 I/O 接口设备

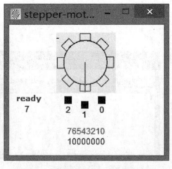

图 E-10　步进电机设备

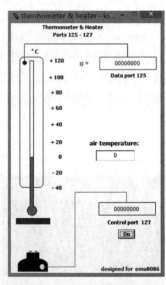

图 E-11　数字温度计设备

thermometer.exe:数字温度计设备(图E-11)。这是一个模拟加热与自然降温的系统,三个与该系统有关的端口地址为125、126和127。125为实际温度(只读),126为环境温度(只写),127为加热开关(只写)。运行实例程序thermometer.asm,可以看到很形象的演示,打开加温开关后,温度就会逐步上升;关闭加温开关后,温度就会逐步下降,但降到环境温度时就不再下降了。环境温度可以在对话框内直接修改。针对这个设备再结合自动控制的原理与算法,可以设计出很有代表性的温度控制程序。

Traffic_lights.exe：交通灯设备(图 E-12)。该设备的端口地址为 4,使用 OUT 4,AX 即可实现控制。AX 的低 12 位控制一个路口的 12 盏交通灯(四个方向,每个方向有红、黄、绿三盏灯)。为了便于编程,每盏灯都有相应的编号,而窗口下方则显示出各位数据所对应的交通灯编号。灯亮时显示颜色,不亮时显示灰色。实例程序 Traffic_lights.asm 给出了如何使用该设备的演示。

VGA_STATE.exe：VGA 显示器。

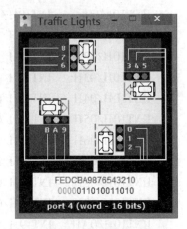

图 E-12　交通灯设备

在早期的 DOS 操作系统中,提供了大量针对磁盘的操作功能,而这些功能在目前的 Windows 系统中已经不能再使用了。在 EMU8086 这样的仿真系统中,可以不针对实际的磁盘,而是像虚拟设备那样进行磁盘操作。这就是虚拟磁盘,实际上虚拟磁盘可以看作是一种特殊的虚拟设备。

在调试窗口按下快捷按钮 Vitual drive,就会出现针对虚拟磁盘驱动器的四个操作选项：
Boot from virtual floppy(从软盘启动);
Write 512 bytes at 0000:7c00 to boot sector(将位于 0000:7c00 处的 512 字节写入启动扇区);
Write '.bin' file to floppy(将.bin 文件写入软盘);
Creat new floppy drive(创建新软盘)。

目前常用的是最后一项。创建软盘后就可以利用 DOS 中断中的各种操作对虚拟磁盘进行操作了。但是由于目前软盘已经淘汰,个人计算机都已经不再配置软驱,所以这个功能已经没什么用处。

除了上述的虚拟设备外,还有一个虚拟设备就是 DOS 窗口。用户在程序中只要调用了有关屏幕显示的 DOS 功能调用,系统就会自动弹出一个小屏幕显示有关的内容。DOS 系统中的键盘操作要在屏幕上回显,所以在调用有关键盘的操作时也会自动弹出这个窗口。

E4　EMU8086 对于 I/O 和中断的仿真

除了上面介绍的虚拟设备之外,EMU8086 还可以模拟更多的 I/O 端口操作和硬件中断。

EMU8086 使用一个共有 65536 个字节的二进制文件 EMU8086.io 来存放所有 65536 个端口的状态,每个字节对应一个端口。EMU8086 使用 IN/OUT 指令读写 EMU8086.io 的内容,同时 EMU8086.io 文件可以使用任何语言,如 JAVA、VB、VC++、DELOHI、C++、.NET 等进行读写。基于这种数据交换,用户就可以利用自己编写的程序进行 I/O 端口的模拟。

与 I/O 端口的模拟方法类似,EMU8086 使用一个共有 256 个字节的二进制文件 EMU8086.hw 来模拟所有 256 个中断源的中断请求,每个字节对应一个中断源(中断号)。该字节为 0 时表示没有中断请求,该字节为非 0 时则表示有中断请求。在使用 STI 指令开中断以后,EMU8086 会不断扫描 EMU8086.hw 文件的内容。一旦发现某个字节的内容为非 0,则会触发相应的中断。

需要注意的是，DOS 功能调用都是以软中断的形式提供的，不能与硬件中断发生冲突。由于部分 DOS 功能调用牵涉到系统管理，因此不是所有的 DOS 中断都能使用。目前 EMU8086 所支持的 DOS 中断（功能调用）如下：

INT 10h/00h	INT10H/13H	INT21H/01H	INT21H/35H	INT33H/0000H
IINT10H/01H	INT10H/1003H	INT21H/02H	INT21H/39H	INT33H/0001H
IINT10H/02H	INT11H	INT21H/05H	INT21H/3AH	INT33H/0002H
IINT10H/03H	INT12H	INT21H/06H	INT21H/3BH	INT33H/0003H
IINT10H/04H	INT13H/00H	INT21H/07H	INT21H/3CH	
IINT10H/05H	INT13H/02H	INT21H/09H	INT21H/3DH	
IINT10H/06H	INT13H/03H	INT21H/0AH	INT21H/3EH	
IINT10H/07H	INT15H/86H	INT21H/0BH	INT21H/3FH	
IINT10H/08H	INT16H/00H	INT21H/0CH	INT21H/40H	
IINT10H/09H	INT16H/01H	INT21H/0EH	INT21H/41H	
IINT10H/0AH	INT19H	INT21H/19H	INT21H/42H	
IINT10H/0CH	INT1AH/00H	INT21H/25H	INT21H/47H	
IINT10H/0DH	INT20H	INT21H/2AH	INT21H/4CH	
IINT10H/0EH	INT21H/00H	INT21H/2CH	INT21H/56H	

附录 F　Proteus 仿真调试软件的基本操作与使用方法

F1　Proteus 简介

Proteus 是英国 Labcenter Electronics 公司开发的 EDA 工具软件，它运行于 Windows 操作系统下，是一个集成了电路仿真软件、PCB 设计软件和虚拟模型仿真软件的设计平台。它可完成从原理图设计、程序代码调试到单片机与外围电路的协同仿真、直至 PCB 设计的整个设计流程，是目前世界上唯一将电路仿真软件、PCB 设计软件和虚拟模型仿真软件三合一的设计平台。其处理器模型支持 8051、HC11、AVR、PIC10/12/16/18/24、DsPIC30/33、ARM、8086 和 MSP430 等，2010 年又增加了 Cortex 和 DSP 系列处理器，并持续增加其他系列处理器模型。在编译方面，它也支持 IAR、Keil 和 MATLAB 等多种编译器。

Proteus 主要由原理图设计软件模块 ISIS、PCB 布线/编辑软件模块 ARES、混合模型仿真器 ProSPICE、高级图形分析模块 ASF、处理器仿真模块 VSM 和动

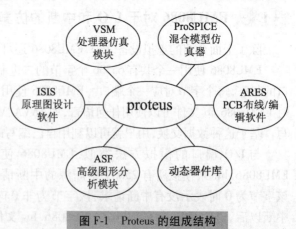

图 F-1　Proteus 的组成结构

态器件库等几个部分组成,如图 F-1 所示。

Proteus 主要有如下主要特点:

① 集原理图设计、PCB 设计和仿真于一体,实现电子设计从概念到产品的完整过程。

② 具有模拟电路、数字电路、单片机应用系统、嵌入式系统设计与仿真功能,实现了单片机仿真和 SPICE 电路仿真相结合的混合仿真,以及单片机及其外围电路组成系统的协同仿真。

③ 具有全速、单步、设置断点等多种形式的调试功能。

④ 具有电路分析所需的示波器、信号发生器等多种虚拟仪器。

⑤ 支持 Keil μVision2、MPLAB 等第三方的软件编译和调试环境。

⑥ 具有强大的 PCB 板设计功能,可以输出多种格式的电路设计报表。

下面主要针对 Proteus 的电路原理图设计和仿真功能做简要介绍,同时结合本书中的接口应用实例给出仿真电路和仿真结果。

F2　Proteus ISIS 的基本操作

Proteus ISIS 是一种功能强大的原理图编辑工具,它还可以仿真和分析各种模拟器件、数字器件、CPU 以及外围电路。安装完成后单击运行 Proteus ISIS,便出现如图 F-2 所示的工作界面。

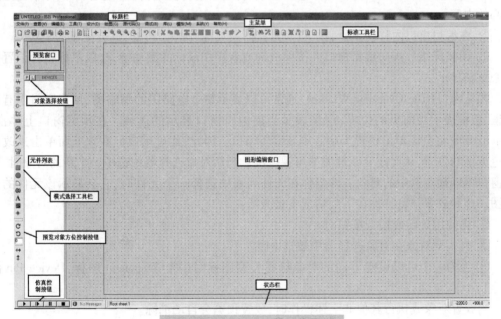

图 F-2　Proteus ISIS 的工作界面

1. Proteus ISIS 的工作窗口

Proteus ISIS 的工作窗口有三个,分别是原理图编辑窗口、预览窗口和对象选择器窗口。工作界面中最大的那个窗口就是原理图编辑窗口(The Editing Window),顾名思义,它是用来绘制原理图的。蓝色方框内为可编辑区,用来放置元器件,进行连线,完成电路原理图的编辑和绘制。图形编辑窗口中可用预览窗口来改变原理图的可视范围,涉及图形编辑窗口操作有几个问题需要注意:

（1）坐标系统（COORDINATE SYSTEM）

Proteus ISIS 中坐标系统的基本单位是 10nm，这样设置的目的主要是为了和 Proteus ARES 保持一致。但坐标系统的识别（read-out）单位被限制在 1thou（毫英寸）。坐标原点默认在图形编辑区的中间，图形的坐标值显示在屏幕的右下角的状态栏中。

（2）点状栅格（The Dot Grid）与捕捉到栅格（Snapping to a Grid）

编辑窗口内有点状栅格，可以通过"View"菜单的"Grid"命令在打开与关闭之间切换。点与点之间的间距由当前捕捉的设置值决定。捕捉的尺度可以由菜单"View"→"Snap"命令设置。

（3）实时捕捉（Real Time Snap）

当鼠标指针指向管脚末端或者导线时，鼠标指针将会捕捉到这些物体，这种功能被称为实时捕捉，该功能可以方便地实现导线和引脚的连接。可以通过"Tools"菜单的"Real Time Snap"命令或者按【Crtl】+【S】组合键切换该功能。可以通过"View"菜单的"Redraw"命令来刷新显示内容，同时预览窗口中的内容也将被刷新。当执行其他命令导致显示错乱时，可以使用该特性恢复显示。

（4）视图的缩放与移动

视图的缩放与移动可以通过如下三种方式实现：

① 用鼠标左键单击预览窗口中想要显示的位置，这将使编辑窗口显示以鼠标单击处为中心的内容。

② 在编辑窗口内移动鼠标，按下【Shift】键，用鼠标"撞击"边框，这会使显示平移。

③ 用鼠标指针指向编辑窗口并按缩放键或者操作鼠标的滚动键，会以鼠标指针位置为中心重新显示。

预览窗口（The Overview Window）通常可以显示整个电路图的缩略图，预览窗口中有两个框，蓝框表示当前页的边界，绿框表示当前编辑窗口显示的区域。在预览窗口上单击，Proteus ISIS 将会以单击位置为中心刷新编辑窗口。因此，你可用鼠标在它上面单击来改变绿色方框的位置，从而改变原理图的可视范围。当从对象选择器中选中一个新的对象时，预览窗口可以预览选中的对象。即当你在元件列表中选择一个元件时，它会显示该元件的预览图。这种放置预览特性在下列情况下被激活：

① 当使用旋转或镜像按钮时。

② 当一个对象在对象选择器中被选中时。

③ 当为一个可以设定方向的对象选择类型图标时（如 Component 图标、Device Pin 图标等）。

当放置对象或执行其他非上述操作时，放置预览会自动消除。

对象选择器窗口（The Object Selector）是一个重要的绘图辅助工具。该窗口用于挑选元件（Components）、终端接口（Terminals）、信号发生器（Generators）、仿真图表（Graph）等元素。Proteus ISIS 原理图中的所有元素都是作为对象管理的，通过对象选择按钮，可以从元件库中选择对象，并置入对象选择器窗口的元件列表中。窗口上方有两个按钮，P 按钮（Pick Devices）用于挑选元件，L 按钮（Library Manager）用于元件库的管理。例如，当选择"元件"（Components），单击"P"按钮，会打开"挑选元件"对话框，选择了一个元件（单击了"OK"）后，该元件会在元件列表中显示。以后要用到该元件时，只需在对象选择器窗口（元件列表)中选择即可。

2. Proteus ISIS 的主工具栏

Proteus ISIS 的主工具栏主要有标准工具栏、模式选择工具栏、对象选择按钮、预览对象方位控制按钮、仿真控制按钮、状态栏等。

标准工具栏位于主菜单的下方,以图标形式给出,包括 File 工具栏、View 工具栏、Edit 工具栏和 Design 工具栏四个部分。标准工具栏中每一个按钮,都对应一个具体的菜单命令(快捷键),主要目的是为了便于用户快捷地使用命令。

模式选择工具栏由一系列的按钮组成,每个按钮对应着一种类型的绘图元素或者工具,这些按钮又分为三大类:主要选择(Main Modes)、配件选择(Gadgets)和 2D 图形选择(2D Graphics)。在操作时 Proteus ISIS 必须处于正确的模式状态下,按下某个按钮后,将会进入相应的元素或者工具选择模式。例如,单击元器件(component mode)按钮,将会进入元件选择模式。用户可以从对象选择器中选择自己需要的元件,以及从元件库中提取自己所需要的元件。工具栏中各图标按钮对应的操作功能如表 F-1 所示。

表 F-1 模式选择工具栏按钮操作功能

按钮图标		按钮模式	功 能
主要选择		选择(selection mode)	选取仿真电路图中元器件等对象时使用的模式
		元器件(component mode)	用于打开元件库选取各种元器件
		连接点(junction dot mode)	用于在电路中放置连接点
		连线标签(wire label mode)	用于放置或编辑连线标签
		文本脚本(text script mode)	用于在电路中输入或编辑文本
		总线(buses mode)	用于在电路中绘制总线
		子电路(subcircuit mode)	用于在电路中放置子电路框图或子电路元器件
配件选择		终端(terminals mode)	提供各种终端,如输入、输出、电源和地等
		器件引脚(device pins mode)	提供 6 种常用的元器件引脚
		图表(graph mode)	列出各种仿真分析所需的图表(如模拟图表、数字图表、混合图表和噪声图表)
		磁带记录器(tape recorder mode)	对原理图分析仿真时用来记录前一步的仿真输出,作为下一步的仿真输入
		发生器(generator mode)	用于列出可供选择的模拟和数字激励源,如正弦波信号、脉冲信号、数字时钟信号等
		电压探针(voltage probe mode)	进行电路仿真可显示各探针处的电压值
		电流探针(current probe mode)	进行电路仿真可显示各探针处的电流值
		虚拟仪器(virtual instruments mode)	提供各种虚拟仪器(如示波器、逻辑分析仪、定时器、定时/计数和模式发生器等)

续表

按钮图标		按钮模式	功　能
2D图形选择	╱	图形直线(graphics line mode)	用于在创建元件时绘制直线,或者直接在原理图中绘制直线
	■	图形框体(graphics box mode)	用于在创建元件时绘制矩形框,或者直接在原理图中绘制矩形框
	●	图形圆形(graphics circle mode)	用于在创建元件时绘制圆,或者直接在原理图中绘制圆
	⌒	图形弧线(graphics arc mode)	用于在创建元件时绘制各种圆弧,或者直接在原理图中绘制圆弧
	∞	图形闭合路径(graphics close path mode)	用于在创建元件时绘制任意多边形,或者直接在原理图中绘制多边形
	A	图形文本(graphics text mode)	用于在原理图中添加说明文字
	S	图形符号(graphics symbol mode)	用于从符号库中选择各种元件符号
	✛	图形标记(graphics markers mode)	用于在创建或编辑元器件、符号、终端、引脚时产生各种标记图标

预览对象方位控制按钮对应的操作功能如表 F-2 所示。

表 F-2　预览对象方位控制按钮操作功能

按钮图标	按钮名称	操作功能
↻	顺时针旋转按钮	以 90°偏置改变元器件的放置方向
↺	逆时针旋转按钮	以 180°偏置改变元器件的放置方向
↔	X-镜像按钮	以 Y 轴为对称轴,按 180°偏置旋转元器件
↕	Y-镜像按钮	以 X 轴为对称轴,按 180°偏置旋转元器件

仿真控制按钮对应的操作功能如表 F-3 所示。

表 F-3　仿真控制按钮操作功能

按钮图标	按钮名称	操作功能
▶	运行按钮	仿真运行
▶▎	单步运行按钮	仿真单步运行
▮▮	暂停按钮	仿真暂停
■	终止按钮	仿真终止

3. Proteus ISIS 的主菜单栏

Proteus ISIS 的主菜单栏包括"文件"(File)、"查看"(View)、"编辑"(Edit)、"工具"(Tools)、"设计"(Design)、"绘图"(Graph)、"源代码"(Source)、"调试"(Debug)、"库"(Library)、"模板"(Template)、"系统"(System)和"帮助"(Help),如图 F-2 所示。单击任一菜单后都将弹出其子菜单项。

F3　Proteus ISIS 仿真的过程与基本操作

利用 Proteus 进行仿真的第一步是输入和编辑需要仿真电路的原理图，也就是进行电路设计。电路原理图的设计流程如图 F-3 所示。

绘制电路原理图的工作主要通过模式选择工具栏来完成，常用的操作包括查找元器件、放置元器件、调整元器件的方位、原理图布线、连接端子、编辑元器件标签、放置图形文本等，详见表 F-1。熟练使用电路图绘制工具是快速正确绘制原理图的前提，电路原理图设计步骤及具体绘制过程可参见 Proteus 相关教程。

第二步是设置编译器。Proteus ISIS 本身不带有编译器，必须使用外部编译工具。常用编译器有 Microsoft 的 MASM 和 Borland 的 TASM 等，考虑到 Windows 环境下的应用问题，这里采用了 EMU8086 作为汇编语言程序设计与仿真工具。以下介绍的是 Proteus ISIS 中 EMU8086 编译器的设置过程。

① 启动 Proteus ISIS 后，打开"源代码"菜单中的"设定代码生成工具"，弹出如图 F-4 所示的代码生成工具对话框。

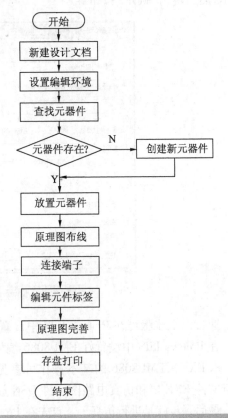

图 F-3　Proteus ISIS 的电路原理图设计流程

② 在对话框中单击"新建"按钮，然后找到并打开 EMU8086 文件夹，选中 EMU8086.exe。

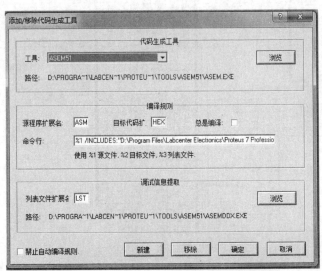

图 F-4　Proteus 的代码生成工具对话框

③ 填写源程序扩展名为"ASM",目标代码扩展名为"EXE",命令行为"%1",如图 F-5 所示,然后单击"确定"按钮。

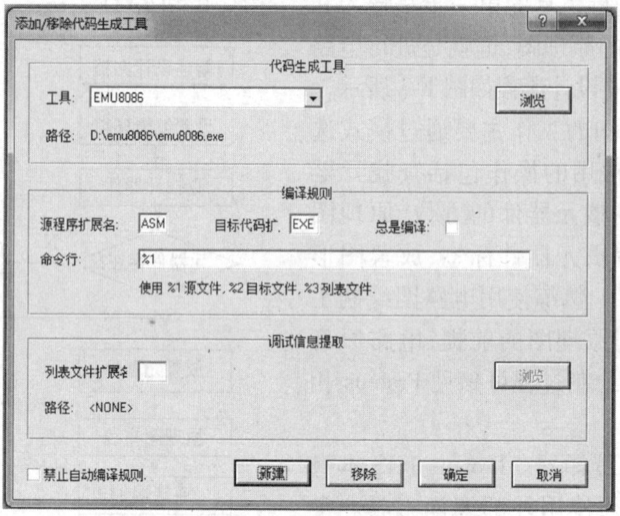

图 F-5 设置 EMU8086 为编译工具

通过以上步骤可在 Proteus ISIS 中设置好 8086 编译器,其他编译器的设置过程与此类似。在 Proteus ISIS 中设置好 EMU8086 编译器后,即可编辑、编译源程序,并生成可执行文件(＊.EXE),EMU8086 的基本操作可参见附录 E。要注意的是,使用 EMU8086 生成的可执行文件 EXE 要和仿真电路图文件 DSN 放在同一文件夹下。

最后一步就是进行仿真了。首先在 Proteus ISIS 中打开如图 F-6 所示的仿真电路图,设置仿真运行环境。双击电路图中 U1:8086 单元,弹出如图 F-7 所示的对话框设置仿真运行环境。

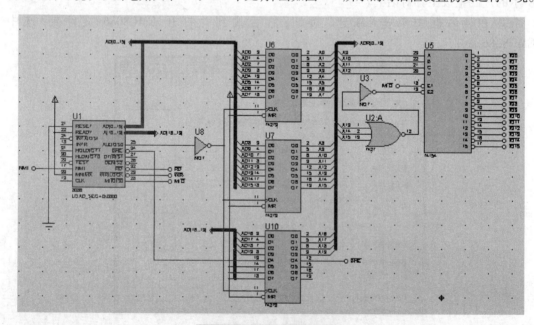

图 F-6 打开仿真电路图

双击"Program File"框右侧的"打开"按钮,选择要仿真的执行文件"calc.exe"。单击"Advanced Properties",设置内部存储器容量和断点,如图 F-7 所示。

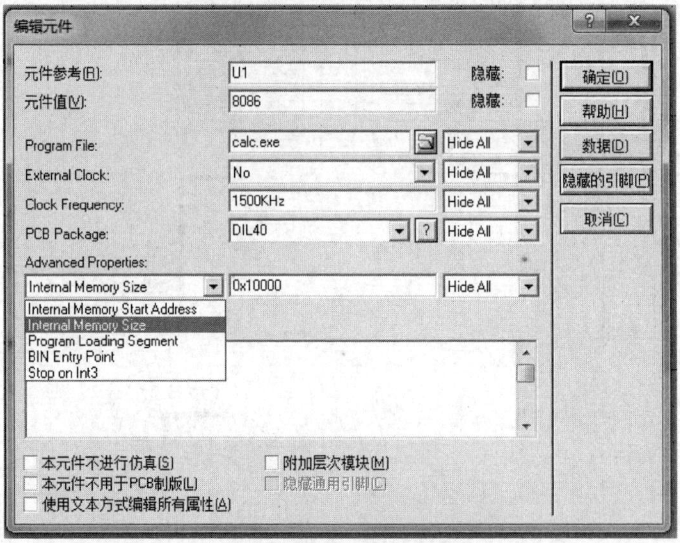

图 F-7　设置运行参数

在完成上述操作后,单击"确定"按钮,退出设置对话框,返回如图 F-2 所示的工作界面,再单击仿真控制按钮 ▶ ,即可进入仿真状态,观察仿真结果。通过 Proteus ISIS 的"调试(B)"按钮可实时显示 8086 内部各个寄存器的值、变量的值等,如图 F-8 所示。

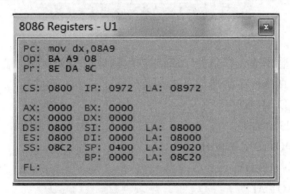

图 F-8　仿真界面下的 8086 寄存器窗口

F4　Proteus 仿真应用实例

1. 基本 I/O 接口电路的仿真

通过接口芯片 74LS245 采集 8 个开关键的状态,再将开关键的状态通过接口芯片 74LS373 驱动 8 个 LED 指示灯显示出来(参见本书例 8-1)。

(1) 电路图设计

完成功能要求的输入/输出接口仿真电路如图 F-9 所示。

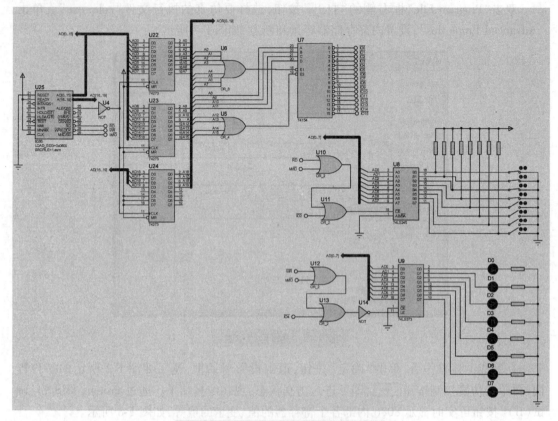

图 F-9　I/O 接口输入/输出仿真电路

（2）源程序设计

由仿真电路图可看出输入接口 74LS245 芯片的地址为 0200H，输出接口芯片 74LS373 的地址为 0400H。仿真源程序清单如下：

```
CODE    SEGMENT
ASSUME  CS：CODE
START： MOV DX,0200H
        IN AL,DX
        NOT AL
        MOV DX,0400H
        OUT DX,AL
        JMP START
CODE    ENDS
END     START
```

（3）电路仿真

用 EMU8086 编辑、编译源程序，并生成可执行文件后，再设置仿真环境，即可对电路进行仿真。仿真结果如图 F-10 所示。

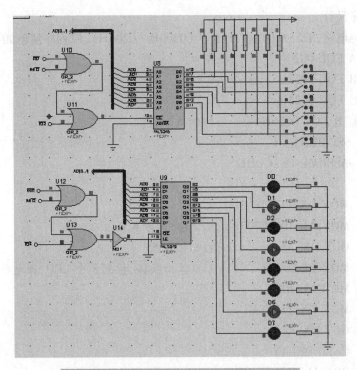

图 F-10　I/O 接口输入/输出电路仿真结果

2. 8255A 的仿真应用

设 8255 的端口工作在方式 0 下，通过 A 口输出数据，控制 8 个灯轮流点亮（参见本书例 9-3）。

（1）电路设计

完成功能要求的输入/输出接口仿真电路如图 F-11 所示。

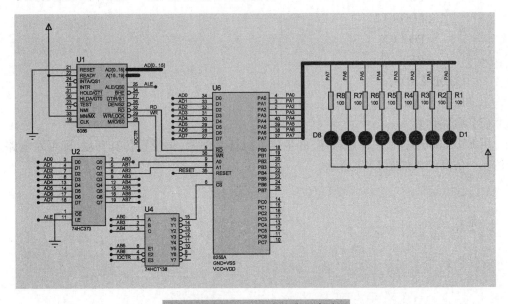

图 F-11　8255A 流水灯应用电路

(2) 源程序设计

由图中译码电路,8255A 的端口地址为(0200H~0206H),源程序清单如下:

```
        PORTA EQU 0020H           ;A 口
        PORTB EQU 0022H           ;B 口
        PORTC EQU 0024H           ;C 口
        PORTCTR EQU 0026H         ;控制口
        CODE SEGMENT
            ASSUME CS:CODE
        START:
            MOV DX,PORTCTR
            MOV AL,10000000B      ;A 口输出,方式 0
            OUT DX,AL             ;初始化 8255
            MOV BL,0FEH           ;A 口输出数据,控制 8 个 LED,低电平亮,高电平灭
            MOV AL,BL
            MOV DX,PORTA
        L1: OUT DX,AL
            CALL DELAY
            ROL AL,1
            JMP L1
        DELAY:
            PUSH CX               ;延时
            MOV CX,0F00H
        L2: PUSH AX
            POP AX
            LOOP L2
            POP CX
            RET
        CODE ENDS
        END START
```

(3) 电路仿真

用 EMU8086 编辑、编译源程序,并生成可执行文件后,再设置仿真环境,即可对电路进行仿真。仿真结果如图 F-12 所示。

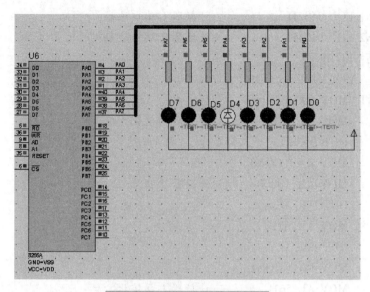

图 F-12　8255A 的仿真结果

3. 8253 的仿真应用

将 8253A 的计数器 0 设置为方式 3，用信号源 1MHz 作为 CLK0 时钟，在 OUT1 端输出周期为 1s 的方波信号。

（1）电路设计

完成功能要求的输入/输出接口仿真电路如图 F-13 所示。

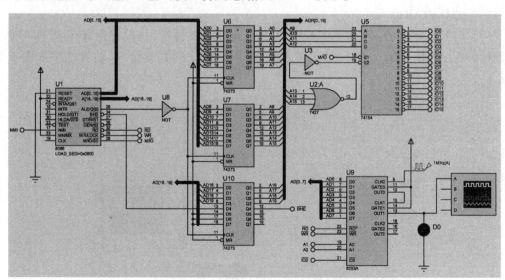

图 F-13　8253A 方波产生应用电路

（2）源程序设计

由图中译码电路，8253A 的端口地址为 0400H~0406H，源程序清单如下：

```
    TCONT EQU 0406H              ;8253A 控制口地址
    TCON0 EQU 0400H              ;计数器 0 端口地址
```

```
        TCON1 EQU 0402H          ;计数器 1 端口地址
        TCON2 EQU 0404H          ;计数器 2 端口地址
        CODE SEGMENT
            ASSUME CS:CODE
        START: MOV DX,TCONT
            MOV AL,36H           ;计数器初值化
            OUT DX,AL
            MOV DX,TCON0
            MOV AX,10000         ;计数器 0 初值
            OUT DX,AL
            MOV AL,AH
            OUT DX,AL
            MOV DX,TCONT
            MOV AL,56H           ;计数器 1 初值化
            OUT DX,AL
            MOV DX,TCON1
            MOV AL,100           ;计数器 1 初值
            OUT DX,AL
            JMP $
        CODE ENDS
        END START
```

（3）用 EMU8086 编辑、编译源程序，并生成可执行文件后，再设置仿真环境，即可对电路进行仿真。控制 LED 灯的信号也可显示出周期为 1s 的方波信号，仿真结果如图 F-14 所示。

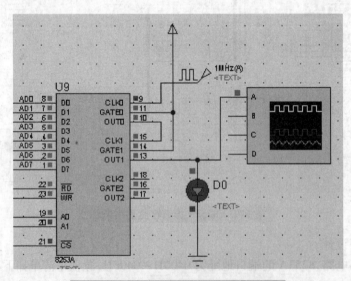

图 F-14　控制 LED 灯闪烁的方波信号

单击菜单"Debug"→"Digital Oscilloscope",即可打开虚拟示波器。仿真结果中的方波信号如图 F-15 所示。

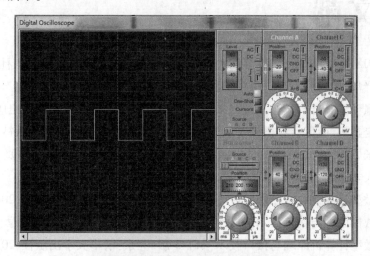

图 F-15 仿真结果中的方波信号

参考文献

[1] 喻宗泉. 80X86微机原理与接口技术[M]. 西安:西安电子科技大学出版社,2005.

[2] 何小海,严华. 微机原理与接口技术[M]. 北京:科学出版社,2006.

[3] 彭虎,周佩玲,傅忠谦. 微机原理与接口技术[M]. 2版. 北京:电子工业出版社,2011.

[4] 戴梅萼,史嘉权. 微型计算机技术及应用[M]. 4版. 北京:清华大学出版社,2008.

[5] 朱清慧,张凤蕊,翟天嵩,等. Proteus教程——电子线路设计、制版与仿真[M]. 2版. 沈阳:辽宁大学出版社,2015.

[6] 周明德. 微型计算机系统原理及应用[M]. 4版. 北京:清华大学出版社,2002.

[7] 朱定华. 微机原理与接口技术[M]. 北京:北方交通大学出版社,清华大学出版社,2002.

[8] 冯博琴. 微型计算机原理与接口技术[M]. 3版. 北京:清华大学出版社,2011.

[9] 郑学坚,周斌. 微型计算机原理及应用[M]. 3版. 北京:清华大学出版社,2001.

[10] 潘新民. 微型计算机原理·汇编·接口技术[M]. 北京:北京希望电子出版社,2002.

[11] 陈忠强,吉才利,唐俊翟,等. 现代微机原理与接口技术[M]. 北京:冶金工业出版社,2006.

[12] [美]Barry B. Brey. Intel微处理器结构、编程与接口[M]. 6版. 金惠华译. 北京:电子工业出版社,2004.

[13] 王克义,鲁宋智,蔡建新,等. 微机原理与接口技术教程[M]. 北京:北京大学出版社,2004.

[14] 杨文显. 现代微型计算机与接口教程[M]. 北京:清华大学出版社,2003.

[15] 李继灿. 微型计算机技术及应用——从16位到64位[M]. 北京:清华大学出版社,2003.

[16] 李继灿. 微型计算机系统与接口教学指导书及习题详解[M]. 2版. 北京:清华大学出版社,2012.

[17] 田艾平,王力生,卜艳萍. 微型计算机技术[M]. 北京:清华大学出版社,2005.

[18] 朱世鸿. 微机系统和接口应用技术[M]. 北京:清华大学出版社,2006.

[19] 宁飞,王维华,孔宇. 微型计算机原理与接口实践[M]. 北京:清华大学出版社,2006.

[20] 谢瑞和. 微型计算机原理与接口技术基础教程[M]. 北京:科学出版社,2005.

[21] 钱晓捷. 新版汇编语言程序设计[M]. 北京:电子工业出版社,2006.

[22] 沈美明,温冬婵. 80X86汇编语言程序设计[M]. 北京:清华大学出版社,2001.

[23] Dhananjay V Gadre. 并行端口编程[M]. 韩永彬,袁潮译. 北京:中国电力出版社,2000.

[24] 顾晖,陈越,梁惺彦. 微机原理与接口技术——基于8086和Proteus仿真[M]. 3版. 北京:电子工业出版社,2019.